PONS

W0272744

Der große Abi-Check
PHYSIK

PONS GmbH
Stuttgart

PONS

Der große Abicheck
PHYSIK

Dieser Titel basiert in Teilen auf 978-3-12-929970-8.

1. Auflage 2017

Autoren: Tanja Reimbold, Martin Schmidt
Gesamtüberarbeitung und Bilder: Redaktion PONS LN
Logoentwurf: Erwin Poell, Heidelberg
Logoüberarbeitung: Sabine Redlin, Ludwigsburg
Einbandgestaltung: Sabine Kaufmann, Stuttgart
Titelfoto: Thinkstock (Issaurinko), München
Illustrationen: Dr. Martin Lay, Breisach; PONS Archiv, Stuttgart
Layout: PONS GmbH, Stuttgart
Satz: tebitron gmbh, Gerlingen
Druck und Bindung: Medienhaus Plump, Rheinbreitbach

Printed in Germany.
ISBN: 978-3-12-562556-3

SO ARBEITEN SIE MIT DIESEM BUCH

SO IST DER ABI-CHECK AUFGEBAUT

PONS Der große Abi-Check Physik deckt in vierzehn Kapiteln die wichtigen Themenbereiche ab, die Sie für die Oberstufe und das Abitur im Fach Physik brauchen:

von **Mechanik** sowie **elektrischem und magnetischem Feld** über **Optik, Schwingungen** und **Wellen** bis zu **Quantenphysik, Atomphysik** und **Astrophysik** sowie **Thermodynamik** und **Relativitätstheorie**.

SO SIND DIE KAPITEL AUFGEBAUT

Auf den ersten Seiten des Kapitels lernen und wiederholen Sie das wichtigste Basiswissen zu einem Thema.

Ihren Lernstand können Sie anhand von Aufgaben auf den folgenden Wissenscheck-Seiten blitzschnell überprüfen.

WISSEN + CHECK = ABI-ERFOLG!

Abivorbereitung muss effizient sein! Deshalb sind die wichtigsten Fakten zu einem Kapitel für Sie in übersichtliche Boxen gepackt.

So arbeiten Sie sich schnell Box für Box vor, ohne sich durch lange Texte zu kämpfen – und haben trotzdem das ganze Abiwissen parat. Haben Sie alle Boxen eines Kapitels abgehakt?

Dann ab zum **Wissenscheck**. Hier können Sie prüfen, ob das, was Sie gelernt haben, schon sitzt oder ob Sie das Kapitel noch einmal wiederholen sollten. Die Lösungen finden Sie gleich darunter. Beantworten Sie die Fragen und setzen Sie einen Haken hinter jede richtig beantwortete Frage!

INHALT

1 MECHANIK

Geradlinige Bewegungen

ZEIT-WEG-GESETZ

Beschreibt man eine Bewegung, so hängt es davon ab, in welchem Bezugssystem man sich befindet. Befinden sich zwei Beobachter in unterschiedlichen Bezugssystemen, so können diese unterschiedliche Beobachtungen machen. In der Physik unterscheiden wir zwischen zwei Bewegungsarten: der gleichförmigen und der gleichmäßig beschleunigten Bewegung.

GLEICHFÖRMIGE BEWEGUNG

Bei einer gleichförmigen Bewegung ist die Geschwindigkeit konstant. Sie berechnet sich aus der Weglänge Δs und der zugehörigen Zeitspanne Δt folgendermaßen:

$v = \frac{\Delta s}{\Delta t} = \frac{s_2 - s_1}{t_2 - t_1}$ Einheit: $1\frac{\text{m}}{\text{s}} = 3{,}6\,\frac{\text{km}}{\text{h}}$

Der zurückgelegte Weg berechnet sich durch: $s = v \cdot t + s_0$ (Zeit-Weg-Gesetz).
Dabei gibt s_0 den Anfangsort zum Zeitpunkt $t = 0\text{s}$ an.

DIAGRAMME DER GLEICHFÖRMIGEN BEWEGUNG

- Der Graph im *t*-*s*-Diagramm ist eine Gerade. Die Geschwindigkeit ist die Steigung der Geraden.
- Der Graph im *t*-*v*-Diagramm ist eine Parallele zur Zeitachse. Der zurückgelegte Weg entspricht dem Flächeninhalt des Rechtecks bis zu einem beliebigen Zeitpunkt *t*.

Ort

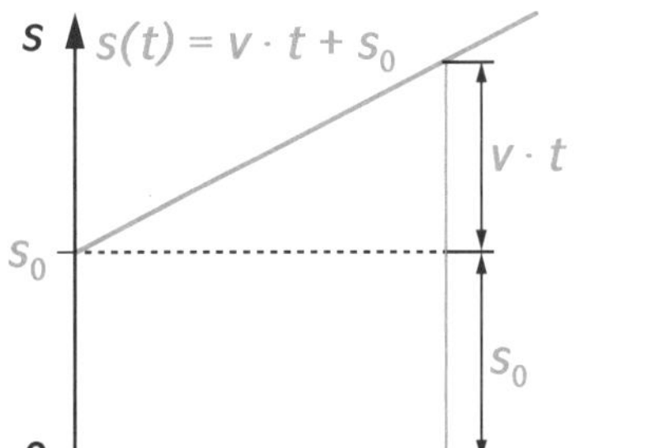

Geschwindigkeit

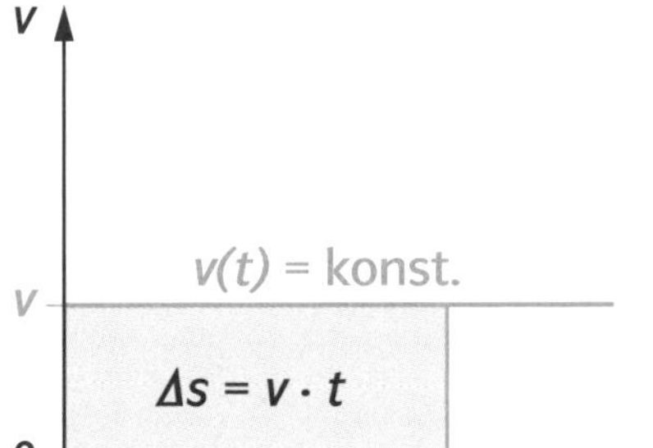

GLEICHMÄSSIG BESCHLEUNIGTE BEWEGUNG

Bei der gleichmäßig beschleunigten Bewegung ändert sich die Geschwindigkeit ständig bei konstanter Beschleunigung a. Die Beschleunigung berechnet sich folgendermaßen:

$a = \frac{\Delta v}{\Delta t} = \frac{v_2 - v_1}{t_2 - t_1}$ Einheit: $1\frac{\text{m}}{\text{s}^2}$.

Der zurückgelegte Weg s und die Geschwindigkeit v berechnen sich durch:

$s = s_0 + v_0 \cdot t + \frac{1}{2} a \cdot t^2$ $v = v_0 + a \cdot t$

wobei s_0 den Anfangsort und v_0 die Anfangsgeschwindigkeit zum Zeitpunkt $t = 0$ angibt.

DIAGRAMME DER GLEICHMÄSSIG BESCHLEUNIGTEN BEWEGUNG

- Der Graph im *t-s*-Diagramm ist eine Parabel. Die momentane Geschwindigkeit ist die Steigung der Parabel in einem Punkt.
  Somit gilt für die momentane Änderung der Geschwindigkeit $v(t) = \dot{s} \cdot (t)$.
- Der Graph im t-v-Diagramm ist eine Gerade. Die Beschleunigung ist die Steigung der Geraden. Für die momentane Änderung gilt: $a(t) = \dot{v} \cdot (t) = \cdot \ddot{s} \cdot (t)$.
  Die zurückgelegte Strecke entspricht dem Flächeninhalt unter der Kurve bis zu einem beliebigen Zeitpunkt *t*.
- Der Graph im *t-a*-Diagramm ist eine Parallele zur Zeitachse. Die Geschwindigkeit entspricht dem Flächeninhalt des Rechtecks bis zu einem beliebigen Zeitpunkt *t*.

Ort

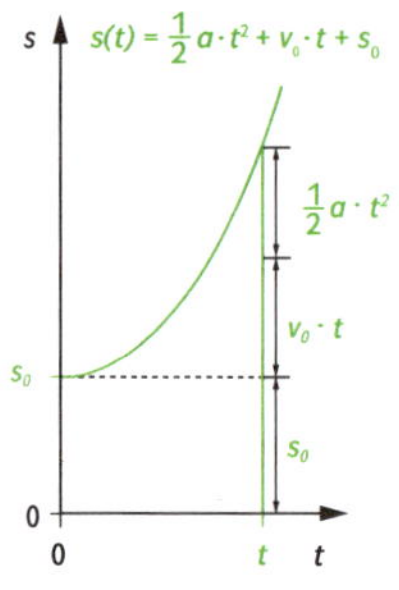

Geschwindigkeit

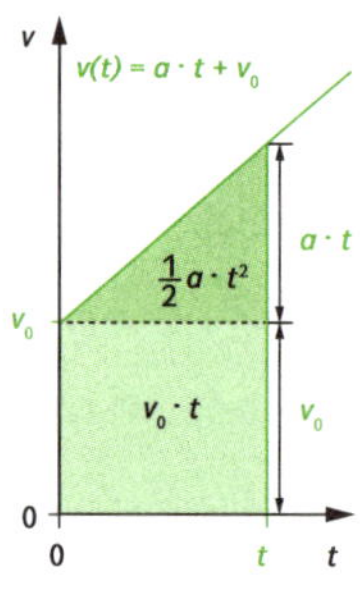

Beschleunigung

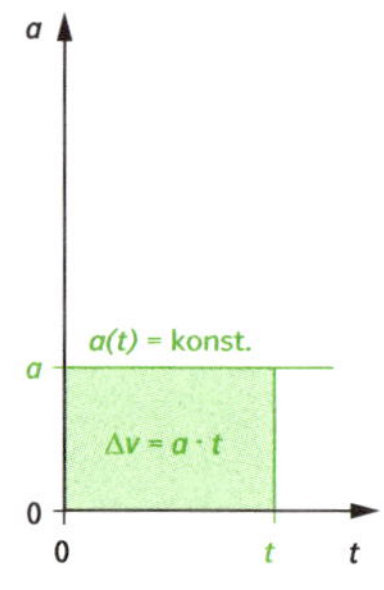

GERADLINIGE BEWEGUNGEN

Bei Bewegungen unterscheidet man zwischen der gleichförmigen und der gleichmäßig beschleunigten Bewegung.
Im folgenden *t*-*v*-Diagramm ist eine dieser Bewegungsarten dargestellt.

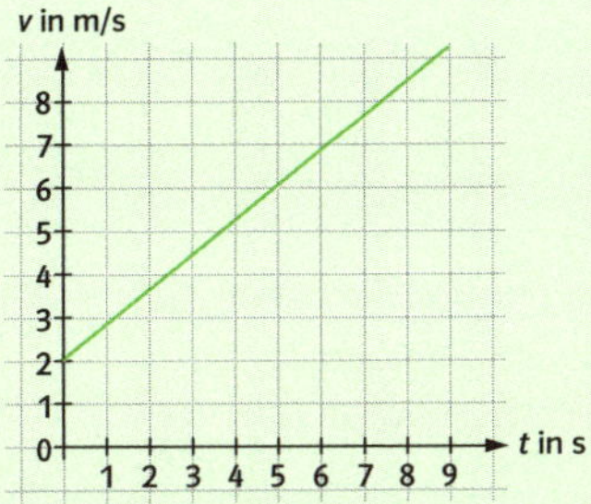

1. Um welche Art der Bewegung handelt es sich und welche Eigenschaften hat sie?
2. Stellen Sie das zum Diagramm gehörende Zeit-Geschwindigkeit-Gesetz auf.
3. Zeichnen Sie das zugehörige *t*-*a*-Diagramm.
4. Wie kann ein mögliches *t*-*s*-Diagramm aussehen?

LÖSUNGEN

1. Bei der Bewegung handelt es sich um eine gleichmäßig beschleunigte Bewegung, da der Graph im *t*-*v*-Diagramm eine Gerade ist.
   Eigenschaften:
   - *v* nimmt in der gleichen Zeit um den gleichen Betrag zu,
   - die Steigung und damit die Beschleunigung sind konstant,
   - zum Zeitpunkt $t = 0\,\text{s}$ ist beträgt die Geschwindigkeit $2\frac{\text{m}}{\text{s}}$.

2. Es gilt: $v(t) = a \cdot t + v_0$.
   Dem Diagramm entnimmt man: $v(t = 0\,\text{s}) = v_0 = 2\,\text{m/s}$,
   $v(t = 5\,\text{s}) = a \cdot 5\,\text{s} + 2\,\text{m/s} = 6\,\text{m/s} \Rightarrow a = 0{,}8\,\text{m/s}^2$,
   und somit gilt: $v(t) = 0{,}8\,\text{m/s}^2 \cdot t + 2\,\text{m/s}$.

3.
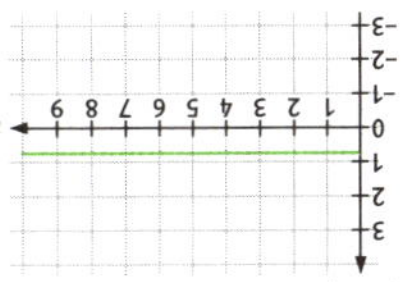

4.
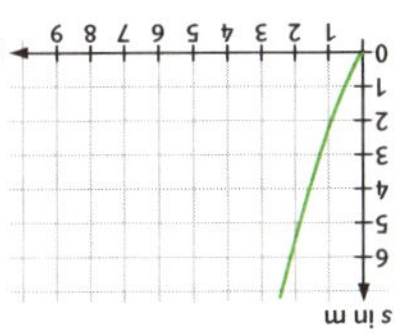

DER FREIE FALL

Ein Beispiel für eine gleichmäßig beschleunigte Bewegung ist der freie Fall. Der freie Fall ist ein Spezialfall der Fallbewegung aus unserem Alltag, nämlich eine Fallbewegung ohne Luftwiderstand, d. h. im Vakuum. Dann fallen alle Körper aus der Ruhe heraus gleich schnell.
Die Gesetze des freien Fall kann man auch verwenden, wenn der Luftwiderstand gering ist, oder beim Fall aus geringer Höhe.

Beim freien Fall hängt die Beschleunigung nur vom Ort ab, d. h. am gleichen Ort ist sie für jeden Körper gleich. Man nennt diese Beschleunigung die Fallbeschleunigung g und verwendet an der Erdoberfläche den Wert:

$$g = 9{,}81\,\frac{\mathrm{m}}{\mathrm{s}^2}.$$

Für einen frei fallenden Körper ohne Anfangsgeschwindigkeit gilt:

$s(t) = \frac{1}{2}g \cdot t^2$ (Zeit-Weg-Gesetz)

$v(t) = g \cdot t$ (Zeit-Geschwindigkeit-Gesetz)

t-*v*-DIAGRAMM

Für den freien Fall ist der Graph im *t*-*v*-Diagramm eine Gerade und der Körper fällt mit der Zeit immer schneller. Bezieht man den Luftwiderstand mit ein, so wird der Körper immer schneller und erreicht nach einer bestimmten Zeit eine maximale Geschwindigkeit.

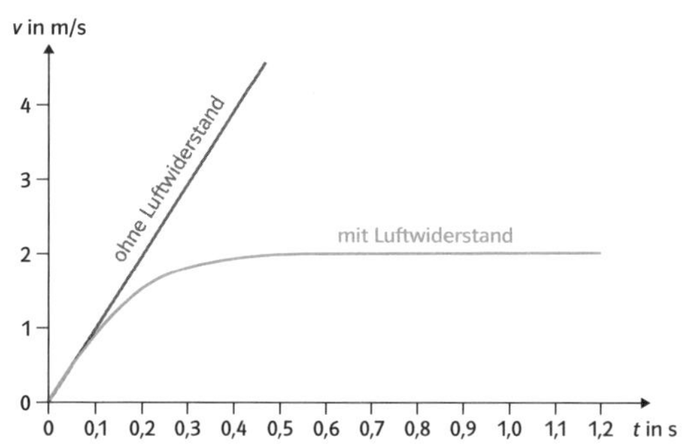

SENKRECHTER WURF NACH UNTEN

Der freie Fall spielt auch beim senkrechten Wurf nach unten eine Rolle. Dabei wird der Körper von einem bestimmten Ort s_0 mit einer Geschwindigkeit $v_0 > 0$ nach unten abgeworfen und erfährt die konstante Gewichtskraft als beschleunigende Kraft.
Es gilt: $a = g$.
D. h. die Geschwindigkeiten $v_F = g \cdot t$ und v_0 wirken in die gleiche Richtung.

Für den senkrechten Wurf nach unten sehen somit die Bewegungsgesetze folgendermaßen aus:

$s(t) = s_0 + v_0 \cdot t + \frac{1}{2} g \cdot t^2,$

$v(t) = v_0 + g \cdot t.$

Außer dem freien Fall und dem senkrechten Wurf nach unten gibt es auch den senkrechten Wurf nach oben, den waagerechten und den schiefen bzw. schrägen Wurf.

SENKRECHTER WURF NACH OBEN

Beim senkrechten Wurf nach oben wirken die Abwurfgeschwindigkeit v_0 und die Fallgeschwindigkeit v_F einander entgegen.

Die Bewegungsgesetze lauten:

$s(t) = s_0 + v_0 \cdot t - \frac{1}{2} g \cdot t^2$,

$v(t) = v_0 - g \cdot t$.

Zusätzlich kann man die Steighöhe h und Steigzeit t angeben:

$h = s_0 + \frac{v_0^2}{2g}$; $\qquad t = \frac{v_0}{g}$.

WAAGERECHTER WURF

Beim waagerechten Wurf wird der Körper in waagerechter Richtung abgeworfen und fällt dann senkrecht genauso schnell wie beim freien Fall. Es findet eine Überlagerung aus einer Bewegung in waagerechter Richtung mit konstanter Geschwindigkeit v_x und in senkrechter Richtung mit konstanter Beschleunigung g statt.

In x-Richtung gilt:

$s_x = v_x \cdot t;$ v_x = konstant.

In y-Richtung gilt:

$s_y = -\frac{1}{2} g \cdot t^2;$ $v_y = -g \cdot t.$

Aus diesen beiden Richtungen ergibt sich für die Bahnkurve eine Parabel mit folgender Gleichung:

$s_y = -\frac{g}{2v_x^2} \cdot s_x^2;$ $v = \sqrt{v_x^2 + g^2 \cdot t^2}.$

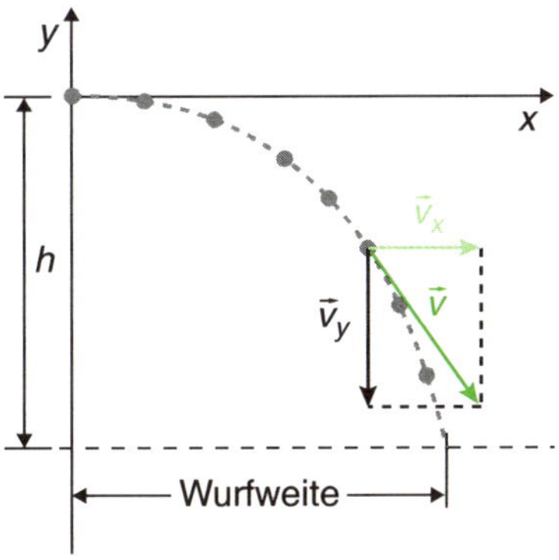

SCHIEFER WURF

Beim schiefen/schrägen Wurf wird der Körper unter einem Winkel α abgeworfen. Es findet eine Überlagerung zwischen einer Bewegung in x-Richtung und einer Bewegung in y-Richtung statt.

$v_x = v_0 \cdot \cos\alpha$ = konstant
$s_x = v_0 \cdot \cos\alpha \cdot t$
$v_y = v_0 \cdot \sin\alpha - g \cdot t$
$s_y = s_{y,0} + v_0 \cdot \sin\alpha \cdot t - \frac{1}{2} g \cdot t^2$

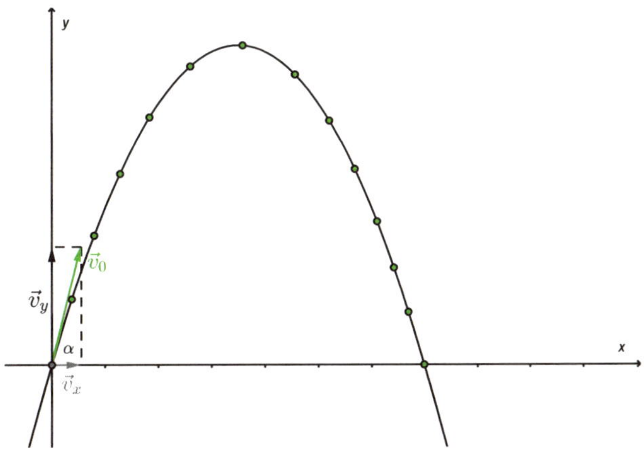

FREIER FALL

Ein Stein fällt aus der Ruhe in einen 100 m tiefen Brunnen.

1. Nach welcher Zeit kommt er am Boden an und welche Geschwindigkeit hat er unmittelbar vor dem Aufschlag?
2. Nach welcher Zeit hört man den Stein am Boden auftreffen? (Schallgeschwindigkeit t = 330 m/s).
3. Mit welcher Geschwindigkeit trifft der Stein auf dem Boden auf, wenn man ihn mit 15 m/s nach unten abwirft ?

LÖSUNGEN

1. $s(t = 0\,s) = 0\,\text{m}$

   $s(t = \text{gesucht}) = 100\,\text{m} = \frac{1}{2} g \cdot t^2$

   $100\,\text{m} = \frac{1}{2} \cdot 9{,}81\,\frac{\text{m}}{\text{s}^2} \cdot t^2$

   $t = 4{,}5\,s$

   $v(t = 4{,}5\,s) = g \cdot t = 9{,}81\,\frac{\text{m}}{\text{s}^2} \cdot 4{,}5\,s = 44\,\frac{\text{m}}{\text{s}}$

2. Zur Fallzeit von 4,5 s kommt die Zeit dazu, die der Schall benötigt, um nach oben zukommen.

   $t_{gesamt} = t + t_{Schall} = 4{,}5\,\text{s} + \frac{100\,\text{m}}{330\,\frac{\text{m}}{\text{s}}} = 4{,}8\,\text{s}$

3. Wirft man den Stein mit einer Anfangsgeschwindigkeit von $15\,\frac{\text{m}}{\text{s}}$ in den Brunnen, so erreicht er den Boden nach kürzerer Zeit und mit einer höheren Geschwindigkeit.

   $s(t = \text{gesucht}) = 100\,\text{m} = v_0 \cdot t + \frac{1}{2} g \cdot t^2$

   $100\,\text{m} = 15\,\frac{\text{m}}{\text{s}} \cdot t + \frac{1}{2} \cdot 9{,}81\,\frac{\text{m}}{\text{s}^2} \cdot t^2$

   Löst man diese quadratische Gleichung nach t auf, so folgt:

   $t_1 = 3{,}2\,\text{s}$ ($t_2 = -6{,}0\,\text{s}$ entfällt),

   $v(t = 3{,}24\,\text{s}) = v_0 + g \cdot t = 15\,\frac{\text{m}}{\text{s}} + 9{,}81\,\frac{\text{m}}{\text{s}^2} \cdot 3{,}24\,\text{s} = 46{,}8\,\frac{\text{m}}{\text{s}}$.

WURFBEWEGUNGEN

Eine Kugel der Masse m = 7 kg wird vom Boden aus mit einer Anfangsgeschwindigkeit v_0 = 12 m/s schief abgeworfen. Nach einer Flugzeit von 1,6 s trifft sie wieder auf den Boden. Vom Luftwiderstand ist abzusehen.

1. Unter welchem Winkel wurde die Kugel abgeworfen?
2. Wie weit wurde die Kugel geworfen?
3. Wie hoch ist die Kugel geflogen?

LÖSUNGEN

1. Da nach einer Zeit von $t = 1{,}6\,\text{s}$ die Kugel am Boden ankommt, ist $s_y(t = 1{,}6\,\text{s}) = 0$.
   Somit gilt: $s_y(t = 1{,}6\,\text{s}) = 0 = s_{y,0} + v_0 \cdot \sin\alpha \cdot t - \frac{1}{2} g \cdot t^2$.
   Da die Kugel vom Boden abgeworfen wird, ist $s_{y,0} = 0$.
   $0 = 12\,\frac{\text{m}}{\text{s}} \cdot \sin\alpha \cdot 1{,}6\,\text{s} - \frac{1}{2} \cdot 9{,}81\,\frac{\text{m}}{\text{s}^2} \cdot (1{,}6\,\text{s})^2$
   $\sin\alpha = 0{,}65$ und damit $\alpha = 40{,}8° \approx 41°$

2. Die Wurfweite ergibt sich aus $s_x = v_0 \cdot \cos\alpha \cdot t$:
   $s_x(t = 1{,}6\,\text{s}) = 12\,\frac{\text{m}}{\text{s}} \cdot \cos 41° \cdot 1{,}6\,\text{s} = 14{,}5\,\text{m}$.

3. Um den höchsten Punkt der Kugel zu bestimmen, muss man die Zeit berechnen, die die Kugel benötigt, um diesen Punkt zu erreichen.
   Im höchsten Punkt gilt: $v_y = 0$.
   $0 = v_0 \cdot \sin\alpha - g \cdot t$
   $0 = 12\,\frac{\text{m}}{\text{s}} \cdot \sin 41° - 9{,}81\,\frac{\text{m}}{\text{s}^2} \cdot t$
   $t = 0{,}8\,\text{s}$
   Wurfhöhe:
   $s_y(t = 0{,}8\,\text{s}) = 12\,\frac{\text{m}}{\text{s}} \cdot \sin 41° \cdot 0{,}8\,\text{s} - \frac{1}{2} \cdot 9{,}81\,\frac{\text{m}}{\text{s}^2} \cdot (0{,}8\,\text{s})^2 = 3{,}2\,\text{m}$

URSACHEN FÜR BEWEGUNG

In diesem Teil der Mechanik der Dynamik geht es um Kräfte und ihre Wirkungen, d. h. um die Ursachen für Bewegungen.
Eine Kraft wirkt dann, wenn ein Körper seinen Bewegungszustand (durch Beschleunigung oder Richtungsänderung) ändert oder sich verformt. Die Einheit der Kraft ist 1 Newton. Ein Newton ist die Kraft, die man benötigt, um einen ruhenden Körper der Masse 1 kg auf $1\frac{m}{s^2}$ zu beschleunigen.
Ein Newton entspricht ungefähr der Gewichtskraft, die ein 100 g-Massestück auf der Erde erfährt.
Da die Kraft einen Betrag und eine Richtung besitzt, ist sie ein Vektor.
Kräfte kann man zusammensetzen und zerlegen.

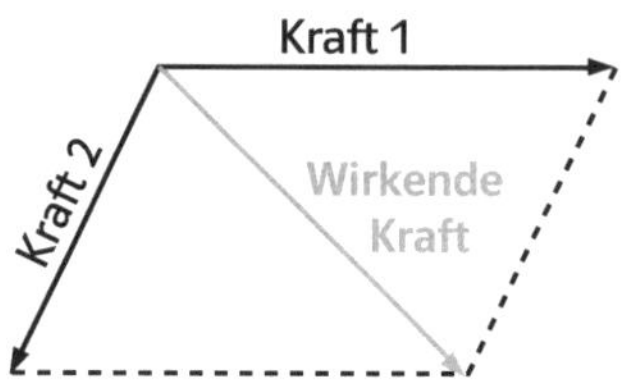

NEWTON'SCHE GESETZE

1. Trägheitsgesetz
   Jeder Körper verharrt in seinem Zustand der Ruhe oder gleichförmigen geradlinigen Bewegung, wenn er nicht durch einwirkende Kräfte gezwungen wird, seinen Bewegungszustand zu ändern.
   Man nennt diese Eigenschaft von Körpern Trägheit.

2. Newton'sches Grundgesetz
   Wirkt auf einen Körper eine Kraft, so wird er in Richtung der Kraft beschleunigt. Die Beschleunigung ist der Kraft proportional.
   $\vec{F} = m \cdot \vec{a}$

3. Wechselwirkungsgesetz
   Kräfte treten immer paarweise auf. Übt ein Körper A auf einen anderen Körper B eine Kraft aus (actio), so wirkt eine gleichgroße, aber entgegen gerichtete Kraft von Körper B auf Körper A (reactio).
   $\vec{F}_A = -\vec{F}_B$

REIBUNGSKRÄFTE

Eine aus dem Alltag bekannte Kraft, ist die Reibungskraft. Man unterscheidet drei Arten von Reibungskräften die Gleitreibungskraft F_{Gl}, Haftreibungskraft F_H und Rollreibungskraft F_{Roll}.
Die Gleitreibung tritt z. B. beim Schieben einer Kiste mit konstanter Geschwindigkeit auf. Sie wirkt der angreifenden Kraft entgegen und ist proportional zur Normalkraft F_N. Um eine Kiste überhaupt in Bewegung zu versetzen, ist auch eine Kraft notwendig, die Haftreibungskraft. Solange der Körper haftet, ist der Betrag der Haftkraft F_H stets gleich dem Betrag der Zugkraft F_Z. Bei Vergrößerung der Zugkraft vergrößert sich auch die Haftkraft. Dies geht solange, bis die maximale Haftkraft $F_{H,max}$ erreicht ist.

Wurde die maximale Haftkraft überschritten, kommt der Körper ins Gleiten. Zieht man mit konstanter Geschwindigkeit, so sind die Beträge von Zugkraft F_Z und Gleitreibungskraft F_{Gl} gleich.
In der Regel ist die Gleitreibungskraft etwas kleiner als die maximale Haftkraft.
Beginnt der Körper zu rollen, so liegt Rollreibung vor.
Für Reibungskräfte gilt: $F_R = f \cdot F_N$, wobei f die Reibungszahl ist und von der Oberflächenbeschaffenheit des Körpers abhängt.

PERIODISCHE BEWEGUNG

Die Kreisbewegung ist eine periodische Bewegung, da sie sich ständig wiederholt. Wir betrachten nur Kreisbewegungen mit konstanter Bahngeschwindigkeit, während sich ihre Richtung zu jedem Zeitpunkt ändert.

$v = \frac{\Delta s}{\Delta t} = \frac{2\pi r}{T} = 2\pi r f$

wobei $2\pi r$ der Umfang und T die Zeit für einen Umlauf ist.

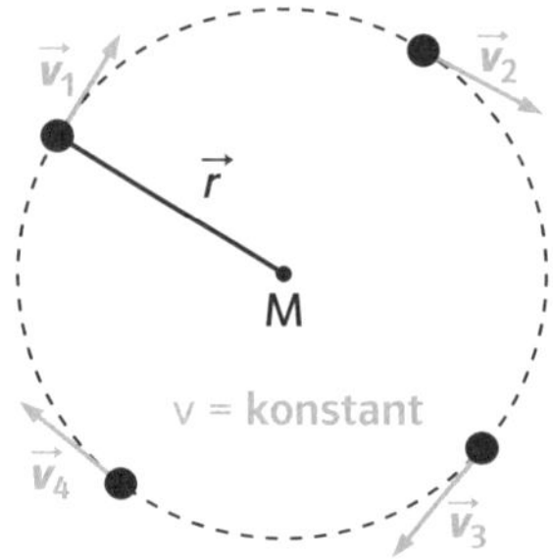

Da bei einer Kreisbewegung in der gleichen Zeit der gleiche Winkel φ überstrichen wird, kann man sie auch mithilfe der Winkelgeschwindigkeit ω beschreiben:

$\omega = \frac{\Delta\varphi}{\Delta t} = \frac{2\pi}{T} = 2\pi f.$

Dabei wird φ im Bogenmaß gemessen.

BAHNGESCHWINDIGKEIT

Mittels der Winkelgeschwindigkeit ergibt sich für die Bahngeschwindigkeit:
$v = \omega \cdot r$.

ZENTRIPETALKRAFT/ZENTRALKRAFT

Damit sich die Geschwindigkeit zu jedem Zeitpunkt ändert, ist eine Kraft notwendig. Diese Kraft wirkt zum Mittelpunkt der Kreisbewegung, also senkrecht zur Bewegungsrichtung. Man nennt sie **Zentralkraft** oder **Zentripetalkraft**. Außerdem ruft sie eine konstante Beschleunigung mit der gleichen Richtung hervor, die **Zentralbeschleunigung** oder **Zentripetalbeschleunigung**.

Für die Zentralkraft gilt:

$F = m\omega^2 r = m\frac{v^2}{r}$.

Für die Zentralbeschleunigung gilt:

$a_Z = \omega^2 r = \frac{v^2}{r}$.

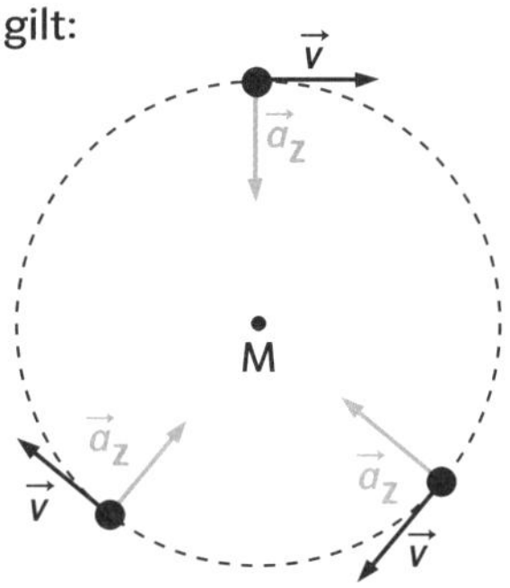

KRÄFTE

Auf einer schiefen Ebene mit einem Neigungswinkel von 30° befindet sich ein Körper der Masse m_2 = 5 kg. Durch einen Faden, der über eine Rolle geführt wird, ist er mit einem zweiten Körper der Masse m_1 = 3 kg verbunden. Zunächst befinden sich beide Körper in Ruhe.

1. Welche Kräfte wirken auf die beiden Körper? Zeichnen Sie für jeden Körper ein Kräfteparallelogramm.
2. In welche Richtung bewegen sich die beiden Körper, wenn man von Reibungskräften absieht?
3. Wie verändert sich die Bewegung der beiden Körper, wenn man Reibungskräfte mit einbezieht? Die Haftreibungszahl sei 0,1.

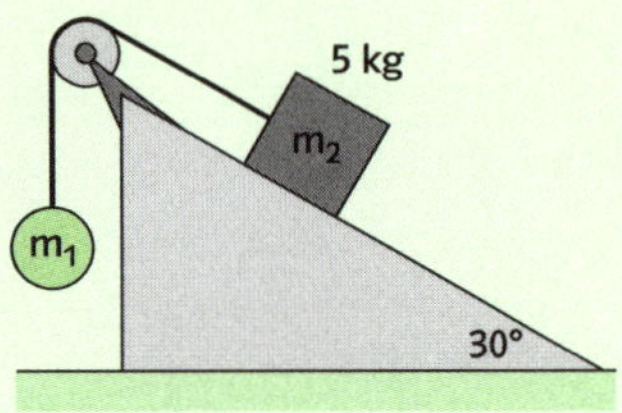

LÖSUNGEN

1.

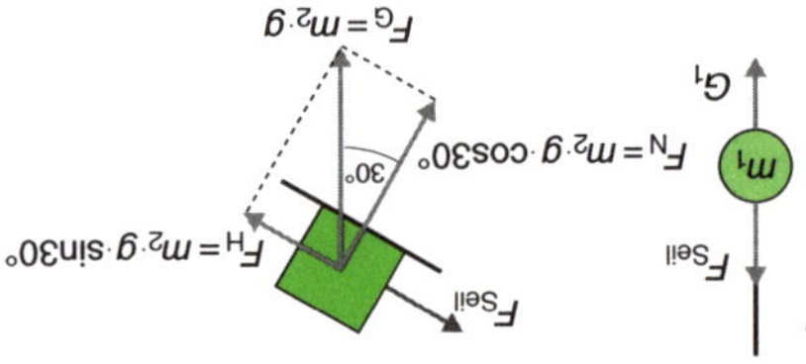

2. Auf den Körper der Masse m_2 wirkt die Hangabtriebskraft F_H. Ihr entgegen wirkt die Gewichtskraft G_1 des Körpers m_1.
$F_H = m_2 \cdot g \cdot \sin 30° = 5\,\text{kg} \cdot 9{,}81\,\frac{\text{m}}{\text{s}^2} \cdot \sin 30° = 24{,}5\,\text{N}$
$G_1 = m_1 \cdot g = 3\,\text{kg} \cdot 9{,}81\,\frac{\text{m}}{\text{s}^2} = 29{,}4\,\text{N}$
Da $G_1 > F_H$ bewegen sich die beiden Körper in Richtung von G_1.

3. Da sich der Körper entgegen der Hangabtriebskraft F_H bewegt, wirkt die Haftreibungskraft F_{Haft} in Richtung von F_H.
$F_{Haft} = f \cdot F_H = f \cdot m_2 \cdot g \cdot \cos 30° = 0{,}1 \cdot 5\,\text{kg} \cdot 9{,}81\,\frac{\text{m}}{\text{s}^2} \cdot \cos 30° = 4{,}2\,\text{N}$
$F_H + F_{Haft} = 28{,}7\,\text{N} < 29{,}4\,\text{N} = G_1$
Somit bewegen sich die beiden Körper immer noch in Richtung von G_1.

KREISBEWEGUNGEN

Bei einer Kugelschwebe handelt es sich um eine halbkreisförmige Rinne mit einem Radius von 15 cm. In ihr befindet sich eine Holz- oder Metallkugel.
Dreht man die Rinne langsam um ihre eigene Achse, so bleibt die Kugel am tiefsten Punkt liegen. Versetzt man sie dagegen in schnelle Rotation, so steigt die Kugel in der Rinne empor und bleibt an der Wand in einer Höhe liegen.

1. Welche Kräfte wirken auf die Kugel?
2. Warum bleibt die Kugel bei schneller Rotation auf einer Höhe h liegen?
3. Wovon hängt die Steighöhe ab? Leiten Sie eine Beziehung her.

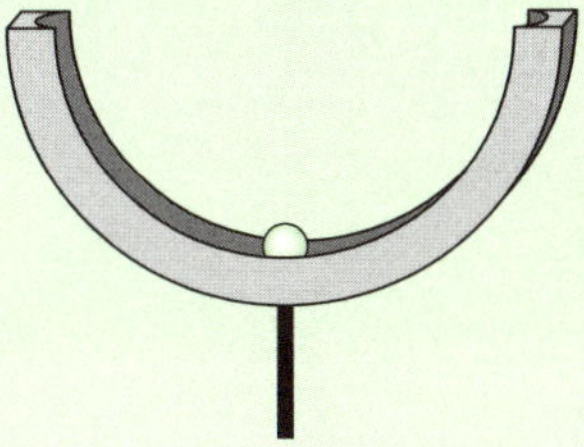

LÖSUNGEN

1. Im unteren Punkt führt die Kugel um dem Punkt M_2 eine Kreisbewegung aus. Dabei erfährt sie folgende Kräfte (s. Abb. 1):
   - Zentrifugalkraft F_Z,
   - Gewichtskraft F_G.
   - Diese beiden Kräfte zusammen ergeben eine resultierende Kraft F_{Res}, die senkrecht zur Tangente an die Rinne liegt.

   Die gleichen Kräfte erfährt die Kugel im oberen Punkt M_1.

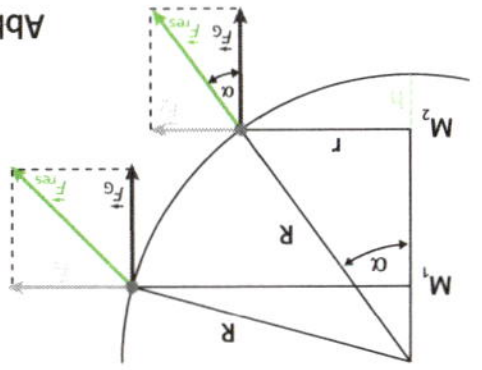

Abb. 1

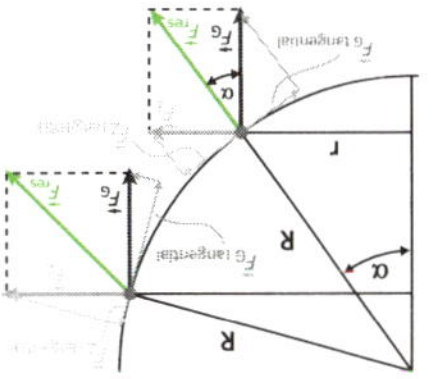

Abb. 2

2. Dazu muss man die beiden Anteile von F_Z und F_G in tangentialer Richtung (F_{Z_t}, F_{G_t}) betrachten. Heben sich die beiden Anteile gerade auf, so ist die Kugel kräftefrei und bleibt liegen (s. Abb. 2).

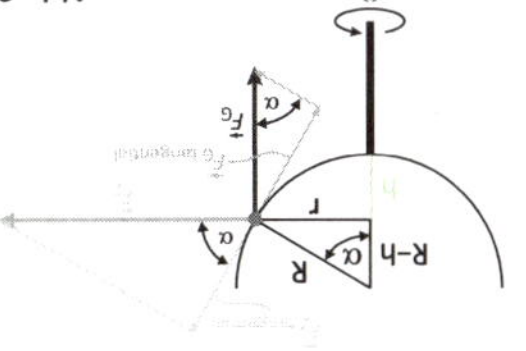

Abb. 3

3. Die Herleitung bezieht sich auf Abbildung 3.
   Für die Höhe h gilt: $h = R - R \cdot \cos\alpha = (1 - \cos\alpha) \cdot R$.
   Für die tangentiale Komponente der Zentrifugalkraft gilt: $F_{Z\,tangential} = m\omega^2 \cdot R \cdot \sin\alpha \cdot \cos\alpha$.
   Für die tangentiale Komponente der Gewichtskraft gilt: $F_{G\,tangential} = m \cdot g \cdot \sin\alpha$.
   Es gilt: $F_{Z\,tangential} = F_{G\,tangential}$ und somit: $\cos\alpha = \frac{g}{\omega^2 \cdot R}$
   und somit für h: $h = (1 - \frac{g}{\omega^2 \cdot R}) \cdot R = R - \frac{g}{\omega^2}$.

IMPULS

Stoßen zwei Kugeln aufeinander, so kann der Ausgang unterschiedlich sein. Der Ausgang hängt sowohl von der Masse der beiden Stoßpartner als auch von ihrer Geschwindigkeit ab.

Das Produkt der Masse *m* und der Geschwindigkeit $\vec{v}$ eines Körpers heißt **Impuls $\vec{p}$**:
$\vec{p} = m \cdot \vec{v}$.

ÄNDERUNG DES IMPULSES

Man kann den Impuls eines Körpers ändern, indem man die Masse, den Betrag oder die Richtung der Geschwindigkeit ändert.
Wirkt auf einen Körper über eine bestimmte Zeitspanne eine Kraft, so führt dies auch zu einer **Änderung des Impulses**. Für die Änderung des Impulses gilt:
$\Delta p = F \cdot \Delta t$.

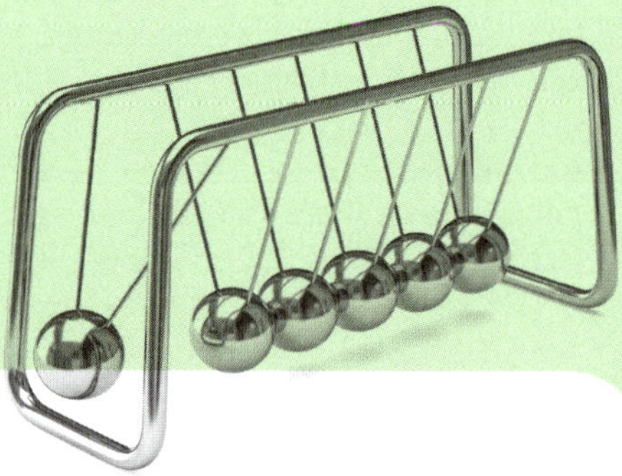

IMPULSERHALTUNGSSATZ

Ein weiterer Erhaltungssatz der Mechanik ist der **Impulserhaltungssatz**:
In einem abgeschlossenen System ist der Gesamtimpuls konstant.

Der Impulserhaltungssatz gilt unabhängig vom Energieerhaltungssatz. Er ist grundlegend bei der Beschreibung von **Stoßvorgängen**. Wir betrachten zentrale Stöße, d. h. Stöße, bei denen sich die Schwerpunkte der beiden Körper auf einer Geraden bewegen.

Der Impulserhaltungssatz für gerade Stöße besagt:
Der Impuls beider Stoßpartner vor dem Stoß ist gleich dem Impuls beider Stoßpartner nach dem Stoß:
$m_A \cdot v_A + m_B \cdot v_B = m_A \cdot v'_A + m_B \cdot v'_B$.

ZENTRALE STÖSSE

Man unterscheidet zwei Arten von Stößen, den zentralen elastischen und den zentralen unelastischen Stoß.

Beim zentralen elastischen Stoß gilt sowohl der Impulserhaltungssatz als auch für die kinetische Energie der Energieerhaltungssatz. Es geht keine kinetische Energie in Form von Wärme, Verformung des Körpers oder potentielle Energie verloren. Die beiden Stoßpartner bewegen sich nach dem Stoß getrennt von einander fort.

Beim zentralen unelastischen Stoß gilt der Impulserhaltungssatz, ein Energieerhaltungssatz für die kinetische Energie gibt es jedoch nicht. Ein Teil der kinetischen Energie geht verloren. Nach dem Stoß bewegen sich die beiden Körper gemeinsam mit der gleichen Geschwindigkeit fort.

RÜCKSTOSSPRINZIP

Auch beim Raketenantrieb spielt der Impulserhaltungssatz eine wichtige Rolle. Eine Rakete beschleunigt durch Ausstoß von Verbrennungsgasen, also nach dem sogenannten Rückstoßprinzip.
Die Rakete übt eine Kraft auf den Gasstrahl und das Gas übt eine entgegengesetzt gerichtete Kraft auf die Rakete aus. Der durch den Gasausstoß verlorene Impuls ist gleich dem Impuls, den die Rakete gewinnt.

$$p_{\text{Rakete}} = p_{\text{Gas}}$$

Dies gilt natürlich nur, solange man die Masse der Rakete als konstant ansehen kann, d. h. bei kurzzeitiger Beschleunigung.

DIE GRAVITATIONSKRAFT

Die Gravitation ist die wahrscheinlich älteste und rätselhafteste bekannte Kraft. Sie ist dafür verantwortlich, dass wir auf der Erde und die Himmelskörper auf ihren Bahnen bleiben.
Sie wirkt über sehr große Entfernungen und hilft uns Vorgänge im Weltall zu erklären.

KEPLER'SCHE GESETZE

1. Kepler'sches Gesetz:
Die Planeten bewegen sich auf Ellipsen. Die Sonne steht in einem ihrer zwei Brennpunkte (Abb. 1).

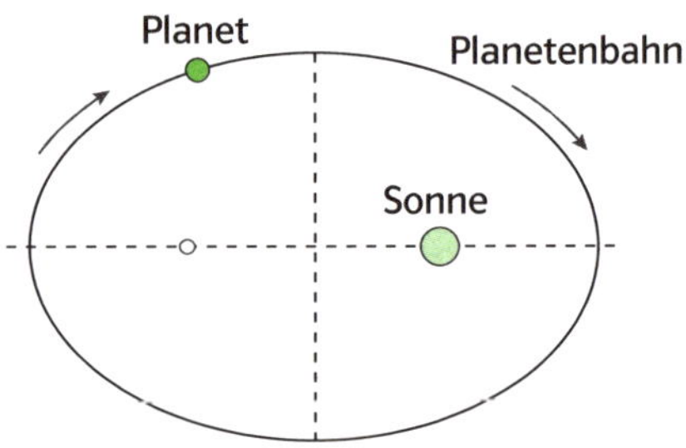

Abb. 1

2. Kepler'sches Gesetz:
Der Fahrstrahl von der Sonne zum Planeten überstreicht in gleichen Zeiten gleiche Flächen (Abb. 2).

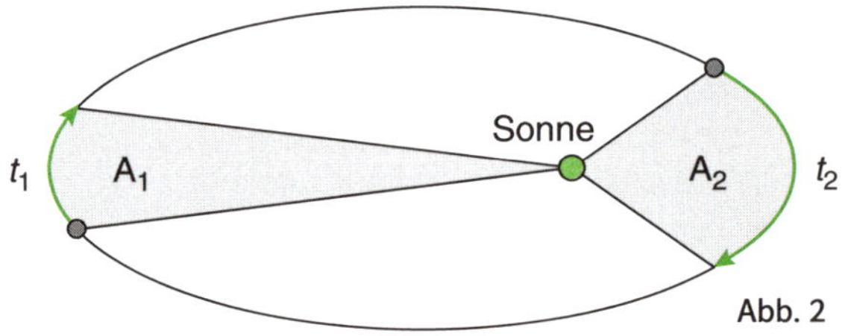

Abb. 2

3. Kepler'sches Gesetz:
Die Quadrate der Umlaufzeiten zweier Planeten verhalten sich wie die dritten Potenzen der großen Halbachsen der Planetenbahnen (Abb. 3).

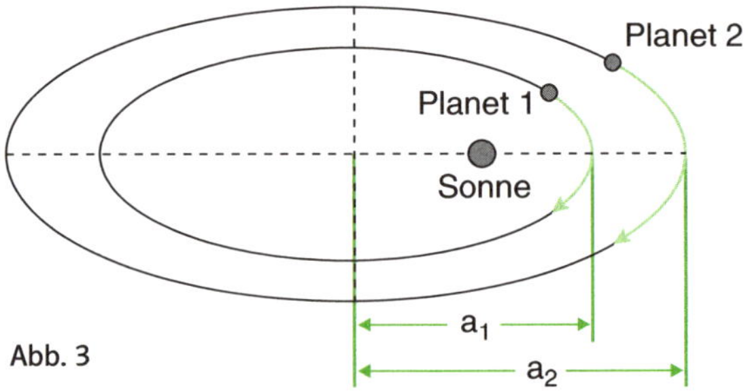

Abb. 3

DIE GRAVITATIONSKRAFT

Newton erklärte die Planetenbewegung mithilfe von Kräften, den Gravitationskräften. Dabei nahm er an, dass sich die Planeten mit konstanter Geschwindigkeit auf Kreisbahnen um die Sonne bewegen. So konnte er die bekannten Gesetze für die Kreisbewegung verwenden.
Diese führten ihn zum Newton'schen Gravitationsgesetz:
Zwei Körper der Massen m_1 und m_2 mit dem Abstand r ziehen sich an.
Je größer die Masse der beiden sich anziehenden Körper und je kleiner ihr gegenseitiger Abstand ist, umso größer ist die Anziehungskraft.

$F = \gamma \cdot \frac{m_1 \cdot m_2}{r^2}$ wobei γ die Gravitationskonstante mit dem Betrag $6{,}67 \cdot 10^{-11} \frac{m^3}{kg \cdot s^2}$ ist.

DER BEGRIFF ENERGIE

In der Physik versteht man unter Energie die Fähigkeit des Systems Arbeit zu verrichten oder im System zu speichern. Man kann die Energie also nicht sehen oder anfassen, sondern nur ihre verschiedenen Wirkungen wahrnehmen, mit der sie in Erscheinung treten kann, z. B. in Form von Licht, Bewegung oder Wärme. Deshalb spricht man ganz allgemein von mechanischer, elektrischer, magnetischer, thermischer oder chemischer Energie.

ENERGIEERHALTUNGSSATZ

In einem abgeschlossen System gilt der **Energieerhaltungssatz**:
Die Gesamtenergie eines abgeschlossenen reibungsfreien Systems ist konstant. Es kann also keine Energie erzeugt oder vernichtet werden.

ARTEN VON MECHANISCHER ENERGIE

Abgeschlossen ist ein System dann, wenn kein Austausch mit der Außenwelt stattfindet. In der Praxis ist das natürlich fast nie der Fall, es gibt aber Fälle, in denen der Austausch gering ist und vernachlässigt werden kann.

Ist ein System nicht abgeschlossen, so kann ihm Energie entzogen oder zugeführt werden.
Die mechanische Energie ist unterteilt in:
- kinetische Energie (Bewegungsenergie)
- potentielle Energie (Lageenergie).

KINETISCHE ENERGIE

Die kinetische Energie gibt an, wie viel Arbeit man verrichten muss, um einen Körper aus der Ruhe auf eine bestimmte Geschwindigkeit zu beschleunigen. Die gleiche Arbeit braucht man auch, um den Köper wieder abzubremsen. Die kinetische Energie hängt von der Masse m und der Geschwindigkeit v des bewegten Körpers ab.

Für die kinetische Energie gilt: $E_{kin} = \frac{1}{2} m \cdot v^2$.

POTENTIELLE ENERGIE

Hebt man einen Körper der Masse m um eine Höhe h, so muss seine Gewichtskraft $G = m \cdot g$ durch eine gleichgroße, aber entgegengesetzt gerichtete Kraft aufgebracht werden. Die dazu notwendige Arbeit nennt man Hubarbeit. Da diese Arbeit nun im Körper gespeichert ist, besitzt er Energie, nämlich potentielle Energie. Somit ist die potentielle Energie diejenige Energie, die ein Körper durch seine relative Lage bezgl. eines Ausgangspunktes besitzt.
Für die potentielle Energie gilt: $E_{pot} = m \cdot g \cdot h$.

Zur potentiellen Energie gehört auch die Spannenergie, die einer Feder durch Dehnung oder Stauchung zugeführt wird.
Für die Spannenergie gilt: $E_{Span} = \frac{1}{2} D s^2$
(D = Federhärte).

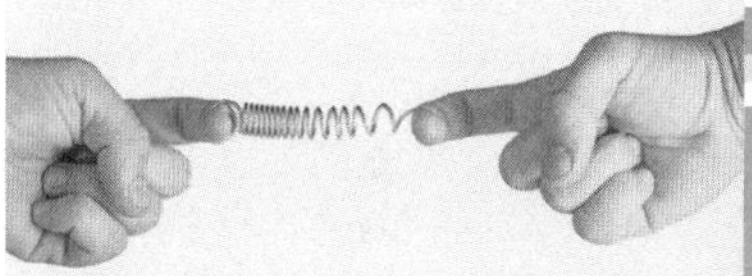

MECHANISCHE ARBEIT

Unter mechanischer Arbeit versteht man die Energie, die ein Teilsystem auf ein anderes durch eine Kraft F längs eines Weges s überträgt.
Es gilt: $W = F \cdot s$.

Der Quotient aus der umgesetzten Energie ΔE und der dazu benötigten Zeit nennt man die Leistung P:

$P = \frac{\Delta E}{\Delta t}$.

1

GRAVITATION

Auch Satelliten bewegen sich auf elliptischen Bahnen um die Erde, wobei die Erde in einem Brennpunkt der Ellipse steht.

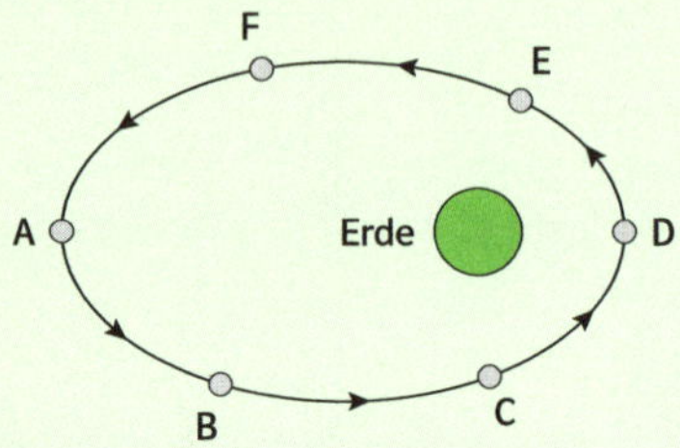

1. Zeichnen Sie für die verschiedenen Bahnpositionen die Gravitationskraft ein.
2. Welche Kraftkomponente ist für die Änderung des Betrages und welche für die Änderung der Richtung der Geschwindigkeit des Satelliten verantwortlich? Auf welcher Strecke wird der Satellit schneller, auf welcher langsamer ?

LÖSUNGEN

1. Da der Satellit an den verschiedenen Stellen unterschiedliche Entfernungen zur Erde hat, ist die Gravitationskraft nicht gleich groß. (Abb. 1)
2. Die Gravitationskraft wird in eine Tangential- und eine Normalkomponente zerlegt.
Die Tangentialkomponente ist für die Änderung des Betrages der Bahngeschwindigkeit, die Normalkomponente für die Richtungsänderung verantwortlich.
Im Bereich zwischen A bis D hat die Tangentialkomponente die gleiche Richtung wie die Bahngeschwindigkeit. Somit wird der Betrag in diesem Bereich größer.
Im Bereich zwischen D und A ist die Tangentialkomponenten der Bahngeschwindigkeit entgegengerichtet. Somit nimmt dort der Betrag ab.
Im von der Erde entferntesten Punkt A ist die Geschwindigkeit am kleinsten.
Im der Erde nächsten Punkt D ist sie am größten.

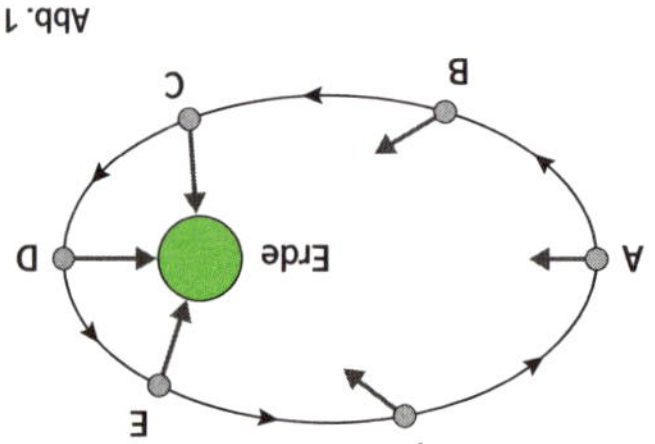

Abb. 1

ENERGIE

Die Abbildung zeigt die Achterbahnfahrt eines Waggons der Masse *m* = 400 kg. Im Punkt A startet die Fahrt, dort hat der Waggon die Geschwindigkeit *v* = 0. Im Punkt C endet die Fahrt.

1. Welche mechanischen Energieformen treten bei dieser Fahrt auf? Beschreiben Sie die Umwandlung der Energieformen ineinander, wenn man annimmt, dass der Waggon reibungsfrei fährt.
2. Welche Geschwindigkeit hat der Waggon in den Punkten B und C?

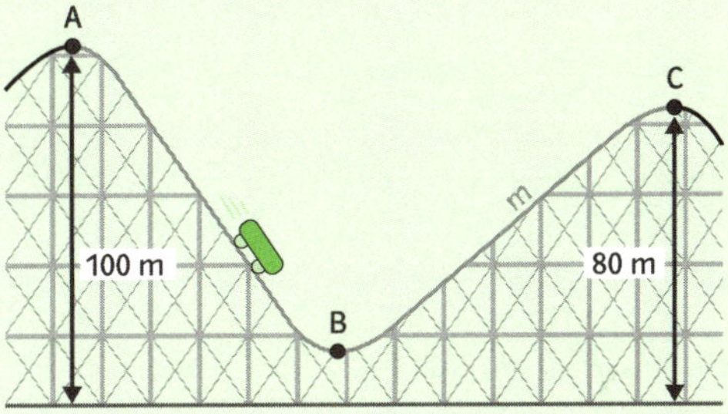

LÖSUNGEN

1. Bei der Fahrt treten zwei mechanische Energieformen auf, die potentielle und die kinetische Energie. Da der Waggon im Punkt A mit $v = 0$ startet, hat er in diesem Punkt keine kinetische Energie. Aufgrund seiner Höhe bzgl. des Punktes B (tiefster Punkt der Achterbahn) hat er potentielle Energie.
   Beginnt der Waggon nun mit seiner Fahrt, so gewinnt er an Geschwindigkeit und damit an kinetischer Energie. Die potentielle Energie nimmt ab, bis sie im Punkt B (Bezugsniveau) den Wert Null annimmt. Dort ist, wenn man von einem reibungsfreien System ausgeht, die kinetische Energie maximal.
   Bewegt sich der Waggon nun in Richtung des Punktes C, so nimmt seine Geschwindigkeit wieder ab und damit auch die kinetische Energie. Die potentielle Energie nimmt zu. Im Punkt C liegen beide Energieformen vor, da der Waggon nicht die Höhe des Punktes A erreicht hat und somit noch nicht die komplette kinetische Energie in potentielle Energie umgewandelt wurde.
2. Im Punkt A gilt: $E_{kin} = 0$ und E_{pot} ist maximal.
   $E_{pot} = m \cdot g \cdot h_A = 400\,\text{kg} \cdot 9{,}81\,\frac{\text{m}}{\text{s}^2} \cdot (100\,\text{m} - 20\,\text{m}) = 313\,920\,\text{J}$
   Im Punkt B gilt: $E_{pot} = 0$ und E_{kin} ist maximal.
   $E_{kin} = \frac{1}{2} \cdot m \cdot v_B^2 = 313\,920\,\text{J}$ Aufgelöst nach v_B folgt: $v_B \approx 40\,\frac{\text{m}}{\text{s}} = 144\,\frac{\text{km}}{\text{h}}$.
   Im Punkt C gilt: $E_{kin} + E_{pot} = 313\,920\,\text{J}$.
   $\frac{1}{2} \cdot m \cdot v_C^2 + m \cdot g \cdot h_C = \frac{1}{2} \cdot 400\,\text{kg} \cdot v_C^2 + 400\,\text{kg} \cdot 9{,}81\,\frac{\text{m}}{\text{s}} \cdot (80\,\text{m} - 20\,\text{m}) = 313\,920\,\text{J}$
   $v_C \approx 20\,\frac{\text{m}}{\text{s}} = 72\,\frac{\text{km}}{\text{h}}$

2 ELEKTRISCHES FELD

Ladung

LADUNGEN

Es gibt positive und negative Ladungen.
Alle Körper sind aus Atomen aufgebaut. Ein Atom ist nach außen hin elektrisch neutral. Es besitzt also gleich viele positive wie negative Ladungen. Die negativen Ladungen, die Elektronen, befinden sich in der Atomhülle. Die positiven Ladungen, die Protonen, befinden sich im Atomkern.
Ein Elektron hat die kleinste negative Ladung, nämlich −1 Elementarladung ($-1e$).
Ein Proton hat die kleinste positive Ladung, nämlich +1 Elementarladung ($+1e$).
Hat ein Körper mehr positive als negative Ladungen, so ist er positiv geladen. Er hat einen sogenannten Elektronenmangel. Hat er mehr negative als positive Ladungen, so ist er negativ geladen. Er hat einen sogenannten Elektronenüberschuss.

DIE LADUNG Q

Die elektrische Ladung Q gibt an, wie groß der Elektronenmangel oder der Elektronenüberschuss eines Körpers ist.
$Q = N \cdot e$, wobei N die Anzahl der Ladungen und e die Elementarladung ist.
Die Einheit der Ladung ist das Coulomb (1 C);
$e = 1{,}6 \cdot 10^{-19}\,\text{C}$.

ELEKTRISCHER STROM

Wird Ladung transportiert, so ist **elektrischer Strom** vorhanden. Die **Stromstärke I** ist definiert als der Quotient aus der durch einen Leiterquerschnitt fließenden elektrischen Ladung ΔQ und einer bestimmten Zeit Δt:

$I = \frac{\Delta Q}{\Delta t}$. Die Einheit der Stromstärke ist 1 A (Ampere).

Zwischen geladenen Körpern wirken Kräfte. **Gleichnamig geladene Körper** stoßen sich ab, **ungleichnamig geladene Körper** ziehen sich an.

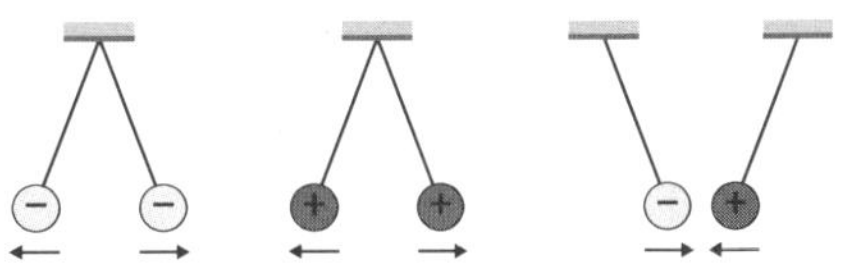

NACHWEIS ELEKTRISCHER LADUNGEN

Elektrische Ladungen können mit einem Elektroskop oder mit einer Glimmlampe nachgewiesen werden.

ELEKTROSKOP

Mit einem **Elektroskop** kann nachgewiesen werden, ob elektrische Ladungen vorhanden sind. Berührt man mit einem negativ geladenen Stab ein Elektroskop, so wandern die Elektronen des Stabes auf den Metallstab und den Zeiger des Elektroskops. Nun stoßen sich der Metallstab und der Zeiger ab und man kann einen Ausschlag erkennen. (Abb. 1)
Berührt man das Elektroskop mit einem positiv geladenen Stab, so wandern die Elektronen des neutralen Elektroskops auf den positiv geladenen Stab und es kommt zu einem Elektronenmangel im Elektroskop. Nun ist der Metallstab und der Zeiger des Elektroskops positiv geladen und sie stoßen sich auch ab. (Abb. 2).
Nähert man den negativ geladenen Stab nur dem Elektroskop, so kommt es im Elektroskop zu einer Ladungstrennung, auch **Influenz** genannt. Die negativen Ladungen wandern im Elektroskop nach unten, während die postiven Ladungen an ihren Plätzen bleiben. Im unteren Teil überwiegen die negativen, im oberen Teil die positiven Ladungen. (Abb. 3).

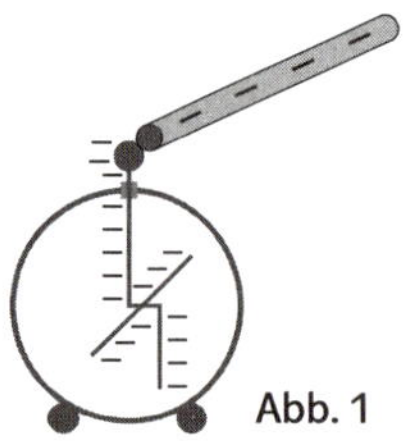
Abb. 1

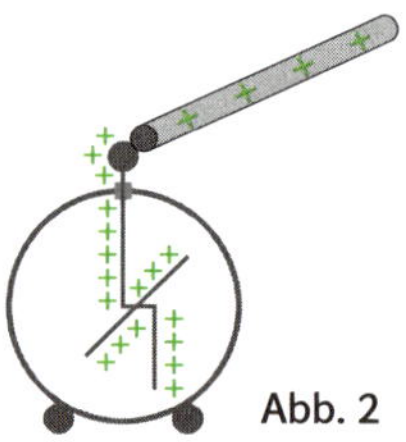
Abb. 2

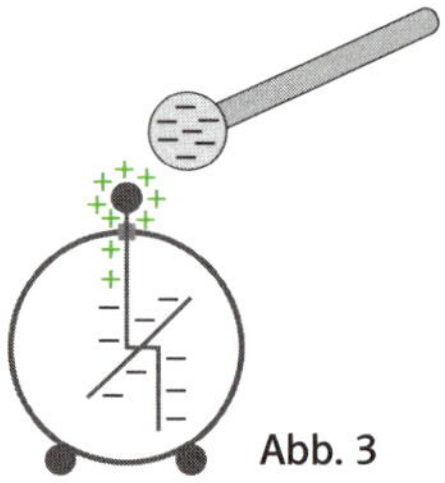
Abb. 3

GLIMMLAMPE

Während man mit einem Elektroskop nur nachweisen kann, dass Ladung vorhanden ist, kann man mit einer Glimmlampe nachweisen, ob die Ladung positiv oder negativ ist.
Eine Glimmlampe besteht aus einem Glaskolben, in dem zwei Metalldrähte so eingeschmolzen sind, dass sie einander dicht gegenüberstehen, sich aber nicht berühren. Der Glaskolben ist mit einem Gas, meist Neon, unter vermindertem Druck gefüllt.
Berührt man die Glimmlampe mit einem negativ geladenen Körper, so leuchtet die Umgebung des anliegenden Metalldrahts der Glimmlampe auf. Beim positiv geladenen Körper leuchtet die Umgebung des gegenüberliegenden Metalldrahts auf.

LADUNG

Alle Körper enthalten elektrische Ladung, positive und negative.

1. Wie kann man diese elektrische Ladung nachweisen? Nennen Sie zwei Beispiele.
2. Was bedeutet, wenn man sagt: „Ein Körper ist elektrisch neutral“ ?
3. Worin liegt der Unterschied beim Ausgang des folgenden Versuches?
   a) Wir nähern einem ungeladenen Elektroskop einen positiv geladenen Körper. (Abb. 1)
   b) Wir berühren ein ungeladenes Elektroskop mit einem positiv geladenen Körper. (Abb. 2)

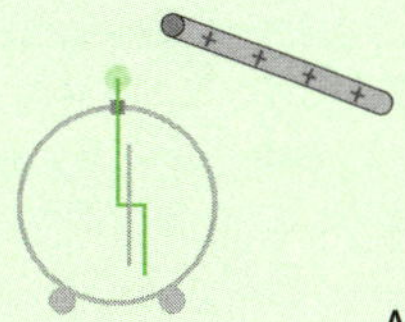

Abb. 1

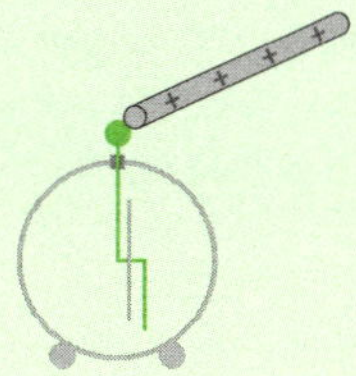

Abb. 2

LÖSUNGEN

1. Elektrische Ladung kann mit einem Elektroskops nachgewiesen werden. Man nähert dem Elektroskop einen elektrisch geladenen Körper. Schlägt der Zeiger des neutralen Elektroskops aus, so liegt eine Ladung vor. Auf diese Art ist es jedoch nicht möglich nachzuweisen, ob es sich um positive oder negative Ladung handelt. Will man die Art der Ladung wissen, so lädt man das Elektroskop z. B. positiv auf und nähert ihm den geladenen Körper. Wird der Zeigerausschlag größer, so ist der Körper auch positiv geladen, wird er kleiner, so ist der Körper negativ geladen.
   Eine zweite Möglichkeit elektrische Ladung nachzuweisen, ist eine Glimmlampe. Dazu entlädt man den Körper über die Glimmlampe. Blitzt die zum Körper zugewandte Elektrode auf, so ist der Körper negativ geladen. Blitzt die andere Elektrode auf, so ist er positiv geladen.
2. Ein elektrisch neutraler Körper hat gleich viele positive wie negative Ladungen.
3. a) Nähert man den positiv geladenen Körper nur dem Elektroskop, so findet im Elektroskop eine Ladungstrennung (Influenz) statt und das Elektroskop zeigt einen Ausschlag an. Die negativen Ladungen des Elektroskops wandern in Richtung des positiv geladenen Körpers, während die positiven Ladungen an ihren Plätzen bleiben. Entfernt man den geladenen Körper wieder, so geht der Ausschlag wieder zurück.
   b) Berührt man das Elektroskop mit dem positiv geladenen Körper, so wandern die negativen Ladungen des Elektroskops auf den Körper und neutralisieren diesen. Das Elektroskop ist nun nicht mehr neutral, sondern hat einen Elektronenmangel. Entfernt man den nun neutralen Körper, so bleibt das Elektroskop positiv aufgeladen.

DAS ELEKTRISCHE FELD

Jeder elektrisch geladene Körper ist von einem elektrischen Feld umgeben. In ihm erfahren geladene Körper Kräfte.

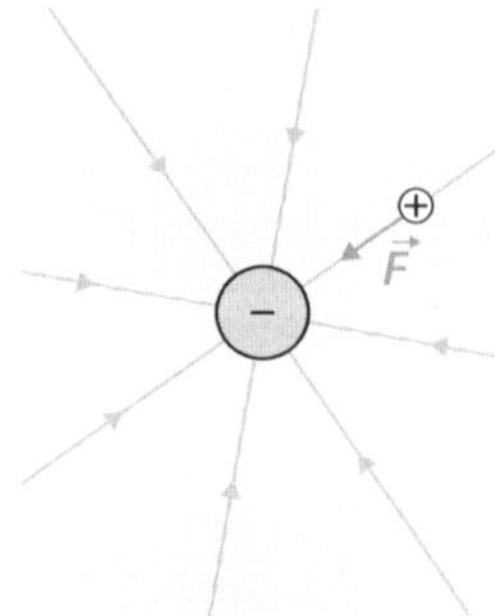

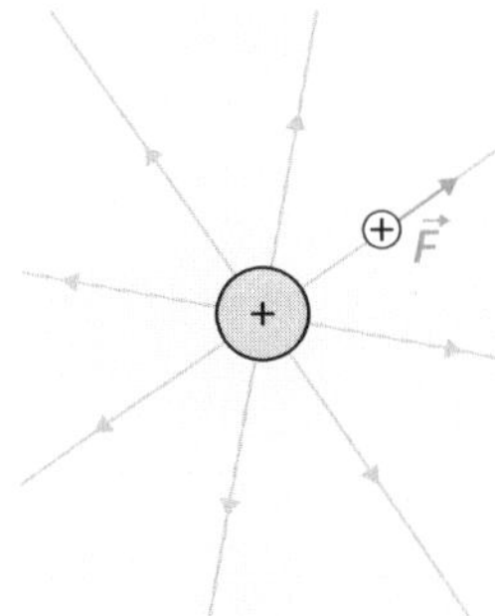

Elektrische Felder kann man nicht sehen, man kann nur ihre Wirkungen erkennen. Elektrische Felder werden durch Feldlinien beschrieben.
Eine Feldlinie ist eine Linie, deren Richtung in jedem Punkt des Feldes mit der Richtung der Kraft übereinstimmt, die ein positiv geladener Probekörper im elektrischen Feld erfährt. D. h. eine Feldlinie geht vom positiv geladenen Körper aus und endet am negativ geladenen. Eine Feldlinie beginnt nicht oder endet nicht mitten im Raum. In der Elektrostatik gibt es keine geschlossenen Feldlinien. Außerdem überkreuzen sich Feldlinien nicht.
Die Richtung der Kraft auf einen geladenen Probekörper wird durch die Tangente an die Feldlinie in einem Punkt des Feldes angegeben. Positiv geladene Probekörper erfahren Kräfte in Richtung der Feldlinien, negativ geladene in entgegengesetzter Richtung.

HOMOGENE UND INHOMOGENE FELDER

Es gibt zwei Arten von elektrischen Feldern, homogene und inhomogene Felder. Von einem homogenen Feld spricht man, wenn die Kraft in jedem Punkt des elektrischen Feldes in Betrag und Richtung gleich ist. Dann verlaufen die Feldlinien parallel zueinander, geradlinig und überall gleich dicht.
Bei einem inhomogenen Feld gibt es Stellen mit unterschiedlicher Stärke, d. h. die Kraft auf einen Probekörper ist nicht an allen Stellen gleich groß.

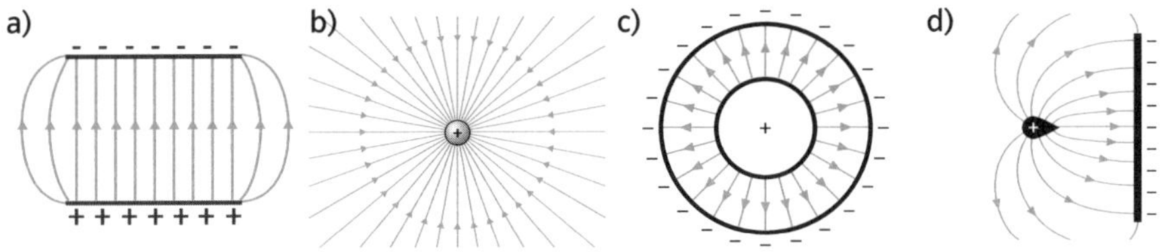

ELEKTRISCHE FELDSTÄRKE

Die elektrische Feldstärke (Formelzeichen E) gibt an, wie groß die Kraft F auf eine Ladung Q im elektrischen Feld ist.

$E = \frac{F}{Q}$ Die Einheit ist $1\,\frac{\mathrm{N}}{\mathrm{C}}$.

FLÄCHENLADUNGSDICHTE

Ladungen versuchen sich auf einem Leiter immer gleichmäßig zu verteilen. Die Flächenladungsdichte σ gibt an, wie dicht die Ladungen auf einer Fläche A sitzen. Für eine homogene Ladungsverteilung bestimmt sich σ wie folgt:

$$\sigma = \frac{Q}{A}.$$

Die Flächenladungsdichte ist proportional zur elektrischen Feldstärke: $\sigma \sim E$.
Es gilt: $\sigma = \varepsilon_0 \cdot E$, wobei $\varepsilon_0 = 8{,}85 \cdot 10^{-12}\ \mathrm{C^2/(N \cdot m^2)}$ die elektrische Feldkonstante ist.

ENERGIEÄNDERUNGEN

Verschiebt man einen Körper im Gravitationsfeld der Erde entgegen der Gravitationskraft, so wird ihm potenzielle Energie zugeführt. Ähnlich verhält sich ein geladener Körper im elektrischen Feld.
Verschiebt man ihn entgegen der elektrischen Feldkraft entlang der Feldlinien, so wird ihm **elektrische Energie** zugeführt. Verschiebt man ihn entlang der Feldlinien in Richtung der Feldkraft, wird seine elektrische Energie in kinetische Energie umgewandelt. Keine Energieänderung erfährt der Körper, wenn man ihn senkrecht zu den Feldlinien verschiebt. Aufgrund der Analogie zur potenziellen Energie aus der Mechanik wird auch die elektrische Energie als potenzielle Energie bezeichnet.

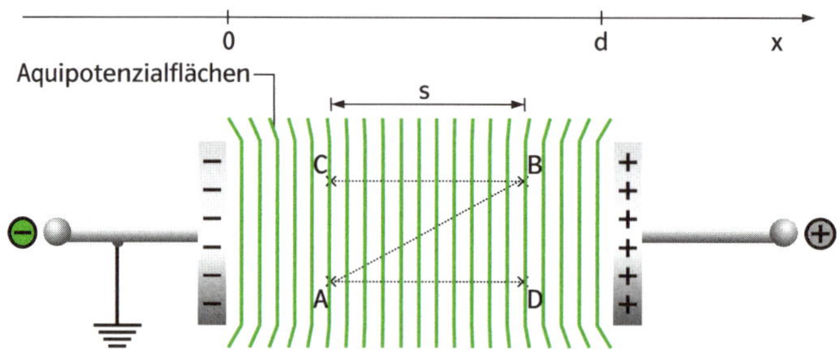

ÄQUIPOTENZIALFLÄCHEN

Flächen, auf denen sich die potenzielle Energie nicht ändert, nennt man **Äquipotenzialflächen**. Sie stehen senkrecht zu den Feldlinien.

ELEKTRISCHES POTENZIAL

Die potenzielle Energie wird im Gravitationsfeld und im elektrischen Feld bezüglich eines Anfangspunktes angegeben. Dazu wählt man einen Bezugspunkt auf einer Äquipotenzialfläche. Dort ist die potenzielle Energie des Körpers null. Verschiebt man nun den Körper parallel zu den Feldlinien um eine Strecke Δs, so beträgt seine potentielle Energie: $E_{pot} = F \cdot \Delta s = \pm Q \cdot E \cdot \Delta s$.
Den Quotienten aus der potenziellen Energie und der Ladung Q nennt man **elektrisches Potenzial φ**.

$\varphi = \frac{E_{pot}}{Q} = E \cdot \Delta s$; Einheit: $1\,\frac{\text{J}}{\text{C}}$

Das elektrische Potenzial hängt nur vom Ort und der elektrischen Feldstärke E ab.

ELEKTRISCHE SPANNUNG

Die Potenzialdifferenz zwischen zwei Punkten A und B eines elektrischen Feldes nennt man **elektrische Spannung**.

$U = \varphi_B - \varphi_A = \frac{E_B - E_A}{Q} = \frac{\Delta E_{AB}}{Q}$; Einheit: $1\,\text{V} = 1\,\frac{\text{J}}{\text{C}}$

Somit ist die Spannung der Quotient aus der Energieänderung ΔE_{AB}, die zum Transport einer Ladung Q vom Punkt A zum Punkt B erforderlich ist, und der Ladung Q. Die Spannung hängt nicht vom Bezugspunkt des Null-Potenzials ab. Liegen die Punkte A und B auf der gleichen Äquipotenzialfläche, so besteht keine Potenzialdifferenz und somit keine Spannung zwischen ihnen.

Betrachtet man das homogene Feld zwischen zwei Metallplatten mit dem Abstand d, so gilt für die Spannung U:

$U = \frac{\Delta E_{AB}}{Q} = \frac{Q \cdot E \cdot d}{Q} = E \cdot d.$

ELEKTRISCHES FELD

Jeder elektrisch geladene Körper ist von einem elektrischen Feld umgeben.

1. Nennen Sie eine Möglichkeit, wie man Feldlinien sichtbar machen kann.
2. Zeichnen Sie die Feldlinienbilder zwischen den beiden Punktladungen:

3. Berechnen Sie die elektrische Feldstärke einer geladenen Kugel mit der Ladung $Q = 5\,\text{nC}$ und einem Durchmesser von 5 cm.

   Zusatzinfo: Elektrische Feldkonstante $\varepsilon_0 = 8{,}85 \cdot 10^{-2} \frac{C^2}{(N \cdot m^2)}$

LÖSUNGEN

1. Mithilfe von Grieskörnern, die in Öl schwimmen, kann man elektrische Feldlinien sichtbar machen. Die Grieskörner verhalten sich wie kleine Dipole, die sich entlang der Feldlinien ausrichten.
2. Feldlinienbilder zweier Punktladungen:

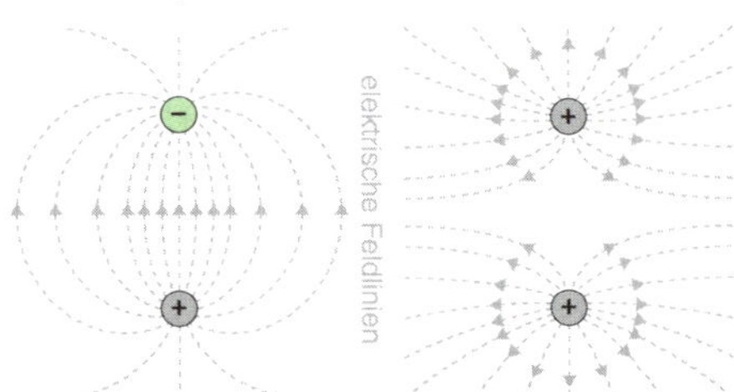

3. Für die Flächenladungsdichte gilt: $\sigma = \frac{Q}{A} = \varepsilon_0 \cdot E$ und damit gilt für die elektrische Feldstärke:

$$E = \frac{Q}{A \cdot \varepsilon_0} = \frac{Q}{4 \cdot \pi \cdot r^2 \cdot \varepsilon_0} = \frac{5 \cdot 10^{-9}\,C}{4 \cdot \pi \cdot (0{,}025\,m)^2 \cdot 8{,}85 \cdot 10^{-12}\,C^2/(N \cdot m^2)} = 71934{,}4\,\frac{N}{C}$$

(Kugeloberfläche $A = 4 \cdot \pi \cdot r^2$).

ENERGIE UND SPANNUNG

Will man elektrische Ladungen trennen, so muss man elektrische Arbeit aufbringen. Um eine Ladung $Q = 1\,\text{mC}$ vom Ort A zum Ort B zu transportieren, ist die elektrische Arbeit $E_{AB} = 2\,\text{J}$ notwendig.

1. Wie groß ist die elektrische Spannung zwischen den beiden Punkten A und B?
2. Am Ort A beträgt die potentielle Energie $E_A = 8\,\text{J}$. Wie groß ist sie am Ort B?
3. Um die Ladung von A nach B zu transportieren, braucht man die Zeit $t = 10\,\mu\text{s}$. Welche Leistung muss dazu aufgebracht werden ?

LÖSUNGEN

1. Die Spannung U_{AB} zwischen den Punkten A und B ist definiert als Quotient der elektrischen Arbeit zum Transport der Ladung E_{AB} und der Ladung Q:
$U_{AB} = \frac{E_{AB}}{Q} = \frac{2\,\text{J}}{1\,\text{mC}} = \frac{2\,\text{J}}{1\cdot10^{-3}\,\text{C}} = 2000\,\text{V}.$
2. Die elektrische Arbeit E_{AB} entspricht der Differnz der potentiellen Energien zwischen den Punkten A und B. Daraus folgt:
$E_{AB} = 2\,\text{J} = E_B - E_A = E_B - 8\,\text{J},$
$E_B = 2\,\text{J} + 8\,\text{J} = 10\,\text{J}.$
3. Die Leistung P ist definiert als Quotient der Energieänderung und der dafür benötigten Zeit:
$P = \frac{E_{AB}}{t} = \frac{2\,\text{J}}{10\,\mu\text{s}} = \frac{2\,\text{J}}{10\cdot10^{-6}\,\text{s}} = 200\,\text{kW}.$

BESCHREIBUNG EINES GLEICHSTROMKREISES

Es gibt drei Größen, durch die ein Gleichstromkreis beschrieben wird: elektrische Stromstärke, elektrische Spannung und elektrischer Widerstand.
Die Stromstärke gibt an, wie viele Ladungen in einer bestimmten Zeit durch den Leiterquerschnitt fließen. Die Spannung gibt an, wie stark der elektrische Strom angetrieben wird. Der elektrische Widerstand kennzeichnet die Eigenschaft eines Bauteils, den Strom im Stromkreis zu behindern.

DER ELEKTRISCHE WIDERSTAND

Der elektrische Widerstand eines Leiters ist der Quotient aus der am Leiter anliegenden Spannung und der Stärke des durch ihn fließenden Stromes.

$R = \frac{U}{I}$ Einheit: $1\,\Omega$ (Ohm) $= \frac{1\,V}{1\,A}$

Trägt man in einem Diagramm die Stromstärke gegenüber der Spannung auf, so erhält man die *U-I*-Kennlinie des Widerstandes.

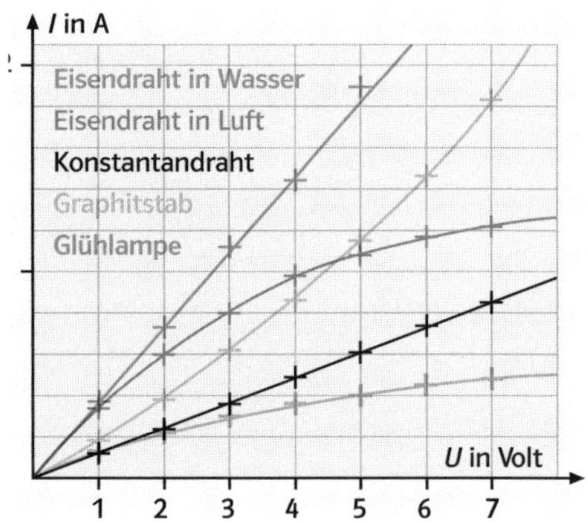

U-I-Kennlinie verschiedener Drähte

OHM'SCHES GESETZ

Bei Leitern, bei denen die U-I-Kennlinie eine Ursprungsgerade ist, gilt das **Ohm'sche Gesetz:**

Stromstärke und Spannung sind zueinander proportional: $U \sim I$ bzw. $\frac{U}{I} = \text{const.}$

Georg Simon Ohm

Der Widerstand ist konstant. Dies ist bei Konstantandraht nahezu der Fall. Bei Eisendraht ist dies nur dann der Fall, wenn man die Temperatur konstant hält. Der Widerstand hängt meistens von der Temperatur ab. D. h. mit steigender Spannung wächst die Stromstärke und die Temperatur. Deshalb gilt das ohm'sche Gesetz für metallische Leiter nur bei konstanter Temperatur.

ELEKTRISCHER WIDERSTAND EINES DRAHTES

Der elektrische Widerstand eines Körpers lässt sich mithilfe seiner geometrischen Abmessungen und einer materialspezifischen Konstanten, dem spezifischen Widerstand ϱ, berechnen.

Es gilt für einen geraden Leiter mit der Länge l und der Querschnittsfläche A: $R = \varrho \cdot \frac{l}{A}$.

REIHENSCHALTUNG

$I = I_1 = I_2 = \ldots = I_n$

$U = U_1 + U_2 + \ldots + U_n$

$R = R_1 + R_2 + \ldots + R_n$

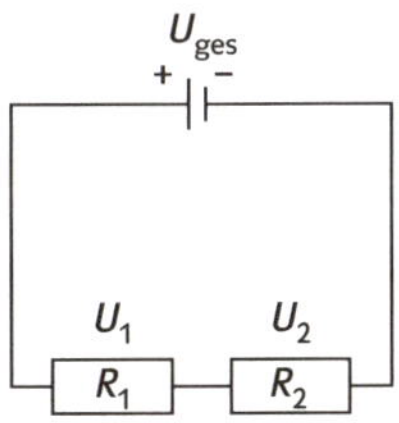

PARALLELSCHALTUNG

$I = I_1 + I_2 + \ldots + I_n$

$U = U_1 = U_2 = \ldots = U_n$

$\frac{1}{R} = \frac{1}{R_1} + \frac{1}{R_2} + \ldots + \frac{1}{R_n}$

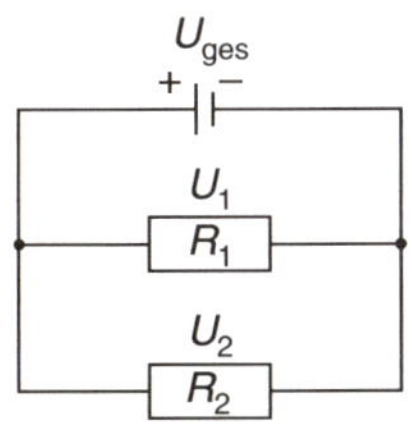

DER KONDENSATOR

Kondensatoren sind Bauelemente, die elektrische Ladung bzw. elektrische Energie speichern können. Ein Kondensator besteht aus zwei gegenüberstehenden elektrisch leitenden Körpern. Dazwischen befindet sich ein Isolator, auch Dielektrikum genannt.

Wie viel Ladung ein Kondensator speichern kann, wird durch die Kapazität des Kondensators gekennzeichnet.
Die Kapazität C des Kondensators ist der Quotient aus der gespeicherten Ladung Q und der anliegenden Spannung U.

$C = \frac{Q}{U}$; Einheit: $1\frac{\mathrm{C}}{\mathrm{V}} = 1\,\mathrm{F}$ (Farad).

PLATTENKONDENSATOR

Die einfachste Form eines Kondensators ist ein Plattenkondensator, d. h. die beiden leitenden Körper sind Metallplatten, die einander gegenüberstehen. Seine Kapazität wird durch seine baulichen Größen bestimmt.
Die Kapazität C ist umso größer,
- je größer die Plattenoberfläche (A),
- je kleiner der Plattenabstand (d),
- je besser die Dipolbildung im Dielektrikum (je größer die relative Dielektrizitätszahl ε_r).

$C = \varepsilon_0 \cdot \varepsilon_r \cdot \frac{A}{d}$, wobei ε_0 = elektrische Feldkonstante, ε_r = Dielektrizitätszahl ist.

Bei Luft gilt: $\varepsilon_r = 1$.

AUFLADUNG EINES KONDENSATORS

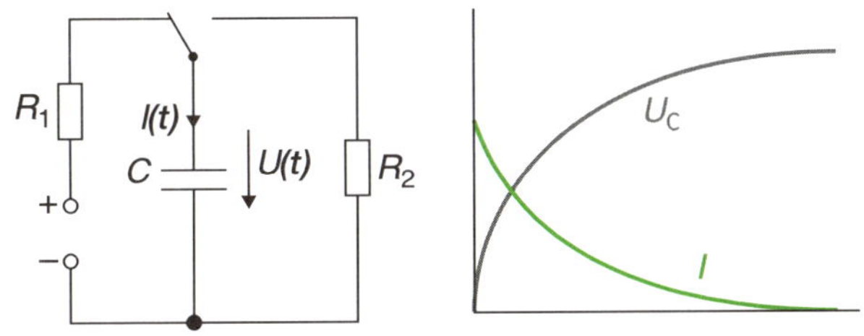

Schließt man einen Kondensator an eine Gleichspannungsquelle an, so lädt er sich auf. Dabei fließen die Elektronen vom Minuspol der Spannungsquelle auf die eine Platte, während die freien Elektronen der anderen Platte zum Pluspol der Spannungsquelle fließen. Zwischen den beiden Platten baut sich ein **elektrisches Feld** auf, das der Polung der Spannungsquelle entgegen wirkt. Nun kann kein Strom mehr fließen. Trennt man den Kondensator von der Spannungsquelle, bleibt das elektrische Feld erhalten. Die Energie, die zum Aufbau des elektrischen Feldes benötigt wurde, ist nun im Kondensator gespeichert.

ENTLADUNG EINES KONDENSATORS

Wird der Kondensator über den elektrischen Widerstand R_2 entladen, so sinkt die Spannung vom Maximalwert auf Null ab. Die Stromstärke wechselt ihre Polarität und sinkt auch vom Maximalwert auf Null ab. Der Kondensator ist dann entladen, wenn kein Strom mehr fließt.

Die ein einem Kondensator gespeicherte **Energie** berechnet sich durch:

$E_{el} = \frac{1}{2}Q \cdot U = \frac{1}{2}C \cdot U^2$.

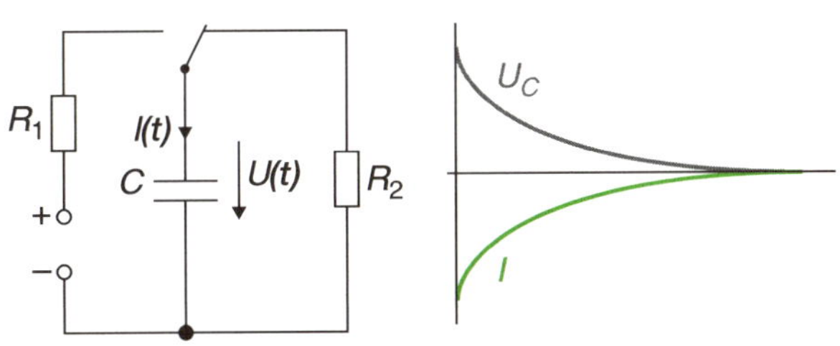

ELEKTRISCHER WIDERSTAND

Aussagen über einen elektrischen Widerstand sind möglich, wenn man seine Kennlinie aufnimmt.

1. Beschreiben Sie einen Versuch, mit dem man diese Kennlinie aufnehmen kann. Fertigen Sie zusätzlich eine Schaltskizze an.

2. Das Diagramm zeigt die Kennlinien verschiedener Widerstände. Interpretieren Sie diese Kurven. Aus welchen Materialien könnten die Widerstände bestehen?

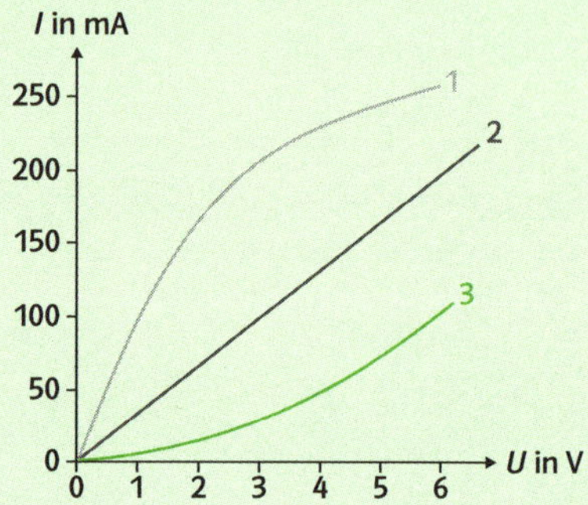

LÖSUNGEN

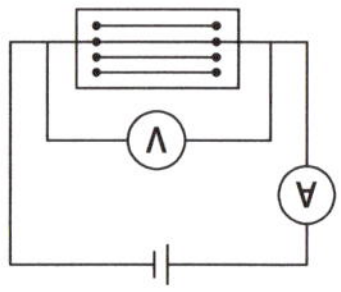

1. Ein elektrischer Widerstand, z. B. eine Glühlampe oder ein Draht, und ein Messgerät für die Stromstärke werden in Reihe mit einer Spannungsquelle verbunden. Ein Spannungsmessgerät wird parallel zum Widerstand geschaltet. Nun erhöht man langsam die Spannung und misst die dazugehörige Stromstärke.

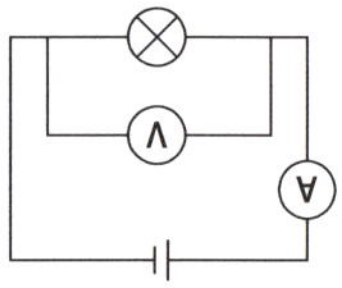

2. Für die drei Kurven kann man in jedem Punkt die Steigung der Kurve ermitteln. Die Änderungsrate $\frac{\Delta I}{\Delta U}$ ist für hinreichend kleine ΔU eine gute Näherung für die Steigung. Dieser Quotient ist der Kehrwert des elektrischen Widerstandes $\left(R = \frac{\Delta I}{\Delta U}\right)$.
Kurve 1: Mit steigender Spannung nimmt die Steigung der Kurve ab. Somit steigt mit zunehmender Spannung der Widerstand. Bei dem elektrischen Widerstand könnte es sich um einen Eisendraht handeln, der nicht gekühlt wurde.
Kurve 2: Mit steigender Spannung bleibt die Steigung der Kurve gleich. Somit bleibt der Widerstand mit zunehmender Spannung konstant. Da es sich bei der Kurve um eine Ursprungsgerade handelt, gilt das ohmsche Gesetz. Bei dem elektrischen Widerstand könnte es sich um Konstantandraht handeln.
Kurve 3: Mit steigender Spannung nimmt die Steigung der Kurve zu. Somit nimmt mit zunehmender Spannung der Widerstand ab. Der elektrische Widerstand könnte Kohle enthalten.

KONDENSATOR

Ein Kondensator ist ein elektrisches Bauteil, das elektrische Ladung und elektrische Energie speichern kann. Die Größe, die angibt, wie viel elektrische Ladung bzw. Energie der Kondensator speichern kann, nennt man die Kapazität des Kondensators.

1. Wovon hängt die Kapazität eines Plattenkondensators ab?
2. Ein Plattenkondensator ist mit einer Gleichspannungsquelle verbunden. Nun wird der Plattenabstand auf das n-Fache vergrößert.
   Wie ändert sich die Kapazität *C*, der Betrag der Ladung *Q*, die Spannung *U* und die Feldstärke *E* zwischen den Platten, wenn die Vergrößerung des Plattenabstandes bei
   a) angeschlossener Spannungsquelle,
   b) abgetrennter Spannungsquelle
   erfolgt ?

LÖSUNGEN

1. Die Kapazität eines Plattenkondensators hängt ab von der Größe der Platten, dem Abstand der Platten und dem Dielektrikum zwischen den Platten.

2. a) Bei angeschlossener Spannungsquelle ist die Spannung *U* konstant.
   Für die Kapazität gilt: $C = \varepsilon_0 \cdot \varepsilon_r \cdot \frac{A}{d}$. Vergrößert man nun den Plattenabstand auf das n-Fache, so verkleinert sich die Kapazität um das n-Fache.
   Für den Betrag der Ladung gilt: $Q = C \cdot U$, da U = const. und sich die Kapazität um das n-Fache verkleinert, so verkleinert sich auch die Ladung um das n-Fache.
   Für die elektrische Feldstärke gilt: $E = \frac{U}{d}$. Auch die elektrische Feldstärke verkleinert sich bei Vergrößerung des Plattenabstandes um das n-Fache.
   b) Bei abgetrennter Spannungsquelle ist die Ladung *Q* auf dem Plattenkondensator konstant.
   Für die Kapazität gilt: $C = \varepsilon_0 \cdot \varepsilon_r \cdot \frac{A}{d}$. Vergrößert man nun den Plattenabstand auf das n-Fache, so verkleinert sich die Kapazität um das n-Fache.
   Für die Spannung gilt: $U = \frac{Q}{C}$. Verkleinert sich die Kapazität um das n-Fache, so vergrößert sich die Spannung *U* um das n-Fache.
   Für die elektrische Feldstärke gilt: $E = \frac{U}{d}$. Da sich sowohl die Spannung *U* als auch der Plattenabstand *d* um das n-Fache vergrößern, bleibt die elektrische Feldstärke konstant.

SCHALTUNG VON KONDENSATOREN

Hat ein Kondensator nicht die gewünschte Kapazität, so kann man durch Parallel- oder Reihenschaltung mehrerer Kondensatoren die benötigte Kapazität erhalten.

PARALLELSCHALTUNG VON KONDENSATOREN

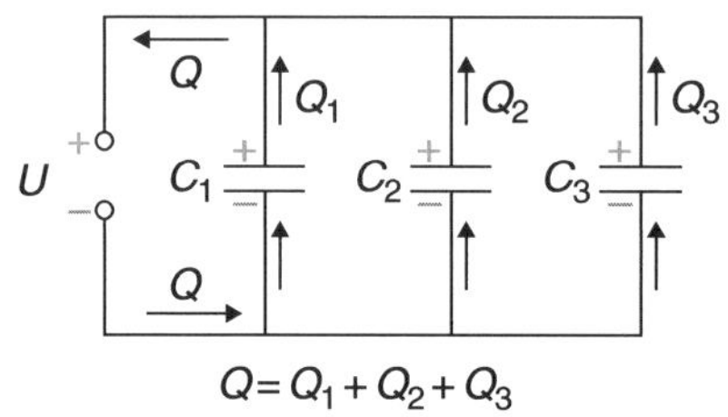

Die Pfeile zeigen die Bewegungsrichtung der Elektronen beim Aufladen des Kondensators.

Bei der Parallelschaltung ist die Spannung konstant, während sich die Einzelladungen der Kondensatoren zur Gesamtladung *Q* addieren.

Somit gilt für die Gesamtkapazität C_{gesamt}:

$$C_{gesamt} = \frac{Q}{U} = \frac{Q_1 + Q_2 + Q_3 + \ldots}{U} = \frac{Q_1}{U} + \frac{Q_2}{U} + \frac{Q_3}{U} + \ldots = \frac{C_1 \cdot U}{U} + \frac{C_2 \cdot U}{U} + \frac{C_3 \cdot U}{U} \ldots = C_1 + C_2 + C_3 + \ldots$$

Die Gesamtkapazität berechnet sich aus der Summe der Einzelkapazitäten.

REIHENSCHALTUNG VON KONDENSATOREN

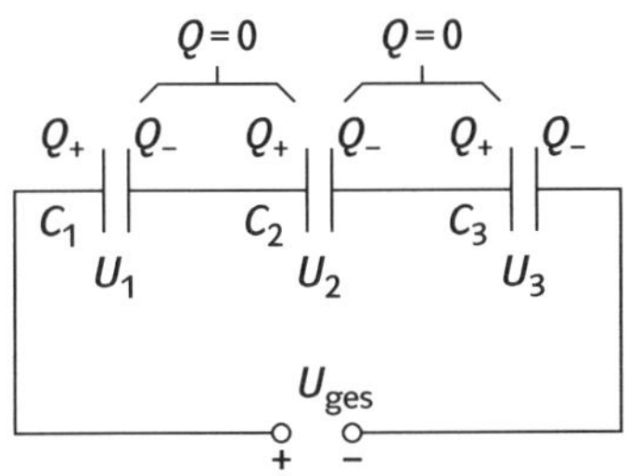

$$U_{ges} = U_1 + U_2 + U_3$$

Die Batterie mit der Spannung U „pumpt" Elektronen von der linken Platte des ersten Kondensators auf die rechte Platte des dritten Kondensators.

Sind Ladungen auf den äußeren Kondensatorplatten, tritt allerdings Influenz auf und auch alle anderen Kondensatorplatten werden aufgeladen.

Die mittleren Kondensatorplatten sind nicht mit der Quelle verbunden. Ihre Gesamtladung (Vorzeichen!) ist also stets 0!

Bei der Reihenschaltung ist die Ladung konstant, wahrend sich die Einzellspannungen der Kondensatoren zur Gesamtspannung U_{ges} addieren.

Somit gilt für die Gesamtkapazität C_{gesamt}:

$U_{ges} = \frac{Q}{C_{ges}} = \frac{Q}{C_1 + C_2 + C_3 + \ldots} = \frac{Q}{C_1} + \frac{Q}{C_2} + \frac{Q}{C_3} + \ldots$. Dividiert man dies durch Q, so gilt:

$$\frac{1}{C_{gesamt}} = \frac{1}{C_1} + \frac{1}{C_2} + \frac{1}{C_3} + \ldots$$

Der Kehrwert der Gesamtkapazität ist gleich der Summe der Kehrwerte der Einzelkapazitäten.

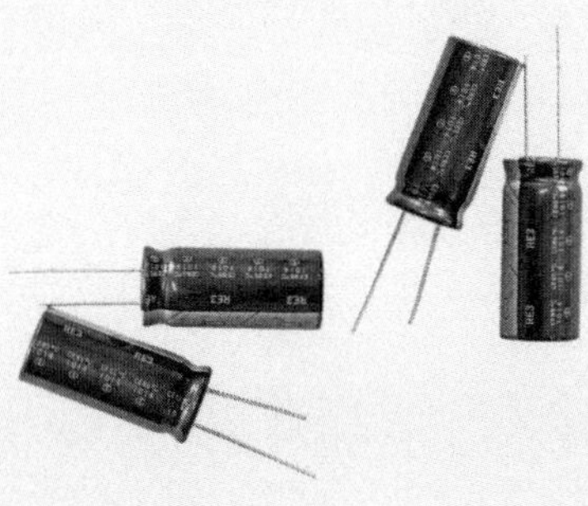

LADUNGSTRÄGER

Unter einem Ladungsträger versteht man einen geladenen Körper. Der leichteste Ladungsträger mit der kleinsten positiven Ladung ist das Proton. Der leichteste Ladungsträger mit der kleinsten negativen Ladung ist das Elektron.
Protonen und Elektronen tragen die gleiche Ladung, nämlich die Elementarladung $e = 1{,}6 \cdot 10^{-19}\,\text{C}$.
Befinden sich Elektronen oder Protonen in einem elektrischen Feld, so wirkt die Feldkraft auf sie. Man unterscheidet zwischen einem homogenen Längsfeld (der Ladungsträger bewegt sich parallel zu den Feldlinien) und einem homogenen Querfeld (der Ladungsträger bewegt sich senkrecht zu den Feldlinien.)

ELEKTRONEN IM ELEKTRISCHEN LÄNGSFELD

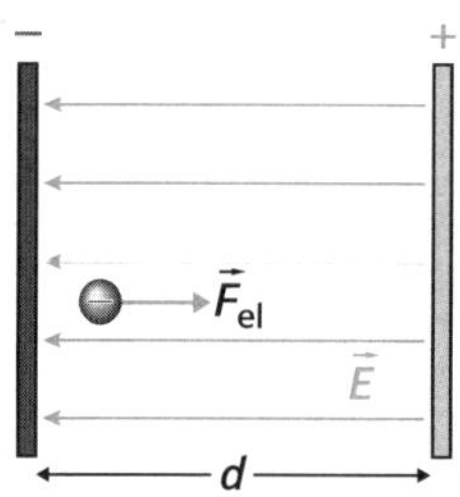

Das Elektron beschleunigt aufgrund der elektrischen Feldkraft in Richtung der positiven Platte.

$a = \frac{F}{m} = \frac{(E \cdot e)}{m}$

Die elektrische Feldenergie E_{el} wird dabei in kinetische Energie des Elektrons E_{kin} umgewandelt: $E_{el} = E_{kin}$.

$U \cdot e = \frac{1}{2} m \cdot v^2$

Die Geschwindigkeit des Elektrons berechnet sich:

$v = \sqrt{2U \cdot \frac{e}{m}}$.

ELEKTRONEN IM ELEKTRISCHEN QUERFELD

Ein Elektron tritt mit der Anfangsgeschwindigkeit v_0 in ein elektrisches Querfeld ein. Dort wird es zusätzlich aufgrund der elektrischen Feldkraft in Richtung der positiven Platte abgelenkt. Diese Bewegung ist mit dem waagerechten Wurf aus der Mechanik vergleichbar.

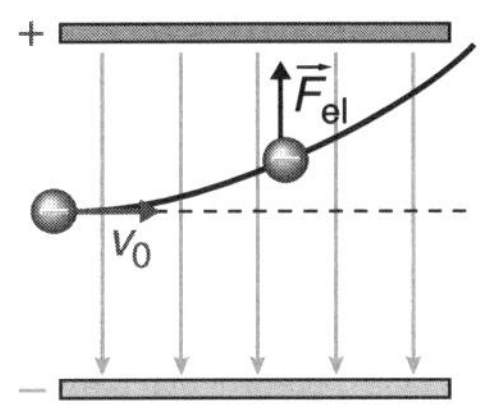

Die gleichförmige Bewegung in x-Richtung wird überlagert durch eine gleichmäßig beschleunigte Bewegung in y-Richtung.

Es gilt:

$v_0 = v_x = \frac{l}{t_1}$ bzw. $t_1 = \frac{l}{v_x}$,

$v_y = a_y \cdot t_1 = \frac{F_y}{m} \cdot t_1 = \frac{E \cdot e}{m} \cdot t_1 = \frac{U}{d} \cdot \frac{e}{m} \cdot t_1$.

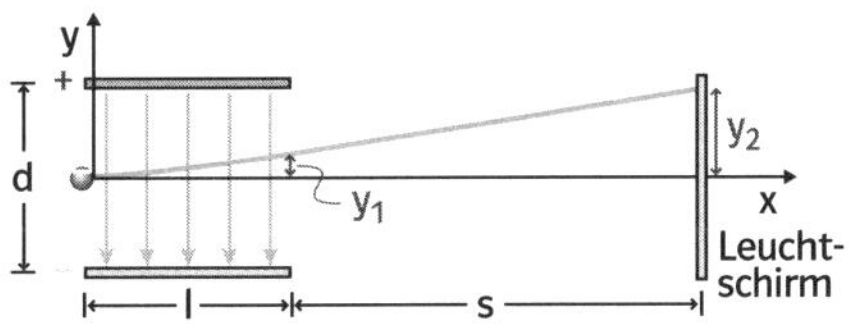

Somit gilt für die Ablenkung in y-Richtung:

$y_1 = \frac{1}{2} \cdot a_y \cdot t_1^2 = \frac{1}{2} \cdot \frac{e}{m} \cdot \frac{U}{d} \cdot t_1^2 = \frac{1}{2} \cdot \frac{e}{m} \cdot \frac{U}{d} \cdot \frac{l^2}{v_x^2}$.

Außerhalb des elektrischen Feldes bewegt sich das Elektron gleichförmig und benötigt bis zum Leuchtschirm, auf dem es nachgewiesen wird, die Zeit $t_2 = \frac{s}{v_x}$. Dabei legt es die Strecke y_2 in y-Richtung zurück.

$$y_2 = v_y \cdot t_2 = v_y \cdot \frac{s}{v_x} = \frac{e}{m} \cdot \frac{U}{d} \cdot \frac{l \cdot s}{v_x^2}$$

Die Gesamtablenkung in y-Richtung y_3 beträgt dann:

$$y_3 = y_1 + y_2 = \frac{e}{m} \cdot \frac{U}{d} \cdot \frac{l}{v_x^2} \cdot \left(\frac{1}{2} l + s\right).$$

SCHALTUNG VON KONDENSATOREN

Kondensatoren können wie Widerstände parallel oder in Reihe geschalten werden. Gegeben sind drei Kondensatoren gleicher Kapazität.

1. Welche Möglichkeiten der Schaltung dieser drei Kondensatoren gibt es? Skizzieren Sie ihre Möglichkeiten.
2. Berechnen Sie für jede der Möglichkeiten die Gesamtkapazität.

LÖSUNGEN

1. 1. Möglichkeit:

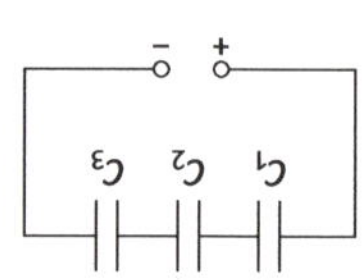

2. Möglichkeit:

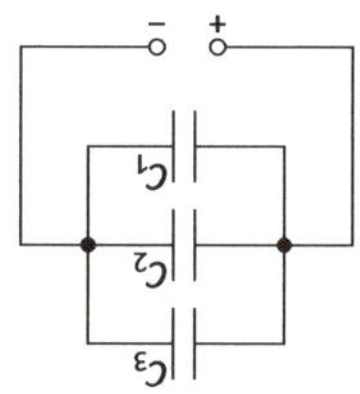

3. Möglichkeit:

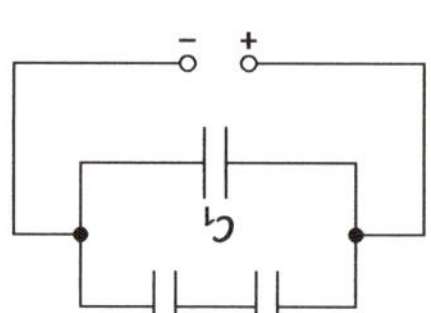

4. Möglichkeit:

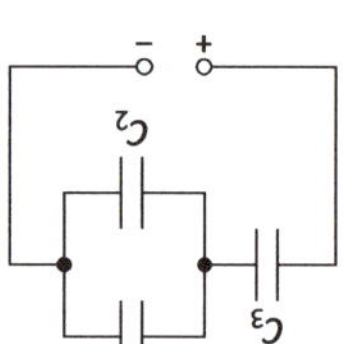

2. 1. Möglichkeit:

$$\frac{1}{C_{Ges}} = \frac{1}{C_1} + \frac{1}{C_2} + \frac{1}{C_3} = \frac{3}{C} \Rightarrow C_{Ges} = \frac{C}{3}$$

2. Möglichkeit

$$C_{Ges} = C_1 + C_2 + C_3 = 3C$$

3. Möglichkeit:

Reihenschaltung aus C_2 und C_3

$$\frac{1}{C_{Ers_1}} = \frac{1}{C_2} + \frac{1}{C_3} = \frac{2}{C} \Rightarrow C_{Ers_1} = \frac{C}{2}$$

Parallelschaltung aus C_{Ers_1} und C_1

$$C_{Ges} = C_{Ers_1} + C_1 = \frac{C}{2} + C_1 = 1\frac{1}{2}C$$

4. Möglichkeit:

Parallelschaltung aus C_1 und C_2

$$C_{Ers_2} = C_1 + C_2 = 2C$$

Reihenhaltung aus C_{Ers_2} und C_3

$$\frac{1}{C_{ges}} = \frac{1}{C_{Ers_2}} + \frac{1}{C_3} = \frac{1}{2C} + \frac{1}{C} = \frac{3}{2C} \Rightarrow C_{Ges} = \frac{2}{3}C$$

LADUNGSTRÄGER IM ELEKTRISCHEN FELD

Elektronen erfahren im elektrischen Feld eine Kraft. Diese Kraft wirkt auf die Elektronen unterschiedlich, je nachdem, ob sie parallel oder senkrecht zu den Feldlinien eintreten.

1. Wie kann man im Vakuum freie Elektronen erzeugen?
2. Wie bewegt sich ein Elektron, wenn es parallel zu den Feldlinien in ein elektrisches Feld eintritt?
3. Wie bewegt sich ein Elektron, wenn es senkrecht zu den Feldlinien in ein elektrisches Feld eintritt?
4. An einem Plattenkondensator mit dem Plattenabstand $d = 1\,\text{cm}$ liegt die Spannung $U = 50\,\text{V}$. Nun tritt ein Elektron mit der Geschwindigkeit $v_0 = 1 \cdot 10^7\,\text{m/s}$ senkrecht zu den Feldlinien in den Plattenkondensator ein.
   Wie lang müssen die Kondensatorplatten sein, damit das Elektron beim Verlassen des Kondensators um 4 mm in y-Richtung abgelenkt wurde ?

Zusatzinfo: $m_e = 9{,}11 \cdot 10^{-31}\,\text{kg}$; $e = 1{,}602 \cdot 10^{-19}\,\text{C}$

LÖSUNGEN

1. Elektronen können im Vakuum durch den glühelektrischen oder lichtelektrischen Effekt erzeugt werden. In einem evakuierten Glaskolben befindet sich eine Drahtwendel, die durch eine Stromquelle erhitzt wird. Diese Drahtwendel sendet Elektronen aus, während die positiven Ladungsträger im Draht gebunden sind. Auch durch Bestrahlen einer negativ geladenen Metallplatte kann man ab einer bestimmten Energie Elektronen aus der Metalloberfläche lösen.
2. Tritt ein Elektron parallel zu den Feldlinien in ein elektrisches Feld ein, so hängt es davon ab, ob es in Richtung der Feldlinien oder entgegengesetzt zur Richtung der Feldlinien eintritt. Tritt es in Richtung der Feldlinien ein, so wird es abgebremst und kehrt um zur positiven Platte, wenn seine kinetische Energie aufgebraucht ist. Tritt es hingegen entgegengesetzt zur Richtung der Feldlinien ein, so wird es beschleunigt.
3. Tritt ein Elektron senkrecht zu den Feldlinien mit einer bestimmten Anfangsgeschwindigkeit ein, so bewegt es sich auf einer Parabelbahn, ähnlich der Bewegung beim waagerechten Wurf, in Richtung der positiven Platte.
4. In *x*-Richtung findet eine gleichförmige Bewegung statt: $v_x = v_0 = \frac{l}{t}$ bzw. $t = \frac{l}{v_x}$.
   In *y*-Richtung findet eine gleichmäßig beschleunigte Bewegung statt:
   $v_y = a \cdot t$ bzw. $y = \frac{1}{2} a \cdot t^2 = \frac{1}{2}\frac{F}{m} \cdot t^2 = \frac{1}{2}\frac{E \cdot e}{m} \cdot t^2 = \frac{1}{2}\frac{U}{d} \cdot \frac{e}{m} \cdot t^2 = \frac{1}{2}\frac{U}{d} \cdot \frac{e}{m} \cdot \frac{l^2}{v_x^2}$,
   $l^2 = 2y \cdot \frac{m}{e} \cdot \frac{d}{U} \cdot v_0^2 = 2 \cdot 0{,}004\,\text{m} \cdot 9{,}11 \cdot 10^{-31}\,\text{kg}/1{,}602 \cdot 10^{-19}\,\text{C} \cdot \frac{0{,}01\,\text{m}}{50\,\text{V}} \cdot \left(1 \cdot 10^7 \frac{\text{m}}{\text{s}}\right)^2 = 9{,}1 \cdot 10^{-4}\,\text{m}^2$,
   $l = 0{,}03\,\text{m} = 3\,\text{cm}$.

DIE BRAUN'SCHE RÖHRE

Die Elektronenstrahlröhre oder auch Braun'sche Röhre wurde nach ihrem Erfinder Karl Ferdinand Braun benannt. Ihre Anwendung findet sich z. B. in Oszilloskopen, Fernsehern und Monitoren.

In der Elektronenstrahlröhre wird ein Elektronenstrahl durch elektrische Felder beschleunigt und abgelenkt.

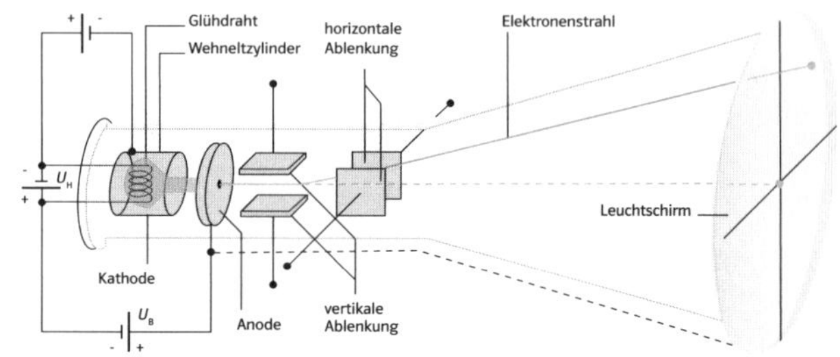

Die Elektronen werden in der Kathode durch Glühemission erzeugt. Die Spannung U_B, die zwischen der Kathode und der Anode anliegt, erzeugt ein elektrisches Feld, dass die Elektronen beschleunigt. Damit die Elektronen durch das Loch in der Anode fliegen, werden sie durch den negativ aufgeladenen Wehneltzylinder zu einem dünnen Strahl gebündelt. Nach der Anode bewegt sich der Elektronenstrahl gleichförmig. Ohne weitere Ablenkung würde er in der Mitte des Leuchtschirmes am Ende der Röhre einen Leuchtfleck bilden.

ABLENKUNG

Zur weiteren Ablenkung in horizontaler und vertikaler Richtung dienen zwei weitere elektrische Felder. So kann jeder beliebige Punkt des Leuchtschirmes erreicht werden.
Die Kathode und Anode, die für das Beschleunigen der Elektronen verantwortlich sind, wirken wie ein elektrisches Längsfeld.
Somit verlassen die Elektronen mit der Geschwindigkeit v die Anodenöffnung:

$$v_x = \sqrt{2U_B \cdot \frac{e}{m}}.$$

Von dort fliegt der Elektronenstrahl gleichförmig weiter und wird durch zwei elektrische Querfelder in x- bzw. y-Richtung abgelenkt. Die dabei entstehende Parabelbahn ähnelt der Bahn des waagerechten Wurfes.

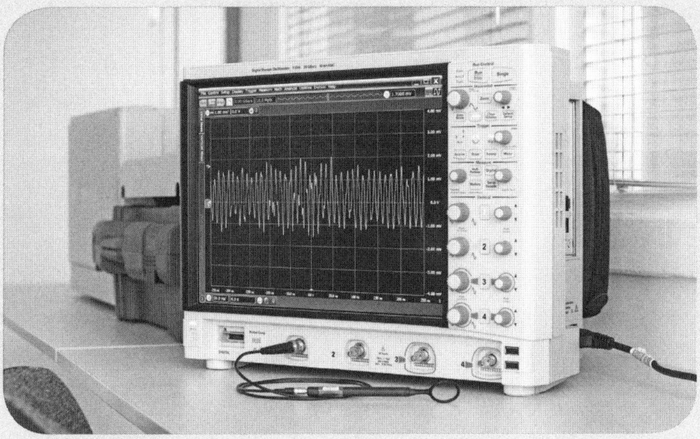

Betrachtet man die Ablenkung in y-Richtung, so erfahren die Elektronen eine Beschleunigung in diese Richtung, während sie in x-Richtung mit konstanter Geschwindigkeit weiterfliegen. Für die Ablenkung in y-Richtung gilt:

$$y = \frac{1}{2} \cdot a_y \cdot t_x^2 = \frac{1}{2} \cdot \frac{U_y}{d} \cdot \frac{e}{m} \cdot \frac{l^2}{v_x^2} \quad (l = \text{Länge der Platten}).$$

Mit $v_x = \sqrt{2U_B \cdot \frac{e}{m}}$ folgt für $y = \frac{l^2}{4dU_B} \cdot U_y$.

Die Elektronenstrahlröhre in einem Oszilloskop wird dazu genutzt, um den Verlauf von Spannungen in Abhängigkeit von der Zeit auf einem Schirm darzustellen. Dabei ist der Betrag der Ablenkung proportional zur Spannung an den Ablenkplatten.

DER MILLIKAN-VERSUCH

Robert Andrews Millikan gelang es zwischen 1909 und 1913 die Elementarladung *e* zu bestimmen. Er verbesserte einen Versuch von H. A. Wilson. Millikan verwendete die sogenannte Tröpfchenmethode, heute als Millikan-Versuch bekannt.

AUFBAU DES MILLIKAN-VERSUCH:

In einen Plattenkondensator werden parallel zu den Feldlinien Öltröpfchen gesprüht. Dabei werden sie durch die Reibung schwach geladen. Die Öltröpfchen werden seitlich durch ein Mikroskop beobachtet. Liegt am Kondensator keine Spannung an, so hängt es von der Größe der Tröpfchen ab, wie schnell sie nach unten sinken. Legt man die Spannung *U* an den Kondensator, so sinken manche Tröpfchen schneller, manche langsamer, andere steigen sogar nach oben.

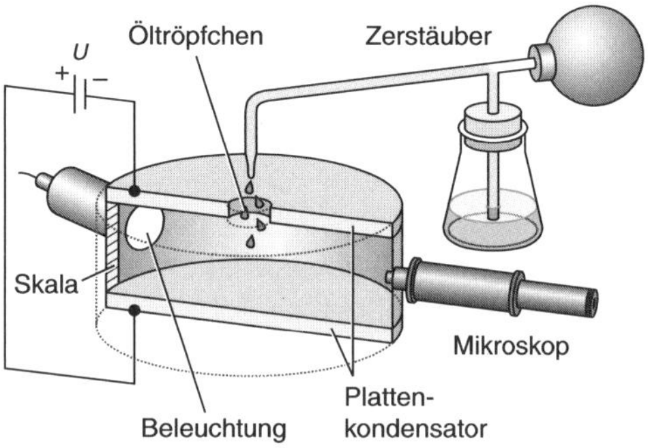

Aufbau des Millikan-Versuchs

Durch Verändern der Spannung kann man bestimmte Tröpfchen zum Schweben bringen. Umpolung der Spannung führt dazu, dass Tröpfchen, die vorher gefallen sind, nun steigen.

Auf die Tröpfchen mit der Masse m, dem Volumen V und der Ladung q wirken folgende Kräfte:
- Gewichtskraft $F_G = m \cdot g$,
- elektrische Kraft $F_{el} = q \cdot E$,
- Stokessche Reibungskraft $F_R = 6\pi \cdot \eta \cdot r \cdot v$ (η: Zähigkeit des Stoffes, r: Tröpfchenradius; v: Geschwindigkeit).

Im Plattenkondensator gilt für die Öltröpfchen beim:
1. Steigen mit Feld: Die Gravitationskraft und die elektrische Kraft sind entgegengesetzt gerichtet. Das Tröpfchen steigt mit konstanter Geschwindigkeit.
   Es gilt: $F_{el} = F_G + F_R$ bzw. $q \cdot E = m \cdot g + 6\pi \cdot \eta \cdot r \cdot v_1$.
2. Fallen mit Feld: Die Gravitationskraft und die elektrische Kraft sind gleich gerichtet. Das Tröpfchen fällt mit konstanter Geschwindigkeit.
   Es gilt: $F_R = F_G + F_{el}$ bzw. $6\pi \cdot \eta \cdot v_2 = m \cdot g + q \cdot E$.

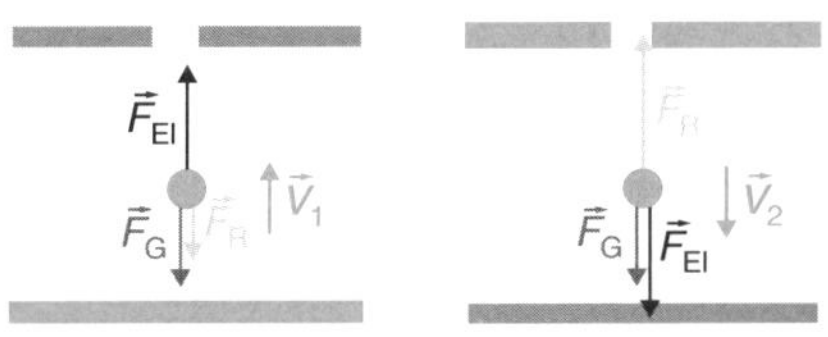

Um die Elementarladung $q = n \cdot e$ zu bestimmen, löst man die beiden Gleichungen nach v_1 bzw. v_2 auf und bestimmt $v_1 + v_2$ bzw. $v_1 - v_2$. Eliminiert man in beiden Gleichungen r und löst die erhaltene Gleichung nach q auf, erhält man mit $E = \frac{U}{d}$ und der Teilchenmasse $m = \frac{4}{3}\pi r^3 \varrho$ (ϱ: Dichte des Öls):

$$q = n \cdot e = \frac{9}{2}\pi \sqrt{\frac{\eta^3 d^2}{\varrho g} \cdot \frac{1}{U}} (v_1 + v_2)\sqrt{v_1 - v_2}.$$

Genaue Messungen ergaben für die Elementarladung:
$e = 1{,}60217646 \cdot 10^{-19}\,\mathrm{C}$.

1923 erhielt Millikan für den Nachweis der Quantelung der elektrischen Ladung den Nobelpreis.

ELEKTRONENSTRAHLRÖHRE

In einer Elektronenstrahlröhre wurde der Elektronenstrahl so abgelenkt, dass er im rechten oberen Quadrat als Punkt auf den Leuchtschirm trifft.

1. Wie müssen die Ablenkplatten gepolt sein, damit eine solche Ablenkung stattfindet?
2. Wie kann man die Helligkeit des Punktes auf dem Leuchtschirm erhöhen?
3. Bei der Elektronenstrahlröhre in einem Fernseher liegt zwischen der Anode und der Kathode die Spannung $U_B = 1{,}5\,\text{kV}$.
   Wie schnell verlassen die Elektronen die Anode?
4. Nun werden die Elektronen durch 5 cm lange vertikale Ablenkplatten mit dem Abstand $d = 12\,\text{mm}$ abgelenkt. Der Elektronenstrahl wird um 2 cm abgelenkt.
   Wie groß war die Ablenkspannung U_y?

Zusatzinfo: Masse des Elektrons: $m_e = 9{,}11 \cdot 10^{-31}\,\text{kg}$
Elementarladung: $e = 1{,}602 \cdot 10^{-19}\,C$

LÖSUNGEN

1. Die Ablenkung in *y*-Richtung findet durch die vertikalen Ablenkplatten statt. Da die Ablenkung nach oben erfolgt, ist die obere Platte positiv, die untere Platte negativ geladen.
   Die Ablenkung in *x*-Richtung findet durch die horizontalen Ablenkplatten statt. Da die Ablenkung von vorne gesehen nach rechts erfolgt, ist die rechte Platte positiv, die linke Platte negativ geladen.
2. Durch Erhöhung der Heizspannung kann man den Punkt auf dem Leuchtschirm heller machen.
3. Da die elektrische Energie der Elektronen in kinetische Energie übergeht, gilt:
   $E_{el} = E_{kin}$ bzw. $e \cdot U = \frac{1}{2} m v_x^2$.
   Somit ist $v_x = \sqrt{2 U_B \cdot \frac{e}{m}} = \sqrt{2 \cdot 1{,}5\,\text{kV} \frac{1{,}602 \cdot 10^{-19}\,\text{C}}{9{,}11 \cdot 10^{-31}\,\text{kg}}} = 22{,}97 \cdot 10^6 \frac{\text{m}}{\text{s}}$.
4. Für die Ablenkung in *y*-Richtung gilt:
   $y = \frac{1}{2} \cdot a_y \cdot t_x^2 = \frac{1}{2} \cdot \frac{e}{m} \cdot \frac{U_y}{d} \cdot \frac{l^2}{v_x^2}$.
   Für die Ablenkspannung U_y folgt:
   $U_y = 2 \cdot y \cdot d \cdot \frac{v_x^2}{l^2} \cdot \frac{m}{e} = 2 \cdot 0{,}02\,\text{m} \cdot 0{,}012\,\text{m} \cdot \frac{\left(22{,}97 \cdot 10^6 \frac{\text{m}}{\text{s}}\right)^2}{(0{,}05\,\text{m})^2} \cdot \frac{9{,}11 \cdot 10^{-31}\,\text{kg}}{1{,}602 \cdot 10^{-19}\,\text{C}} = 576\,\text{V}$.

ELEMENTARLADUNG

1. Leiten Sie die Formel zur Berechnung des Tröpfchenradius für den Fall her, dass am Plattenkondensator keine Spannung liegt. (Zusatzinfo: Stoke'sches Gesetz: $F_R = 6\pi \cdot \eta \cdot r \cdot v$)
2. Leiten Sie die Formel für die Ladung q für den Fall her, dass das Tröpfchen schwebt. Verwenden Sie die Formel aus 1.
3. Betrachtet man für jeweils zwei Fälle, „Fallen ohne Spannung und Schweben" oder „Fallen und Steigen mit Spannung", die Kräfte auf das Teilchen, so kann man die Elementarladung e berechnen. Warum ist der Fall „Fallen und Steigen mit Spannung" dem Fall „Fallen ohne Spannung und Schweben" zur Berechnung von q bzw. e vorzuziehen?

LÖSUNGEN

1. Liegt keine Spannung am Kondensator, so wirken die Gewichtskraft und die Reibungskraft auf das Teilchen. Nach sehr kurzer Zeit stellt sich ein Kräftegleichgewicht ein und das Tröpfchen fällt mit konstanter Geschwindigkeit. Es gilt: $F_G = F_R$ bzw. $m \cdot g = 6\pi \cdot \eta \cdot r \cdot v$.
   Mit $m = \frac{4}{3} r^3 \cdot \pi \cdot \varrho$ folgt für $r = 3 \cdot \sqrt{\frac{\eta \cdot v}{2 \cdot \varrho \cdot g}}$.
2. Liegt am Kondensator mit dem Plattenabstand d eine Spannung U, so wirkt außer der Gewichtskraft auch eine elektrische Kraft F_{el} auf das Tröpfchen. Es schwebt, wenn $F_{el} = F_G$ bzw. $q \cdot E = m \cdot g$.
   Mit $m \cdot g = 6\pi \cdot \eta \cdot r \cdot v$ und $E = \frac{U}{d}$ folgt: $q \cdot \frac{U}{d} = 6\pi \cdot \eta \cdot r \cdot v$ bzw. $q = \frac{6\pi \cdot \eta \cdot r \cdot v \cdot d}{U}$.
   Mit $r = 3 \cdot \sqrt{\frac{\eta \cdot v}{2 \cdot \varrho \cdot g}}$ aus Teilaufgabe 1 gilt: $q = \frac{18\pi \cdot \eta^{\frac{3}{2}} \cdot v^{\frac{3}{2}} \cdot d}{\sqrt{2\varrho \cdot g} \cdot U} = 18\pi \sqrt{\frac{\eta^3 \cdot d^2}{2\varrho \cdot g}} \cdot \frac{v\sqrt{v}}{U} = \text{konst} \cdot \frac{v\sqrt{v}}{U}$.
3. Beim Schweben führen die Teilchen zusätzlich eine Zitterbewegung, die brownsche Molekularbewegung, aus. Somit ist ihr Schwebezustand schwer messbar.
   Auch der „Fallen ohne Feld"-Zustand ist schwer messbar, da man die Zeit für das Fallen nur einmal messen kann und diese sehr klein ist. Somit ist sie mit einem großen Fehler behaftet.
   Legt man eine Spannung an, so kann man die Strecke mehrfach durchlaufen lassen, indem man die Spannung am Ende der Strecke umpolt. Dadurch erhöht sich die Messgenauigkeit für die Zeit.

3 MAGNETISCHES FELD

MAGNETISCHES FELD

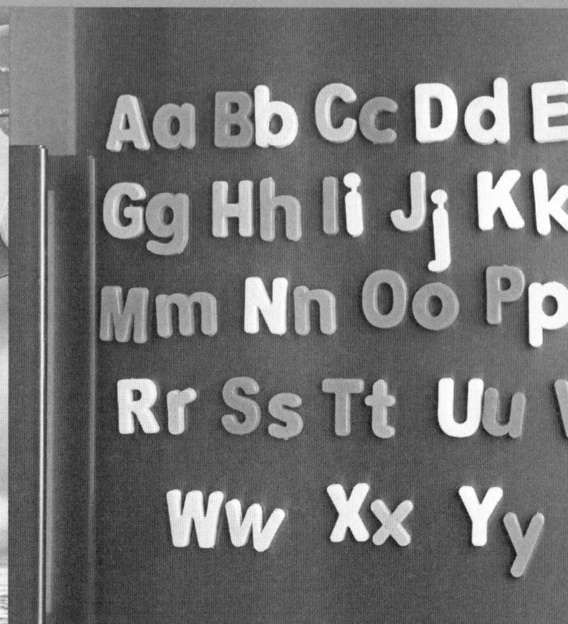

MAGNETISCHE KÖRPER

Jeder magnetische Körper ist von einem magnetischen Feld umgeben. In ihm erfahren magnetische Körper und Körper, die Eisen, Nickel oder Kobalt enthalten, Kräfte.
Jeder magnetische Körper besitzt zwei Pole, Nord- und Südpol, dort sind die magnetischen Kräfte am stärksten. Bricht man einen Magneten durch, so entstehen zwei Magnete mit jeweils einem Nord- und einem Südpol.

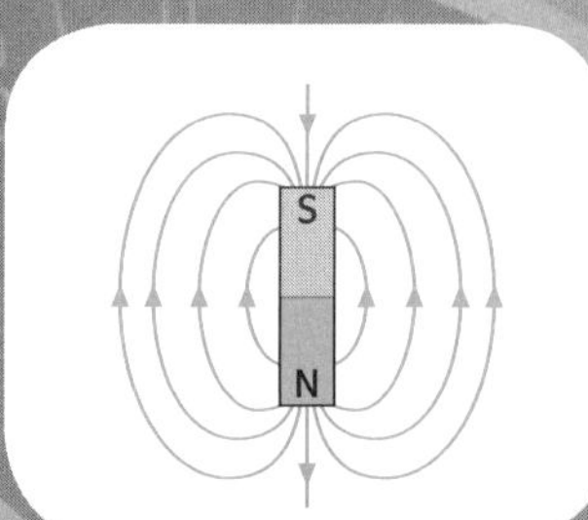

WIRKUNGEN MAGNETISCHER FELDER

Magnetische Felder kann man nicht sehen, man kann nur ihre **Wirkungen** erkennen. Diese Wirkungen kann man durch Probemagnete nachweisen.
Magnetische Felder werden wie elektrische Felder durch **Feldlinien** beschrieben. Man kann sie mithilfe von Eisenfeilspänen sichtbar machen. Eine Feldlinie ist eine Linie, deren Richtung in jedem Punkt des Feldes mit der Richtung der Kraft übereinstimmt, die der Nordpol eines Probemagneten im magnetischen Feld erfährt. D. h. eine Feldlinie geht vom Nordpol aus und endet am Südpol. Eine Feldlinie beginnt nicht oder endet nicht mitten im Raum. Magnetische Feldlinien sind stets geschlossen, sie überkreuzen und verzweigen sich nicht.

HOMOGENES MAGNETFELD

Ein Magnetfeld ist **homogen**, wenn die Kraft in jedem Punkt des Feldes in Betrag und Richtung gleich ist. Dann verlaufen die Feldlinien parallel zueinander und überall gleich dicht.

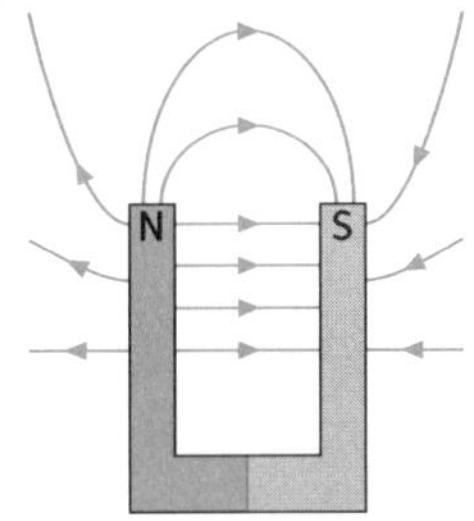

MAGNETFELD UM EINEN STROMDURCHFLOSSENEN LEITER

Auch **elektrischer Strom** erzeugt magnetische Felder. Die Feldlinien verlaufen kreisförmig um den stromdurchflossenen Leiter. Kehrt man die Richtung des Stromes im Leiter um, so ändern die Feldlinien ihre Richtung. Die Richtung der Feldlinien wird mit der **Linken-Hand-Regel** bestimmt.

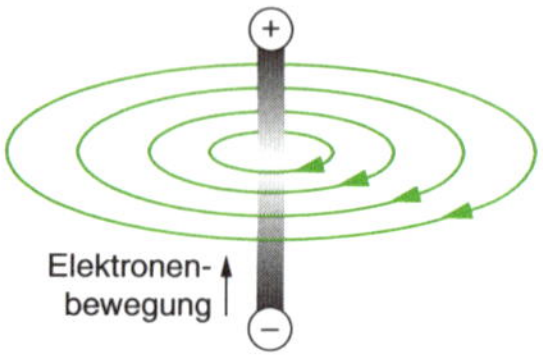

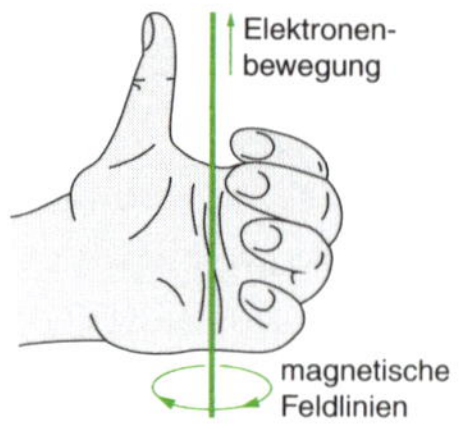

Dazu umfasst man mit der linken Hand den Leiter, wobei der Daumen in Richtung des Elektronenflusses zeigt. Die gekrümmten Finger geben dann die Feldlinienrichtung an.

DAS MAGNETFELD DER ERDE

Unsere Erde ist von einem Magnetfeld umgeben. Dieses Magnetfeld ähnelt in Erdnähe dem eines Stabmagneten. Die magnetischen Feldlinien treten auf der Südhalbkugel aus der Erde aus und durch die Nordhalbkugel wieder in die Erde ein. Oberhalb der Erdatmosphäre wird das Magnetfeld durch den Sonnenwind verformt.

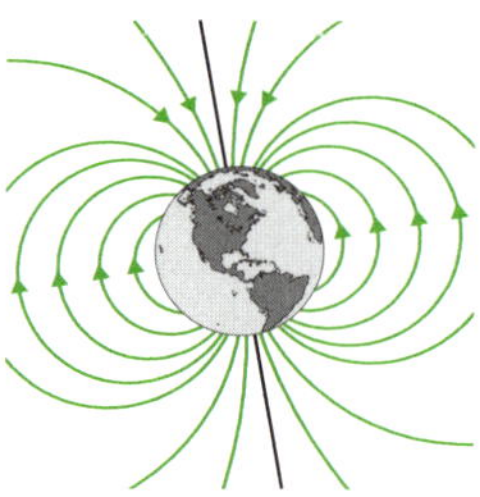

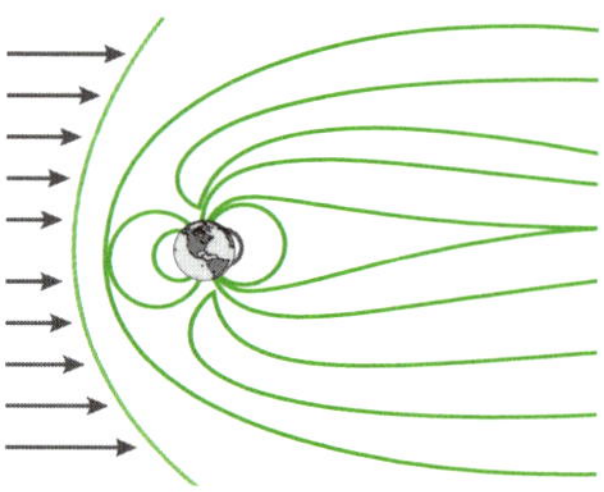

MAGNETISCHES FELD

Jeder magnetische Körper ist von einem magnetischen Feld umgeben.

1. Wie kann man magnetische Feldlinien sichtbar machen?
2. Was versteht man unter Weiss'schen Bezirken? Veranschaulichen Sie Ihre Antwort mittels Skizzen.
3. Wie verlaufen die magnetischen Feldlinien um den folgenden stromdurchflossenen Leiter?

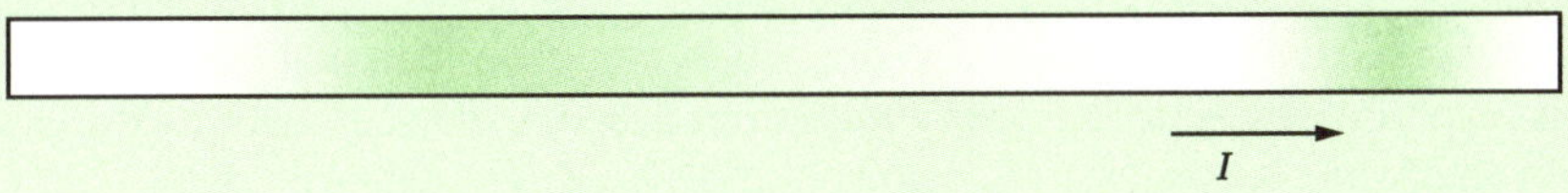

LÖSUNGEN

1. Magnetische Feldlinien kann man mit Hilfe von Eisenfeilspänen, die sich auf einer Glasplatte befinden, sichtbar machen. Durch das äußere Magnetfeld werden die Eisenfeilspäne zu kleinen Magneten, und richten sich entlang der Feldlinien aus.
Anstelle von Eisenfeilspänen kann man auch kleine Kompassnadeln verwenden.
2. In der Modellvorstellung besteht ein Magnet aus vielen kleinen Magneten, den sogenannten Elementarmagneten. Auch ferromagnetische Stoffe enthalten Elementarmagnete. Solange die Elementarmagnete ungeordnet sind, ist der Stoff kein Magnet. Werden sie durch äußeren Einfluss geordnet, so ist der Stoff ein Magnet. Innerhalb dieser ferromagnetischen Stoffe gibt es Bereiche, in denen die Elementarmagnete alle gleich gerichtet sind, diese Bereiche nennt man Weiss'sche Bezirke.

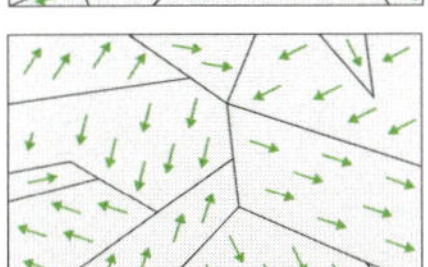

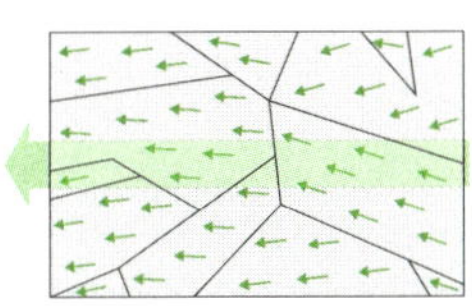

3.

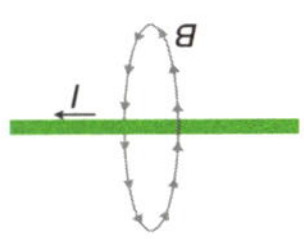

MAGNETISCHE FLUSSDICHTE

Bringt man einen stromdurchflossenen Leiter senkrecht zu den Feldlinien in ein Magnetfeld, so übt dieses Magnetfeld eine Kraft auf ihn aus.

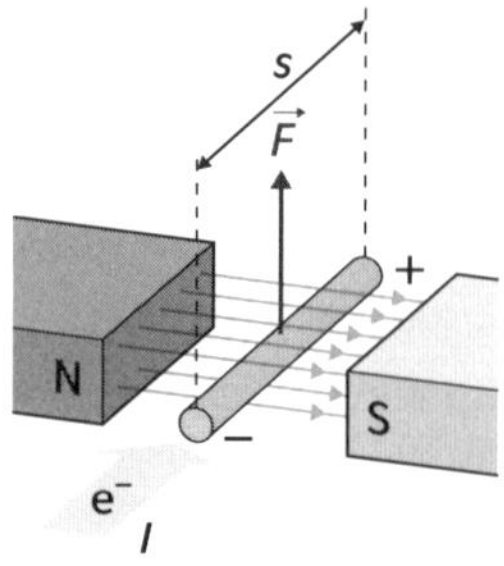

Diese Kraft *F* ist abhängig von der Stromstärke *I* und Länge *s* des Leiters.
Es gilt:
$F \sim I$, bei s = konstant,
$F \sim s$, bei I = konstant,

Somit gilt: $F \sim I \cdot s$ bzw. $\frac{F}{I \cdot s}$ = konstant = B.

B nennt man die magnetische Flussdichte. Es handelt sich dabei um eine vektorielle Größe in Feldlinienrichtung. Sie steht sowohl zu *F* als auch *s* senkrecht.

Einheit der magnetischen Flussdichte: $1\,\text{T}$ (Tesla) $= 1\,\frac{\text{N}}{\text{Am}} = \frac{\text{Vs}}{\text{m}^2}$

Steht der Leiter nicht senkrecht zu den Feldlinien, sondern unter einem Winkel α, so gilt für die Kraft *F*:
$F = B \cdot I \cdot s \cdot \sin\alpha$.

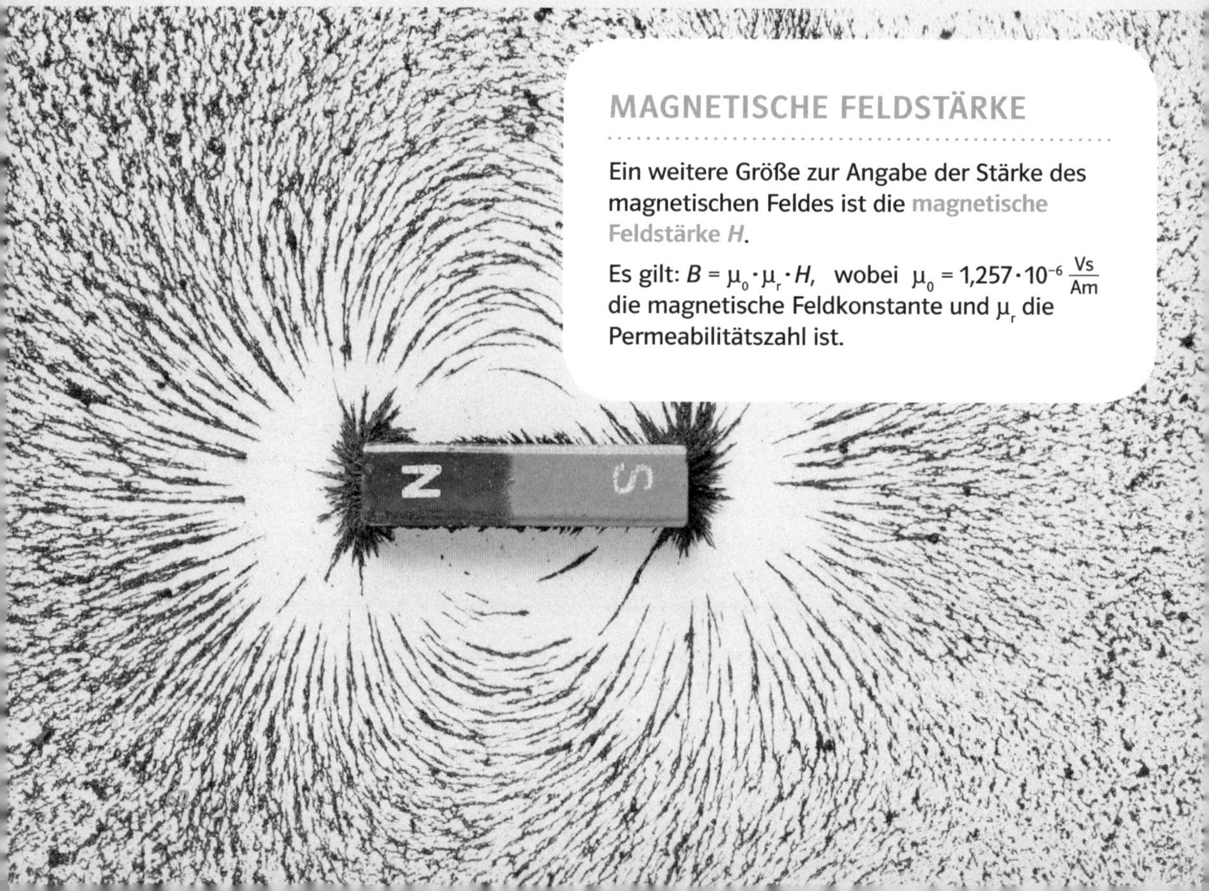

MAGNETISCHE FELDSTÄRKE

Ein weitere Größe zur Angabe der Stärke des magnetischen Feldes ist die magnetische Feldstärke *H*.

Es gilt: $B = \mu_0 \cdot \mu_r \cdot H$, wobei $\mu_0 = 1{,}257 \cdot 10^{-6}\,\frac{\text{Vs}}{\text{Am}}$ die magnetische Feldkonstante und μ_r die Permeabilitätszahl ist.

SPULEN

Magnetfelder werden oft durch stromdurchflossene Spulen erzeugt. Diese Magnetfelder haben den Vorteil, dass sie in Stärke und Orientierung variiert oder abgeschaltet werden können. Bei idealen Spulen, d. h. wenn die Länge l der Spule sehr viel größer ist als ihr Durchmesser d, verlaufen die Feldlinien im Spuleninneren nahezu homogen. Die Feldlinien im Inneren sind parallel zur Spulenachse und die Flussdichte ist konstant.

Für die magnetische Flussdichte einer langen Spule gilt:
$B \sim I$, wenn die Windungszahl n und die Länge l der Spule konstant,
$B \sim n$, wenn die Stromstärke I und die Länge l der Spule konstant,

$B \sim 1/l$, wenn die Stromstärke I und die Windungszahl n der Spule konstant.

Somit gilt: $B \sim I \cdot n \cdot \frac{1}{l}$ bzw. $B = \mu_0 \cdot \mu_r \cdot I \cdot \frac{n}{l}$.

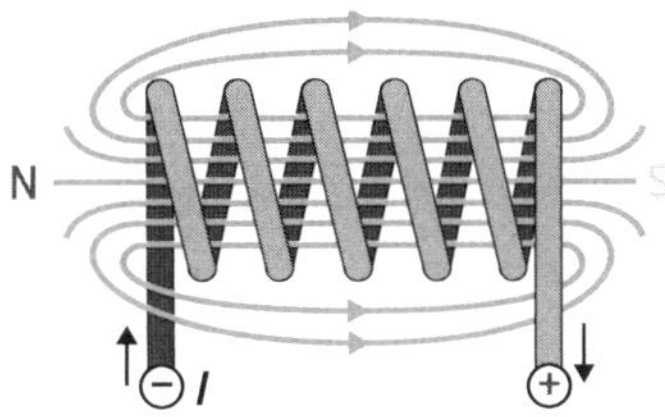

PERMEABILITÄTSZAHL

Die Permeabilitätszahl μ_r hängt vom Material ab. So kann man z. B. durch Einfügen eines Eisenkernes in das Spuleninnere das Magnetfeld erhöhen, bei konstanter Stromstärke und Länge der Spule.

LORENTZKRAFT

Elektrisch geladene Teilchen, wie z. B. Elektronen, die sich in einem Magnetfeld bewegen, erfahren dort eine Kraft, die Lorentzkraft.
Die Lorentzkraft ist am größten, wenn sich die Elektronen senkrecht zu den Feldlinien des Magnetfeldes bewegen. Bewegen sich die Elektronen parallel zu den Feldlinien, so ist die Lorentzkraft gleich null.
Die Richtung der Lorentzkraft wird mit der Drei-Finger-Regel der linken Hand bestimmt.
Dabei zeigt der Daumen in Richtung der bewegten Elektronen, der Zeigefinger in Richtung der magnetischen Feldlinien. Der Mittelfinger gibt dann die Richtung der Kraft an.

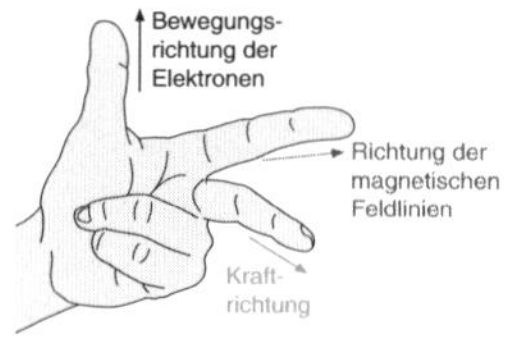

Drei-Finger-Regel

BERECHNUNG DER LORENTZKRAFT

Aus der Definition der magnetischen Flussdichte
$B = \frac{F}{I \cdot s}$
folgt für die Lorentzkraft: $F_L = B \cdot I \cdot s$,
wobei s die Länge des Leiters ist, der von einem Strom der Stärke I durchflossen wird.
In einem Elektronenstrahlabschnitt Δs befinden sich N Elektronen, die sich senkrecht zur Richtung der magnetischen Feldlinien mit der Geschwindigkeit $v = \frac{\Delta s}{\Delta t}$ bewegen.

Mit: $I = \frac{\Delta Q}{\Delta t} = \frac{N \cdot e}{\Delta t}$ ergibt sich für die Lorentzkraft

$F_L = B \cdot I \cdot \Delta s = B \cdot \frac{N \cdot e}{\Delta t} \cdot \Delta s = N \cdot e \cdot v \cdot B$.

Steht der Leiter und damit die Bewegungsrichtung der Elektronen nicht senkrecht zu den Feldlinien, sondern unter einem Winkel α, so gilt:

$F_L = B \cdot e \cdot v \cdot \sin \alpha$

TEILCHEN IM MAGNETFELD

Befindet sich ein Elektronenstrahl in einer Fadenstrahlröhre, so zwingt das homogene Magnetfeld die Elektronen auf eine Kreisbahn. Auf alle Elektronen wirkt die gleiche ablenkende Kraft, die Lorentzkraft F_L. Sie wirkt senkrecht zur Bewegungsrichtung der Elektronen, d.h. sie ändert nur die Richtung, aber nicht den Betrag der Geschwindigkeit.

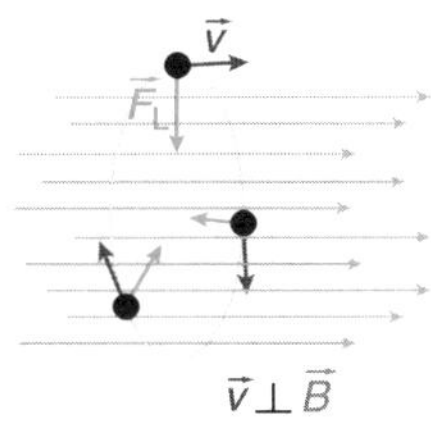

BESTIMMUNG DER ELEKTRONENMASSE UND SPEZIFISCHE LADUNG

Die Ablenkung von Elektronen im Magnetfeld dient zur Bestimmung der Elektronenmasse und der spezifischen Ladung. Da die Lorentzkraft senkrecht zur Bewegungsrichtung der Elektronen steht, bewegen sich die Elektronenauf einer Kreisbahn (Zentripetalkraft $F_Z = m \cdot \frac{v^2}{r}$ steht senkrecht zur Geschwindigkeit).

Es gilt also: $F_L = e \cdot B \cdot v = m \cdot \frac{v^2}{r} = F_Z$ bzw. $\frac{e}{m} = \frac{v}{B \cdot r}$.

Setzt man für v die bekannte Beziehung $v = \sqrt{2 \cdot U_B \cdot \frac{e}{m}}$ ein, so folgt für $\frac{e}{m} = \frac{2 \cdot U_B}{B^2 \cdot r^2}$.

Messungen ergeben: $\frac{e}{m} = 1{,}7588 \cdot 10^{11} \frac{\mathrm{C}}{\mathrm{kg}}$ und $m_e = 9{,}109 \cdot 10^{-31}\,\mathrm{kg}$.

BESCHREIBUNG MAGNETISCHER FELDER

Um die Stärke eines magnetischen Feldes zu beschreiben, benutzt man die magnetische Flussdichte.

1. Was versteht man unter der magnetischen Flussdichte?
   a) Durch welche Art der Wirkung ist die magnetische Flussdichte definiert worden?
   b) Handelt es sich bei ihr um eine vektorielle oder skalare Größe?
   c) Welche Größe zur Beschreibung des elektrischen Feldes kommt ihr am nächsten?
2. Ein gerader Leiter der Länge $s = 10\,\text{cm}$ wird von einem Strom der Stärke 4 A durchflossen. Dieser Leiter wird von einem Magnetfeld der Stärke $B = 0{,}1\,\text{T}$ senkrecht durchsetzt. Wie groß ist die Kraft, die auf ihn wirkt?
3. Eine 20 cm lange luftdurchsetzte Spule ($n = 500$) wird von einem Strom der Stärke 3 A durchflossen. Wie groß ist magnetische Flussdichte im Inneren der Spule?
4. Wie kann man die magnetische Flussdichte der Spule vergrößern? Erläutern Sie, was passiert.

Zusatzinfo: Magnetische Feldkonstante: $\mu_0 = 1{,}257 \cdot 10^{-6}\,\text{(Vs)/(Am)}$
Permeabilitätszahlen: $\mu_r(\text{Luft}) = 1$

LÖSUNGEN

1. a) Durch die Kraft, die auf einen stromdurchflossenen Leiter im Magnetfeld wirkt.
   b) Bei der magnetischen Flussdichte handelt es sich um eine vektorielle Größe.
   c) Beim elektrischen Feld kommt ihr die elektrische Feldstärke E am nächsten.

2. Es gilt: $F = B \cdot I \cdot s \cdot \sin\alpha$. Da der Leiter senkrecht zum Magnetfeld steht ist $\alpha = 90°$ und $\sin 90° = 1$.
   Somit gilt $F = B \cdot I \cdot s = 0{,}1\,\text{T} \cdot 4\,\text{A} \cdot 0{,}1\,\text{m} = 0{,}04\,\text{N}$.

3. Für eine Spule im Magnetfeld gilt: $B = \mu_0 \cdot \mu_r \cdot I \cdot \frac{n}{l}$,
   $B = 1{,}257 \cdot 10^{-6}\,\frac{\text{Vs}}{\text{Am}} \cdot 1 \cdot 3\,\text{A} \cdot \frac{500}{0{,}2\,\text{m}} = 0{,}094\,\text{T}$.

4. Man kann das Magnetfeld einer Spule vergrößern, indem man ein ferromagnetisches Material in das Innere der Spule gibt. Durch das in der Spule entstehende Magnetfeld richten sich die Elementarmagnete des ferrogmagnetischen Stoffes aus und bilden einen zusätzlichen Magneten.

BEWEGUNG GELADENER TEILCHEN

Im Fadenstrahlrohr erfahren Elektronen im Magnetfeld die Lorentzkraft.

1. Erklären Sie mithilfe der Lorentzkraft, warum sich geladene Teilchen, die senkrecht in das homogene Magnetfeld eintreten, auf einer Kreisbahn bewegen.
2. Wie bewegen sich die Elektronen im homogenen Magnetfeld, wenn sie schräg dazu eintreten?
3. Wie bewegen sich die Elektronen, wenn sie schräg in ein inhomogenes Magnetfeld eintreten ?
4. Auf die Elektronen im Fadenstrahlrohr wirkt ein Magnetfeld der Stärke 0,75 mT. Ihre Beschleunigungsspannung beträgt 200 V. Leiten Sie eine Beziehung zur Berechnung des Radius des Kreises her und bestimmen Sie ihn.

Zusatzinfo: $\frac{e}{m} = 1{,}7588 \cdot 10^{-11} \frac{\text{kg}}{\text{C}}$

LÖSUNGEN

1. Die Lorentzkraft wirkt immer senkrecht zur Bewegungsrichtung der Elektronen, d. h. sie ändert nur die Richtung der Elektronen, aber nicht ihre Geschwindigkeit. Somit ist sie eine Zentripetalkraft und zwingt die Elektronen auf eine Kreisbahn (Abb. 1).

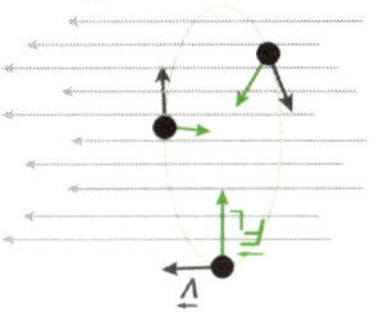

$\vec{v} \perp \vec{B}$ Abb. 1

2. Treten die Elektronen schräg zum Magnetfeld ein, so bewegen sie sich auf einer Schraubenbahn. Der Geschwindigkeitsvektor v wird zerlegt in eine senkrechte Komponente $\vec{v}_s$ und eine parallele Komponente $\vec{v}_p$. Die Komponente $\vec{v}_s$ zwingt die Elektronen auf die Kreisbahn und $\vec{v}_p$ zieht die Kreisbahn auseinander (Abb. 2).

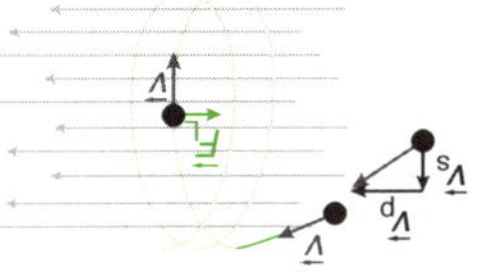

$\vec{v}$ schräg zu $\vec{B}$
Abb. 2

3. Treten die Elektronen schräg in ein inhomogenes Magnetfeld ein, so bewegen sie sich auf einer Schraubenbahn mit wachsendem Radius (Abb. 3).

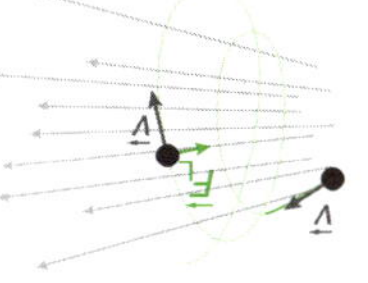

$\vec{B}$ inhomogen
Abb. 3

4. Aus $F_L = e \cdot B \cdot v = m \cdot \frac{v^2}{r} = F_Z$ und $v = \sqrt{2 \cdot U \cdot \frac{e}{m}}$ folgt:

$$r = \sqrt{\frac{2 \cdot U_B}{B^2 \cdot \frac{e}{m}}} = \sqrt{\frac{2 \cdot 200\,\text{V}}{(0{,}75 \cdot 10^{-3}\,\text{T})^2 \cdot 1{,}7588 \cdot 10^{11} \frac{\text{kg}}{\text{C}}}} = 0{,}064\,\text{m} = 6{,}4\,\text{cm}.$$

DER HALLEFFEKT

Der Halleffekt ist nach dem amerikanischen Physiker Edwin Herbert Hall benannt, der damit einen einfachen Weg zeigte, um die **Stärke magnetischer Felder** zu bestimmen.

Dazu lässt man durch ein leitfähiges Plättchen einen Strom von Elektronen fließen. Zwei einander gegenüberliegende Kontakte am Rand des Plättchens werden mit einem Spannungsmessgerät verbunden. Dabei wird es von einem Magnetfeld durchsetzt, das in das Plättchen hineinzeigt und senkrecht dazu steht.

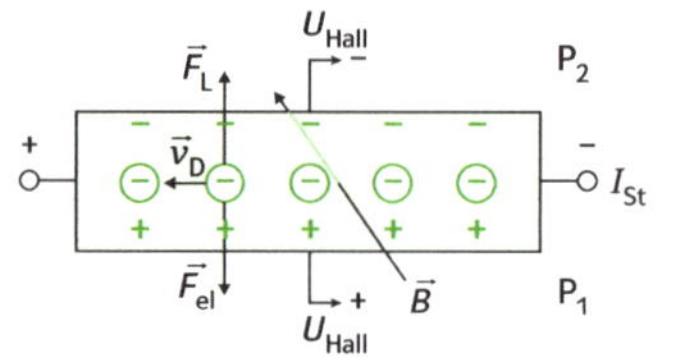

I_{St} ist der Steuerstrom
$\vec{B}$ ist die das Magnetfeld beschreibende Flussdichte
v_D ist die Driftgeschwindigkeit der Elektronen
$\vec{F}_L$ ist die Lorentzkraft
$\vec{F}_{el}$ ist die elektrische Kraft
U_{Hall} ist die Hallspannung

Nun erfährt jedes Elektron eine Lorentzkraft und wird nach unten abgelenkt. Somit entsteht am oberen Ende des Plättchens ein Elektronenmangel (P_2) und am unteren Ende ein Elektronenüberschuss (P_1). Dadurch kann man zwischen P_1 und P_2 eine Spannung messen, die sog. **Hallspannung**.

Diese Spannung wächst solange, bis die Kraft auf die Elektronen im elektrischen Feld F_{el} und die Lorentzkraft gleich groß ist.

$$F_{el} = F_L$$
$$e \cdot E = e \cdot v_D \cdot B$$
$$e \cdot \frac{U_H}{b} = e \cdot v_D \cdot B$$
$$U_H = v_D \cdot B \cdot b$$

Die Hallspannung ist abhängig vom Material des Plättchens, d. h. von der Beweglichkeit und Dichte der vorhandenen Ladungsträger. Das Material des Plättchens bestimmt jedoch auch die Polung der Hallspannung.
So zeigen Versuche mit Kupfer- oder Silberplättchen, dass P_1 der Minuspol ist. Bei Versuchen mit Zink- oder Cadmiumplättchen hingegen ist P_1 der Pluspol. Die deutet auf bewegliche positive Ladungsträger hin.

Mit Hilfe der Hallspannung lässt sich auch die mittlere Driftgeschwindigkeit von Elektronen bestimmen.
Sie liegt in Metallen bei ungefähr $1\frac{\text{mm}}{\text{s}}$. In Halbleitern ist sie wesentlich größer.

Aus der mittleren Driftgeschwindigkeit v_D wiederum kann man die Anzahl, Art und Dichte der Ladungsträger bestimmen.

HALLEFFEKT

Die folgende Abbildung zeigt einen Versuchsaufbau zum Halleffekt.

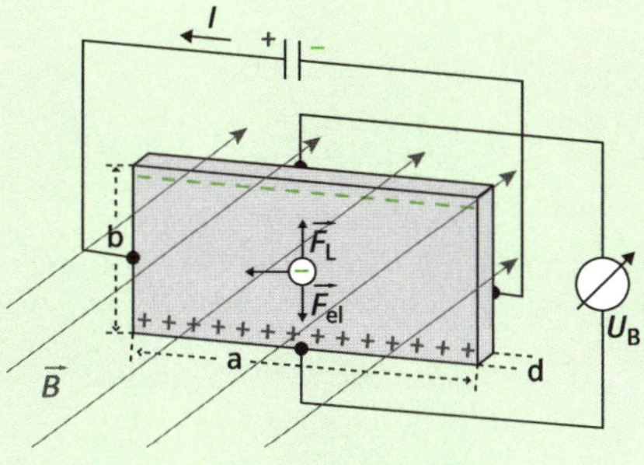

1. Was versteht man unter dem Halleffekt ?
2. Erläutern Sie das Zustandekommen der Hallspannung.
3. In der Formelsammlung findet man für die Hallspannung folgende Formel:

$$U_H = \frac{V}{N \cdot e} \cdot \frac{I \cdot B}{d} = R_H \cdot \frac{I \cdot B}{d}.$$

Leiten Sie diese Formel aus der Formel $U_H = v_D \cdot B \cdot b$ her.

LÖSUNGEN

1. Wird ein stromdurchflossenes leitfähiges Plättchen senkrecht zur Bewegungsrichtung der Elektronen von einem Magnetfeld senkrecht durchsetzt, so kann man eine Spannung messen, die sog. Hallspannung.

2. Durch das Anlegen eines Stromes an das Plättchen werden die Elektronen in Bewegung versetzt. Aufgrund des senkrechten Magnetfeldes erfahren diese Elektronen die Lorentzkraft, die sie wie die Abbildung zeigt nach oben ablenkt. Nun herrscht am oberen Ende des Plättchens ein Elektronenüberschuss und am unteren Ende ein Elektronenmangel. Dadurch entsteht ein elektrisches Feld, das sich solange aufbaut, bis die Lorentzkraft und die elektrische Kraft gleichgroß sind. Dann werden keine Elektronen mehr abgelenkt und man kann eine konstante Hallspannung abgreifen.

3. Für die Hallspannung gilt: $U_H = v_D \cdot B \cdot b$ (*).

Für die Höhe des Plättchens gilt: $b = \frac{V}{d \cdot a}$.

Für die Stromstärke gilt: $I = \frac{Q}{t} = \frac{N \cdot e}{\frac{a}{v_D}} = \frac{N \cdot e \cdot v_D}{a}$.

Löst man dies nun nach v_D auf und setzt es in Gleichung (*) ein, so erhält man:

$U_H = \frac{V}{N \cdot e} \cdot \frac{I \cdot B}{d} = R_H \cdot \frac{I \cdot B}{d}$, wobei $R_H = \frac{V}{N \cdot e}$.

4 ELEKTROMAGNETISCHE INDUKTION

Induktion

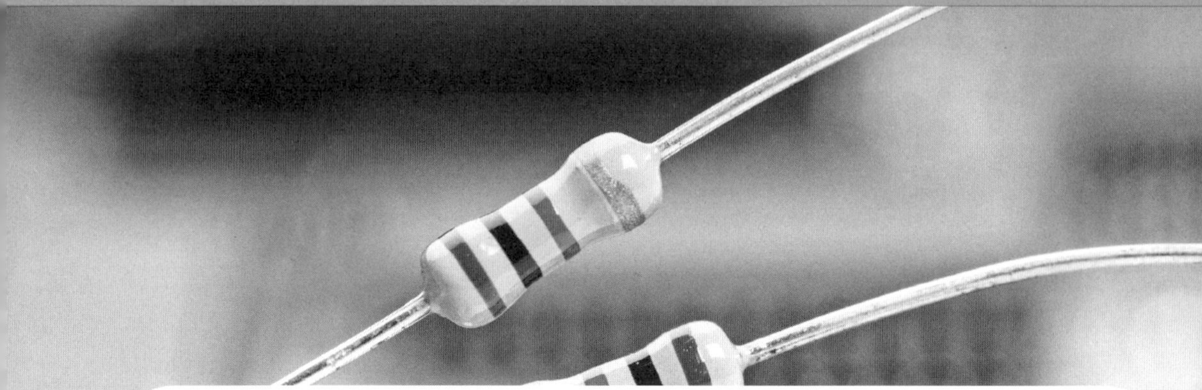

INDUKTIONSSPANNUNG

Bewegt man einen Leiter in einem Magnetfeld, so kann man eine Spannung erzeugen, die **Induktionsspannung**.

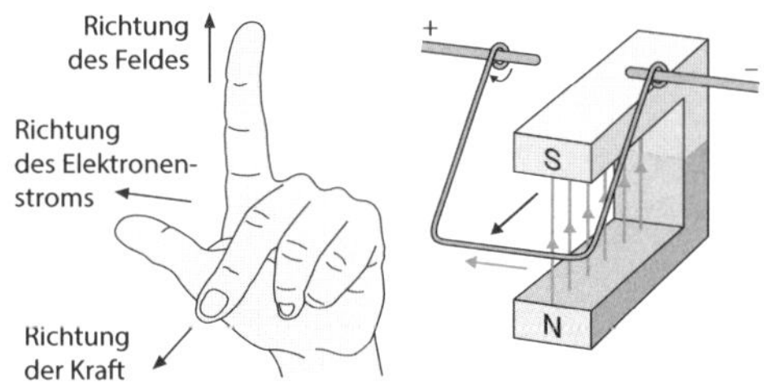

Diese Spannung ist eine Folge der Lorentzkraft. Durch die Bewegung des Leiters senkrecht zu den Magnetfeldlinien werden auch die Elektronen im Leiter senkrecht zu den Feldlinien bewegt und erfahren die Lorentzkraft F_L. Die Lorentzkraft wirkt senkrecht zur Bewegungsrichtung der Elektronen und verschiebt diese zusätzlich. Die Richtung der Verschiebung wird mit der Drei-Finger-Regel der linken Hand bestimmt. So entsteht am einen Ende des Leiters ein Elektronenüberschuss und am anderen Ende des Leiters ein Elektronenmangel. Zwischen den beiden Leiterenden entsteht somit ein elektrisches Feld und man kann eine Induktionsspannung U_{ind} abgreifen. Diese Verschiebung findet so lange statt, bis die Lorentzkraft und die auf die Elektronen durch das sich aufbauende elektrische Feld wirkende elektrische Kraft gleich groß sind.

BERECHNUNG DER INDUKTIONSSPANNUNG

Berechnung der Induktionsspannung

$F_L = F_e$

$B \cdot e \cdot v = e \cdot \frac{U_{ind}}{l}$

$U_{ind} = B \cdot l \cdot v$ (wobei l = Leiterlänge)

INDUKTIONSSPANNUNG BEI SICH ÄNDERNDER FLÄCHE

Liegt ein konstantes Magnetfeld vor und wird eine Spule mit n Windungen in das Magnetfeld hineinbewegt oder dort gedreht bzw. verformt, so wird eine Induktionsspannung hervorgerufen. Da sich hierbei die senkrecht durchsetzte Fläche ändert, gilt:

$$U_{ind} = n \cdot B \cdot \frac{\Delta A_s}{\Delta t}.$$

Für den Momentanwert der Induktionsspannung gilt:
$U_{ind}(t) = n \cdot B \cdot \dot{A}(t)$
wobei $\dot{A}(t)$ die Ableitung der Fläche A nach der Zeit t ist. Befindet sich die Leiterschleife schief im Magnetfeld, so ist die für die Induktionsspannung wirksame Fläche kleiner als die Spulenfläche.

INDUKTIONSSPANNUNG BEI SICH ÄNDERNDER MAGNETISCHER FLUSSDICHTE

Durch eine zeitliche Änderung der magnetischen Flussdichte bei konstanter durchsetzter Fläche kann auch eine Induktionsspannung hervorgerufen werden. Es gilt:

$$U_{ind} = n \cdot A_s \cdot \frac{\Delta B}{\Delta t}.$$

Für den Momentanwert der Induktionsspannung gilt:
$U_{ind}(t) = n \cdot A \cdot \dot{B}(t)$
wobei $\dot{B}(t)$ die Ableitung der magnetischen Flussdichte B nach der Zeit t ist. Dabei hängt der Betrag der Induktionsspannung von der Schnelligkeit der Änderung der magnetischen Flussdichte ab.

MAGNETISCHER FLUSS

Der Betrag der Induktionsspannung hängt sowohl von der zeitlichen Änderung der wirksamen Fläche ΔA_s als auch von zeitlichen Änderung der magnetischen Flussdichte ΔB ab.
Das Produkt aus wirksamer Fläche und magnetischer Flussdichte nennt man magnetischer Fluss Φ:

$\Phi = A_s \cdot B$
Einheit $[\Phi] = T \cdot m^2 = V \cdot s$

INDUKTIONSGESETZ

Mit Hilfe des magnetischen Flusses erhält man das Induktionsgesetz:

$$U_{ind} = -n \frac{\Delta\Phi}{\Delta t}$$

Für den Momentanwert der Induktionsspannung gilt:
$U_{ind}(t) = -n \cdot \dot{\Phi}(t) = -n \cdot \dot{\Phi} \cdot (t) = -n \cdot (\dot{A}(t) \cdot B(t) + A(t) \cdot \dot{B}(t))$.
Das Minuszeichen kommt durch das Lenz'sche Gesetz zustande.

LENZ'SCHE REGEL

Das Minuszeichen im Induktionssgesetz kommt durch die Lenz'sche Regel: Die Induktionsspannung und der dadurch hervorgerufene Induktionsstrom wirken immer ihrer Ursache entgegen.

BERECHNUNG DER INDUKTIONSSPANNUNG EINER SPULE IM INNEREN EINER FELDSPULE

Wird eine Spule (n_1, l_1), in derem Inneren sich eine zweite Spule (A_2, n_2) befindet, von einem sich ändernden Strom durchflossen, so wird in der inneren Spule eine Spannung induziert.
Befindet sich die innere Spule senkrecht zum Erregerfeld so gilt:

$$U_{\text{ind}} = -n \cdot \dot{\Phi} = -n \cdot (A_2 \cdot \dot{B} + B \cdot \dot{A}_2).$$

Da sich die durchsetzte Fläche A_2 nicht ändert, ist $\dot{A}_2 = 0$ und für die Induktionsspannung gilt:

$$U_{\text{ind}} = -n_2 \cdot A_2 \cdot \dot{B}$$

Da das Magnetfeld durch die äußere Spule erzeugt wird, gilt für die magnetische Flussdichte $B = \mu_0 \cdot \mu_r \cdot I \frac{n_1}{l_1}$ und damit für die Induktionsspannung

$$U_{\text{ind}} = -n_2 \cdot A_2 \cdot \mu_0 \cdot \mu_r \cdot \dot{I} \cdot \frac{n_1}{l_1}$$

WIRBELSTRÖME

Technische Andwendungen für die Lenz'sche Regel gibt es viele. Dabei tritt immer der Begriff Wirbelströme auf.
Wirbelströme treten bei massiven Metallkörpern auf, z. B. bei einem Aluminiumring. Wird ein solcher Ring von einem sich ändernden Magnetfeld durchsetzt, so entsteht im Ring ein Ringstrom, der auch Wirbelstrom genannt wird. Ein Wirbelstrom kann auch durch Änderung der wirksamen Fläche auftreten, wenn z. B. ein als Pendel aufgehängter Ring durch ein konstantes Magnetfeld pendelt. Dabei wird der Ring aufgrund der Lenz'schen Regel gebremst.

INDUKTION

Durch Ändern der vom Magnetfeld durchsetzten Fläche einer Spule oder durch Ändern des Magnetfeldes bei konstanter Spulenfläche kann eine Induktionsspannung hervorgerufen werden.

1. Beschreiben Sie für beide Fälle jeweils zwei experimentelle Möglichkeiten, die eine Induktionsspannung hervorrufen.
2. Erläutern Sie, wie die Formeln $U_{ind} = B \cdot d \cdot v$ und $U_{ind} = n \cdot B \cdot \frac{\Delta A_s}{\Delta t}$ auseinander hervorgehen.

LÖSUNGEN

1. a) Ändern der von den Feldlinien durchsetzten Fläche:
   - Eine Leiterschleife wird im Magnetfeld gedreht oder verformt.
   - Eine Leiterschleife wird in ein Magnetfeld hinein gezogen bzw. heraus gezogen.

   b) Ändern des Magnetfeldes bei konstanter Spulenfläche:
   - Ein- und Ausschalten eines Elektromagneten, der sich in der Spule befindet.
   - Verschieben eines Eisenkerns in einer Spule.

2. Bewegt man eine Leiterschleife ($n = 1$) mit konstanter Geschwindigkeit v in ein Magnetfeld hinein, so ändert sich das Magnetfeld in der von der Leiterschleife begrenzten Fläche A. An ihren Enden wird eine Spannung induziert (Abb. 1).

   $U_{ind} = B \cdot d \cdot v = B \cdot d \cdot \frac{\Delta s}{\Delta t}$

   Das Produkt $d \cdot \frac{\Delta s}{\Delta t}$ ist dabei die sich zeitlich ändernde Fläche A_s, die senkrecht vom Magnetfeld durchsetzt wird (Abb. 2).

   Somit erhält man $U_{ind} = B \cdot \frac{\Delta A_s}{\Delta t}$ bzw. bei mehreren Windungen $U_{ind} = n \cdot B \cdot \frac{\Delta A_s}{\Delta t}$.

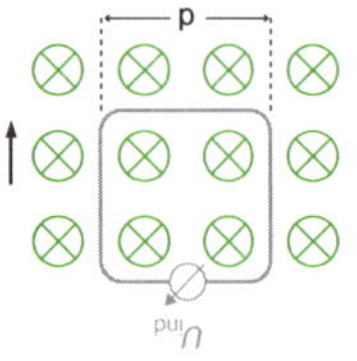

Abb. 1

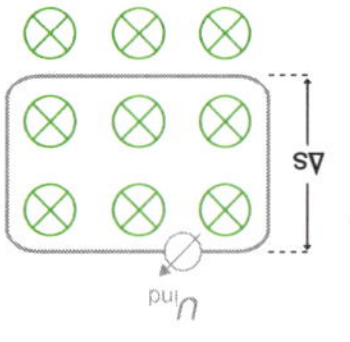

Abb. 2

INDUKTIONSGESETZ

Eine langgestreckte zylindrische Spule ($n = 100$, $l = 30\,\text{cm}$) wird von einem Strom durchflossen, bei dem sich die Stromstärke zeitlich ändert. Im Inneren der Feldspule befindet sich eine zweite Spule ($n = 200$, $A = 10\,\text{cm}^2$), deren Querschnittsfläche senkrecht zum Erregerfeld ausgerichtet ist.

Berechnen Sie den zeitlichen Verlauf der Induktionsspannung und stellen Sie ihn in einem Diagramm dar.

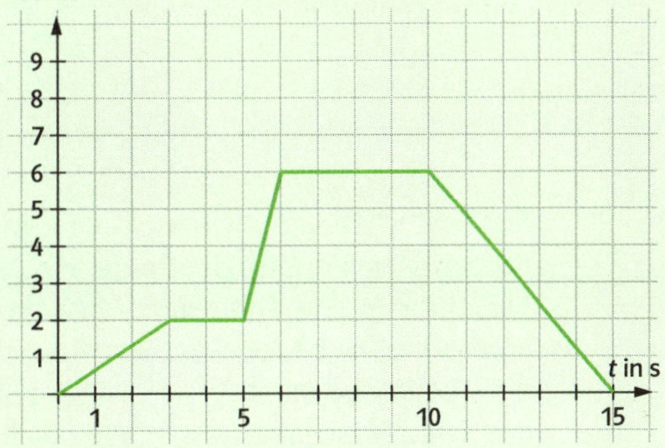

Zusatzinfo: Magnetische Feldkonstante: $\mu_0 = 1{,}257 \cdot 10^{-6}\,\frac{\text{Vs}}{\text{Am}}$
Permeabilitätszahl: $\mu_r(\text{Luft}) = 1$

LÖSUNGEN

Gegeben ist für die Feldspule $n_1 = 100$ und $l_1 = 30\,\text{cm} = 0{,}3\,\text{m}$ und für die Induktionsspule $n_2 = 200$ und $A_2 = 10\,\text{cm}^2 = 0{,}001\,\text{m}^2$.

Da die durchsetzte Fläche konstant ist, gilt für die Induktionsspannung:

$U_{ind} = -n_2 \cdot A_2 \frac{\Delta B}{\Delta t} = -n_2 \cdot A_2 \cdot \mu_0 \cdot \mu_r \cdot \frac{n_1}{l_1} \cdot \frac{\Delta I}{\Delta t} = -200 \cdot 0{,}001\,\text{m}^2 \cdot 1{,}26 \cdot 10^{-6}\,\frac{\text{Vs}}{\text{Am}} \cdot 1 \cdot \frac{100}{0{,}3\,\text{m}} \cdot \frac{\Delta I}{\Delta t} = -8{,}4 \cdot 10^{-5}\,\frac{\text{Vs}}{\text{A}} \cdot \frac{\Delta I}{\Delta t}$.

Für $0 \leq t \leq 3\,\text{s}$ gilt: $\frac{\Delta I}{\Delta t} = \frac{2\,\text{A}}{3\,\text{s}}$ und $U_{ind} = -8{,}4 \cdot 10^{-5}\,\frac{\text{Vs}}{\text{A}} \cdot \frac{2\,\text{A}}{3\,\text{s}} = -5{,}6 \cdot 10^{-5}\,\text{V}$.

Für $3\,\text{s} \leq t \leq 5\,\text{s}$ und $6\,\text{s} \leq t \leq 10\,\text{s}$ gilt: $\frac{\Delta I}{\Delta t} = 0$ und $U_{ind} = 0$.

Für $5\,\text{s} \leq t \leq 6\,\text{s}$ gilt: $\frac{\Delta I}{\Delta t} = \frac{4\,\text{A}}{1\,\text{s}}$ und $U_{ind} = -8{,}4 \cdot 10^{-5}\,\frac{\text{Vs}}{\text{A}} \cdot \frac{4\,\text{A}}{1\,\text{s}} = -3{,}36 \cdot 10^{-4}\,\text{V}$.

Für $10\,\text{s} \leq t \leq 15\,\text{s}$ gilt: $\frac{\Delta I}{\Delta t} = -\frac{6\,\text{A}}{5\,\text{s}}$ und $U_{ind} = -8{,}4 \cdot 10^{-5}\,\frac{\text{Vs}}{\text{A}} \cdot \left(-\frac{6\,\text{A}}{5\,\text{s}}\right) = 1{,}01 \cdot 10^{-4}\,\text{V}$.

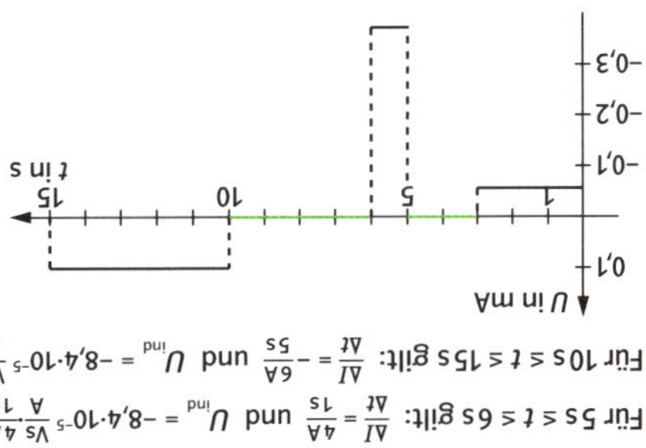

DIE SELBSTINDUKTION

Eine Spule, die von einem Strom durchflossen wird, baut in ihrem Inneren ein Magnetfeld auf. Dieses Magnetfeld ruft eine Induktionsspannung und einen Induktionsstrom hervor, die ihrer Ursache, also der angelegten Spannung und dem Strom, entgegen wirken. Diesen Vorgang nennt man **Selbstinduktion**.
Diesen Effekt beobachtet man, wenn man eine Spule *L* vor eine Glühlampe schaltet und in einem parallelen Stromkreis eine Glühlampe mit veränderbarem Widerstand schaltet. Dieser Widerstand dient zum Ausgleich des ohmschen Widerstandes der Spule, damit der Stromfluss durch beide Glühlampen gleich ist.

Schließt man den Stromkreis, so verzögert die Induktionsspannung der Spule den Anstieg der Stromstärke und führt dazu, dass die Lampe in diesem Stromkreis später aufleuchtet als die Glühlampe ohne Spule. Auch beim Öffnen des Stromkreises führt die Spule dazu, dass die Stromstärke langsamer abfällt und die Glühlampe mit der vorgeschalteten Spule länger leuchtet.

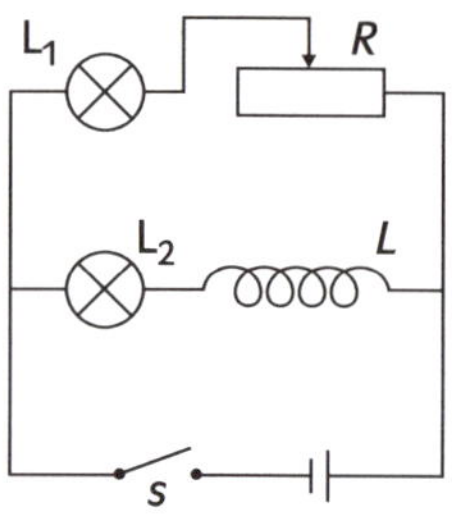

VERLAUF DER STROMSTÄRKE

Die folgende Abbildung zeigt den Verlauf der Stromstärke beim Einschalt- und Ausschaltvorgang:

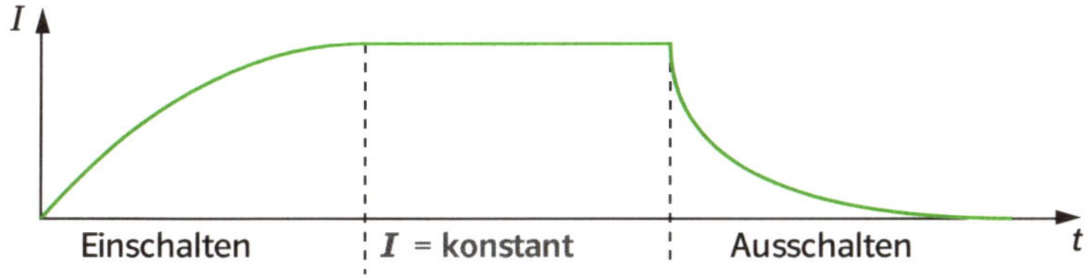

INDUKTIVITÄT EINER SPULE

Mithilfe der Induktivität einer Spule kann man berechnen, wie stark der Bau der Spule, also ihre Querschnittsfläche, ihre Länge und Windungszahl den Anstieg bzw. Abfall der Stromstärke durch die Induktionsspannung behindert.
Da sich bei der Spule die durchsetzte Fläche nicht ändert, ist $\dot{A}(t) = 0$ und die Induktiosspannung vereinfacht

sich zu $U_{ind} = (t) = -n \cdot A \cdot \dot{B}(t)$

Mit der magnetischen Flussdichte der Spule $B = \mu_0 \cdot \mu_r \cdot I \frac{n}{l}$ folgt für die Induktionsspannung

$U_{ind}(t) = -\mu_0 \cdot \mu_r \frac{u^2}{l} \cdot \dot{I}(t) \cdot A = -L \cdot \dot{I}(t)$

Dabei heißt L die Induktivität der Spule. Ihre Einheit ist 1 H (1 Henry) = $1 \frac{\text{Vs}}{\text{A}}$.

Es gilt:
Eine Spule hat die Induktivität 1 H, wenn bei einer Stromstärkenänderung von 1 A pro Sekunde eine Induktionsspannung von 1 V entsteht.

ENERGIE IM MAGNETFELD

Die zum Aufbau eines Magnetfeldes notwendige Energie ist abhängig von der Stärke des Magnetfeldes. Diese Energie kann im Magnetfeld gespeichert werden und wird beim Abbau wieder freigesetzt.
Für die Energie des Magnetfeldes gilt:

$E = \frac{1}{2} L \cdot I^2$

WECHSELSPANNUNG

Aus unserem Alltag kennen wir den Begriff **Wechselspannung** bzw. **Wechselstrom**. Wechselspannung wird mithilfe von Generatoren erzeugt. Dabei wird die sinusförmige Wechselspannung durch Rotation einer Spule oder einer Leiterschleife in einem homogenen Magnetfeld erzeugt. Diese Rotation bewirkt eine Änderung des magnetischen Flusses und damit eine Induktionsspannung.

Rotiert die Spule mit der Frequenz f in einem homogenen Magnetfeld, so kann man mit einem Oszilloskop eine sinusförmige Wechselspannung beobachten. Es gilt:

$U(t) = \hat{U} \cdot \sin(\omega \cdot t)$,

wobei die Kreisfrequenz $\omega = 2\pi f$ angibt, wie schnell sich die Spannung ändert. $\hat{U}$ ist der maximale Wert der Spannung, auch Scheitelwert genannt, und wächst proportional mit der Frequenz f.

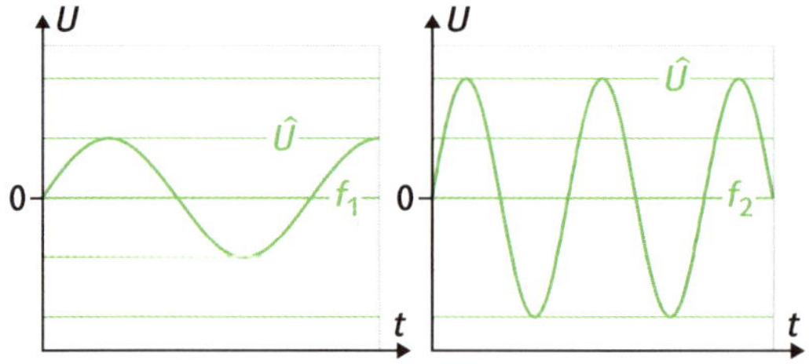

Nehmen Spannung und Stromstärke zur gleichen Zeit
ihre maximalen Werte an, so ist die Phasenverschiebung φ zwischen ihnen null. In diesem Fall gilt:

$$I(t) = \frac{U(t)}{R} = \frac{\hat{U}}{R} \cdot \sin(\omega \cdot t) = \hat{I} \cdot \sin(\omega \cdot t).$$

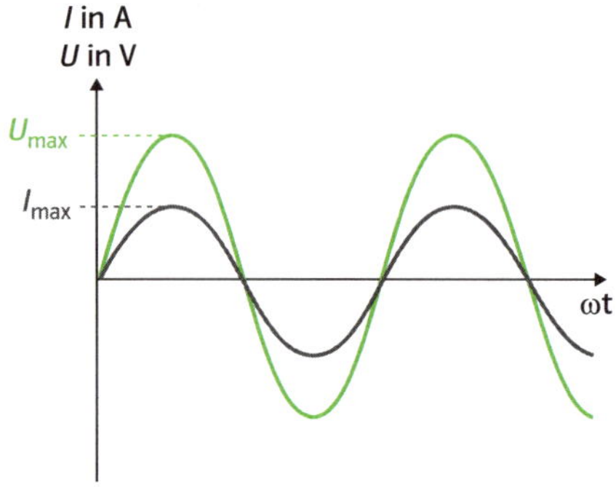

Nehmen die beiden ihre maximalen Werte zu verschiedenen Zeiten an, so gilt für die Spannung:

$U(t) = \hat{U} \cdot \sin(\omega \cdot t - \varphi)$.

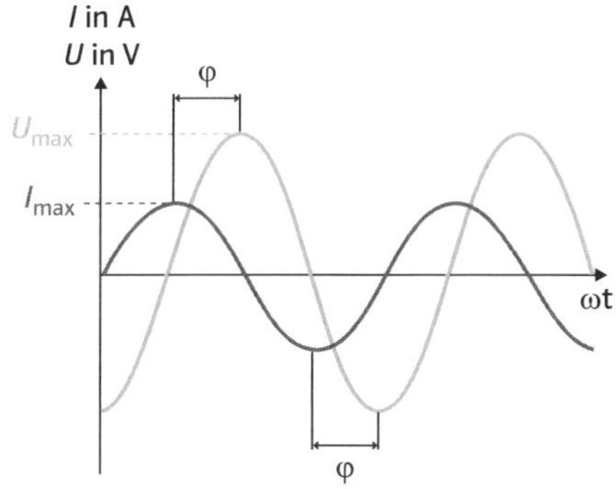

EFFEKTIVWERTE

Zur Messung von Wechselspannung und Wechselstrom gibt es Messgeräte, die einen konstanten Wert anzeigen. Dies sind nicht die maximalen Werte, sondern kleinere Effektivwerte. Die Effektivwerte für Wechselspannung und Wechselstrom entsprechen der Spannung und der Stromstärke einer Gleichspannungsquelle, die im gleichen Stromkreis die gleiche Leistung umsetzt. Es gilt:

$\hat{U} = \sqrt{2} \cdot U_{eff}$ und $\hat{I} = \sqrt{2} \cdot I_{eff}$

SELBSTINDUKTION

In einem Stromkreis befindet sich eine Spule mit Schalter und eine Spannungsquelle mit U = 50V. Parallel zur Spule ist eine Glimmlampe geschaltet, die erst bei mindestens 80V aufblitzt.

1. Stellen Sie die Schaltung in einem Schaltbild dar.
2. Ist der Schalter geschlossen, so fließt ein Strom von $I = 0{,}15\,A$ durch die Spule. Öffnet man nun den Schalter, so blitzt die Glimmlampe kurz auf.
   Wie groß ist die Induktivität der Spule mindestens, wenn der Ausschaltvorgang 1ms beträgt.
   Wieso leuchtet die Glimmlampe erst beim Ausschalten auf?

LÖSUNGEN

1.

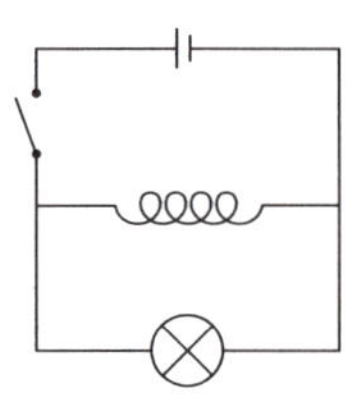

2. Da die Glimmlampe erst bei einer Spannung über oder gleich 80V aufblitzt und dies beim Ausschaltvorgang der Fall ist, beträgt die Induktionsspannung der Spule mindestens 80V.

   Aus $|U_{ind}| = L \cdot \frac{\Delta I}{\Delta t}$ mit $U_{ind} \geqq 80\,V$ folgt

   $L \cdot \frac{\Delta I}{\Delta t} \geqq 80\,V$ und damit $L \geqq 80\,V \cdot \frac{\Delta t}{\Delta I} = 80\,V \cdot \frac{1 \cdot 10^{-3}\,s}{0{,}15\,A} = 0{,}53\,H.$

   Die Glimmlampe benötigt eine Spannung von mindestens 80V, damit sie aufblitzt. Da die Lampe und die Spule parallel geschaltet sind, beträgt bei geschlossenem Schalter die Spannung nur 50V. Da diese Spannung für das Aufblitzen der Lampe zu gering ist, blitzt sie erst beim Öffnen des Schalters auf, wenn die Selbstinduktion der Spule eine Induktionsspannung von mindestens 80V hervorruft.

WECHSELSPANNUNG UND WECHSELSTROM

Eine drehbar gelagerte Induktionsspule ($n_2 = 200$, $A_2 = 25\,\text{cm}^2$) befindet sich im homogenen Feld einer langen Spule ($n_1 = 1200$; $l_1 = 30\,\text{cm}$) mit der Flussdichte 5 mT. Die Achsen der beiden Spulen stehen senkrecht zueinander.

Durch Drehung der Induktionsspule wird eine sinusförmige Wechselspannung mit dem Effektivwert 25 mV erzeugt.

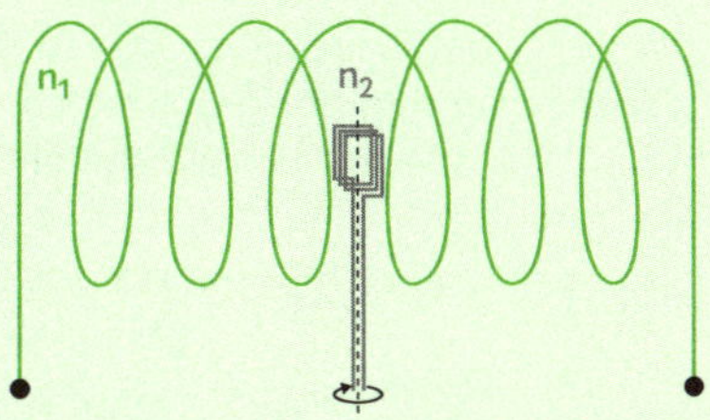

1. Leiten Sie ein Gesetz für die induzierte Spannung $U_{ind}(t)$ her. Wählen Sie für $t = 0$ eine geeignete Anfangsstellung der Induktionsspule.
2. Berechnen Sie die Drehfrequenz.

LÖSUNGEN

1. Als geeignete Anfangsstellung bietet sich der Fall an, wenn die Fläche der felderzeugenden Spule senkrecht auf der Fläche der Induktionsspule steht. In diesem Fall wird die Induktionsspule von keinem Feld durchsetzt und somit ändert sich beim Einschalten der magnetische Fluss der Induktionsspule nicht. Es entsteht keine Induktionsspannung.
   Somit gilt für die vom magnetischen Fluss durchsetzte Fläche der Induktionsspule:
   $A(t) = A_2 \cdot \sin(\omega t)$
   Die Induktionsspannung berechnet sich zu:
   $U_{ind}(t) = -n_2 \cdot \dot{\Phi}(t) = -n_2 \cdot B \cdot \dot{A}(t) = -n_2 \cdot B \cdot A_2 \cdot \omega \cdot \cos(\omega t) = \hat{U} \cdot \cos(\omega t)$
2. Für den Effektivwert der Spannung gilt: $U_{eff} = \frac{\hat{U}}{\sqrt{2}} = \frac{n_2 \cdot B \cdot A_2 \cdot \omega}{\sqrt{2}} = \frac{n_2 \cdot B \cdot A_2 \cdot 2\pi \cdot f}{\sqrt{2}} = 25\,\text{mV}$.
   Für die Drehfrequenz folgt nun: $f = \frac{25\,\text{mV} \cdot \sqrt{2}}{n_2 \cdot B \cdot A_2 \cdot 2\pi} = \frac{25 \cdot 10^{-3}\,\text{V} \cdot \sqrt{2}}{200 \cdot 5 \cdot 10^{-3}\,\text{T} \cdot 0{,}0025\,\text{m}^2 \cdot 2\pi} = 2{,}3\,\text{Hz}$.

VERSCHIEDENE WIDERSTÄNDE

Im Wechselstromkreis gibt es ohmsche, induktive und kapazitive Widerstände.

OHM'SCHE WIDERSTÄNDE

Sowohl im Gleichstromkreis als auch im Wechselstromkreis hat ein ohmscher Widerstand die Eigenschaft elektrische Energie in Wärme oder Licht umzuwandeln. Man nennt sie deshalb Wirkwiderstände R. Weil bei dieser Umwandlung die Stromrichtung unwichtig ist, gelten für Wirkwiderstände im Wechselstromkreis die gleichen Gesetze wie im Gleichstromkreis.

Es gilt: $R = \frac{U}{I}$.

Beim Wirkwiderstand sind Stromstärke I und Spannung U in Phase.

INDUKTIVE WIDERSTÄNDE

Der Widerstand einer Spule im Wechselstromkreis ist sehr viel größer als im Gleichstromkreis. Dies kommt daher, dass die Selbstinduktionsspannung in der Spule einen Induktionsstrom hervorruft, der nach dem Lenz'schen Gesetz seiner Ursache entgegenwirkt. Aufgrund der Induktivität L der Spule nennt man diesen Widerstand induktiver Widerstand R_L oder X_L.

Es gilt: $R_L = \frac{U_{eff}}{I_{eff}} = \frac{\hat{U}}{\hat{I}} = 2\pi \cdot f \cdot L = \omega \cdot L$.

Beim induktiven Widerstand sind Stromstärke I und Spannung U phasenverschoben. Die Stromstärke erreicht eine Viertelperiode nach der Spannung ihren maximalen Wert.

Da in einem Stromkreis mit induktivem Widerstand die Energie erhalten bleibt, nennt man diesen Widerstand auch Blindwiderstand.

KAPAZITIVE WIDERSTÄNDE

Legt man an einem Kondensator Wechselspannung an, so wird er abwechselnd auf- und entladen und ruft dadurch einen Wechselstrom hervor, der durch den Widerstand des Kondensators begrenzt wird.
Aufgrund der Kapazität C des Kondensators nennt man den Widerstand kapazitiven Widerstand R_C oder X_C.

Es gilt: $R_C = \frac{U_{eff}}{I_{eff}} = \frac{\hat{U}}{\hat{I}} = \frac{1}{2\pi \cdot f \cdot C} = \frac{1}{\omega \cdot C}$.
Wie beim induktiven Widerstand sind auch beim kapazitiven Widerstand Stromstärke und Spannung phasenverschoben. Die Stromstärke erreicht eine Viertelperiode vor der Spannung ihren maximalen Wert.
Auch dieser Widerstand ist ein Blindwiderstand.

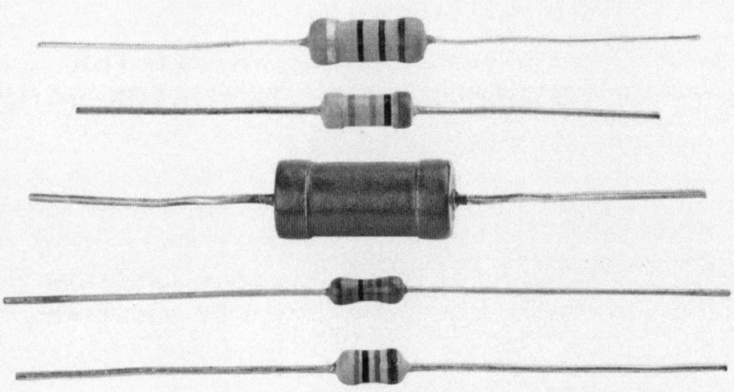

Für das Zusammenwirken mehrerer Widerstände gilt:

Größe	Reihenschaltung	Parallelschaltung
Wirkwiderstand R	$R_{ges} = R_1 + R_2$	$\frac{1}{R_{ges}} = \frac{1}{R_1} + \frac{1}{R_2}$
Blindwiderstand X	$X = \omega \cdot L - \frac{1}{\omega \cdot C}$	$\frac{1}{X} = \omega \cdot C - \frac{1}{\omega \cdot L}$
Scheinwiderstand Z	$Z = \sqrt{R^2 + (R_L - R_C)^2}$	$\frac{1}{Z} = \sqrt{\frac{1}{R^2} + \left(\frac{1}{R_C} - \frac{1}{R_L}\right)^2}$

DER TRANSFORMATOR

Eine Anwendung der elektromagnetischen Induktion findet sich beim Transformator. Er kann mittels Induktion Wechselspannungen und Wechselströme herauf- und heruntertransformieren.

Auf einem geschlossenen Eisenkern befinden sich zwei Spulen, die Primärspule und die Sekundärspule. An den Enden der Primärspule liegt eine Wechselspannung $U_1(t) = U_1 \cdot \sin(\omega \cdot t)$. Diese führt in der Primärspule zu einem Wechselstrom $I_1(t)$, der im Eisenkern einen sich ändernden magnetischen Fluss $\Phi_1(t)$ bewirkt. Die Änderung des magnetischen Flusses erzeugt in der Sekundärspule eine Induktionsspannung.

UNBELASTETER TRANSFORMATOR

Entnimmt man der Sekundärspule keinen Strom ($I_2 = 0$), so handelt es sich um einen unbelasteten Transformator.

BELASTETER TRANSFORMATOR

Verbindet man die Sekundärspule mit einem Widerstand, so wird in ihr ein Strom erzeugt, der wiederum einen magnetischen Fluss hervorruft. Es handelt sich um einen belasteten Transformator.

IDEALER UND REALER TRANSFRMATOR

Zusätzlich unterscheidet man noch zwischen einem idealen und einem realen Transformator. Beim idealen Transformator treten keine Energieverluste auf, d. h. die gesamte zugeführte Energie wird im Sekundärkreis genutzt. Beim realen Transformator geht hingegen ein Teil z. B. in Form von thermischer Energie verloren. Wir beschränken uns im Folgenden auf den idealen Transformator.

IDEALER UNBELASTETER TRANSFORMATOR

Der durch die Primärspule im Eisenkern erzeugte magnetische Fluss $\Phi_1(t)$ durchsetzt auch die Sekundärspule $\Phi_2(t) = \Phi_1(t) = \Phi(t)$. Es entsteht eine Induktionsspannung $U_{2,\text{ind}}(t)$. Wird der Sekundärspule kein Strom entnommen, so erzeugt sie kein Magnetfeld und wirkt nicht auf die Primärspule.
In der Primärspule wird eine Selbstinduktionsspannung $U_{1,\text{ind}}$ erzeugt, die nach dem Lenz'schen Gesetz der angelegten Wechselspannung U_1 entgegenwirkt.
Da bei einem idealen Transformator der ohmsche Widerstand der Primärspule null ist, gilt:

$U_1(t) = U_{1,\text{ind}}(t) = n_1 \cdot \frac{\Delta\Phi}{\Delta t}$. In der Sekundärspule wird die Induktionsspannung $U_2(t) = n_2 \cdot \frac{\Delta\Phi}{\Delta t}$ induziert.

Da es beim unbelasteten Transformator keine weiteren Induktionsvorgänge gibt, folgt:

$\frac{U_1(t)}{U_2(t)} = -\frac{n_1}{n_2}$ bzw. $\frac{U_{1,\text{eff}}}{U_{2,\text{eff}}} = \frac{n_1}{n_2}$.

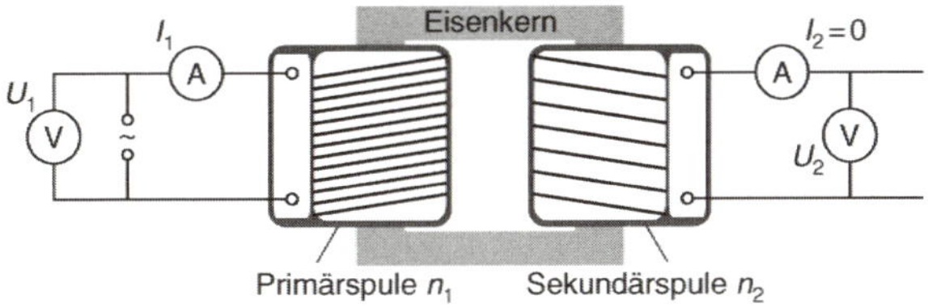

IDEALER UNBELASTETER TRANSFORMATOR

Befindet sich im Sekundärkreis ein Verbraucher R, so fließt der Strom $I_2 = \frac{U_2(t)}{R}$ durch ihn. Beim idealen Transformator ist dabei die vom Sekundärkreis abgegebene Wirkleistung genauso groß wie die vom Primärkreis aufgenommene Wirkleistung. Es gilt: $P_1(t) = P_2(t)$ bzw. $U_{1\text{eff}} \cdot I_{1,\text{eff}} \cdot \cos(\Delta\varphi) = U_{2,\text{eff}} \cdot I_{2,\text{eff}}$ wobei φ die Phasendifferenz zwischen Strom und Spannung im Primärkreis ist.
Für $R = 0$ ist φ und damit $\cos(\Delta\varphi) = 1$.

Es gilt dann: $\frac{I_{2,\text{eff}}}{I_{1,\text{eff}}} = \frac{U_{1,\text{eff}}}{U_{2,\text{eff}}} = \frac{n_1}{n_2}$.

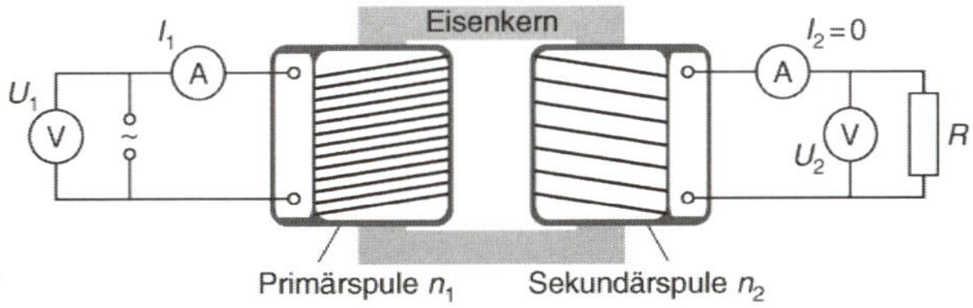

WIDERSTÄNDE IM WECHSELSTROMKREIS

In einem Wechselstromkreis befinden sich ein Glühlämpchen, eine Spule und ein Kondensator.

1. Erläutern Sie warum man eine Reihenschaltung aus diesen drei Bauteilen Siebkreis nennt. (Abb. 1)
2. Leiten Sie die Formel zur Berechnung des Scheinwiderstandes Z für die abgebildete Reihenschaltung her.
3. Erläutern Sie warum man eine Parallelschaltung aus diesen drei Bauteilen Sperrkreis nennt. (Abb. 2)
4. Leiten Sie die Formel zur Berechnung des Scheinwiderstandes Z für die abgebildete Parallelschaltung her.

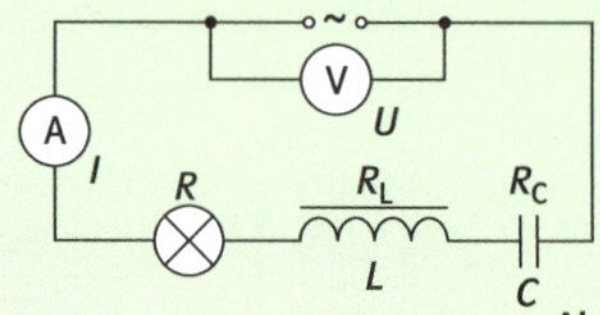

Abb. 1

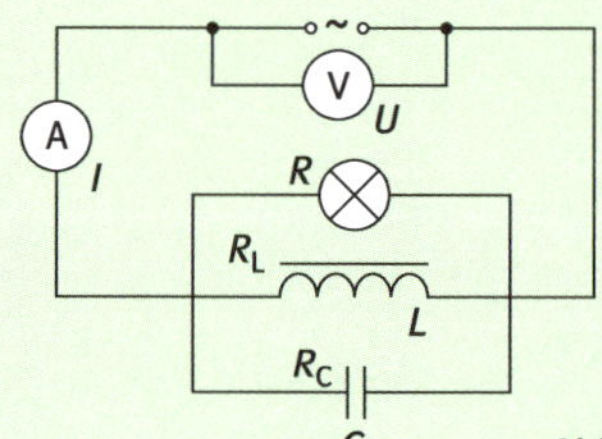

Abb. 2

LÖSUNGEN

1. Bei einer Reihenschaltung aus einem Glühlämpchen, einer Spule und einem Kondensator kann man beobachten, dass das Lämpchen nur in einem bestimmten Frequenzbereich leuchtet. Ist die Frequenz hoch, so ist der induktive Widerstand groß und es entsteht kein Strom. Die Spule sperrt. Ist hingegen die Frequenz klein, so sperrt der Kondensator.
2. Die Stromstärke $I(t)$ ist bei einer Reihenschaltung konstant. Die Teilspannung am ohmschen Widerstand ist mit der Stromstärke in Phase, während die Teilspannungen am Kondensator und der Spule um eine viertel Periode bezüglich der Stromstärke verschoben sind. Die Gesamtspannung ergibt sich aus dem Zeigerdiagramm zu: $\hat{U} = \sqrt{(\hat{U}_L - \hat{U}_C)^2 + \hat{U}_R^2}$.
   Der Scheinwiderstand berechnet sich zu: $Z = \frac{\hat{U}}{\hat{I}} = \sqrt{(R_L - R_C)^2 + R^2}$.

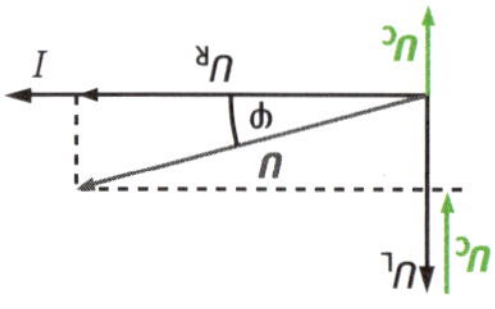

3. Eine Parallelschaltung aus diesen drei Bauteilen nennt man Sperrkreis, da sie bei einer bestimmten Frequenz sperrt und das Lämpchen nicht leuchtet.
4. Bei einer Parallelschaltung ist die Spannung $U(t)$ konstant. Am ohmschen Widerstand sind Spannung und Stromstärke phasengleich. Beim Kondensator und der Spule sind die Ströme um eine viertel Periode gegenüber der Stromstärke verschoben. In Analogie zur Spannung bei 2. ergibt sich für die Stromstärke: $\hat{I} = \sqrt{(\hat{I}_L - \hat{I}_C)^2 + \hat{I}_R^2}$. Der Scheinwiderstand berechnet sich zu: $\frac{1}{Z} = \sqrt{\frac{1}{R^2} + \left(\frac{1}{R_C} - \frac{1}{R_L}\right)^2}$.

TRANSFORMATOR

Die Primärspule eines Transformators (Primärspule n_1 = 1200 Windungen, Sekundärspule n_2 = 300 Windungen) wird an eine Wechselspannungsquelle mit dem Effektivwert 220 V angeschlossen. Der Wirkungsgrad des Transformators beträgt 80 %.

a) Welche Spannung wird an der Sekundärspule induziert?
b) Mit dem Transformator soll ein Gerät G (U = 30 V, I = 3 A) betrieben werden. Berechnen Sie einen geeigneten Vorwiderstand und fertigen Sie eine Schaltskizze an.
c) Berechnen Sie die Stromstärke, die dann in der Primärspule besteht.

LÖSUNGEN

1. Für den Transformator gilt: $\frac{U_{1,\text{eff}}}{U_{2,\text{eff}}} = \frac{n_1}{n_2}$.

   Aufgelöst nach $U_{2,\text{eff}}$ folgt: $U_{2,\text{eff}} = \frac{n_2}{n_1} \cdot U_{1,\text{eff}} = \frac{300}{1200} \cdot 220\,\text{V} = 55\,\text{V}$.

2. Da die Windungszahl der Sekundärspule nicht verändert werden kann, muss man auf der Sekundärseite einen Vorwiderstand in die Schaltung einbauen.
   Am Vorwiderstand müssen 55 V − 30 V = 25 V abfallen. Da es sich um eine Reihenschaltung von Vorwiderstand und Gerät G handelt, beträgt die Stromstärke am Vorwiderstand auch 3 A.

   Es gilt: $R_V = \frac{25\,\text{V}}{3\,\text{A}} = 8{,}3\,\Omega$.

3. Für den Wirkungsgrad gilt: $\eta_T = \frac{P_2}{P_1} = \frac{U_{2,\text{eff}} \cdot I_2}{U_{1,\text{eff}} \cdot I_1}$.

   Aufgelöst nach I_1 folgt: $I_1 = \frac{U_{2,\text{eff}} \cdot I_2}{U_{1,\text{eff}} \cdot \eta_T} = \frac{55\,\text{V} \cdot 3\,\text{A}}{220\,\text{V} \cdot 0{,}8} = 0{,}94\,\text{A}$.

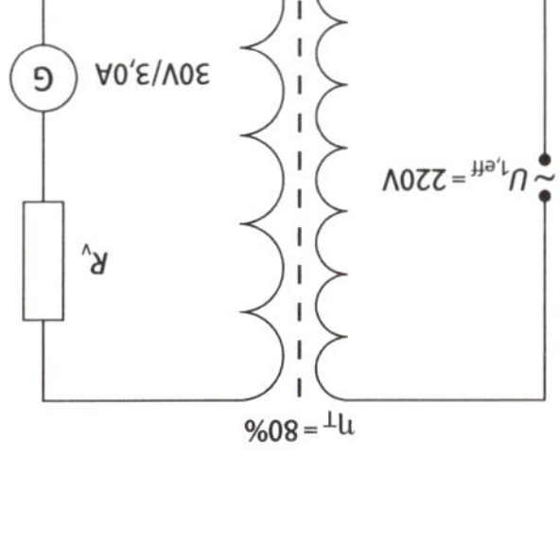

5 MECHANISCHE SCHWINGUNGEN UND WELLEN

Beschreibung von Schwingungen

SCHWINGUNGEN

Kehrt sich bei einer sich wiederholenden Bewegung die Richtung immer wieder um, so nennt man diese Bewegung eine **Schwingung**. Das schwingungsfähige System nennt man **Oszillator**.
Wird im Laufe der Schwingung die Amplitude kleiner, so spricht man von einer **gedämpften Schwingung**. Bleibt die Amplitude gleich, so handelt es sich um eine **ungedämpfte Schwingung**.

HARMONISCHE SCHWINGUNG

Eine Schwingung ist harmonisch, wenn
- das Zeit-Weg-Diagramm eine Sinuskurve beschreibt oder
- sie durch Projektion einer Kreisbewegung entsteht oder
- das lineare Kraftgesetz gilt.

ZEIT-WEG-GESETZ DER HARMONISCHEN SCHWINGUNG

Liegt der zeitliche Nullpunkt in der Ruhelage des Pendels, so gilt für das Zeit-Weg-Gesetz:
$s(t) = s_M \cdot \sin(\omega t)$

Liegt der zeitliche Nullpunkt nicht in der Ruhelage, so ist die Sinuskurve verschoben:
$s(t) = s_M \cdot \sin(\omega t + \Delta\varphi)$

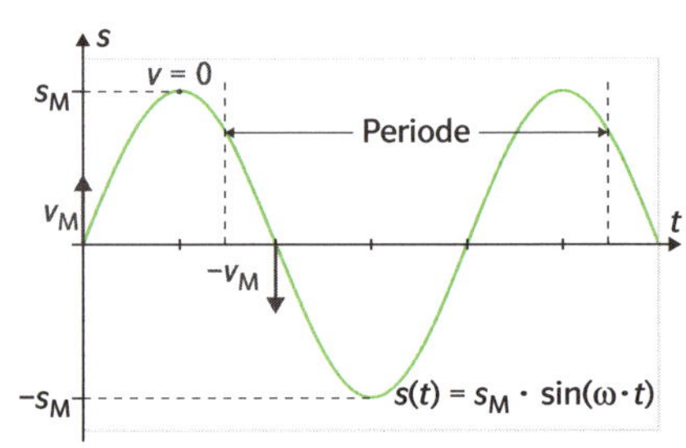

ZEIT-BESCHLEUNIGUNG-GESETZ DER HARMONISCHEN SCHWINGUNG

Das Zeit-Beschleunigung-Gesetz ergibt sich aus dem Zeit-Geschwindigkeits-Gesetz:
$a(t) = \dot{v}(t) = \ddot{s}(t) = -s_M \cdot \omega^2 \cdot \sin(\omega \cdot t) = -v_M \cdot \omega \cdot \sin(\omega \cdot t) = -a_M \cdot \sin(\omega \cdot t)$

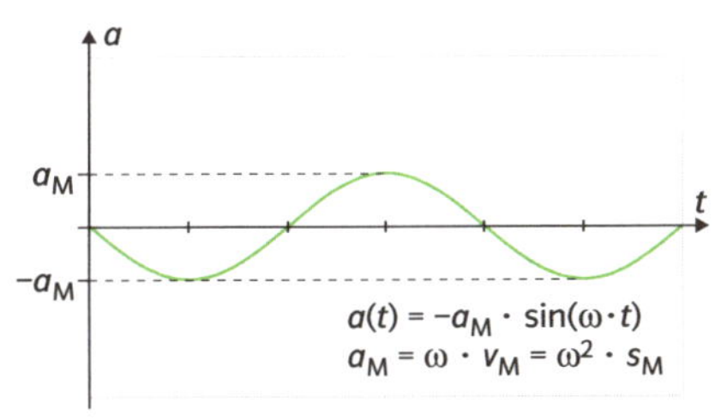

ZEIT-GESCHWINDIGKEITS-GESETZ DER HARMONISCHEN SCHWINGUNG

Das Zeit-Geschwindigkeits-Gesetz ergibt sich aus dem Zeit-Weg-Gesetz:
$v(t) = \dot{s}(t) = s_M \cdot \omega \cdot \cos(\omega \cdot t) = v_M \cdot \cos(\omega \cdot t)$

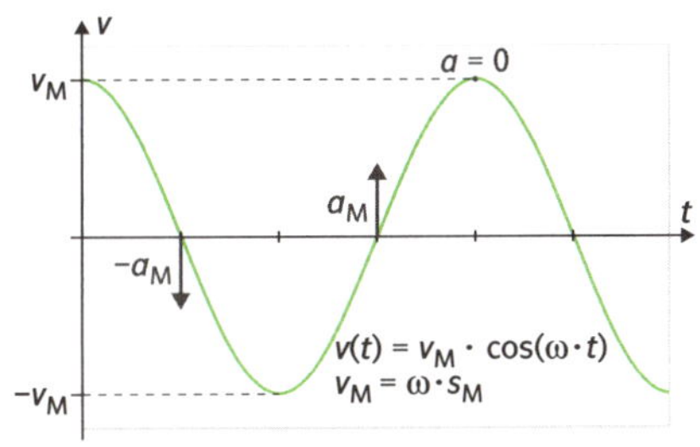

LINEARES KRAFTGESETZ

Dem Zeit-Beschleunigung-Gesetz entnimmt man, dass sich die Beschleunigung in jedem Zeitpunkt ändert. Diese Veränderung wird durch eine sich ändernde Kraft hervorgerufen. Es gilt:
$F(t) = m \cdot a(t) = m \cdot a_M \cdot (-\sin(\omega t)) = -m \cdot \omega^2 \cdot s_M \cdot \sin(\omega t) = -m \cdot \omega^2 \cdot s(t) = -D \cdot s(t).$

Man nennt diesen Zusammenhang zwischen Kraft und Auslenkung **lineares Kraftgesetz**. Da die Kraft den Körper immer zur Ruhelage hin beschleunigt, nennt man sie **Rückstellkraft**.
Gilt für einen Oszillator das lineare Kraftgesetz, so schwingt dieser harmonisch.
Für die **Periodendauer** eines harmonischen Oszillators gilt:

$T = 2\pi\sqrt{\frac{m}{D}}.$

FEDERPENDEL

a) Hängt man ein Gewichtsstück an eine Feder, so wird die Feder durch die Gewichtskraft ausgelenkt. Es ergibt sich eine neue Ruhelage. Die nach unten wirkende Gewichtskraft und die nach oben wirkende Zugkraft der Feder gleichen sich aus. Es gilt: $G = -F_0$.

Für die Gesamtkraft gilt: $F_{ges} = F_0 + G = 0$.

b) Wird das Gewichtsstück nun zusätzlich um die Strecke s nach unten ausgelenkt ($s < 0$), so wird die nach oben wirkende Zugkraft größer. Es gilt: $F_1 = F_0 - D \cdot s$, wobei D die Federkonstante ist. (Beachte: s ist negativ, damit wird $-D \cdot s$ positiv).

Damit ergibt sich für die Gesamtkraft: $F_{ges} = F_1 + G = F_0 + G - D \cdot s = -D \cdot s$

c) Wird das Gewichtsstück um die Strecke s nach oben ausgelenkt ($s > 0$), so gilt für die nach oben wirkende Zugkraft: $F_2 = F_0 - D \cdot s$.
Damit ergibt sich für die Gesamtkraft: $F_{ges} = F_2 \cdot G = F_0 + G - D \cdot s = -D \cdot s$.

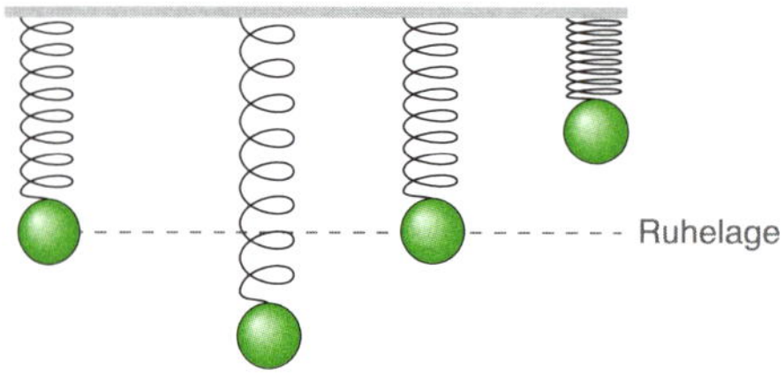

Die Gesamtkraft, also die Rückstellkraft, ist zu jedem Zeitpunkt proportional zur Auslenkung s. Es handelt sich um eine harmonische Schwingung.

Es gilt: $F_{Rück}(t) = -D \cdot s(t)$.

Je größer D und je kleiner m ist, umso schneller bewegt sich der Körper zur Gleichgewichtslage.
Die Frequenz f bzw. die Kreisfrequenz ω wachsen mit größer werdendem D und kleiner werdendem m. Es gilt:

$\omega = \sqrt{\frac{D}{m}}$.

Somit hängt die Kreisfrequenz von der Masse des Pendels, aber nicht von der Auslenkung ab.

BESCHREIBUNG VON SCHWINGUNGEN

Aus Alltagserfahrungen wissen wir, dass Uhrenpendel oder Kinderschaukeln eine periodische Hin- und Herbewegung um eine Ruhe-/Gleichgewichtslage ausführen. Solche Bewegungen nennt man eine Schwingung. Schwingungsfähige Systeme nennt man Oszillatoren. In der Physik kann man eine Schwingung durch eine Feder, an der ein Gewichtsstück befestigt ist, darstellen.

1. Durch welche weiteren Größen wird eine Schwingung beschrieben?
2. Was versteht man unter einer harmonischen Schwingung?
3. Was versteht man unter dem linearen Kraftgesetz?
4. Um einen Oszillator zum Schwingen anzuregen, muss man ihm Energie zuführen. Beschreiben Sie die Energieumsetzung beim harmonischen Oszillator.

LÖSUNGEN

1. Periode: Bewegungsabschnitt von einem Zeitpunkt bis zum Beginn der Wiederholung
   Periodendauer: Dauer einer Periode
   Auslenkung: Momentane Entfernung von der Ruhelage
   Amplitude: Maximale Auslenkung
   Frequenz: Anzahl der Schwingungen pro Sekunde
   Ruhe-/Gleichgewichtslage: Ort, an dem sich der Körper in Ruhe befindet.
   Umkehrpunkt: Punkt, an dem der Körper die Richtung der Schwingung ändert.
2. Schwingungen, die sich im Zeit-Weg-Diagramm durch eine Sinusfunktion beschreiben lassen, nennt man harmonische Schwingung.
3. Mit dem linearen Kraftgesetz wird der Zusammenhang zwischen Kraft und Auslenkung bei einer harmonischen Schwingung beschrieben: $F(t) = -D \cdot s(t)$, wobei $D = m\omega^2$.
4. Durch Auslenkung des Oszillators aus seiner Ruhelage wird ihm Energie zugeführt. Drückt man die Feder zusammen oder dehnt sie, so erhält diese Spannenergie bzw. potentielle Energie, die kinetische Energie ist null. Lässt man den Körper los, so wird dieser beschleunigt und gewinnt an kinetischer Energie, während die potentielle Energie kleiner wird. Passiert der Körper die Ruhelage, so ist die kinetische Energie maximal und die potentielle Energie null. Nun wird der Körper wieder langsamer und verliert an kinetischer Energie, während die potentielle Energie wächst. Im unteren Umkehrpunkt erreicht die potentielle Energie ihr Maximum und die kinetische Energie wird null. Dieser Vorgang wiederholt sich immer wieder. Sieht man von der Reibung ab, bleibt die Gesamtenergie erhalten.

DAS FADENPENDEL

Bei einem Fadenpendel bewegt sich ein an einem Faden hängender Pendelkörper der Masse m auf einer Kreisbahn um seine Ruhelage. Dabei dient der Winkel φ als Maß für die Auslenkung s.

Wird φ im Bogenmaß gemessen, so gilt: $\varphi = \frac{s}{l}$.

Die Rückstellkraft F wirkt tangential zur Pendelbahn. Sie ist die Gesamtkraft aus der Gewichtskraft F_G und der Zentripetalkraft F_Z.

$F = F_G \cdot \sin\varphi = m \cdot g \cdot \sin\left(\frac{s}{l}\right)$

Da die Kraft F nicht proportional zur Auslenkung s ist, schwingt das Fadenpendel nicht harmonisch.

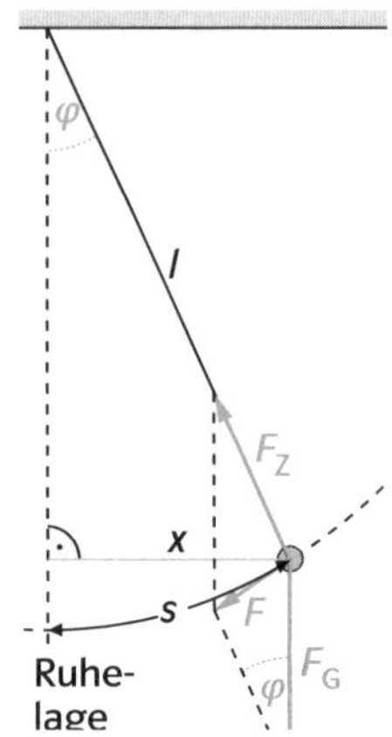

KLEINWINKEL-NÄHERUNG

Bei kleinen Winkeln φ kann jedoch mit hinreichender Genauigkeit gesagt werden, dass $s \approx x$ gilt.

Mit $\sin\varphi = \frac{x}{l} \approx \frac{s}{l}$ folgt $F = \frac{m \cdot g \cdot s}{l}$.

Verglichen mit dem linearen Kraftgesetz $F = -k \cdot s$ ergibt: $F \sim s$ und $k = m \cdot \frac{g}{l}$

Aus der Beziehung für die Periodendauer einer harmonischen Schwingung
$T = 2\pi \cdot \sqrt{\frac{m}{k}}$ folgt: $T = 2\pi \cdot \sqrt{\frac{l}{g}}$

An der Formel erkennt man, dass im Gegensatz zum Federpendel beim Fadenpendel die Masse für die Schwingungsdauer *T* keine Rolle spielt. Sie hängt vielmehr von der Fadenlänge und der Fallbeschleunigung *g* am Ort des Versuchs ab.

Auf diese Weise hat Wilhelm Bessel 1826 die Abhängigkeit der Fallbeschleunigung von der geographischen Breite untersucht. Sie nimmt an der Erdoberfläche vom Äquator zu den Polen kontinuierlich zu.

ÜBERLAGERUNG VON SCHWINGUNGEN

Mehrere Schwingungen können sich zu einer resultierenden Schwingung überlagern. Überlagern sich harmonische Schwingungen gleicher Frequenz, so ergibt sich wieder eine harmonische Schwingung mit der gleichen Frequenz. Das *t-s*-Diagramm der überlagerten Schwingung erhält man durch Addition der Auslenkungen der harmonischen Schwingungen.

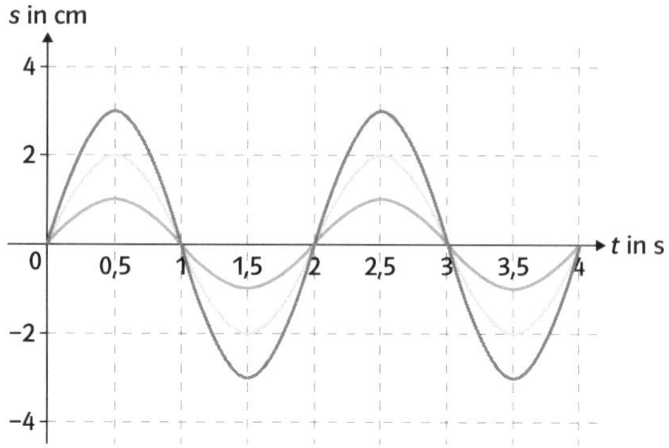

ZEIGERDARSTELLUNG ZUR ADDITION DER AUSLENKUNGEN

Hierbei rotiert ein Zeiger mit einer bestimmten Winkelgeschwindigkeit um den Ursprung des Koordinatensystems. Die Projektion des Zeigers auf die y-Achse ist die Auslenkung der Schwingung. Die Länge des Zeigers ist die Amplitude. Der Winkel, den der Zeiger mit der positiven x-Achse einschließt ist die Phase (der Phasenwinkel) der Schwingung.

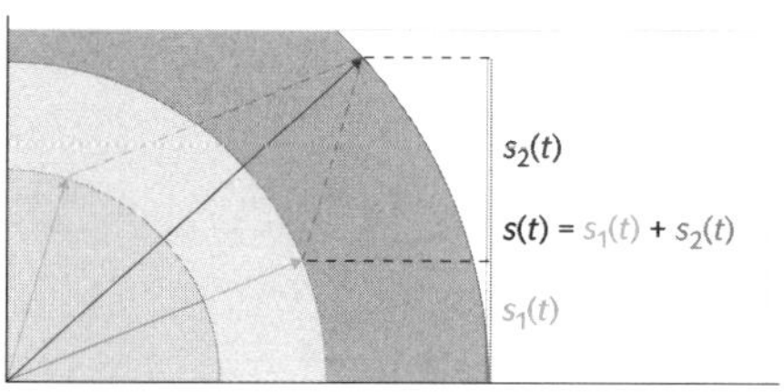

PHASENDIFFERENZ/PHASENVERSCHIEBUNG

Die Phase kennzeichnet den momentanen Schwingungszustand. Zwei Schwingungen können sich in ihrer Phase unterscheiden. Die Schwingungen sind dann phasenverschoben, sie besitzen eine Phasendifferenz oder Phasenverschiebung.

NICHT HARMONISCHE SCHWINGUNG

Überlagern sich zwei harmonische Schwingungen gleicher Amplitude und gleicher Frequenz, aber einer Phasenverschiebung von π, so löscht sich die überlagerte Schwingung aus.

Überlagern sich zwei harmonische Schwingungen mit unterschiedlichen Frequenzen, so ist die überlagerte Schwingung nicht harmonisch.

SCHWEBUNG

Unterscheiden sich zwei Schwingungen in ihrer Frequenz nur wenig, so entsteht eine Schwebung.

FADENPENDEL

Lenkt man einen Körper, der an einem Faden aufgehängt ist, um einen bestimmten Winkel aus, so erhält man ein Fadenpendel.

1. An einem Fadenpendel können wir die Auslenkung, die Länge des Fadens und das Gewicht des Körpers verändern. Welche dieser Größen führt zu einer Veränderung der Periodendauer?
2. Zeigen Sie, warum ein Fadenpendel nur bei kleinen Auslenkungen harmonisch schwingt.
3. Wie berechnet man bei kleinen Auslenkungen die Periodendauer des Fadenpendels?
   Zur Bestimmung welcher Größe kann man diese Formel noch verwenden?

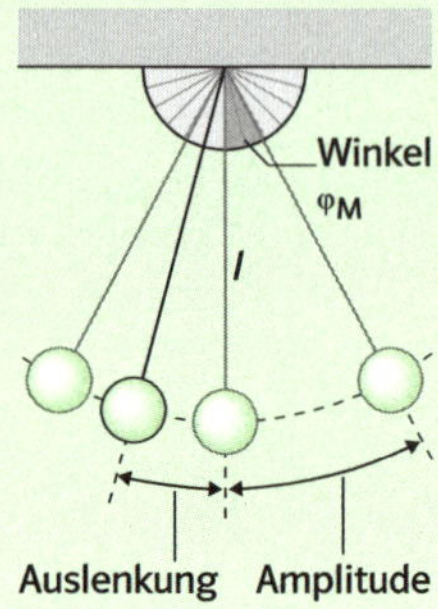

LÖSUNGEN

1. Abhängigkeit von der Auslenkung: Bei konstanter Fadenlänge l und Masse m zeigt sich, dass die Periodendauer mit größerer Auslenkung etwas zunimmt.
   Abhängigkeit von der Länge des Fadens: Bei konstantem m und Auslenkung s, zeigt sich, dass mit länger werdendem Faden auch die Periodendauer zunimmt. Es ergibt sich folgender Zusammenhang: $T \sim l^2$.
   Abhängigkeit von der Masse des Körpers: Bei konstantem l und s zeigt sich, dass bei veränderter Masse die Schwingungsdauer konstant bleibt.
2. Da ein Pendelkörper der Masse m auf einer Kreisbahn schwingt, ergibt sich für den Winkel φ im Bogenmaß: $\varphi = \frac{s}{l}$ (s. Abb. bei Wissen).
   $F = F_G \cdot \sin\varphi = m \cdot g \cdot \sin\left(\frac{s}{l}\right)$
   Außerdem gilt: $\sin\left(\frac{s}{l}\right) = \frac{x}{l}$.
   Für kleine Winkel gilt : $s \approx x$ und es folgt: $F = m \cdot g \cdot \frac{s}{l}$. Somit ist $F \sim s$ und die Schwingung harmonisch.
3. Aus dem linearen Kraftgesetz $F = -D \cdot s$ und $F = -\frac{m \cdot g}{l} \cdot s$ folgt: $D = \frac{m \cdot g}{l}$.
   Mit $T = 2\pi\sqrt{\frac{m}{D}}$ ergibt sich $T = 2\pi\sqrt{\frac{l}{g}}$.
   Diese Formel kann man bei bekannter Periodendauer zur Bestimmung der Fallbeschleunigung nutzen.

ÜBERLAGERUNG VON SCHWINGUNGEN

Schwingungen kennen wir auch aus der Musik. Dort nehmen wir eine Überlagerung mehrer Töne im Trommelfell nur als eine Schwingung wahr. Im folgenden Bild sind zwei Schwingungen dargestellt. Die erste Schwingung s_1 (schwarz) wird durch folgende Gleichung beschrieben: $s_1(t) = 2\,\text{cm} \cdot \sin(\pi t)$.

1. Geben Sie die Gleichung der zweiten Schwingung (blau) an.
2. Konstruieren Sie das *t*-*s*-Diagramm der durch Überlagerung entstandenen Schwingung.
3. Konstruieren Sie das *t*-*s*-Diagramm der durch Überlagerungvon s_2 entstandenen Schwingung, wenn die überlagernde Schwingung gegenphasig zur ersten Schwingung ist.

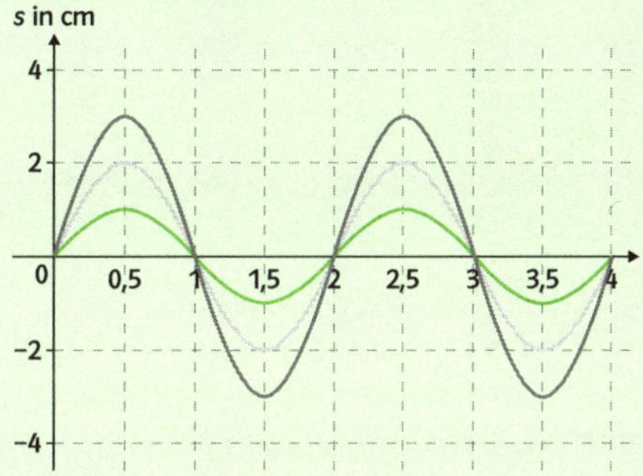

LÖSUNGEN

1. Der Zeichnung entnimmt man, dass $s_2(t)$ eine Amplitude von 3 cm und eine Frequenz von 2 Hz hat.
$s_2(t) = 3\,\text{cm} \cdot \sin(2\pi t)$

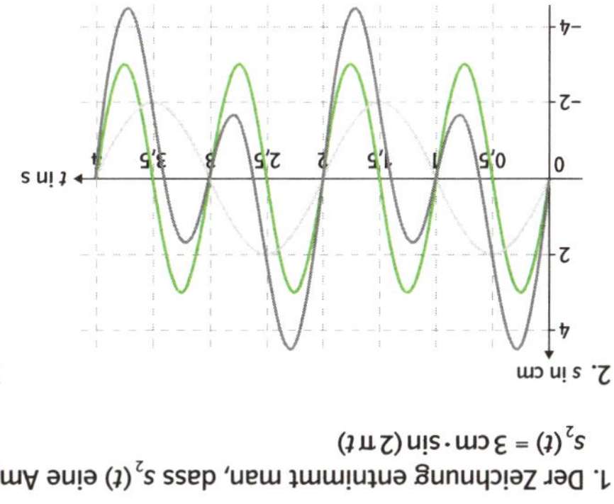

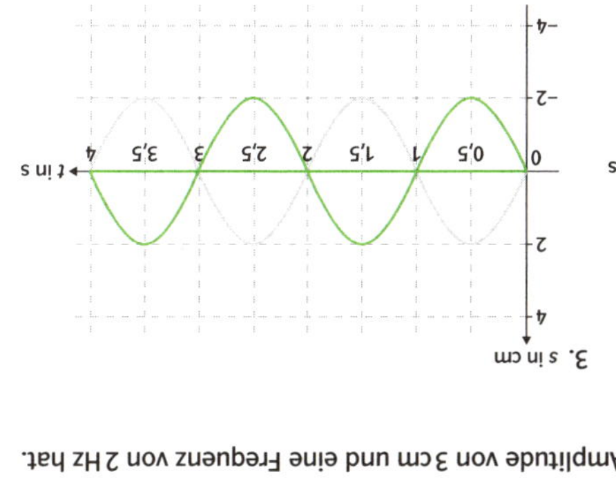

ERZWUNGENE SCHWINGUNG

Regt man einen Oszillator einmal an, dann schwingt er mit einer bestimmten Frequenz, seiner Eigenfrequenz f_0. Dabei gibt er Energie ab und die Amplitude wird kleiner. Es handelt sich um eine gedämpfte Schwingung.
Soll die Amplitude nicht abnehmen, so muss man von außen periodisch Energie zuführen. Man nennt eine solche Schwingung erzwungene Schwingung.

PHASENUNTERSCHIEDE

Wird ein Oszillator mit der Eigenfrequenz f_0 von einem Erreger mit der Erregerfrequenz f_E zu Schwingungen angeregt, so gibt es Phasenunterschiede zwischen den beiden. Außerdem ändert sich abhängig von der Frequenz die Amplitude:

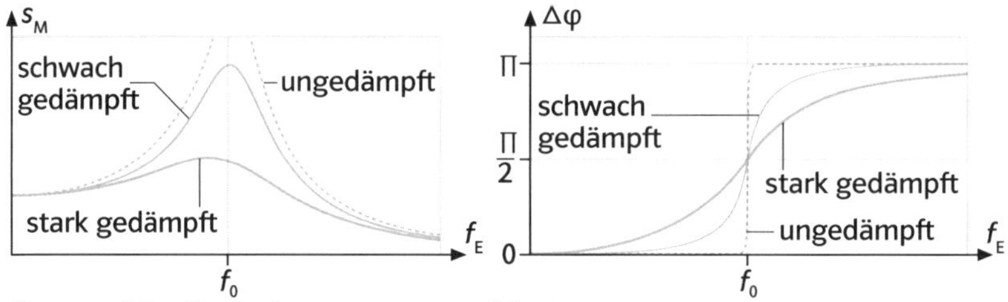

Phase und Amplitude einer erzwungenen Schwingung

- $f_0 << f_E$: Erreger und Oszillator besitzen die gleiche Amplitude. Sie schwingen ohne Phasendifferenz.
- $f_0 >> f_E$: Die Amplitude des Oszillators geht gegen Null. Erreger und Oszillator haben eine Phasendifferenz von π.
- $f_0 = f_E$: Die Amplitude des Oszillators wird maximal. Der Erreger und Oszillator haben eine Phasendifferenz von π/2. Man spricht von Resonanz. Ist die Schwingung ungedämpft, so wird die Amplitude immer größer.

RESONANZ

Im Resonanzfall ist die vom Erreger auf das schwingende System übertragene Energie maximal, d. h. die Amplitude erreicht ein Maximum. Für diese maximale Energieübertragung ist die Phasendifferenz $\frac{\pi}{2}$ wichtig. Die vom Erreger ausgeübte Kraft F_E wird beschrieben durch $F_E(t) = F_M \cdot \sin(\omega t)$.

Für die erzwungene Schwingung gilt: $s(t) = s_M \cdot \sin\left(\omega t - \frac{\pi}{2}\right) = -s_m \cdot \cos(\omega t)$.

Damit gilt für die Geschwindigkeit: $v(t) = \frac{ds}{dt} = \dot{s}(t) = s_M \cdot \omega \cdot \sin(\omega t)$.

Die Funktionen $s(t)$ und $v(t)$ haben eine Phasendifferenz von $\frac{\pi}{2}$.

Da die Kraft F_E und die Geschwindigkeit v in Phase sind, unterstützt die Kraft die Bewegung.

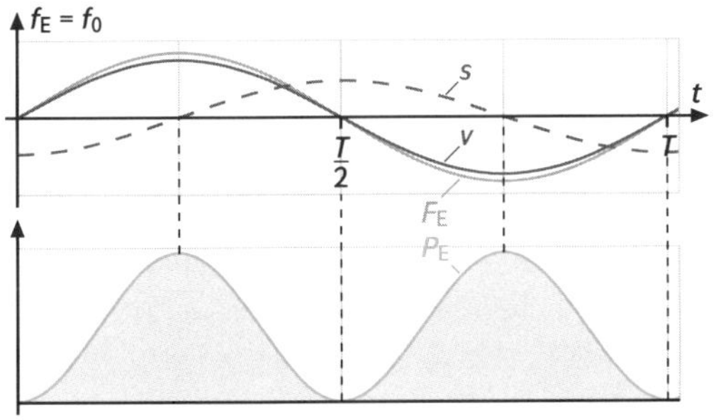

Maximale Energieübertragung bei Phasengleichheit

RESONANZKATASTROPHE

Ist die zugeführte Energie größer als der abgeführte Teil, so wird die Amplitude sehr groß, der Oszillator wird zerstört. Diesen Fall nennt man Resonanzkatastrophe. Sie kann nur durch eine ausreichende Dämpfung verhindert werden.

Die bekannteste Resonanzkatastrophe passierte 1940 in den USA. Dort versetzten Windböen das Hauptsegment der Tacoma Narrow Bridge in Schwingungen in ihrer Eigenfrequenz. Der gleichmäßige Wind führte dazu, dass die Schwingungen immer stärker wurden, bis die Brücke schließlich einstürzte. Nicht nur durch Wind kann eine Brücke in Eigenschwingungen versetzt werden, auch durch Menschen, die im Gleichschritt darüber marschieren. Dies wurde im Jahr 2000 bei der Millennium Bridge in London beobachtet.

RESONANZ

Ein Fadenpendel besteht aus einem mit Sand gefüllten kleinen Plastikbeutel, der an einem Faden befestigt ist.

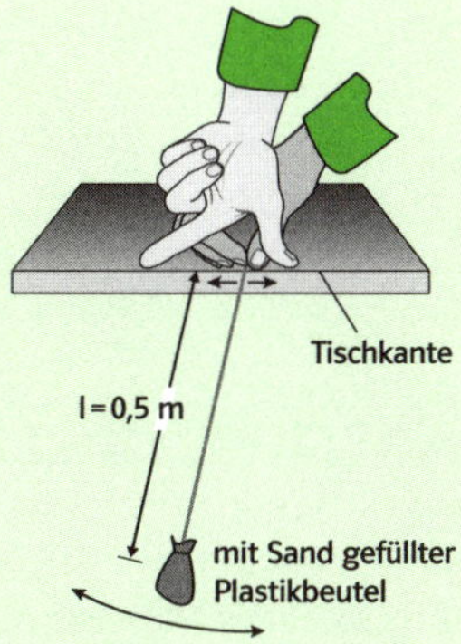

Die Pendellänge beträgt etwa 0,50 m. Dieses Fadenpendel wird an einem Ende festgehalten und entlang der Tischkante bewegt.

Die gespreizten Finger zeigen, in welchem Bereich das Pendel bewegt wird. Es wird aus der Ruhelage mit konstanter Frequenz angeregt.

Bei mehrfacher Durchführung des Experimentes soll nur die Frequenz f variiert werden.

f_0 sei die Eigenfrequenz des Pendels bei ungedämpfter Schwingung.

1. Berechnen Sie die Resonanzfrequenz des Pendels.
2. Beschreiben Sie für folgende drei Fälle die Bewegung des Pendels.
   a) $f << f_0$ b) $f \approx f_0$ c) $f >> f_0$

LÖSUNGEN

1. Im Resonanzfall entspricht die Resonanzfrequenz der Eigenfrequenz.
   Für eine Länge von 0,5 m gilt:

$$f_0 = \frac{1}{2}\pi \cdot \sqrt{\frac{g}{l}} = \frac{1}{2}\pi \cdot \sqrt{\frac{9{,}81\,\frac{m}{s^2}}{0{,}5\,m}} = 0{,}705\ Hz.$$

2. a) $f << f_0$: Die Anregung erfolgt mit sehr kleiner Frequenz. Die Amplitude, mit der der Pendelkörper schwingt, ist etwa so groß wie die Amplitude der Anregung. Somit führt der Pendelkörper eine Bewegung in horizontaler Richtung aus, die der Bewegung entspricht, die die Finger entlang der Tischkante ausführen.
   b) $f \approx f_0$: Die Anregung erfolgt mit einer Frequenz, die ungefähr der Frequenz der Eigenschwingung entspricht. Da es sich in diesem Fall um ein schwach gedämpftes System handelt, wächst die Amplitude auf sehr große Werte an, bis sich das Pendel überschlägt. Es kommt zur Resonanzkatastrophe.
   c) $f >> f_0$: Die Anregung erfolgt mit sehr großer Frequenz. Es tritt fast keine Schwingung mehr auf. Die Amplitude des Oszillators ist in diesem Fall nahezu Null.

WELLEN

Verbindet man schwingungsfähige Teilchen miteinander, sodass Energie von einem Teilchen auf das andere Teilchen übertragen wird, so entsteht eine Welle, die sich im Raum ausbreitet. Bei einer Welle wird also Energie übertragen, aber kein Stoff transportiert.

VERSCHIEDENE ARTEN VON WELLEN

Je nach Ausbreitungsrichtung unterscheidet man zwischen Längswellen (Longitudinalwellen) und Querwellen (Transversalwellen). Bei Längswellen stimmen Ausbreitungsrichtung der Welle und Bewegungsrichtung der Oszillatoren überein.

Bei Querwellen verlaufen Ausbreitungsrichtung der Welle und Bewegungsrichtung der Oszillatoren senkrecht zu einander.

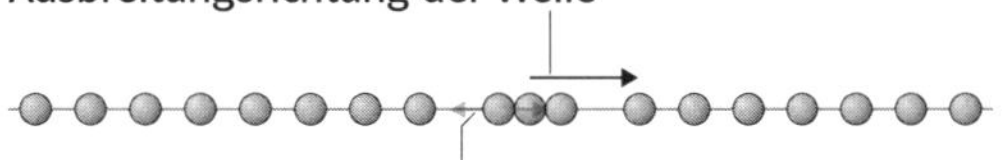

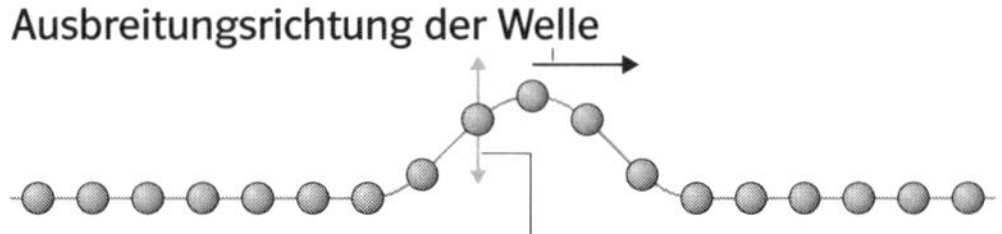

BESCHREIBUNG MECHANISCHER WELLEN

Wie bei Schwingungen nutzt man zur Beschreibung mechanischer Wellen die Begriffe: Auslenkung s, Amplitude s_M, Schwingungsdauer T und Frequenz f. Zusätzlich verwendet man die Begriffe Wellenlänge und Ausbreitungsgeschwindigkeit.

Die Wellenlänge λ ist die kürzeste Entfernung zwischen zwei Oszillatoren, die sich im gleichen Schwingungszustand befinden. Die Ausbreitungsgeschwindigkeit c ist die Geschwindigkeit, mit der sich die Welle fortbewegt.
Für Wellen gilt: $c = \lambda \cdot f$.

DIAGRAMME ZUR DARSTELLUNG VON WELLEN

Da sich eine Welle im Gegensatz zur Schwingung nicht nur zeitlich, sondern auch räumlich ausbreitet, verwendet man zur Darstellung zwei Diagramme:

t-*s*-Diagramm

Es beschreibt den entsprechenden Oszillator an einem festen Ort.

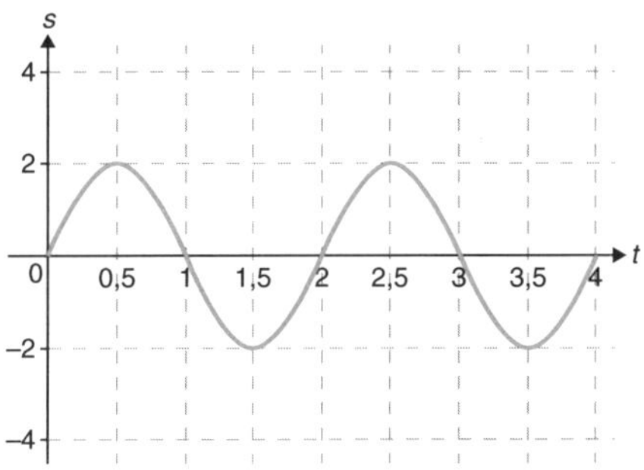

x-*s*-Diagramm

Es beschreibt die Wellen zu einem festen Zeitpunkt.

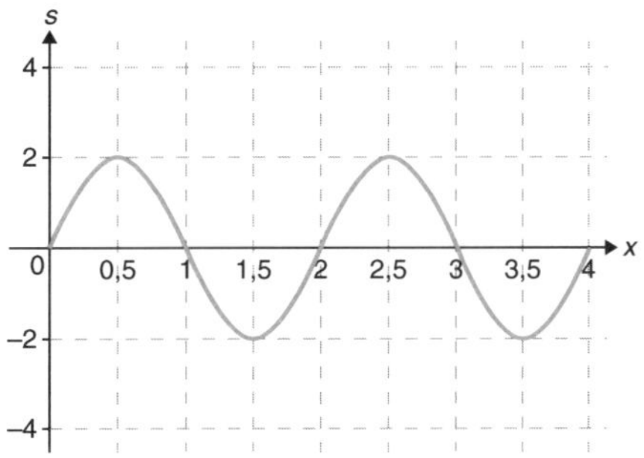

Eine Welle wird durch folgende Gleichung beschrieben:

$s(x, t) = s_M \cdot \sin\left(2\pi \cdot \left(\frac{t}{T} - \frac{x}{\lambda}\right)\right)$, wenn sich der Erreger beim Start der Welle aus der Ruhelage heraus nach oben bewegt.

Befindet sich hingegen der Erreger zu diesem Zeitpunkt in einem der beiden Umkehrpunkte, so gilt:

$s(x, t) = s_M \cdot \cos\left(2\pi \cdot \left(\frac{t}{T} - \frac{x}{\lambda}\right)\right)$.

INTERFERENZ

Breiten sich auf einer Wasseroberfläche zwei Wasserwellen kreisförmig aus, so durchdringen sich die beiden Wellen ungestört und überlagern sich. Nach der Überlagerung breiten sie sich wieder so aus, als sei die andere Welle nicht vorhanden. Bei der Überlagerung addieren sich die Amplituden der einzelnen Welle zu einer Amplitude der überlagerten Welle. Man nennt diese ungestörte Überlagerung von Wellen gleicher Frequenz Interferenz.

Hier betrachten wir Wellen mit gleicher Wellenlänge und Frequenz, die in die gleiche Richtung laufen.

Das Ergebnis der Überlagerung hängt nicht nur von ihrer Amplitude ab, sondern auch davon, wie stark die beiden Wellen gegeneinander verschoben sind. Diesen Wegunterschied gibt man häufig in Bruchteilen oder Vielfachen der Wellenlänge an. Man nennt ihn Gangunterschied Δl.

VERSTÄRKUNG (KONSTRUKTIVE INTERFERENZ)

Beträgt der Gangunterschied $\Delta l = k \cdot \lambda$, wobei $k = 0, 1, 2, \ldots$ kommt es zu einer Verstärkung der Welle (konstruktive Interferenz). Dann haben die Auslenkungen der beiden Wellen die gleiche Richtung. Haben beide Wellen die gleichgroße Amplitude, so hat die überlagerte Welle die doppelte Amplitude.

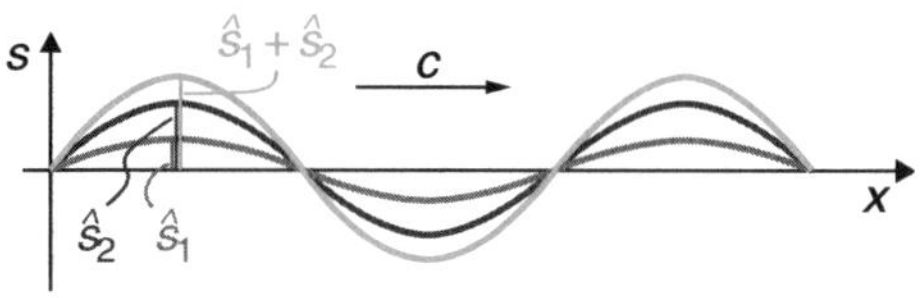

ABSCHWÄCHUNG (DESTRUKTIVE INTERFERENZ)

Beträgt der Gangunterschied $\Delta l = (2k + 1) \cdot \frac{\lambda}{2}$ mit $k = 0, 1, 2, \ldots$ kommt es zu einer Abschwächung der Welle (destruktive Interferenz). Dann haben die Auslenkungen entgegengesetzte Richtungen. Sind in diesem Falle die Amplituden gleich groß, so wird die Welle ausgelöscht.

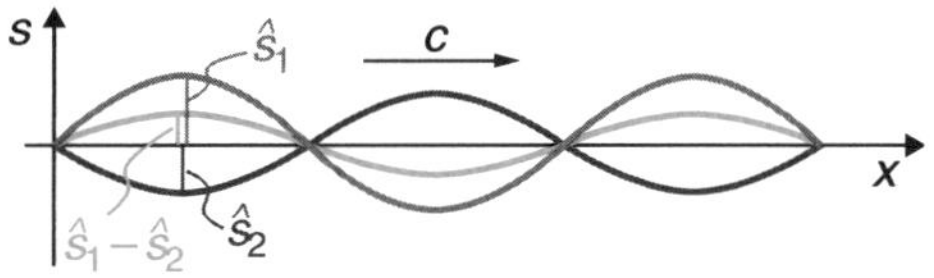

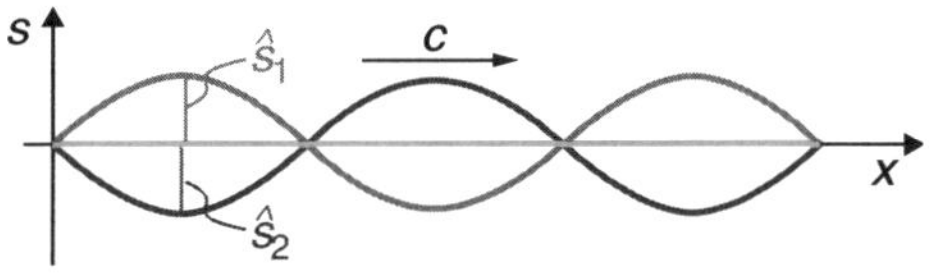

Selbstverständlich können sich auch Wellen mit beliebigem Gangunterschied und Amplitude überlagern.

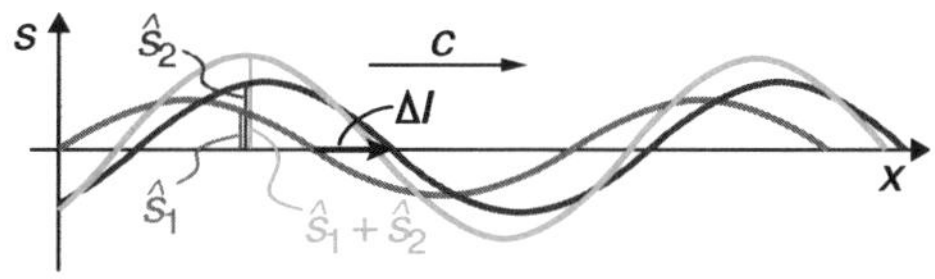

BESCHREIBUNG VON WELLEN

1. Worin unterscheiden sich Längs- und Querwellen? Nennen Sie jeweils ein Beispiel.
2. Was versteht man unter einer mechanischen Welle?
3. Eine Welle ist immer durch zwei Diagramme gekennzeichnet, das *t-s-* und das *x-s-*Diagramm. Diskutieren Sie das Diagramm.
4. Welche weiteren Angaben benötigen Sie, damit Sie das *s-x-*Diagramm zeichnen können.

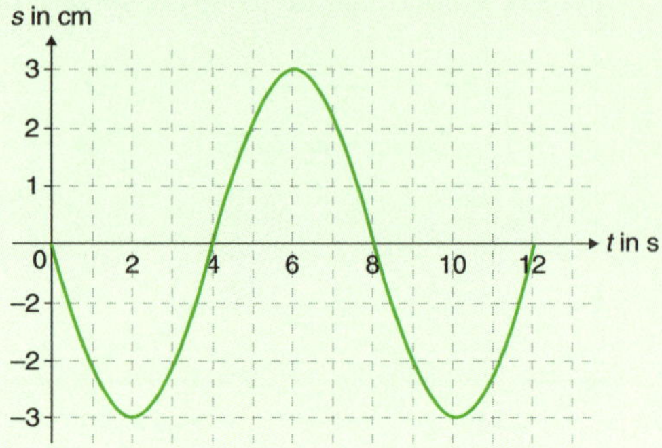

LÖSUNGEN

1. Längswellen: Ausbreitungsrichtung und Schwingungsrichtung stimmen überein.
   Beispiel: Schallwellen
   Querwellen: Ausbreitungsrichtung und Schwingungsrichtung sind senkrecht zueinander.
   Beispiel: Seilwellen
2. Mechanische Wellen benötigen zu ihrer Ausbreitung Materie. D. h. sie benötigen einen festen, flüssigen oder gasförmigen Wellenträger.
3. Bei dem Diagramm handelt es sich um ein *t-s-*Diagramm. Dargestellt ist also, wie sich der Oszillator an einem festen Ort in Abhängigkeit von der Zeit bewegt.
   Aus diesem Diagramm kann man ablesen, dass die Bewegung des Oszillators nach unten erfolgt und die Periodendauer $T = 8\,\text{s}$ beträgt. Somit beträgt seine Frequenz: $f = \frac{1}{T} = 0{,}125\,\text{Hz}$. Außerdem kann man die Amplitude ablesen. Sie beträgt 3 cm.
4. Man braucht entweder die Wellenlänge λ und kann damit die Ausbreitungsgeschwindigkeit c der Welle berechnen. Oder man braucht die Ausbreitungsgeschwindigkeit und kann damit die Wellenlänge bestimmen. Außerdem muss man den festen Zeitpunkt kennen, an dem man die Welle darstellen soll.

ÜBERLAGERUNG VON WELLEN

Das folgende Bild zeigt zwei Kreiswellen gleicher Frequenz, die von zwei punktförmigen Erregern ausgehen.

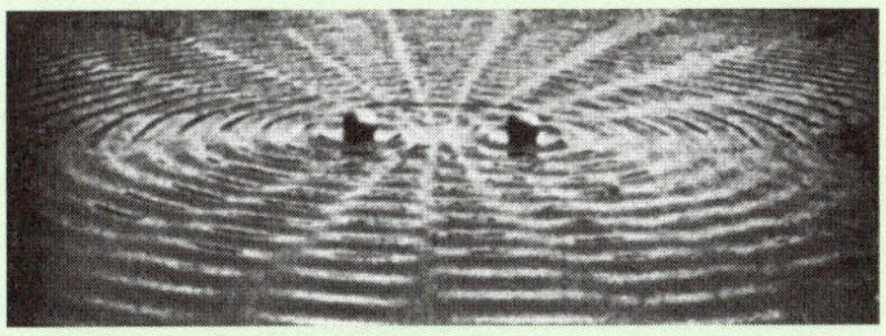

Foto: Klett-Archiv, Stuttgart

1. Erklären Sie, was man beobachten kann.
2. Erläutern Sie einen Versuch aus der Akustik, der diese Beobachtungen auch zeigt.

LÖSUNGEN

1. Man kann Stellen beobachten, an denen keine Schwingungsbewegung der Wasseroberfläche stattfindet und Stellen, an denen die Wasseroberfläche heftige Schwingungen ausführt. Die Stellen ohne Schwingungsbewegung kommen dadurch zustande, dass die beiden Wellen gegenphasig zueinander schwingen und sich bei gleicher Amplitude auslöschen. Die Stellen mit heftigen Schwingungsbewegungen kommen durch gleichphasige Überlagerung zustande.

2. Dazu nimmt man das Signal zweier Lautsprecher mit einem Mikrofon auf. Dieses Mikrofonsignal wird mit dem Signal, das unmittelbar mit einem Tongenerator erzeugt wird, verglichen. Zuerst schaltet man nur einen Lautsprecher ein, und verschiebt diesen solange, bis das Mikrofonsignal mit dem Vergleichssignal in Phase ist. Danach schaltet man den zweiten Lautsprecher hinzu, und verschiebt diesen solange, bis das Mikrofonsignal minimal wird. Schaltet man nun den ersten Lautsprecher aus, beobachtet man, dass das Signal des zweiten Lautsprechers gegenüber dem Bezugssignal eine Phasenverschiebung von π hat, also gegenphasig gegenüber dem Signal aus dem ersten Lautsprecher ist.

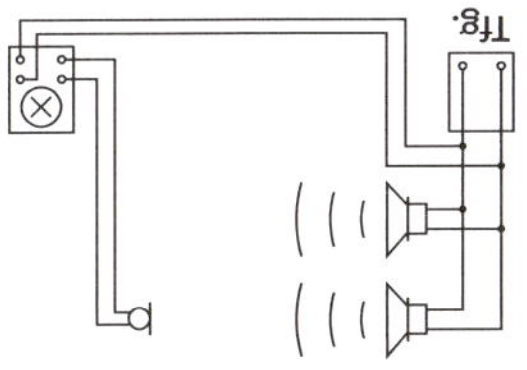

DIE STEHENDE WELLE

Überlagern sich zwei Wellen gleicher Frequenz und gleicher Phase, die aufeinander zulaufen, so entsteht eine **stehende Welle**.
Diese beiden Wellen können aus zwei verschiedenen Erregern stammen oder durch Reflexion einer Welle an einem Hindernis entstehen.

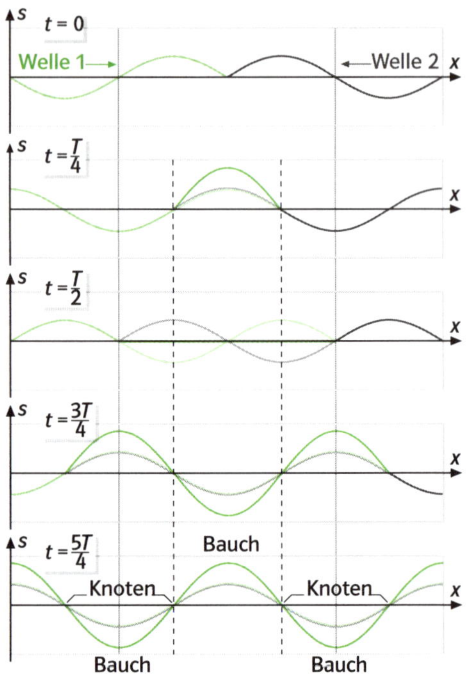

- Die Amplituden sind an jedem Ort zeitlich konstant.
- Stellen, an denen die Auslenkungen immer null sind, heißen **Knoten**.
- Stellen, an denen die Auslenkungen maximal sind, heißen **Bäuche**.
- Zwei Knoten bzw. Bäuche sind immer $\frac{\lambda}{2}$ voneinander entfernt.
- Zwischen zwei nebeneinander liegenden Knoten schwingen die Oszillatoren gleichphasig.
- Vor und hinter einem Knoten schwingen die Oszillatoren gegenphasig.

REFLEXION VON WELLEN

Spannt man ein Gummiband an beiden Enden ein und lenkt es an einem Ende periodisch aus, so entsteht nach Reflexion am anderen Ende eine stehende Welle. Für die Enden gibt es zwei Möglichkeiten:
1. Es kann festgehalten werden (festes Ende).
2. Es kann mitschwingen (loses Ende).

REFLEXION AM LOSEN ENDE

Bei der Reflexion am losen Ende kann das letzte Teilchen frei mitschwingen ohne ein weiteres Teilchen anregen zu müssen. Aufgrund seiner Trägheit ist seine Auslenkung größer als die des Teilchens davor. Durch die Kopplung des Teilchens wird das vordere Teilchen mit nach oben gezogen und somit wird ein Wellenberg als Wellenberg und ein Wellental als Wellental reflektiert. Es findet kein Phasensprung statt.

REFLEXION AM FESTEN ENDE

Bei der Reflexion am festen Ende kann das letzte Teilchen nicht mitschwingen. Deshalb zieht es das Teilchen davor in die entgegengesetzte Richtung als zuvor. Es wirkt also wie ein neuer Erreger mit umgekehrter Auslenkung. Somit wird ein Wellenberg als Wellental und ein Wellental als Wellenberg reflektiert. Es findet ein Phasensprung von π statt.

EIGENFREQUENZEN

Eigenfrequenzen bei zwei festen Enden oder zwei losen Enden

Hat der Träger zwei feste oder zwei lose Enden, so entsteht eine stehende Welle, nur wenn die Länge l ein ganzzahliges Vielfaches der halben Wellenlänge beträgt:

$l = k \cdot \frac{\lambda_k}{2}$ mit $k = 1, 2, 3, \ldots$

Mit $k = \frac{c}{f_k}$ folgt für die Eigenfrequenzen: $f_k = k \cdot \frac{c}{2l}$

Eigenfrequenzen bei einem losen und einem festen Ende

Hat der Träger ein loses und ein festes Ende, so entsteht eine stehende Welle, nur wenn für die Länge l gilt:

$l = (2k - 1) \cdot \frac{\lambda_k}{4}$ mit $k = 1, 2, 3, \ldots$

Mit $\lambda_k = \frac{c}{f_k}$ folgt für die Eigenfrequenzen: $f_k = (2k - 1) \cdot \frac{c}{4l}$

Ist $k = 1$, also die Wellenlänge am größten, so nennt man diese stehende Welle **Grundwelle**. Die anderen stehenden Wellen heißen **Oberwellen**.

CHRISTIAN HUYGENS

Christian Huygens hat ein Prinzip formuliert, mit dessen Hilfe man die Eigenschaften von Wellen wie Brechung, Reflexion, Beugung und Interferenz erklären kann.

HUYGENS'SCHES PRINZIP

Jeder Punkt einer Wellenfront (Punkte mit gleicher Phase) lässt sich als Ausgangpunkt einer Elementarwelle betrachten. Wellenfronten lassen sich als Einhüllende dieser Elementarwellen darstellen. Die Elementarwellen haben immer gleiche Frequenz und Wellenlänge wie die Welle, aus der sie entstanden sind oder die sie erzeugen.

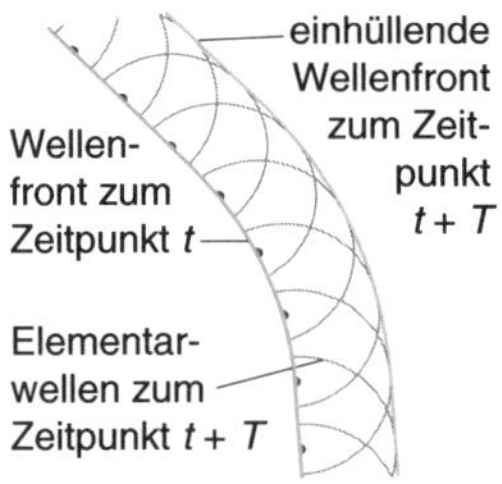

REFLEXION NACH HUYGENS

Werden Wellen an einem Hindernis **reflektiert**, so ändert sich die Ausbreitungsrichtung, aber nicht die Wellenlänge.

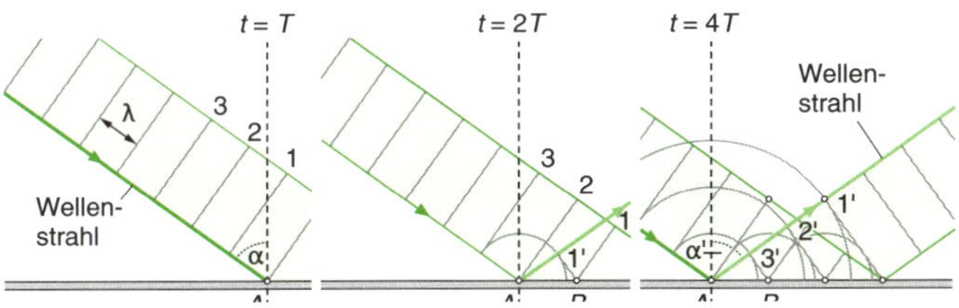

Treffen gerade Wellenfronten auf ein Hindernis, so wird zuerst die Wellenfront 1 am Punkt *A* reflektiert und erzeugt dort eine Elementarwelle. Bis die Wellenfront 2 am Punkt *A* eintrifft, hat sich die erste Elementarwelle bereits ausgebreitet und die Wellenfront 1 ist am Punkt *B* eingetroffen und hat dort wieder eine Elementarwelle erzeugt. Die Einhüllende dieser beiden Elementarwellen ergibt eine Wellenfront 1′. Analog erfolgt die Entstehung der Wellenfront 2′, 3′, usw.

BRECHUNG NACH HUYGENS

Ändert sich beim Ausbreiten einer Welle die Wassertiefe, so kann sie sich nicht mehr ungestört ausbreiten. Sie wird **gebrochen**.

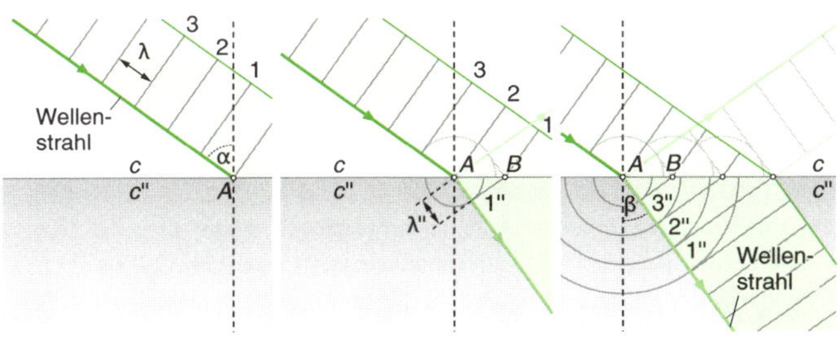

Treffen gerade Wellenfronten auf flacheres Wasser, so trifft zuerst die Wellenfront 1 am Punkt *A* ein und erzeugt dort eine Elementarwelle, die sich im flacheren Wasser langsamer ausbreitet. Bis die Wellenfront 2 am Punkt *A* eintrifft, hat sich die erste Elementarwelle bereits ausgebreitet und die Wellenfront 1 ist am Punkt *B* eingetroffen und hat dort wieder eine Elementarwelle erzeugt. Die Einhüllende dieser beiden Elementarwellen ergibt eine Wellenfront 1″.
Analog erfolgt die Entstehung der Wellenfront 2″, 3″, usw.

STEHENDE WELLEN

Überlagern sich zwei gleichfrequente Wellen, die auf einander zulaufen, so entsteht dabei eine stehende Welle.

Auf einer Wellenmaschine erzeugt man eine stehende Welle durch Reflexion.

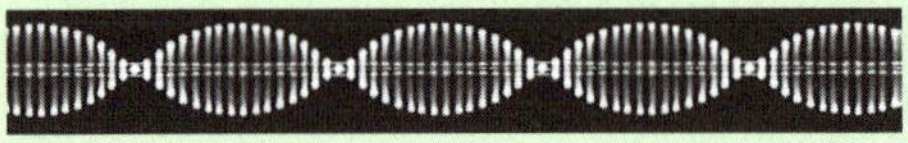

Foto: Klett-Archiv, Stuttgart

1. Wie unterscheidet sich die Reflexion am festen Ende von der am losen Ende?
2. Machen Sie eine Gegenüberstellung zwischen fortschreitender und stehender Welle.

LÖSUNGEN

1. Trifft beim festen Ende eine nach oben ausgelenkte Störung auf das letzte feste Teilchen, so zieht dieses das vorletzte Teilchen nach unten. Das feste Ende verhält sich wie ein Erreger, der gegenphasig zur ankommenden Störung ist. Es findet ein Phasensprung von 180° statt, d.h ein Wellenberg kommt als Wellental und ein Wellental als Wellenberg zurück.
   Trifft beim losen Ende eine nach oben ausgelenkte Störung auf das letzte Teilchen, so bewegt es sich mit nach oben. Es verhält sich wie ein gleichphasig schwingender Erreger, es findet kein Phasensprung statt. Ein Wellental wird als Wellental und ein Wellenberg als Wellenberg reflektiert.
2.

Fortschreitende Welle	Stehende Welle
1. Das räumliche Kurvenbild schreitet mit c fort.	1. Das räumliche Kurvenbild bleibt am Ort.
2. Alle Punkte erreichen nacheinander die gleiche Amplitude, umso später, je weiter sie vom Erreger entfernt sind.	2. Alle Punkte haben verschiedene Amplituden, die sie im gleichen Augenblick erreichen.
3. In keinem Moment herrscht überall Stillstand.	3. Im Moment größter Auslenkung ist Stillstand.
4. Die Auslenkung ist nie überall gleich null.	4. Alle Punkte erreichen gleichzeitig den Nullpunkt.
5. Es gibt keine Punkte ständiger Ruhe.	5. Die Knoten der Welle sind ständig in Ruhe.
6. Jeder Punkt auf der Strecke einer Wellenlänge hat eine andere Phase	6. Zwischen zwei Knoten haben alle Punkte gleiche Phase.
7. Energie wird transportiert	7. Keine Energie wird transportiert.

HUYGEN'SCHES PRINZIP

Treffen Wellenfronten auf flacheres oder tieferes Wasser, so ändert sich ihre Geschwindigkeit und ihre Richtung. Die Wellenfront wird gebrochen.

Eine gerade Wellenfront breitet sich mit der Geschwindigkeit $c_1 = 0{,}39\,\text{m/s}$ aus und trifft unter einem Winkel von 50° auf die Grenzfläche zu einem flacheren Teil. Dabei ändert sich die Ausbreitungsgeschwindigkeit auf $c_2 = 0{,}3\,\text{m/s}$.

1. Wie groß ist der Brechungswinkel?
2. Wie groß sind Wellenlänge und Frequenz im flacheren Wasser, wenn die Wellenlänge vorher 1,8 cm betrug?

LÖSUNGEN

1. Nach dem Brechungsgesetz von Snellius gilt:
   Fällt eine ebene Welle auf eine ebene Grenzfläche, so wird sie beim Übergang von dem einen in das andere Medium von ihrer ursprünglichen Richtung abgelenkt. Dabei ist das Verhältnis des Sinus des Einfallswinkel α und des Brechungswinkels β gleich dem Verhältnis der Fortpflanzungsgeschwindigkeiten in beiden Medien. Den konstanten Wert *n* nennt man den Brechungsindex des ersten Mediums geteilt durch den des zweiten.

   $$\frac{\sin\alpha}{\sin\beta} = \frac{c_1}{c_2} = n$$

   $$\frac{\sin 50°}{\sin\beta} = \frac{0{,}39\,\frac{\text{m}}{\text{s}}}{0{,}3\,\frac{\text{m}}{\text{s}}} \Leftrightarrow \sin\beta = \frac{0{,}3\,\frac{\text{m}}{\text{s}}}{0{,}39\,\frac{\text{m}}{\text{s}}} \cdot \sin 50° \Rightarrow \beta = 36{,}1°$$

2. Da sich bei der Brechung nur die Geschwindigkeit und Wellenlänge ändern, kann man die Frequenz folgendermaßen bestimmen:

   $$f = \frac{c_1}{\lambda_1} = \frac{0{,}39\,\frac{\text{m}}{\text{s}}}{0{,}018\,\text{m}} = 21{,}67\,\text{Hz}.$$

   Aus Frequenz und Fortpflanzungsgeschwindigkeit lässt sich die Wellenlänge bestimmen:

   $$\lambda_2 = \frac{c_2}{f} = \frac{0{,}3\,\frac{\text{m}}{\text{s}}}{21{,}67\,\text{Hz}} = 0{,}0138\,\text{m} = 1{,}38\,\text{cm}.$$

6 ELEKTROMAGNETISCHE SCHWINGUNGEN UND WELLEN

Elektromagnetische Schwingungen

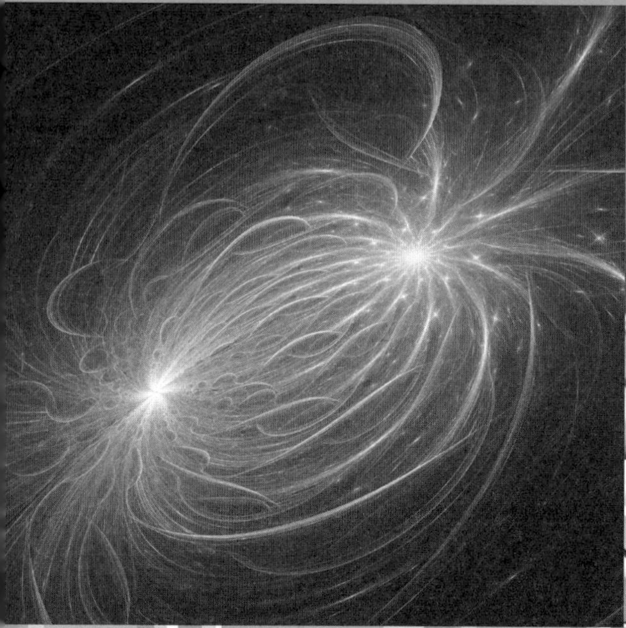

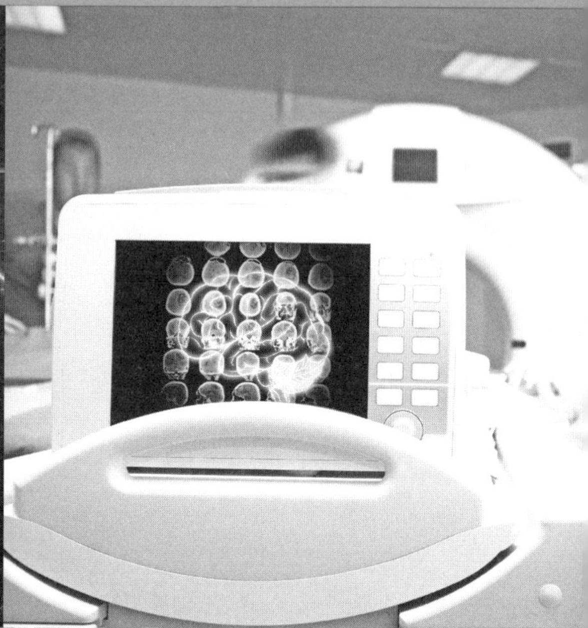

SCHWINGKREIS

Eine Parallelschaltung aus einem Kondensator und einer Spule erzeugt eine elektromagnetische Schwingung. Man nennt diese Anordnung auch Schwingkreis.

Über eine elektrische Quelle wird in Schalterstellung 1 der Kondensator aufgeladen. Somit ist die elektrische Energie im Kondensator gespeichert. Bringt man nun den Schalter in Position 2, so wird der Kondensator entladen und ein Strom fließt durch die Spule, der ein magnetisches Feld erzeugt. An den Enden der Spule entsteht nach Lenz eine Induktionsspannung, die dem Stromanstieg entgegenwirkt. Ist der Kondensator entladen, so ist der Strom in der Spule am größten und die gesamte elektrische Energie ist in magnetische Energie umgewandelt worden. Da nun der Kondensator entladen ist, kann er den Strom nicht mehr weiter antreiben und das Magnetfeld bricht zusammen.

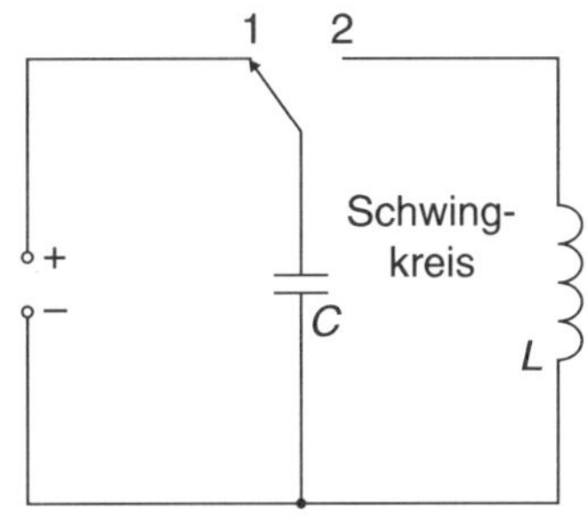

Die Selbstinduktion der Spule bewirkt jedoch ein Weiterfließen des Stromes in gleicher Richtung und der Kondensator wird wieder aufgeladen, jedoch mit umgekehrter Polung. Nun wird die magnetische Energie in elektrische Energie umgewandelt. Sobald das magnetische Feld komplett abgebaut ist, erreicht der Kondensator seine maximale Ladung.

Der Vorgang wiederholt sich nun mit umgekehrter Stromrichtung, bis der Ausgangszustand erreicht ist.

Somit entsteht eine ungedämpfte elektromagnetische Schwingung.

ANALOGIE ZUM OSZILLATOR

Es besteht eine Analogie zum harmonischen Oszillator. Dabei entspricht der elektrischen Energie im Kondensator die potentielle Energie der Masse *m*, während die magnetische Energie der Spule der kinetischen Energie der Masse *m* entspricht.

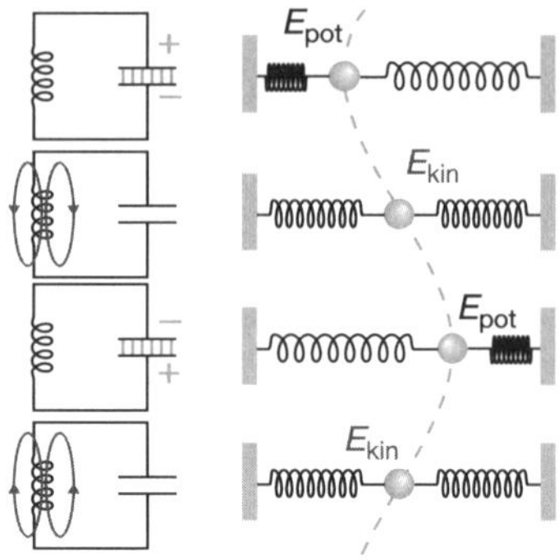

THOMSON'SCHE SCHWINGUNGSGLEICHUNG

Kann in einem Schwingkreis der ohmsche Widerstand vernachlässigt werden, so liegt ein abgeschlossenes System vor. Für die Summe der Energien gilt:

$E_{ges} = E_{Kondensator} + E_{Spule} = \frac{1}{2}CU^2 + \frac{1}{2}LI^2 = \frac{1}{2}\frac{Q^2}{C} + \frac{1}{2}LI^2 =$ konstant.

Leitet man diese Gleichung nach der Zeit ab, so folgt:

$\frac{Q}{C}\cdot\dot{Q} + L\cdot I\cdot\dot{I} = 0$ bzw. $Q\cdot\dot{Q} + L\cdot C\cdot I\cdot\dot{I} = 0$.

Mit $I = \dot{Q}$ und $\dot{I} = \ddot{Q}$ folgt $Q\cdot\dot{Q} + L\cdot C\cdot\dot{Q}\cdot\ddot{Q} = 0$ bzw. $Q + L\cdot C\cdot\ddot{Q} = 0$.

Mit der Lösung $Q(t) = \hat{Q}\cdot\cos(\omega\cdot t)$ wird $\dot{Q}(t) = -\hat{Q}\cdot\omega\cdot\sin(\omega\cdot t)$ und $\ddot{Q}(t) = -\hat{Q}\cdot\omega^2\cdot\cos(\omega\cdot t)$.

Eingesetzt in die Differentialgleichung liefert: $\hat{Q}\cdot\cos(\omega\cdot t) = L\cdot C\cdot\omega^2\cdot\hat{Q}\cdot\cos(\omega\cdot t)$ und mit $\omega = \frac{2\pi}{T}$ folgt: $T = 2\pi\cdot\sqrt{L\cdot C}$.

William Thomson, Lord Kelvin.

ELEKTROMAGNETISCHE SCHWINGUNGEN

Ein Kondensator mit der Kapazität $C = 47\,\mu F$ wird über eine Spannungsquelle ($U = 10\,V$) aufgeladen. Anschließend wird er von dieser getrennt und über eine Spule mit der Induktivität $L = 33\,mH$ entladen (der gesamte ohmsche Widerstand ist vernachlässigbar).

1. Geben Sie die zugehörige Schwingungsgleichung $U(t)$ an.
2. Skizzieren Sie für zwei Perioden das $U(t)$-Diagramm.

Die Entladung des Kondensators beginnt zum Zeitpunkt $t = 0$.

LÖSUNGEN

1. $U(t) = C \cdot Q(t) = C \cdot \hat{Q} \cdot \cos(\omega \cdot t) = \hat{U} \cdot \cos(\omega \cdot t)$,
   wobei $\hat{U} = 10\,V$ und $\omega = \frac{1}{\sqrt{L \cdot C}} = \frac{1}{\sqrt{33 \cdot 10^{-3}\,H \cdot 47 \cdot 10^{-6}\,F}} = 803\,Hz$.
   Also: $U(t) = 10\,V \cdot \cos(803\,Hz \cdot t)$.
2. Aus $\omega = 803\,Hz$ folgt $f = \frac{\omega}{2\pi} = 127{,}8\,Hz$ und $T = \frac{1}{f} = 7{,}8\,ms$.
   Zum Zeitpunkt $t = 0$ gilt: $\hat{U} = 10\,V$.

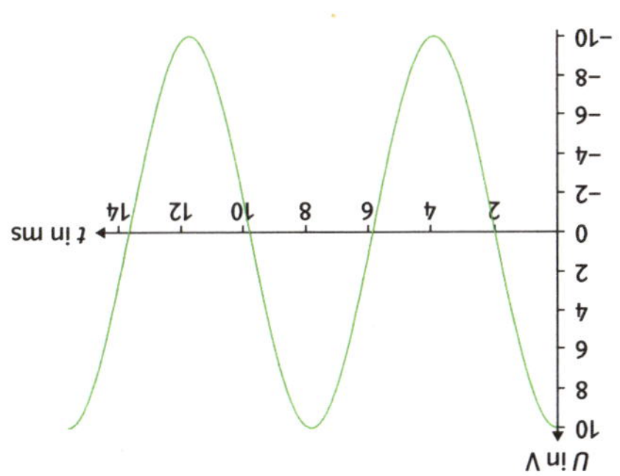

EIGENSCHAFTEN ELEKTROMAGNETISCHER WELLEN

Von jeder schwingenden Ladung breitet sich eine elektromagnetische Welle im Raum aus. Zu den elektromagnetischen Wellen gehören z. B. Radiowellen, Mikrowellen, Infrarotstrahlung, sichtbares Licht, UV-Strahlung sowie Röntgen- und Gammastrahlung. Sie unterscheiden sich in Frequenz bzw. Wellenlänge.
Das elektromagnetische Wellenspektrum ist ein kontinuierliches Spektrum.

Wellenlänge		Frequenz (Hz)	Vorkommen/Nutzung
km	$3 \cdot 10^4$	10	
	$3 \cdot 10^3$	10^2	Technischer Wechselstrom
	$3 \cdot 10^2$	10^3	
	30	10^4	Nachrichtentechnik
	3	10^5	
m	$3 \cdot 10^2$	10^6	
	30	10^7	Fernseh-, Rundfunktechnik
	3	10^8	Diathermie
cm	30	10^9	
	3	10^{10}	Radartechnik
mm	3	10^{11}	Mikrowellenherde
	0,3	10^{12}	

Wellenlänge		Frequenz (Hz)	Vorkommen/Nutzung
nm	$3 \cdot 10^4$	10^{12}	
	$3 \cdot 10^3$	10^{14}	Wärmestrahlung (780 – 1000)
	$3 \cdot 10^2$	10^{15}	Sichtbares Licht (380 – 780)
	30	10^{16}	Ultraviolett, Höhensonne
	3	10^{17}	
	0,3	10^{18}	Röntgenstrahlen
	$3 \cdot 10^{-2}$	10^{19}	
	$3 \cdot 10^{-3}$	10^{20}	
	$3 \cdot 10^{-4}$	10^{21}	Radioaktive Stoffe
	$3 \cdot 10^{-5}$	10^{22}	
	$3 \cdot 10^{-6}$	10^{23}	Kosmische Stahlung
	$3 \cdot 10^{-7}$	10^{24}	

EIGENSCHAFTEN ELEKTROMAGNETISCHER WELLEN

Elektromagnetische Wellen sind Querwellen (Transversalwellen) und brauchen zur Ausbreitung kein Medium. Eine elektromagnetische Welle transportiert Energie.
Jede elektromagnetische Welle besitzt die typischen Merkmale der Wellenausbreitung, wie Beugung und Interferenz.

Für elektromagnetische Wellen gilt: $c = \lambda \cdot f$.
Sie breiten sich mit Lichtgeschwindigkeit aus. Es gilt:
$c = \frac{1}{\sqrt{\varepsilon_0 \cdot \varepsilon_r \cdot \mu_0 \cdot \mu_r}}$ wobei $\varepsilon_0 = 8{,}85 \cdot 10^{-12} \frac{\text{Vs}}{\text{Am}}$ die elektrische Feldkonstante, ε_r die Permittivitätszahl, $\mu_0 = 1{,}26 \cdot 10^{-6} \frac{\text{Vs}}{\text{Am}}$ die magnetische Feldkonstante und μ_r die Permeabilitätszahl ist.

ENTSTEHUNG

Als Quelle einer elektromagnetischen Wellen kann ein Dipol verwendet werden. Er entsteht, indem man einen geschlossenen Schwingkreis aufbiegt.

Der Kondensator sind nun die Leiterenden und das Magnetfeld der Spule entspricht dem Magnetfeld eines geraden Leiters. Der Dipol schwingt mit sehr hoher Frequenz, da die Kapazität des Kondensators und die Induktivität der Spule sehr klein sind. Das elektrische und magnetische Feld um den Dipol breitet sich sehr weit im Raum aus.

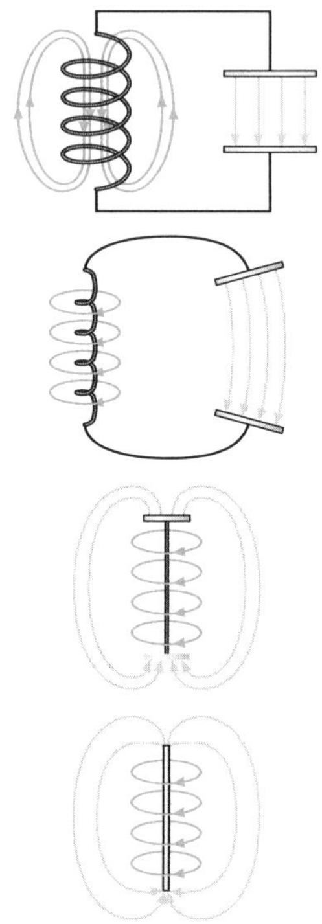

Vom Schwingkreis zum Dipol

ELEKTROMAGNETISCHE WELLEN

Ein Schwingkreis besteht aus einem verstellbaren Kondensator, der in einem Bereich von 4 pF bis 6 pF variiert werden kann und einer Spule mit der Induktivität $L = 0{,}5\,\mu H$.
Dieser Schwingkreis dient einem UKW-Radio zur Aussendung von elektromagnetischen Wellen durch eine Stabantenne.

1. In welchem Frequenz- und Wellenlängenbereich sendet die Antenne?
2. Die optimale Energieübertragung vom Schwingkreis auf die Antenne ist bei einer Frequenz von 97 MHz. Wie lang muss die Antenne sein?

LÖSUNGEN

1. Mit $f = \frac{1}{2\pi\sqrt{LC}}$ folgt

   $f_1 = \frac{1}{2\pi\sqrt{0{,}5 \cdot 10^{-6}\,\text{H} \cdot 6 \cdot 10^{-12}\,\text{F}}} = 91{,}9\,\text{MHz},$

   $f_2 = \frac{1}{2\pi\sqrt{0{,}5 \cdot 10^{-6}\,\text{H} \cdot 4 \cdot 10^{-12}\,\text{F}}} = 112{,}5\,\text{MHz}.$

   Mit $\lambda = \frac{c}{f}$ folgt:

   $\lambda_1 = \frac{3 \cdot 10^8 \frac{\text{m}}{\text{s}}}{91{,}9 \cdot 10^6\,\text{Hz}} = 3{,}3\,\text{m}$ und $\lambda_2 = \frac{3 \cdot 10^8 \frac{\text{m}}{\text{s}}}{112{,}5 \cdot 10^6\,\text{Hz}} = 2{,}7\,\text{m}.$

   Die Antenne sendet in einem Frequenzbereich von 91,9 MHz bis 112,5 MHz und in einem Wellenlängenbereich von 2,7 m bis 3 m.

2. $\lambda = \frac{c}{f} = \frac{3 \cdot 10^8 \frac{\text{m}}{\text{s}}}{97 \cdot 10^6\,\text{Hz}} = 3{,}09\,\text{m}$

   Für eine optimale Energieübertragung muss der Sender in der Grundschwingung schwingen, d. h. $l = \frac{\lambda}{2}$. Somit muss die Antenne $l = \frac{3{,}09\,\text{m}}{2} = 1{,}55\,\text{m}$ lang sein.

7 OPTIK

Lichtmodelle

OPTIK IN DER FORSCHUNG

Bereits in der Antike hat man sich für das Licht interessiert. So ging zum Beispiel Aristoteles davon aus, dass das Licht von der bloßen Anwesenheit von Objekten komme, aber nicht in Bewegung sei. Zu Beginn des 17. Jahrhunderts glaubte Johannes Kepler, dass die Lichtgeschwindigkeit im Vakuum unendlich sei. Später postulierten Newton und Huygens eine endliche Lichtgeschwindigkeit. Den Nachweis dafür erbrachte Ole Römer 1676 mittels der Zahnradmethode.
Heute weiß man, dass sich Licht im Vakuum mit einer Geschwindigkeit von $2{,}99 \cdot 10^8$ m/s ausbreitet.

Das Teilgebiet Optik, das die Eigenschaften von Licht untersucht, unterteilt sich in geometrische Optik und Wellenoptik.
Dabei wird Licht im Modell entweder als Strahl oder als Welle beschrieben.

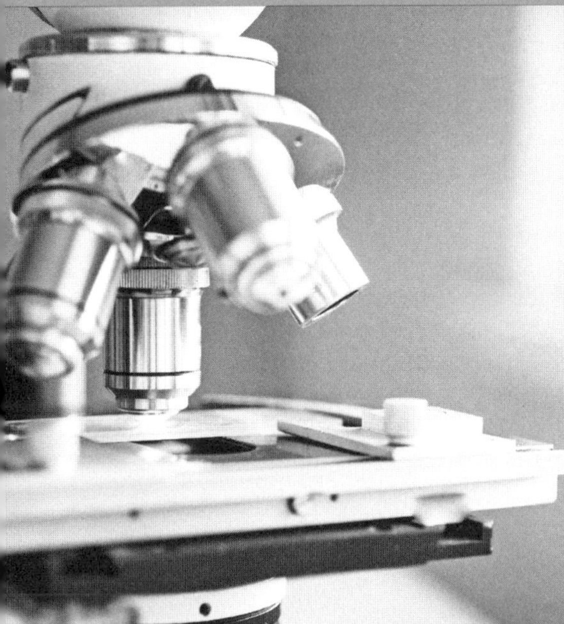

GEOMETRISCHE OPTIK

Die geometrische Optik ist ein Gebiet der Optik, welches Alltagserscheinungen (z. B. Reflexion an Oberflächen oder Brechung an Grenzflächen) beschreibt und die Welleneigenschaften des Lichtes vernachlässigt. Dabei sind die Gegenstände, die diese Phänomene hervorrufen, groß im Vergleich zur Wellenlänge des Lichtes. Deshalb können Beugungs- und Interferenzerscheinungen vernachlässigt werden.

Beleuchtet man einen Spalt mit Licht, so existiert hinter dem Spalt ein divergentes Lichtbündel. Engt man dieses Lichtbündel immer mehr ein, so entsteht ein fast paralleles Lichtbündel. Ist dieses Lichtbündel sehr fein, so bezeichnet man es als Lichtstrahl. Ein solcher Lichtstrahl mit sehr kleinem Durchmesser existiert in Wirklichkeit nicht. Es handelt sich dabei um eine Modellvorstellung.

Pierre de Fermat

FERMAT'SCHES PRINZIP

Für die Ausbreitung von Licht gilt das **Fermat'sche Prinzip**:
Der Weg, den das Licht nimmt, um von einem Punkt zu einem anderen Punkt zu gelangen, ist stets so, dass die benötigte Zeit dafür minimal wird.
Mit dem **Modell der Lichtstrahlen** kann man folgende Phänomene beschreiben:

- geradlinige Ausbreitung des Lichtes,
- Entstehung von Schatten hinter lichtundurchlässigen Körpern,
- Brechung und Reflexion an Grenzflächen,
- Verlauf von Lichtstrahlen durch Prismen und Linsen.

WELLENOPTIK

In der Wellenoptik betrachtet man Licht als elektromagnetische Wellen. Somit ist Licht eine transversale Welle, d. h. sie schwingt senkrecht zu ihrer Ausbreitungsrichtung. Sie wird durch Wellenlänge, Amplitude und Phase beschrieben.
Christian Huygens hat erkannt, dass man Licht analog zu Wasserwellen beschreiben kann. Jeder Punkt einer Wellenfront (Punkte mit gleicher Phase) lässt sich als Ausgangpunkt einer **Elementarwelle** betrachten. Wellenfronten lassen sich als **Einhüllende** dieser Elementarwellen darstellen. Die Elementarwellen haben immer gleiche Frequenz und Wellenlänge wie die Welle, aus der sie entstanden sind oder die sie erzeugen.

MODELL DER WELLEN

Mit dem **Modell der Wellen** kann man folgende Phänomene beschreiben:

- Interferenz,
- Beugung an sehr kleinen Spalten und Kanten,
- Polarisation.

Auch dieses Modell ist nicht in der Lage alle Phänomene des Lichtes zu beschreiben. Dazu gehört zum Beispiel der von Einstein erklärte Fotoeffekt.

LICHTMODELLE

Ein Naturwissenschaftler, der sich mit der Frage nach der Natur des Lichtes auseinandersetzte, war Newton.

Er vertrat das Teilchenmodell. Er ging davon aus, dass jeder leuchtende Körper kleine Teilchen aussendet, auf die abstoßende und anziehende Kräfte wirken. Sendet also eine Lichtquelle Teilchen aus, so fliegen diese mit konstanter Geschwindigkeit geradlinig durch den Raum. An den Körperoberflächen verhalten sie sich wie Körper beim elastischen Stoß.

1. Beschreiben Sie mithilfe von Newtons Teilchentheorie die Reflexion von Licht.
2. Beschreiben Sie nach Newton das Phänomen der Totalreflexion.
3. Begründen Sie mit Hilfe des Fermat'schen Prinzips das Reflexionsgesetz. Benutzen Sie dazu die Skizze.

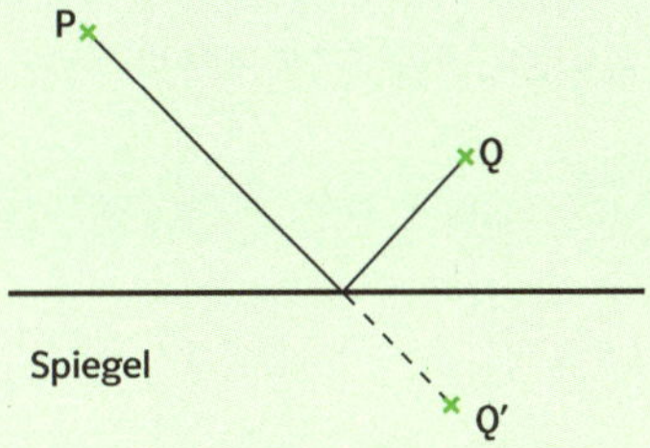

LÖSUNGEN

1. Dazu spaltet man den Geschwindigkeitsvektor des einfallenden Teilchens in zwei Komponenten auf, eine parallel und die andere senkrecht zur Körperoberfläche.
   Die Parallelkomponente wird vom elastischen Stoß nicht beeinflusst. Die senkrechte Komponente kehrt wie ein Gummiball, der auf den Boden trifft, ihre Richtung um. Dies geschieht, da die Masse der Lichtteilchen sehr viel kleiner ist als die Masse der Atome. Setzt man die beiden Komponenten wieder zusammen, so erhält man den Geschwindigkeitsvektor des reflektierten Teilchens. Somit bewegt sich das Teilchen analog zum Reflexionsgesetz.

2. Nach Newton wirken auf ein Teilchen von allen Seiten anziehende Kräfte. Diese Kraftkomponenten heben sich gegenseitig auf. Deshalb bewegen sich Lichtteilchen in einem Körper geradlinig und mit größerer Geschwindigkeit als im Vakuum. Trifft ein Teilchen, dass sich im Körper befindet, schräg auf dessen Oberfläche, so ist seine Geschwindigkeitskomponente sehr klein und es wird von den anziehenden Kräften wieder in den Körper hinein gezogen.

3. Bei der Reflexion findet keine Änderung der Lichtgeschwindigkeit statt. Nach Fermat gilt: Der Weg, den das Licht nimmt, um von einem Punkt zu einem anderen Punkt zu gelangen, ist stets so, dass die benötigte Zeit dafür minimal wird.
   Der kürzeste Weg von P nach Q' ist die Verbindungsstrecke der beiden Punkte.
   Diese stimmt mit dem Weg von P zum Spiegel und von dort zum Punkt Q überein und ist damit der kürzeste Weg.

Die Reflexion von Licht kann man sowohl mit der geometrischen Optik als auch mit der Wellenoptik konstruieren. Ist das Hindernis groß gegenüber der Wellenlänge des Lichtes, so kann man die geometrische Optik oder die Wellenoptik verwenden. Ist das Hindernis hingegen in der Größenordnung der Wellenlänge des Lichtes, so muss man die Wellenoptik verwenden.

REFLEXION (GEOMETRISCHE OPTIK)

Trifft das Licht auf eine lichtdurchlässige Grenzfläche, so wird ein Teil **reflektiert** und ein anderer Teil wird an ihr gebrochen.

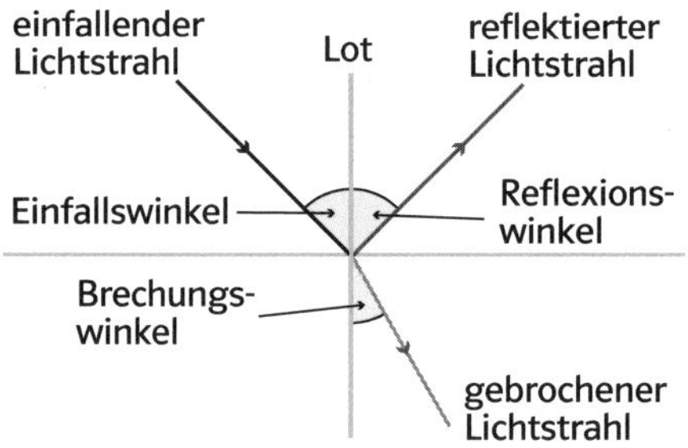

REFLEXIONSGESETZ

Der Einfallswinkel α und der Reflexionswinkel α' sind gleich groß. Einfallender, reflektierter Lichtstrahl und das Lot liegen in einer Ebene. Der Lichtweg ist umkehrbar.

REFLEXION (WELLENMODELL)

Die Reflexion von Licht an einer Grenzfläche verhält sich analog zur Reflexion von Wellen. Es gilt das Huygens'sche Prinzip. Im Gegensatz zur geometrischen Optik lässt sich mit dem Wellenmodell das Reflexionsgesetz mathematisch beweisen.

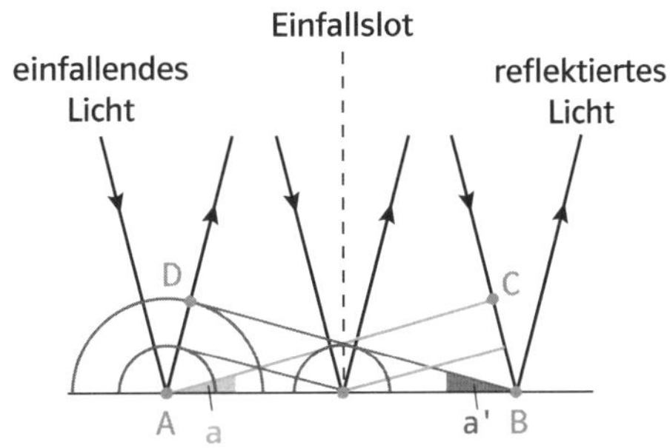

Die Wellenfront trifft auf die Grenzfläche und von dort breitet sich eine Elementarwelle aus. Da sich bei der Reflexion die Ausbreitungsgeschwindigkeit der Welle nicht ändert, sind die Dreiecke ABD und ABC kongruent. Daraus folgt, dass der Einfallswinkel genauso groß ist wie der Reflexionswinkel.

STREUUNG

Trifft Licht auf einen Körper, so wird ein Teil an seiner Oberfläche reflektiert, während ein anderer Teil in den Körper eindringt und gebrochen wird. Zusätzlich tritt das Licht beim Durchlaufen des Körpers auf kleine Teilchen, die das Licht aus seiner geradlinigen Bahn ablenken. Das Licht wird gestreut. Die Streuung ist dafür verantwortlich, dass wir den Himmel blau sehen. Das Licht wird bei seinem Durchgang durch die Atmosphäre an den verschiedenen Materieteilchen gestreut. Die Stärke der Streuung hängt von der Wellenlänge des Lichtes ab. Kurzwelliges Licht wird stärker gestreut als langwelliges Licht.

DIE BRECHUNG DES LICHTS

Die Brechung von Licht kann man sowohl mit der geometrischen Optik als auch mit der Wellenoptik konstruieren. Ist das Hindernis groß gegenüber der Wellenlänge des Lichtes, so verwendet man die geometrische Optik. Ist das Hindernis hingegen in der Größenordnung der Wellenlänge des Lichtes, so verwendet man die Wellenoptik.

BRECHUNG (GEOMETRISCHE OPTIK)

Ein Lichtstrahl fällt unter einem Einfallswinkel zwischen 0° und 90° auf eine halbdurchlässige Grenzfläche. Ein Teil des Lichtes wird reflektiert, während ein anderer Teil in das Medium eindringt und gebrochen wird.

GESETZMÄSSIGKEITEN DER BRECHUNG

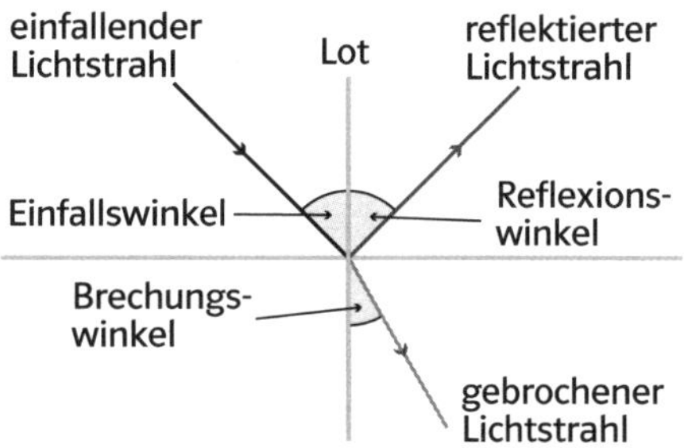

- Mit wachsendem Einfallswinkel wächst auch der Brechungswinkel .
- Der Brechungswinkel β ist stets kleiner als 90°.
- Trifft der Lichtstrahl senkrecht auf die Grenzfläche (α = 90°), so geht er ohne Richtungsänderung in diese über.
- Der Lichtweg ist umkehrbar.
- Der Brechungswinkel β hängt von den Lichtgeschwindigkeiten und damit von der Wellenlänge in den beiden Stoffen ab. Dies nennt man Dispersion.
- Geht das Licht von einem optisch dünneren Stoff in ein optisch dichteren Stoff über (z.B. von Luft in Glas), so wird der Strahl zum Lot hin gebrochen ($\alpha > \beta$). Erfolgt der Übergang in die andere Richtung, so wird der Strahl vom Lot weg gebrochen ($\alpha < \beta$).
- Nähert sich der Einfallswinkel α 90° an, so nähert sich der Brechungswinkel β einem für den Stoff spezifischen Winkel, dem sogenannten Grenzwinkel an.
- Ist beim Übergang von einem optisch dichteren in ein optisch dünneren Stoff der Einfallswinkel größer als der Grenzwinkel, so tritt Totalreflexion auf.

BRECHUNG (WELLENOPTIK)

Nach Huygens gilt für die Brechung: Von jedem Punkt auf der Grenzfläche, der von der Wellenfront getroffen wird, geht eine Elementarwelle aus.
Da bei unterschiedlichen Stoffen die Ausbreitungsgeschwindigkeit in dem jeweiligen Stoff unterschiedlich ist, sind die zurückgelegten Wege $c_1 \cdot t$ und $c_2 \cdot t$ verschieden lang.
Es folgt das Brechungsgesetz:
$\frac{c_1 \cdot t}{\sin\alpha} = \frac{c_2 \cdot t}{\sin\beta}$ bzw. $\frac{\sin\alpha}{\sin\beta} = \frac{c_1}{c_2} = n$ wobei n die materialabhängige Brechzahl ist.

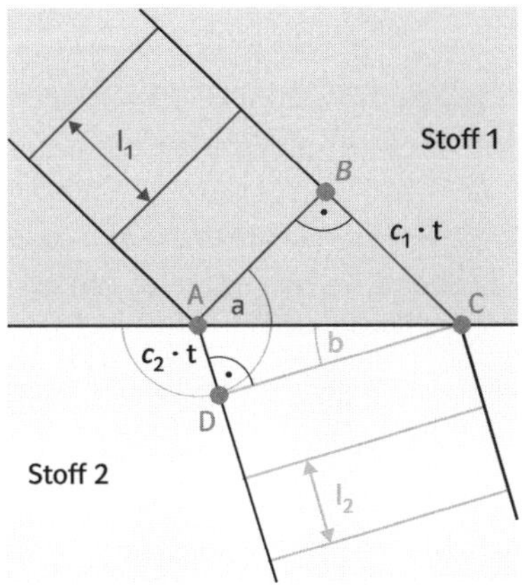

REFLEXION UND STREUUNG

Spiegelbilder entstehen durch Reflexion, der blaue Himmel (Abendrot) durch Streuung von Licht.

1. Welche Eigenschaften haben Spiegelbilder?
2. Erläutern Sie, warum man einem sonnigen klaren Sommertag den Himmel in blauer Farbe sieht.

LÖSUNGEN

1. Eigenschaften von Spiegelbildern:
   - Bildpunkt P und Spiegelpunkt P' liegen symmetrisch zum Spiegel.
   - Spiegelbilder sind aufrecht und vertauschen rechts und links.
   - Bild und Spiegelbild sind gleichgroß.
   - Das Spiegelbild ist ein virtuelles Bild, d. h. man kann es am vermuteten Ort nicht mit einem Schirm auffangen.

2. Für den blauen Himmel sind zwei Streuprozesse wichtig:
   - Rayleigh-Streuung: Der Teilchendurchmesser *d* ist größer als die Wellenlänge. Sie ist abhängig von der Wellenlänge, kurzwelliges Licht erfährt eine stärkere Streuung als langwelliges Licht.
   - Mie-Streuung: Der Teilchendurchmesser *d* ist kleiner als die Wellenlänge. Sie hängt nicht von der Wellenlänge ab.

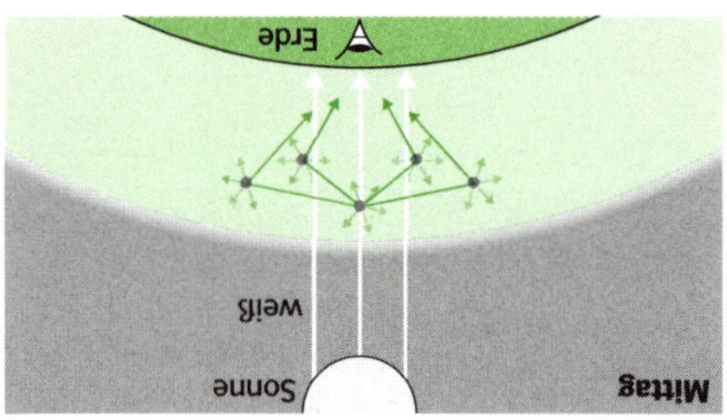

Steht die Sonne senkrecht, so gelangt ihr Licht auf direktem Wege durch eine dünne Schicht zum Betrachter. Es wird nur gering gestreut und er sieht das weiße Sonnenlicht. Kommt das Licht aus einer anderen Richtung, so wird das kurzwellige blaue Licht am stärksten gestreut und erreicht den Beobachter.

BRECHUNG

Licht fällt unter einem Winkel von 40° auf eine 3 cm dicke Glasplatte (n = 1,61).

1. **Zeichnen Sie den Strahlenverlauf mit Hilfe des folgenden Diagramms und entnehmen Sie der Zeichnung die Ablenkung des Lichtes aus seiner ursprünglichen Richtung.**

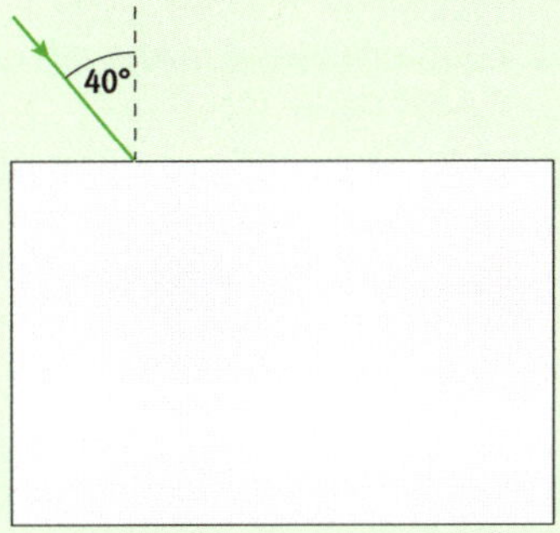

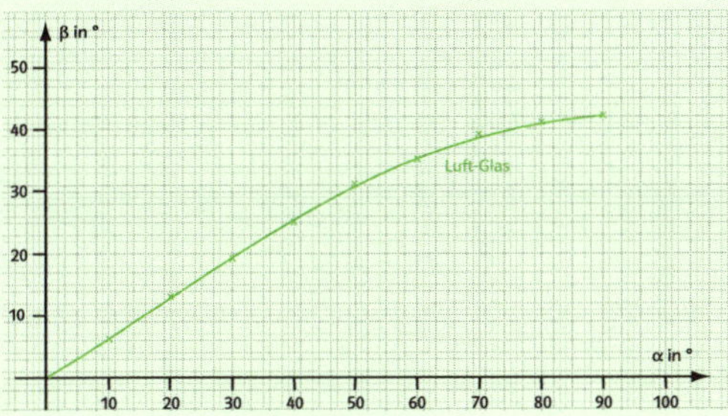

2. **Berechnen Sie mittels des Brechungsgesetzes die Ablenkung des Lichtes aus seiner ursprünglichen Richtung.**

LÖSUNGEN

1. (siehe Abbildung)

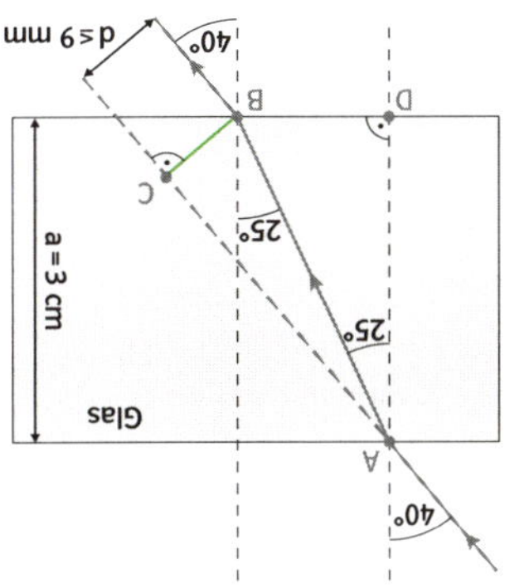

2. Berechnung des Brechungswinkels β über das Brechungsgesetz:

$\frac{\sin\alpha}{\sin\beta} = n$, also $\sin\beta = \frac{\sin\alpha}{n} = \frac{\sin 40°}{1{,}61} = 0{,}4$ und damit $\beta = 23{,}5°$.

Berechnung der Verschiebung *d*:

Im Dreieck ABC gilt: $\sin(\alpha - \beta) = \frac{d}{\overline{AB}}$.

Im Dreieck ABD gilt:

$\cos\beta = \frac{\overline{AD}}{\overline{AB}} = \frac{a}{\overline{AB}}$, also $\overline{AB} = \frac{a}{\cos\beta} = \frac{3\,\text{cm}}{\cos 23{,}5°} = 3{,}3\,\text{cm}$.

Somit folgt für *d*:
$d = \overline{AB} \cdot \sin(\alpha - \beta) = 3{,}3\,\text{cm} \cdot \sin(40° - 23{,}5°) = 0{,}9\,\text{cm}$.

KONVEXLINSEN (SAMMELLINSEN)

Kovenxlinsen sind in der Mitte dicker als am Rand. Trifft der Lichtstrahl auf die Linse, so wird er beim Eintritt in die Linse und Austritt aus der Linse gebrochen. Dabei sammeln sich die Lichtstrahlen, die von einem Punkt P vor der Linse ausgehen, hinter der Linse in einem Bildpunkt P'. Ist die Linse im Verhältnis zu ihrem Durchmesser dünn, so kann man die zweimalige Brechung des Strahles durch einmalige Brechung an der Mittellinie ersetzen.

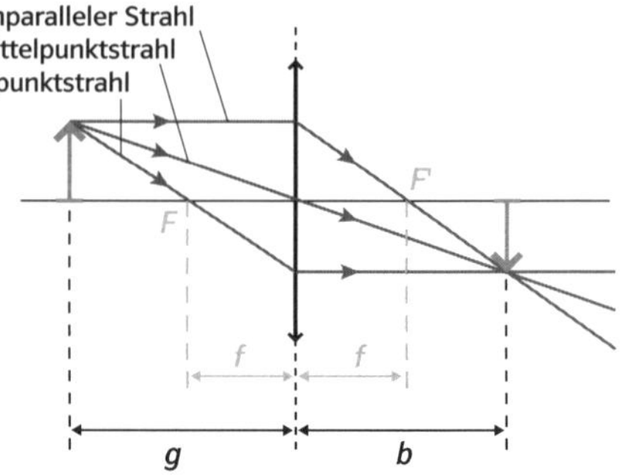

ABBILDUNGEN MIT SAMMELLINSEN

Es gilt für dünne Linsen:

LINSENGLEICHUNG

$$\frac{1}{f} = \frac{1}{g} + \frac{1}{b}$$

ABBILDUNGSGLEICHUNG

$$A = \frac{B}{G} = \frac{b}{g}$$

ZUSAMMENHÄNGE BEI SAMMELLINSEN

Gegenstandsweite g	Bildweite b	Eigenschaften des Bildes
$g > 2f$	$f < b < 2f$	reell, umgekehrt, verkleinert
$g = 2f$	$b = 2f$	reell, umgekehrt, gleich groß
$f < g < 2f$	$b > 2f$	reell, umgekehrt, vergrößert
$g = f$	–	kein Bild auf dem Schirm
$g < f$	$b > g$	virtuell, aufrecht, vergrößert

ZERSTREUUNGSLINSEN

Konkave Linsen sind in der Mitte dünner als am Rand. Trifft der Lichtstrahl, auf die Linse, so wird er beim Eintritt in die Linse und Austritt aus der Linse gebrochen. Die Lichtstrahlen sammeln sich hinter der Linse nicht in einem Punkt, sondern die gebrochenen Strahlen laufen auseinander. Es scheint, als kämen die Strahlen von einem Punkt vor der Linse.

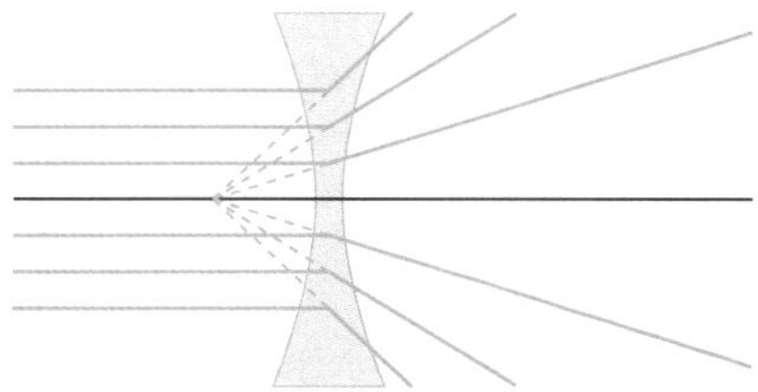

ABBILDUNGEN MIT ZERSTREUUNGSLINSEN

Trifft ein zur optischen Achse paralleles Lichtbündel auf eine Zerstreuungslinse, so werden die Strahlen so gebrochen, als ob sie von einem Punkt F vor der Linse kämen. Ist der gebrochene Lichtstrahl parallel zur optischen Achse, so verläuft er vor der Linse, also ob er von einem Punkt F hinter der Linse käme. Der Mittelpunktstrahl läuft ungebrochen durch die Linse.
Eine Zerstreuungslinse erzeugt nur virtuelle Bilder innerhalb der Brennweite. Da achsenparallel einfallende Lichtstrahlen hinter der Linse von einem virtuellen Brennpunkt F ausgesehen auseinanderlaufen, rechnet man die Brennweite negativ. Das Bild ist aufrecht und verkleinert.

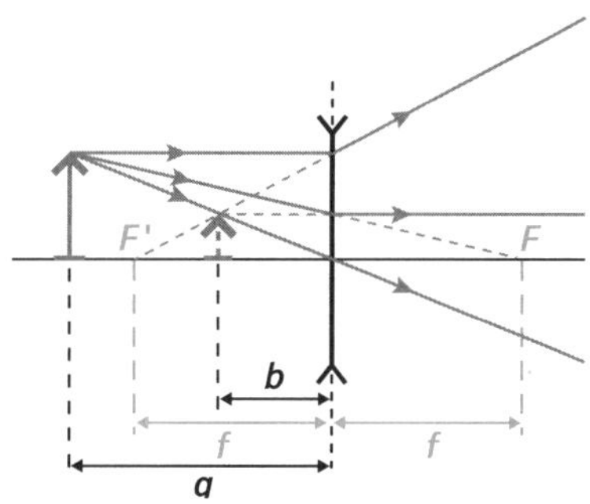

Für Zerstreuungslinsen gilt wie für Sammellinsen das Abbildungsgesetz und die Linsengleichung.

Der Strahlengang bei Linsen ist umkehrbar. So kann Licht, das auf einen Punkt strahlt, mithilfe einer Konvexlinse beispielsweise parallelgerichtet werden.

DAS AUGE

Mit Hilfe der geometrischen Optik können wir die Bildentstehung bei verschiedenen optischen Geräten erklären.

Die Abbildungen, die das Auge in der Netzhaut erzeugt, ähneln den Abbildungen bei einer Kamera.
Die Pupille regelt die Helligkeit auf der Netzhaut. Diese Anpassung nennt man **Adaption**. Auf der Netzhaut entsteht ein reelles, verkleinertes und umgekehrtes Bild. Der Abstand zwischen Linse und Netzhaut ist konstant. Um bei unterschiedlich entfernten Gegenständen ein scharfes Bild zu erzeugen, ist die Linse in der Lage ihre Brennweite zu ändern. Dies nennt man **Akkomodation**. Die Bildgröße wird durch den **Sehwinkel** bestimmt. Je näher der Gegenstand sich am Auge befindet, umso größer ist der Sehwinkel und das Bild.

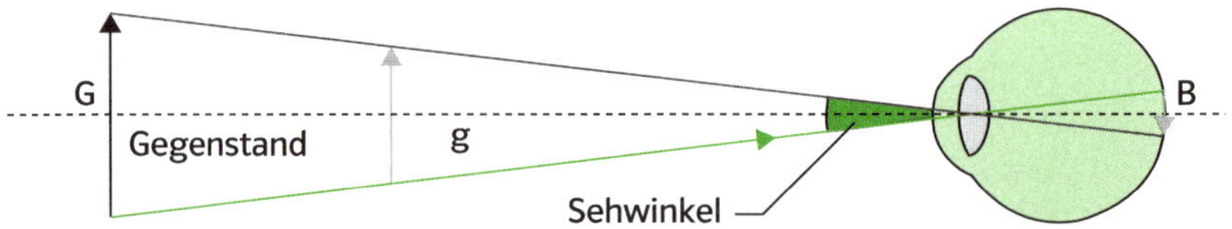

Häufig auftretende Sehfehler sind Kurzsichtigkeit und Weitsichtigkeit. Kurzsichtige Menschen können entfernte Gegenstände nicht scharf abbilden. Kurzsichtigkeit kann mithilfe einer Zerstreuungslinse korrigiert werden. Weitsichtige Menschen können Gegenstände in der Nähe nicht scharf abbilden. Man kann Weitsichtigkeit mittels einer Sammellinse korrigieren.

DIE LUPE

Zur Vergrößerung eines Gegenstandes führt man ihn möglichst nahe an das Auge heran. Bei einer Gegenstandsweite kleiner als 10cm ist das Auge nicht mehr in der Lage das Bild scharf abzubilden. Mit einer Lupe (Sammellinse), die eine kleine Brennweite hat, kann man die Gegenstandsweite verkleinern und das Bild vergrößern. Man erhält ein virtuelles Bild des Gegenstandes. Um den Gegenstand mit einem entspannten Auge zu betrachten, hält man die Lupe so, dass sich der Gegenstand fast im Brennpunkt der Linse befindet.

Die Vergrößerung der Lupe ist der Quotient aus dem Tangens des Sehwinkels mit Lupe α durch den Tangens des Sehwinkels ohne Lupe α_0.

$$V = \frac{\tan\alpha}{\tan\alpha_0}$$

Befindet sich der abzubildende Gegenstand in der Brennebene der Lupe und befinden sich die Augen ca. 25 cm vor der Lupe, so gilt für die Normalvergrößerung:

$$V = \frac{25\,\text{cm}}{f}.$$

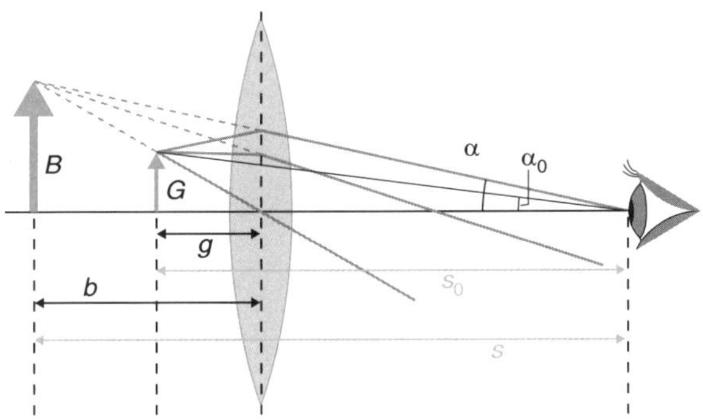

LINSEN

In der Fotografie gibt es zwei Größen, die ein Objektiv charakterisieren, die Brennweite und die Lichtstärke.

Um ein gewünschtes Foto zu erhalten, ist es wichtig die Brennweite des Objektivs zu kennen. Dabei gilt: Lange Brennweiten erfassen einen relativ kleinen Motivausschnitt und bilden ihn groß auf dem Foto ab, bei kurzen Brennweiten wird ein großer Ausschnitt ziemlich klein abgebildet.

Wie kann man die Brennweite eines Objektives bzw. einer Sammellinse experimentell bestimmen?

LÖSUNGEN

1. Möglichkeit:
   Man bestrahlt eine Sammellinse mit Lichtstrahlen, die parallel zur optischen Achse einfallen. Hinter der Linse sammeln sich diese in einem Punkt, dem Brennpunkt.
   Der Abstand von der Linse bis zum Brennpunkt ist die Brennweite.

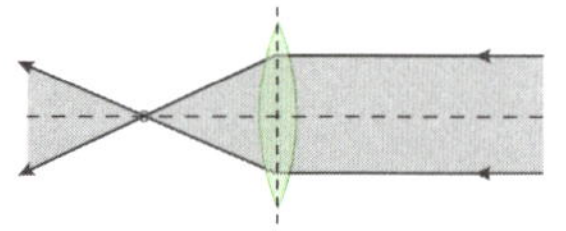

2. Möglichkeit:
   Man bildet mithilfe der Linse einen Gegenstand scharf auf einem Schirm ab.
   Durch Messung der Gegenstands- und Bildweite kann mithilfe der Linsengleichung die Brennweite berechnet werden.

3. Möglichkeit:
   Auf einer optischen Bank mit fester Länge a befindet sich am einen Ende ein leuchtender Gegenstand und am anderen Ende ein Schirm. Ist $a > 4f$, so kann man zwei Punkte für die Linse P_1 und P_2 finden, sodass die Linse ein scharfes Bild B auf dem Schirm erzeugt.
   Dann gilt: $f = \frac{a^2 - e^2}{4a}$ wobei e der Abstand der Mittellinien der beiden Linsenpositionen ist.

AUGE UND LUPE

Die Akkomodation hilft uns verschieden weit entfernte Gegenstände scharf zu sehen.

1. Ist jedoch der Augapfel zu kurz, so liegt das scharfe Bild hinter der Netzhaut. Das auf der Netzhaut entstehende Bild ist unscharf.

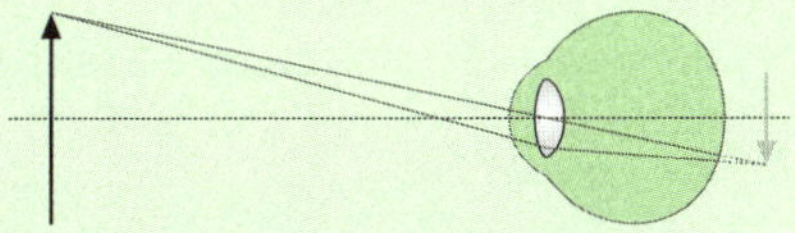

   a) Welche Art von Fehlsichtigkeit liegt vor und wie kann man sie korrigieren?
   b) Die Skizze zeigt die Situation ohne Korrektur. Wie verändert sich die Skizze mit einer Sehhilfe? Zeichnen Sie die Skizze.

2. Ist hingegen der Augapfel zu lang, so entsteht das scharfe Bild vor der Netzhaut.

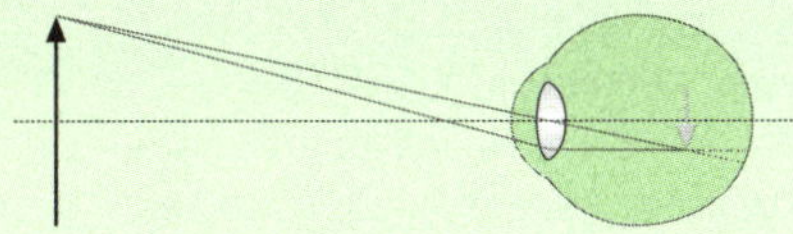

   a) Welche Art von Fehlsichtigkeit liegt vor und wie kann man sie korrigieren?
   b) Die Skizze zeigt die Situation ohne Korrektur. Wie verändert sich die Skizze mit einer Sehhilfe? Zeichnen Sie die Skizze.

LÖSUNGEN

1. a) Ist der Augapfel zu kurz, so ist die entsprechende Person weitsichtig. Diesen Sehfehler kann man mithilfe einer Sammellinse korrigieren. Die Sammellinse verkürzt die Bildweite durch zusätzliche Brechung, sodass ein scharfes Bild auf der Netzhaut entsteht.
   b)

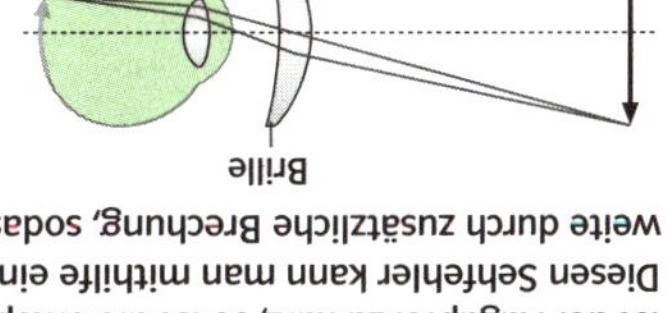

2. a) Ist der Augapfel zu lang, so ist die entsprechende Person kurzsichtig. Diesen Sehfehler kann man durch eine Zerstreuungslinse korrigieren. Diese verlängert die Bildweite durch Aufweitung der Lichtstrahlen und es entsteht ein scharfes Bild auf der Netzhaut.
   b)

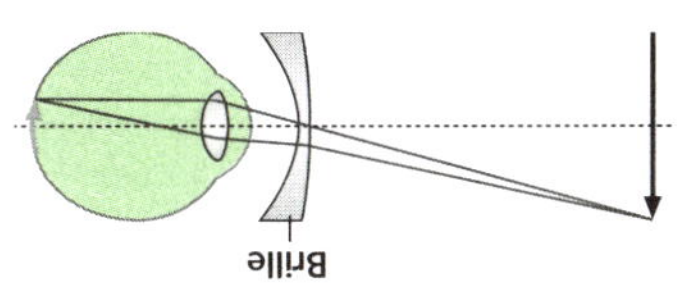

Außer dem Auge und der Lupe gibt es weitere optische Geräte, deren Funktionsweise man mithilfe der geometrischen Optik erklären kann. Im Folgenden wird die Funktionsweise des Mikroskops und des Fernrohrs betrachtet.

DAS MIKROSKOP

Für starke Vergrößerungen verwendet man ein Mikroskop. Es besteht aus einer dem Gegenstand zugewandten Linse (Objektiv) und einer dem Auge zugewandten Linse (Okular). Da die Gegenstandsweite fast der Brennweite des Objektivs entspricht, entsteht ein reelles, stark vergrößertes und umgekehrtes Zwischenbild. Das Zwischenbild befindet sich im Brennpunkt des Okulars und kann mit ihm wie mit einer Lupe betrachtet werden. Wäre eine Kamera, an der Position des Zwischenbildes angebracht, könnte sie dieses Bild aufnehmen. Das Okular erzeugt ein virtuelles, aufrechtes Bild. Somit steht das endgültige Bild auf dem Kopf.

Für die Vergrößerung gilt:

$$V = V_{Objektiv} \cdot V_{Okular} = \frac{b}{f_{Objektiv}} \cdot \frac{25\,\text{cm}}{f_{Okular}}$$

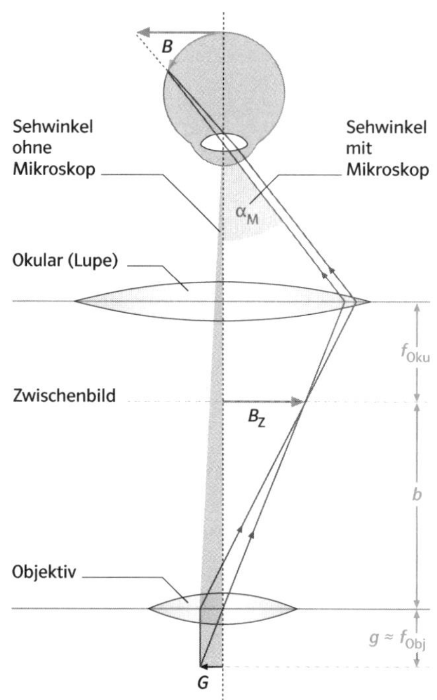

DAS ASTRONOMISCHE FERNROHR

Im Gegensatz zum Mikroskop betrachtet man mit einem Fernrohr sehr große, weit entfernte Gegenstände. Somit muss man, damit der Gegenstand näher erscheint, den Sehwinkel vergrößern. Das astronomische Fernrohr besteht auch aus einem Okular und einem Objektiv. Da sich der Gegenstand in sehr weiter Entfernung befindet und weit außerhalb der Objektivbrennweite ist, ist das Zwischenbild stark verkleinert. Das Zwischenbild befindet sich im Brennpunkt des Objektivs. Außerdem sind die Linsen so angeordnet, dass das Zwischenbild in der Brennweite des Okulars liegt. Das Zwischenbild wird mit dem Okular wie mit einer Lupe betrachtet.

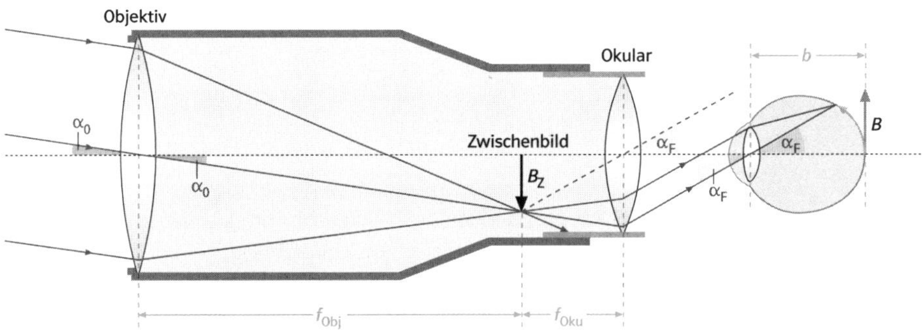

Für die Vergrößerung gilt:

$V = \frac{f_{\text{Objektiv}}}{f_{\text{Okular}}}.$

DAS WELLENMODELL

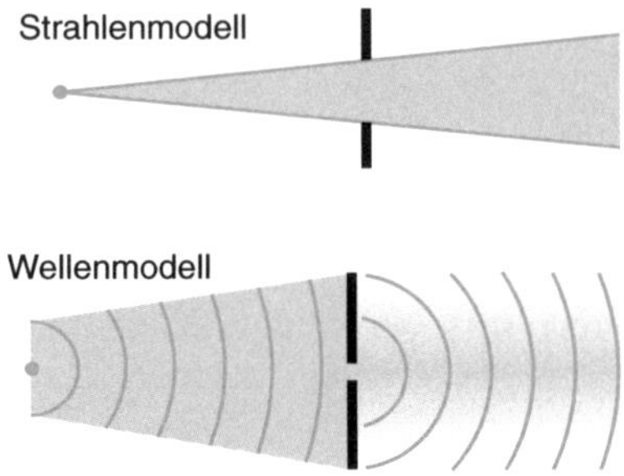

Befindet sich eine Lichtquelle vor einem Spalt, so erwartet man nach der geometrischen Optik auf einem Schirm hinter dem Spalt einen hellen Lichtpunkt.
Ist der Spalt jedoch schmal, so beobachtet man hinter dem Spalt in allen Richtungen Licht auch dort, wo man nach dem Strahlenmodell Schatten erwartet. Dieses Phänomen ist mittels des Wellenmodells erklärbar. Nach Huygens breitet sich von jedem Punkt des Spaltes, der von der Wellenfront getroffen wird, eine Elementarwelle aus. Dabei ändert die auftreffende Wellenfront ihre Richtung und dringt dadurch in Bereiche ein, die nach der geometrischen Optik im Schattenraum liegen müssten. Man nennt dieses Phänomen Beugung am Spalt. Die Richtungsänderung ist umso stärker, je kleiner der Spalt ist.

INTERFERENZMUSTER

Überlagern sich zwei oder mehrere dieser Elementarwellen, so entsteht ein von den Wasserwellen her bekanntes Interferenzmuster mit Verstärkung und Abschwächung.
Diese Interferenzmuster sind nur bei kohärenten Wellenzügen zu beobachten. Wellenzüge sind kohärent bei gleicher Frequenz und fester Phasenbeziehung. Kohärente Wellenzüge erzeugt man am einfachsten, indem man Licht aus einer Quelle verwendet und es z. B. durch einen Doppelspalt in verschiedene Wege trennt und schließlich wieder zusammenführt.

INTERFERENZ AM DOPPELSPALT

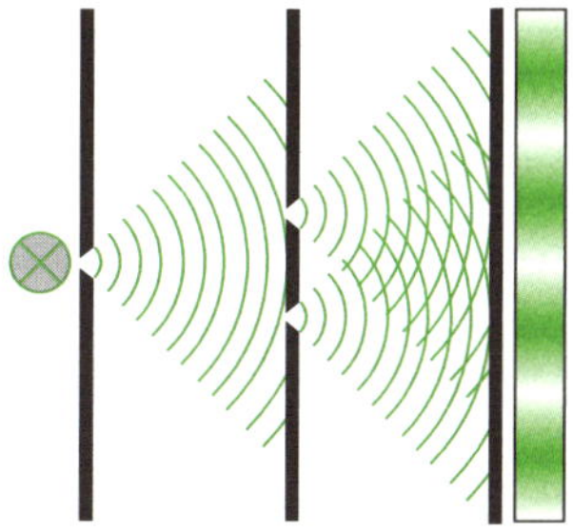

Trifft paralleles monochromatisches Licht auf einen Doppelspalt, so entsteht an jedem Spalt nach Huygens eine Elementarwelle. Diese beiden Elementarwellen überlagern sich und bilden ein Interferenzmuster mit hellen (Verstärkung) und dunklen (Abschwächung) Stellen. Dabei gilt wie bei Wasserwellen: Treffen sich zwei Wellenberge bzw. Wellentäler, so verstärken sie sich (konstruktive Interferenz); treffen sich ein Wellental und ein Wellenberg, so löschen sie sich aus (destruktive Interferenz).

INTERFERENZMAXIMA UND -MINIMA

Solche Interferenzmaxima bzw. -minima berechnen sich wie folgt:
g: Spaltabstand
Δl: Gangunterschied
P_K: Punkt auf dem Schirm
P_0: Maximum 0. Ordnung
l: Abstand Doppelspalt – Schirm

Ist der Abstand l zwischen Doppelspalt und Schirm sehr viel größer als der Spaltabstand g, so kann man annehmen, dass die Strahlen im rot unterlegten Bereich parallel verlaufen und es gilt:

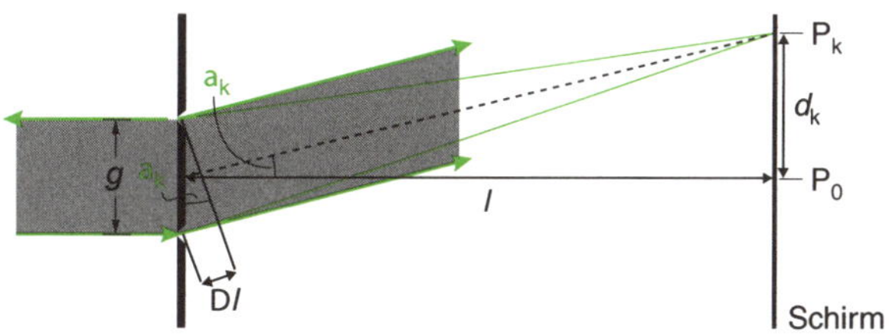

$\sin\alpha_k = \frac{\Delta l}{g}$ und $\tan\alpha_k = \frac{d_k}{l}$

Ist der Abstand d_k sehr viel kleiner als l, gilt folgende Näherung:

$\sin\alpha_k \approx \tan\alpha_k$

Da für Interferenzmaxima gilt: $\Delta l = k \cdot \lambda$ (k = 0, 1, 2, 3, …) folgt:

$\sin\alpha_k = \frac{k \cdot \lambda}{g} = \frac{d_k}{l}$

Da für Interferenzminima gilt: $\Delta l = (2k + 1) \cdot \frac{\lambda}{2}$ (k = 0, 1, 2, 3, …) folgt:

$\sin\alpha_k = (2k + 1) \cdot \frac{\lambda}{2g} = \frac{d_k}{l}$

7

MIKROSKOP UND FERNROHR

Das astronomische Fernrohr und das Mikroskop sind in ihrem Aufbau sehr ähnlich. Dennoch werden sie für unterschiedliche Zwecke eingesetzt.

1. Wie unterscheiden sich das astronomische Fernrohr und das Mikroskop in ihrem Aufbau?
2. Wozu nutzt man diese beiden optischen Geräte?
3. Ein Mikroskop soll ein zu betrachtendes Objekt um das 200fache vergrößern. Die Brennweite des Objektivs beträgt 12 mm, die des Okulars 20 mm. Welchen Abstand müssen die beiden Linsen haben?
4. Welchen Abstand muss das Objekt vom Objektiv haben, damit man es mit entspanntem Auge betrachten kann? Verwenden Sie die Werte aus Aufgabe 3.

LÖSUNGEN

1. Sowohl das Mikroskop als auch das astronomische Fernrohr bestehen aus zwei Sammellinsen, die sich in ihrer Brennweite unterscheiden. Die dem Auge zugewandte Sammellinse nennt man Okular, die dem Gegenstand zugewandte Linse Objektiv.
   Will man aus einem astronomischen Fernrohr ein Mikroskop bauen, so muss man das Objektiv tauschen, da beim Mikroskop ein Objektiv mit geringerer Brennweite benötigt wird.

2. Mit dem astronomischen Fernrohr betrachtet man große Objekte in weiter Entfernung, mit dem Mikroskop hingegen sehr kleine Objekte, die sich nahe beim Objektiv befinden.

3. Für die Vergrößerung beim Mikroskop gilt: $V = V_{Objektiv} \cdot V_{Okular} = \frac{b}{f_{Objektiv}} \cdot \frac{25\,cm}{f_{Okular}}$
   Mit $V = 200$, $f_{Objektiv} = 12\,mm$, $f_{Okular} = 20\,mm$ folgt: $200 = \frac{b}{12\,mm} \cdot \frac{250\,mm}{20\,mm}$ und für die Bildweite $b = 208\,mm$.
   Dem Bild zum Mikroskop aus dem Wissensteil entnimmt man, dass sich der Abstand d zwischen den beiden Linsen wie folgt zusammensetzt: $d = f_{Okular} + b = 20\,mm + 208\,mm = 228\,mm = 22{,}8\,cm$.

4. Für die Beantwortung benötigt man die Linsengleichung: $\frac{1}{f_{Objektiv}} = \frac{1}{g} + \frac{1}{b}$
   aufgelöst nach der Gegenstandsweite g folgt:
   $\frac{1}{g} = \frac{1}{f_{Objektiv}} - \frac{1}{b}$ bzw. $g = \frac{f_{Objektiv} \cdot b}{b - f_{Objektiv}} = \frac{12\,mm \cdot 208\,mm}{208\,mm - 12\,mm} = 12{,}7\,mm$.
   Das Objekt muss sich ca. 13 mm vor dem Okular befinden.

BEUGUNG UND INTERFERENZ

Ein Doppelspalt wird mit parallelem monochromatischen Licht der Wellenlänge 546 nm beleuchtet.

Die beiden Spaltöffnungen sind so eng, dass man sie als Zentren von Elementarwellen ansehen kann. Auf einem Schirm, der 2 m entfernt ist, zeigt sich ein Interferenzbild. Die beiden Minima 4. Ordnung sind dabei 2 cm voneinander entfernt.

1. Welchen Abstand haben die beiden Spaltmitten?
2. Wie verändert sich der Abstand der Minima, wenn man den Abstand der Spaltmitten verkleinert oder vergrößert?
3. Wie viele Maxima kann man auf einem 30cm breiten Schirm beobachten?

LÖSUNGEN

1. Für Interferenzminima beim Doppelspalt gilt: $(2k+1)\cdot\frac{\lambda}{2g}=\frac{d_k}{l}$ mit $k = 0, 1, 2, 3, \ldots$
   Da die Minima 4. Ordnung einen Abstand von 2 cm haben, gilt: $2d_4 = 2\,\text{cm}$, also $d_4 = 1\,\text{cm}$.
   Aufgelöst nach g folgt für den Abstand der beiden Spaltmitten:
   $$g=(2k+1)\cdot\frac{\lambda}{2}\cdot\frac{l}{d_k}=(2\cdot 4+1)\cdot\frac{546\cdot 10^{-9}\,\text{m}}{2}\cdot\frac{2\,\text{m}}{0{,}01\,\text{m}}=4{,}91\cdot 10^{-4}\,\text{m}=0{,}49\,\text{mm}.$$

2. Dazu muss man die Formel für Interferenzminima aus Teilaufgabe 1 nach d_k auflösen:
   $$d_k=(2k+1)\cdot\frac{\lambda}{2g}\cdot l.$$
   Da die Wellenlänge λ und der Abstand l zum Schirm nicht verändert werden und es egal ist, welcher Ordnung die Minima sind, gilt: Vergrößert man g, so verkleinert sich d_k, verkleinert sich g, so vergrößert sich d_k.

3. Für Interferenzmaxima gilt: $k\cdot\frac{\lambda}{g}=\frac{d_k}{l}$ mit $k = 0, 1, 2, 3, \ldots$
   Aufgelöst nach $d_k = k\cdot\frac{\lambda}{g}\cdot l$ hat das 1. Maximum von der Mitte der Spalte einen Abstand von $d_1 = 1\cdot\frac{546\cdot 10^{-9}\,\text{m}}{4{,}91\cdot 10^{-4}\,\text{m}}\cdot 2\,\text{m} = 2{,}22\cdot 10^{-3}\,\text{m} = 0{,}22\,\text{cm}$. Da von der Mitte der beiden Spalte aus betrachtet, der Schirm nur 15 cm breit nach rechts und nach links ist, passen links und rechts jeweils sechs Maxima auf den Schirm. Zusammen mit dem Maximum 0. Ordnung ergeben sich insgesamt 13 Maxima auf dem Schirm.

INTERFERENZ AM GITTER

Ein **optisches Gitter** erhält man, indem man zu einem Doppelspalt im gleichen Abstand weitere Spalte hinzufügt. Der Abstand zwischen zwei Spalten ist die **Gitterkonstante *g***.
Bestrahlt man ein optisches Gitter mit parallelem einfarbigem Licht, so kann man helle und scharfe Interferenzmaxima beobachten. Im Gegensatz zum Interferenzbild beim Doppelspalt sind beim Gitter die Maxima schärfer ausgeprägt.
Da die Gitterkonstante im Verhältnis zur Wellenlänge des Lichtes klein ist, kann man vereinfachend sagen, dass von jedem Spalt nur eine Elementarwelle ausgeht. Diese Elementarwellen überlagern sich hinter dem Spalt wieder und es entsteht ein Interferenzbild.

MAXIMA UND MINIMA

Für die Bestimmung der Lage der Maxima führt man die gleichen Überlegungen wie beim Doppelspalt durch.

Für $l >> a$ gilt: $\sin \alpha_K = \tan \alpha_K$.
Damit folgt für Interferenzmaxima:
$\sin\alpha_k = \frac{k \cdot \lambda}{g} = \frac{a_k}{l}$ für $k = 0, 1, 2, 3, \ldots$
für Interferenzminima:
$\sin\alpha_k = \frac{2k + 1 \cdot \lambda}{2g} = \frac{a_k}{l}$ für $k = 0, 1, 2, 3, \ldots$

Der Abstand der Interferenzmaxima ist abhängig von der Farbe. Bei blauem Licht liegen die Maxima enger beieinander als bei roten Licht. Bei weißem Licht erhält man ein farbiges Band. Der rote Lichtanteil wird stärker gebeugt als der violette Lichtanteil. Die Interferenz am Gitter kann z. B. benutzt werden, um die Wellenlänge des verwendeten Lichtes zu bestimmen.

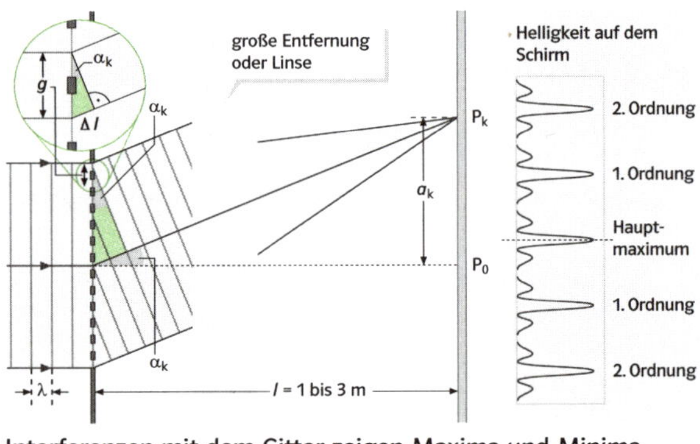

Interferenzen mit dem Gitter zeigen Maxima und Minima.

INTERFERENZ AM EINZELSPALT

Beim Einzelspalt kann man nicht mehr davon ausgehen, dass sich von dort nur eine Elementarwelle ausbreitet. Sondern man nimmt an, dass von jedem Punkt des Spaltes eine Elementarwelle ausgeht. Zur Vereinfachung teilt man dabei den Spalt in der Mitte in zwei Hälften, da man so zu jeder Welle aus einer Hälfte eine Welle aus der anderen Hälfte findet, die einen Gangunterschied von $\lambda/2$ besitzen. D. h. alle Wellen löschen sich gerade aus.

MAXIMA UND MINIMA

Für das 1. Minimum gilt somit: $\sin\alpha_1 = \frac{\lambda}{b}$.

Bei einer Vergrößerung von des Winkels α löschen sich nur noch die Wellen aus, die einen Gangunterschied von λ haben. Der Rest bildet das 1. Maximum, das nicht so hell ist wie das Hauptmaximum. Erst wenn die beiden Randstrahlen einen Gangunterschied von λ besitzen, findet wieder Auslöschung statt und das 2. Minimum entsteht. Das k-te Minimum entsteht somit, wenn die Randstrahlen einen Gangunterschied von $k \cdot \lambda$ haben.

Für Minima beim Einzelspalt gilt somit: $\sin\alpha_k = \frac{k \cdot \lambda}{g}$ für $k = 1, 2, 3, \ldots$

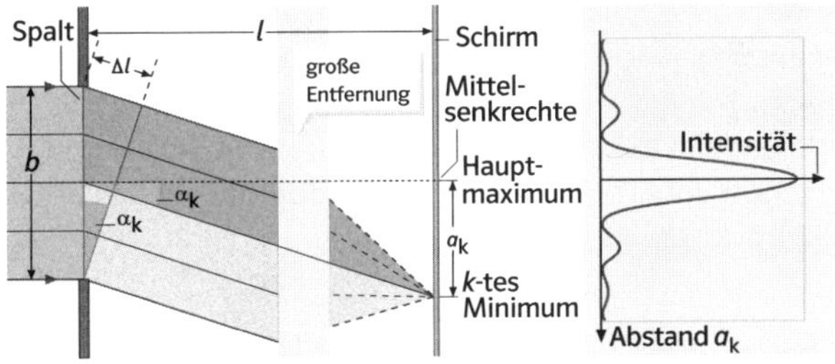

Zur Beugung am Einzelspalt

SCHILLERNDE SEIFENBLASEN

Beobachtet man eine dünne Ölschicht auf einer Wasseroberfläche oder eine Seifenblase, so sieht man diese in bunten Farben schillern. Dieses Phänomen lässt sich folgendermaßen erklären:

Trifft das Licht auf die Ölschicht oder die dünne Haut der Seifenblase, so wird ein kleiner Teil davon reflektiert, wobei ein Phasensprung von π auftritt, während der Hauptteil in die Schicht eindringt und an der hinteren Seite der Schicht wieder reflektiert wird. Ein unerheblicher Teil wird nicht reflektiert, sondern verlässt die dünne Schicht. Für den an der Rückseite reflektierten Teil wiederholt sich die Aufspaltung an der Vorderseite der dünnen Schicht.

An der Vorderseite überlagert sich das dort reflektierte Licht mit dem Licht, das nach der Reflexion an der Rückseite die dünne Schicht an der Vorderseite verlässt. Es kommt zu Interferenzerscheinungen. Dabei tritt bei senkrechtem Auftreffen auf die Schicht ein Maxium auf, wenn ihr Gangunterschied $\Delta l = 2d = k \cdot \lambda$ beträgt und ein Minimum bei $\Delta l = 2d = \frac{1}{2}(2k + 1) \cdot \lambda$. Dabei ist λ die Wellenlänge des Lichtes in der dünnen Schicht.
Für die Wellenlänge in Luft gilt: $\lambda = n \cdot \Delta s$ (n: Brechzahl der Schicht). Trifft das Licht hingegen unter einem Winkel, der größer ist als 0°, so muss zusätzlich die Strecke AB berücksichtigt werden.

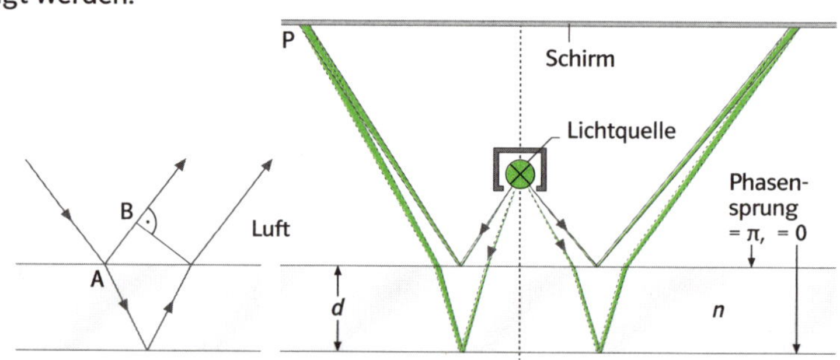

Zum Gangunterschied bei Refelexion in dünner Schicht

Der Gangunterschied hängt von der Dicke der Schicht und der Wellenlänge des Lichtes ab. Deshalb erscheint die dünne Schicht in verschiedenen Farben.

ENTSPIEGELUNG VON GLAS

Die Interferenz an dünnen Schichten findet ihren Einsatz in der Entspiegelung von Glas. Da man bei Brillen und Objektiven Mehrfachreflexion vermeiden will, werden diese entspiegelt. Dazu wird eine dünne Schicht aufgedampft, deren Brechzahl kleiner als die des Glases ist. Fällt das Licht senkrecht ein, so entsteht bei einer Dicke der Schicht von $\lambda/4$ des Lichtes des mittleren Spektralbereiches (grüner Wellenlängenbereich) ein Minimum.

NEWTON'SCHE RINGE

Legt man eine große Sammellinse auf eine Glasplatte, so beobachtet man Interferenzerscheinungen. Diese entstehen durch die dünne Luftschicht, zwischen Glasplatte und Linse. Bei den Interferenzerscheinungen handelt es sich um helle Ringe, die Newton'schen Ringe (siehe nebenstehendes Bild).

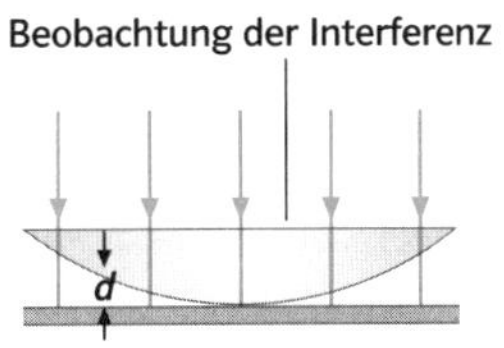

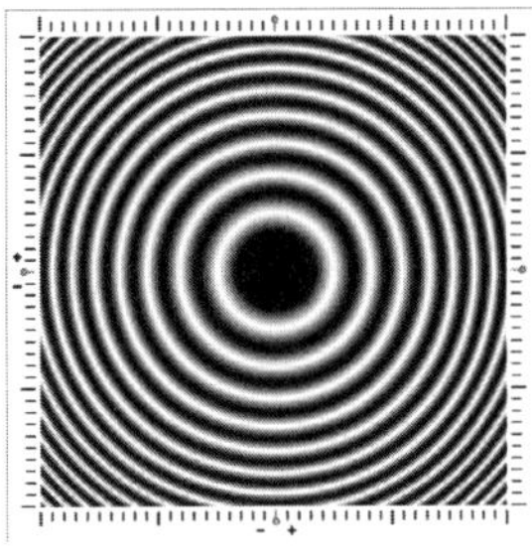

Das auftreffende Licht wird an der Unterseite und an der Glasplatte reflektiert. Der Gangunterschied bestimmt sich durch den Phasensprung an der Platte und der Dicke der Luftschicht. Trifft das Licht senkrecht auf, so nimmt der Gangunterschied zu, je weiter die Auflagestelle entfernt ist. Deshalb sieht man abwechselnd dunkle und helle Ringe.

7

INTERFERENZ AM GITTER UND EINZELSPALT

Bestrahlt man eine CD mit Laserlicht (λ = 633 nm), so funktioniert sie wie ein Reflexionsgitter. Das Licht gelangt durch einen Spalt im Schirm auf die CD und wird dort reflektiert. Man beobachtet ein vom Doppelspalt her bekanntes Interferenzmuster.

Abb. 1: Versuchsaufbau

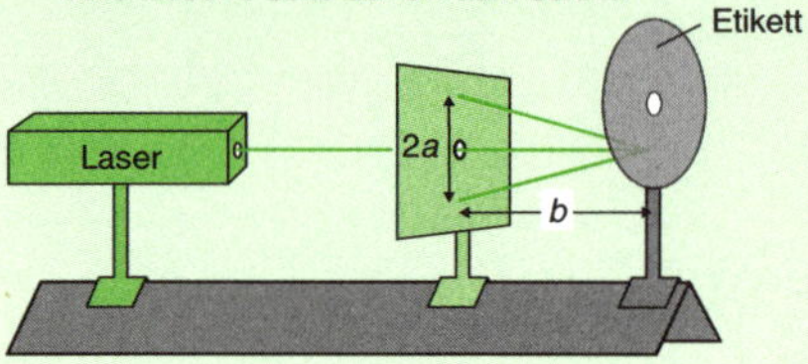

Abb. 2: Querschnitt der CD.

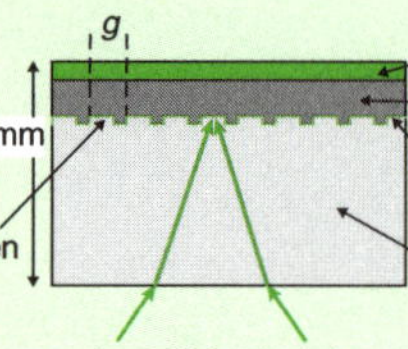

1. Leiten Sie die Formel her, mit der man den Abstand g der Vertiefungen berechnen kann.
2. Berechnen Sie g, wenn b = 9,5 cm und a = 4 cm beträgt. Vergleichen Sie es mit dem von der deutschen Norm angegeben Wert für g = (1,6 ± 0,1) µm.

LÖSUNGEN

1. Für die Beugung am Gitter gilt:

$$\tan\varphi = \frac{\text{Abstand (1. Maximum – Spaltenmitte)}}{\text{Abstand (Gitter – Schirm)}}.$$

Außerdem gilt für Interferenzmaxima:

$$\sin\varphi = \frac{\Delta s}{g} = \frac{\lambda}{g}.$$

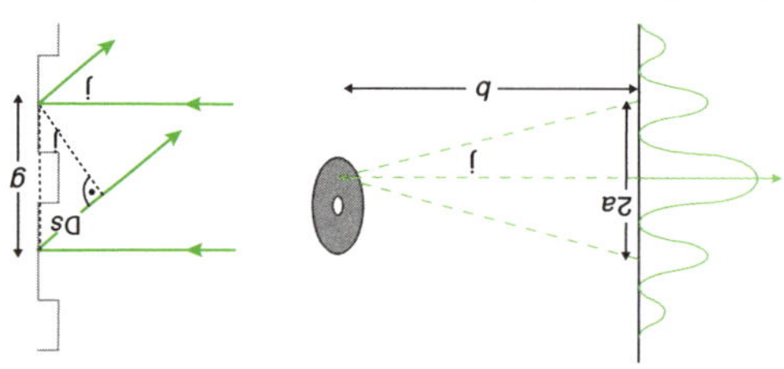

Da hier der Abstand der Maxima nicht sehr viel größer ist als der Abstand Gitter – Schirm, kann man die Näherung $\tan\alpha \approx \sin\alpha$ nicht anwenden.

Somit gilt für g: $g = \frac{\lambda}{\sin\varphi} = \frac{\lambda}{\sin\left(\arctan\frac{a}{b}\right)}$.

2. Mit $g = \frac{\lambda}{\sin\varphi} = \frac{\lambda}{\sin\left(\arctan\frac{a}{b}\right)}$ folgt:

$$g = \frac{633\,\text{nm}}{\sin\left(\text{artan}\frac{4\,\text{cm}}{9{,}5\,\text{cm}}\right)} = 1{,}631\cdot 10^{-6}\,\text{m} = 1{,}631\,\mu\text{m}.$$

Die Abweichung von der deutschen Norm liegt unterhalb der Toleranzgrenze.

INTERFERENZ AN DÜNNEN SCHICHTEN

Weißes Licht trifft senkrecht auf eine Seifenhaut ($n = 1{,}35$) der Dicke 750 nm. Welche Wellenlängen aus dem Spektrum des sichtbaren Bereichs (400 nm – 800 nm) werden bei der Reflexion verstärkt, welche ausgelöscht?

LÖSUNGEN

Bei Interferenz an dünnen Schichten gilt:

Auslöschung (Minima) bei $\Delta l = 2d = k \cdot \lambda_s = k \cdot \frac{\lambda}{n}$.

Löst man diese Gleichung nach λ auf, so folgt: $\lambda = \frac{2d \cdot n}{k} = \frac{2 \cdot 75 \cdot 10^{-19}\,\text{m} \cdot 1{,}35}{k}$.

Für verschiedene k erhält man:

$k = 1$: $\lambda = 2025$ nm (liegt nicht im sichtbaren Bereich),
$k = 2$: $\lambda = 1012{,}5$ nm (liegt nicht im sichtbaren Bereich),
k = 3: $\lambda = 675$ nm,
$k = 4$: $\lambda = 506{,}3$ nm,
$k = 5$: $\lambda = 405$ nm,
$k = 6$: $\lambda = 337{,}5$ nm (liegt nicht im sichtbaren Bereich).

Verstärkung (Maxima) liegt vor bei $\Delta l = 2d = \frac{1}{2}(2k + 1) \cdot \lambda_s = \frac{1}{2}(2k + 1) \cdot \frac{\lambda}{n}$.

Löst man diese Gleichung nach λ auf, so folgt: $\lambda = \frac{4d \cdot n}{2k + 1} = \frac{4 \cdot 750 \cdot 10^{-9}\,\text{m} \cdot 1{,}35}{2k + 1}$.

Für verschiedene k erhält man:

$k = 0$: $\lambda = 4050$ nm (liegt nicht im sichtbaren Bereich),
$k = 1$: $\lambda = 1350$ nm (liegt nicht im sichtbaren Bereich),
$k = 2$: $\lambda = 810$ nm (liegt nicht im sichtbaren Bereich),
$k = 3$: $\lambda = 578{,}6$ nm,
$k = 4$: $\lambda = 450$ nm,
$k = 5$: $\lambda = 368{,}2$ nm (liegt nicht im sichtbaren Bereich).

DIE POLARISATION

Licht ist eine elektromagnetische Welle, d. h. die Stärke des elektrischen und magnetischen Feldes ändert sich periodisch. Diese Eigenschaft und die, dass es sich um eine Transversalwelle handelt, kann mithilfe der Polarisation nachgewiesen werden. Dazu verwendet man Polarisationsfilter.

Man kann sich ein Polarisationsfilter als sehr schmales Gitter vorstellen. Unpolarisiertes Licht schwingt in alle Richtungen. Nur der Teil des Lichtes, der parallel zu den Gitterstäben schwingt, kommt durch das Gitter hindurch. Je mehr die Schwingungsrichtung davon abweicht, umso weniger Licht kann das Gitter passieren. Licht, das unter einem Winkel von 90° zum Gitter schwingt, kann das Gitter nicht durchdringen.

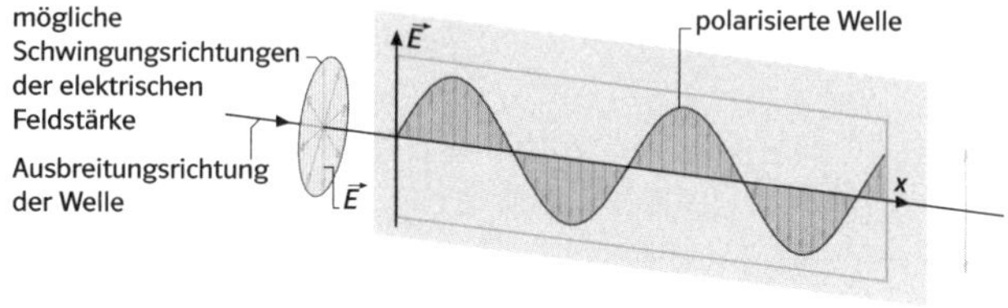

Schwingungen in Lichtwellen

NACHWEIS DER POLARISATION DES LICHTS

Die Polarisation des Lichtes kann folgendermaßen nachgewiesen werden: Man stellt zwei Polarisationsfilter mit gleicher Richtung hintereinander. Die Helligkeit hinter den beiden Polarisationsfiltern hat kaum abgenommen. Ist die Richtung der beiden Filter senkrecht zueinander, dann herrscht dahinter Dunkelheit, da alle Schwingungsrichtungen herausgefiltert wurden.

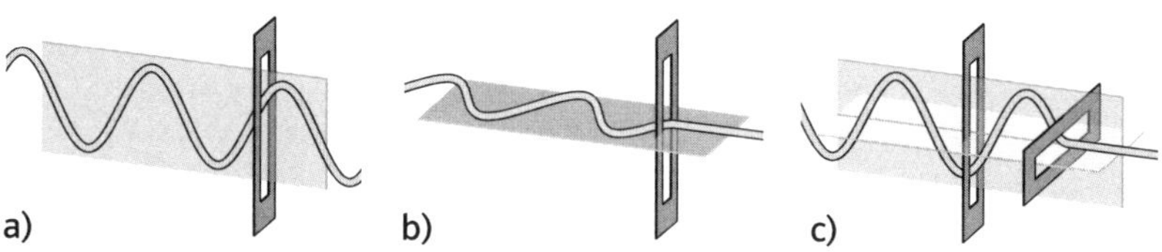

Polarisation von mechanischen Querwellen

Die Abbildungen auf S. 150 unten verdeutlichen dieses Verhalten:
a) Nur der Anteil des Lichtes, der parallel zur Spaltöffnung, schwingt kann sie passieren.
b) Der Anteil senkrecht zum Spalt passiert ihn nicht.
c) Stellt man den zweiten Spalt senkrecht zum ersten Spalt, so kommt ein Teil des Lichtes durch den ersten Spalt hindurch, aber nicht mehr durch den zweiten. Dahinter herrscht Dunkelheit.

POLARISATION DURCH REFLEXION

Trifft ein unpolarisierter Lichtstrahl auf eine Glasoberfläche, so ist er nach der Reflexion teilweise polarisiert. Das reflektierte Licht ist vollständig polarisiert, wenn der Einfallswinkel so ist, dass der reflektierte Lichtstrahl senkrecht zur Einfallsebene und der gebrochene Lichtstrahl parallel zur Einfallsebene polarisiert ist.
Man nennt diesen Winkel **Brewster-Winkel**. Es gilt: $\tan \alpha_p = n$.

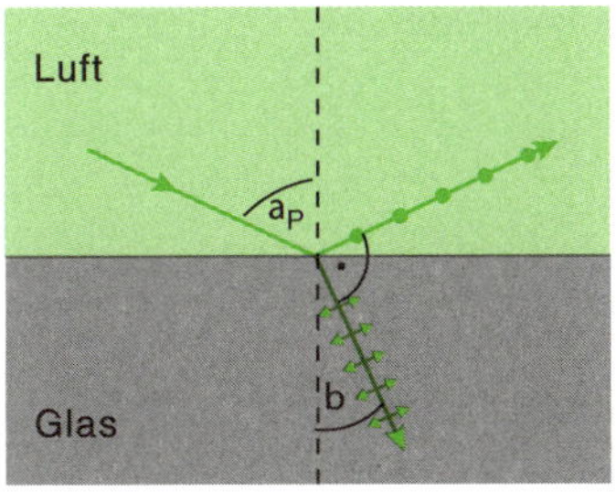

SPEKTRALFARBEN

1671 untersuchte Sir Isaac Newton die Zerlegung des weißen Lichtes in seine Spektralfarben. Dazu machte er vier Versuche:

1. VERSUCH

Trifft weißes Licht auf ein Prisma, so wird es in seine Spektralfarben aufgefächert. Dabei handelt es sich um ein kontinuierliches Spektrum mit folgenden Spektralfarben: Rot, Orange, Gelb, Grün, Blau und Violett.

2. VERSUCH

Blendet man hinter dem Prisma eine Spektralfarbe aus und lässt diese auf ein zweites Prisma treffen, wird diese Farbe nicht weiter zerlegt, sondern nur gebrochen.

3. VERSUCH

Lässt man die Spektralfarben aus Versuch 1 auf eine Sammellinse treffen, so vereinigen sie sich wieder zu weißem Licht.

4. VERSUCH

Blendet man aus dem Spektrum eine Farbe aus und vereinigt die anderen, so erhält man eine Mischfarbe. Man nennt das Paar aus ausgeblendeter Farbe und Mischfarbe **Komplementärfarben**.

Farbe	Komplementärfarbe
Rot	Cyan
Gelb	Blau
Grün	Magenta
Cyan	Rot
Blau	Gelb

Hinweis: Bei Blau, Rot, Gelb und Cyan kann es sich um eine reine Spektralfarbe oder um eine Mischfarbe handeln.

ADDITIVE FARBMISCHUNG

Beleuchtet man eine weiße Leinwand mit verschiedenfarbigem Licht, so entstehen Mischfarben. Addiert man Rot und Grün, so entsteht Gelb. Addiert man Blau und Rot, so entsteht Magenta. Addiert man Blau und Grün, so entsteht Cyan. Man kann aus der Addition von Blau, Grün und Rot alle Farben mischen. Deshalb bezeichnet man diese drei Farben als die Grundfarben der additiven Farbmischung. Addiert man alle drei Grundfarben miteinander, so entsteht weiß.

SUBSTRAKTIVE FARBMISCHUNG

Lässt man weißes Licht durch einen Filter auf eine Leinwand fallen, so erscheint dort nur die Farbe, die vom Filter durchgelassen wird. Die Farbe entsteht somit durch Subtraktion (Wegnahme) der anderen Farben aus dem Spektrum. Die Grundfarben der subtraktiven Farbmischung sind Gelb, Magenta und Cyan. Mischt man diese drei Grundfarben zusammen, so entsteht schwarz.

POLARISATION

Die Polarimetrie ist ein Verfahren, mit der man die Konzentration gelöster Stoffe unter Ausnutzung ihres optisch aktiven Verhaltens bestimmen kann.

Eine Substanz ist optisch aktiv, wenn die Polarisationsebene des Lichtes gedreht wird. Aus der Größe der Drehung kann man die Konzentration der Substanz, die gelöst wurde, bestimmen. Dabei ist der Drehwinkel proportional zur durchstrahlten Schichtdicke und zur Konzentration der Lösung.

Beschreiben Sie einen Versuch, mit dem untersucht werden kann, ob eine Lösung optisch aktiv ist.

LÖSUNGEN

Ein Polarimeter besteht aus einer Lichtquelle, die unpolarisiertes Licht aussendet, einem Polarisator, einem Analysator, einer Linse und einer Küvette, die die Lösung enthält.

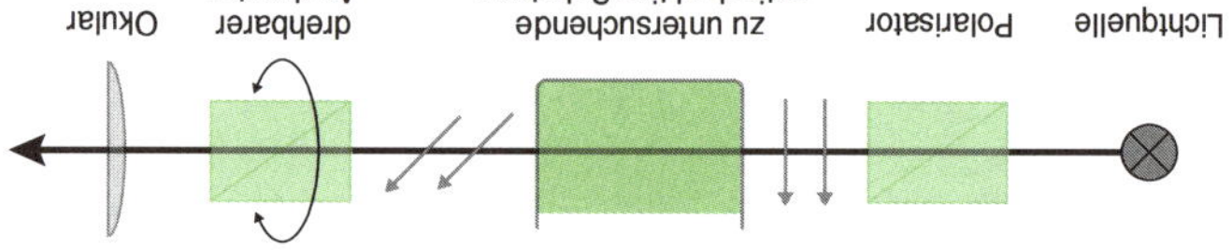

Der Polarisator polarisiert das einfallende Licht linear, d. h. es schwingt ständig in einer Ebene. Durchläuft der polarisierte Lichtstrahl eine optisch aktive Lösung, so ändern die Moleküle die Polarisationsrichtung des Lichtes. Mithilfe des Analysators kann man nun die Stärke der Veränderung feststellen. Stehen der Polarisator und Analysator parallel, so ist die Intensität des durchgelassenen Lichtes maximal. Stehen sie senkrecht zueinander, so gelangt kein Licht hindurch.
Zuerst justiert man den Versuch ohne Lösung so, dass der Polarisator und Analysator senkrecht zueinander stehen, also kein Licht mehr hindurchgelangt. Bringt man nun die Lösung in die Anordnung und beobachtet eine Aufhellung, so handelt es sich um eine optisch aktive Lösung.

LICHT UND FARBEN

1. Nennen Sie drei Möglichkeiten, um gelbes Licht herzustellen.
2. Welche Farbe muss man mit Blau mischen, damit Grün herauskommt?
3. Bei einem Tintenstrahldrucker trägt man transparente Farbschichten in bestimmter Reihenfolge und Intensität übereinander auf. Diese filtern aus dem weißen Licht bestimmte Farbanteile, sodass die gedruckte Stelle in der Komplementärfarbe erscheint.
   Die subtraktiven Grundfarben Gelb, Cyan und Magenta dienen als Filterfarben. Die reflektierten Farben werden durch additive Farbmischung am Ende wieder zusammengefügt. Füllen Sie die folgende Tabelle aus, die erste Zeile dient als Beispiel:

Farbschicht	Absorbierte Farbe	Reflektierte Farben	Ergebnis
Magenta	grünes Licht	blaues + rotes Licht	Magenta
Cyan			
Gelb			
Magenta+Cyan			
Magenta+Gelb			
Cyan+Gelb			

LÖSUNGEN

1. 1. Möglichkeit: Man lässt weißes Licht auf ein Prisma fallen, dadurch wird es in seine Spektralfarben aufgefächert. Dann blendet man die anderen Farben aus.
   2. Möglichkeit: Man lässt weißes Licht auf ein Gelbfilter fallen. Dieses lässt nur den gelben Anteil des Lichtes hindurch.
   3. Möglichkeit: Man benutzt eine Natriumdampflampe, die gelbes Licht aussendet.
2. Dem Farbkreis entnimmt man, dass man Blau mit Gelb mischen muss, damit Grün entsteht. Denn es gilt: Jede Farbe des Farbkreises kann mittels Farbaddition aus ihren Nachbarfarben erzeugt werden.
3.

Farbschicht	Absorbierte Farbe	Reflektierte Farben	Ergebnis
Magenta	grünes Licht	blaues + rotes Licht	Magenta
Cyan	rotes Licht	blaues + grünes Licht	Cyan
Gelb	blaues Licht	rotes + grünes Licht	Gelb
Magenta+Cyan	grünes + rotes Licht	blaues Licht	Blau
Magenta+Gelb	grünes + blaues Licht	rotes Licht	Rot
Cyan+Gelb	rotes + blaues Licht	grünes Licht	Grün

8 QUANTENPHYSIK

Interferenz mit Elektronen

DIE DE-BROGLIE-BEZIEHUNG

Mit Hilfe der Elektronenbeugungsröhre wird in der Schule häufig die De-Broglie-Beziehung experimentell untersucht. Die Abbildung zeigt schematisch den Versuchsaufbau.

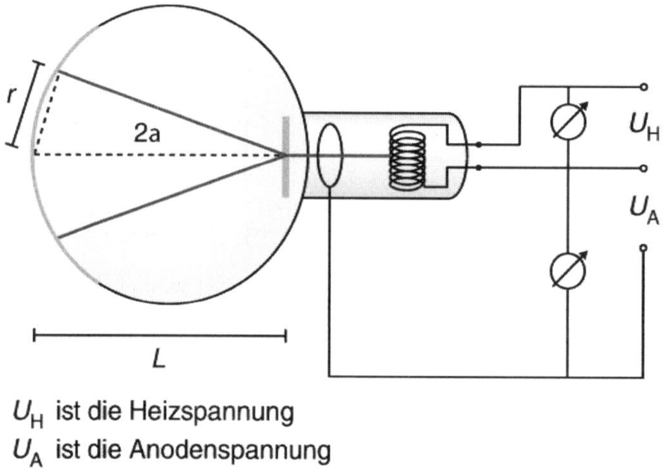

U_H ist die Heizspannung
U_A ist die Anodenspannung

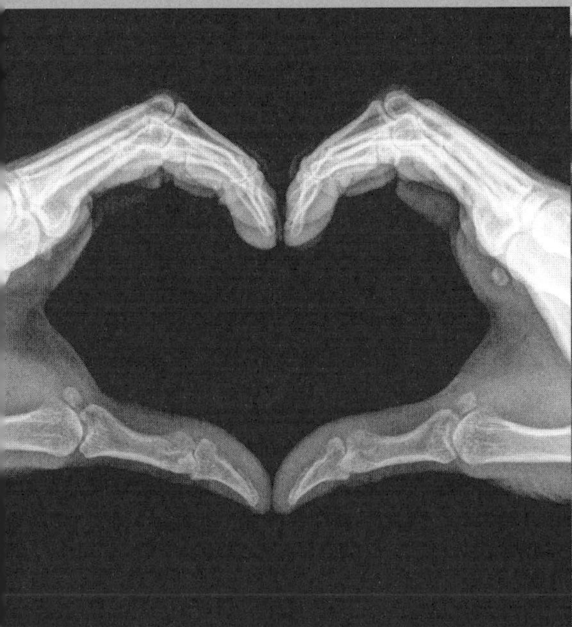

Elektronen, die aus der Glühkathode austreten, werden durch die Spannung U_B zur Annode beschleunigt. Sie durchdringen eine Schicht aus Grafitpulver und gelangen dann auf den Leuchtschirm der Röhre. Auf dem Schirm entstehen konzentrische Kreise. Diese werden als Interferenzbild einer Welle gedeutet. Die Wellenlänge kann mit Hilfe der Bragg-Bedingung und aus der Geometrie der Röhre bestimmt werden.
Bei der zweiten Methode werden nur Eigenschaften einer Welle benutzt.

Aus den Abmessungen der Röhre folgt für kleine Winkel im Bogenmaß (s. Abbildung unten):

$2 \cdot \vartheta \approx \frac{D}{2l} \Rightarrow \vartheta = \frac{D}{4l} \approx \sin\vartheta.$

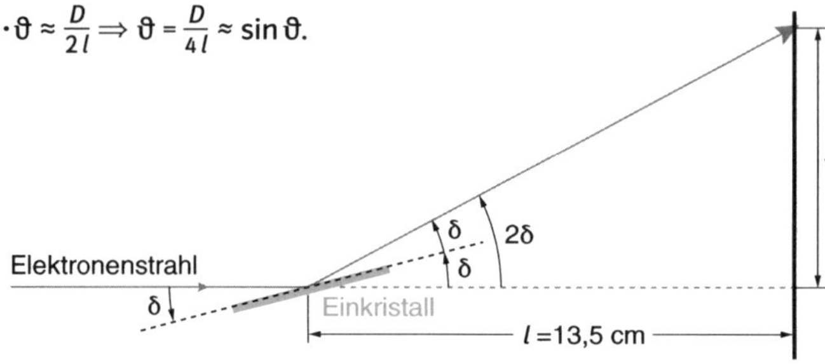

BRAGG-BEDINGUNG

Mit der Bragg-Bedingung erhält man in guter Näherung $k \cdot \lambda = \frac{a \cdot D}{2l}$.

Der Kristall hat zwei Netzebenen mit den Abständen 0,123 nm und 0,213 nm. Die beiden Kreise entstehen durch Bragg-Reflektion an je einer Netzebene. Es ist jeweils k = 1.

Mit der Hypothese von De-Broglie erhält man aus der Teilcheneigenschaft Impuls die Wellenlänge eines bewegten Teilchens $\lambda = \frac{h}{p} = \frac{h}{\sqrt{2meU}}$.

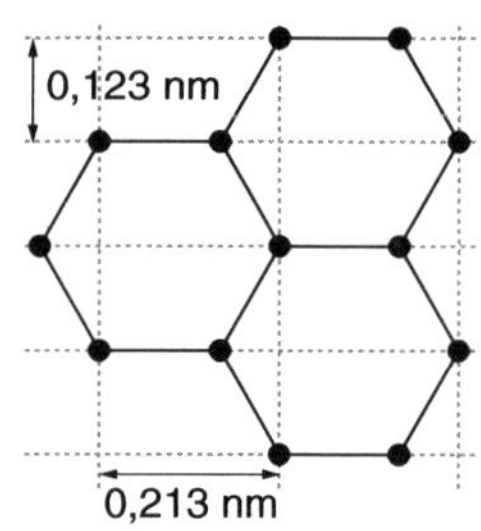

Netzebenen des Grafitkristalls in zwei Abständen

Die auf beiden Wegen gemessenen Wellenlängen stimmen überein. Man kann sagen: Treten viele Elektronen durch einen Kristall, dann beobachtet man ein Interferenzbild. Dieses stimmt mit dem Interferenzbild einer Welle mit der Wellenlänge $\lambda = \frac{h}{p}$ überein.

INTERFERENZ MIT ELEKTRONEN

De Broglie stellte 1924 in seiner Dissertation die Hypothese auf, dass jedem bewegten Teilchen eine Welle mit der Wellenlänge $\lambda = \frac{h}{p}$ zugeordnet werden kann. 1927 gelang Davisson und Germer in Amerika und G. P. Thomson in Schottland die Beugung von Materiewellen an Kristallgittern.

Elektronen durchlaufen eine Spannung von 54,0 V und treffen auf die Oberfläche eines Nickelkristalls mit der Gitterkonstanten a = 215 pm.

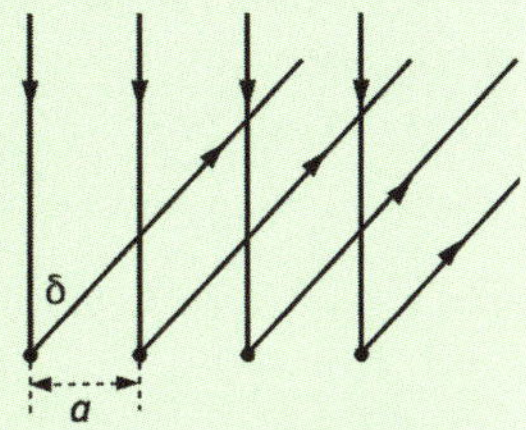

1. Berechnen Sie die De-Broglie-Wellenlänge.
2. Zeigen Sie: Treffen Wellen der Wellenlänge λ auf die Oberfläche eines Kristalls, dann entstehen bei einem Gangunterschied $\Delta s = k \cdot \lambda = a \cdot \sin\delta$ Interferenzmaxima.
3. Berechnen Sie die Wellenlänge, falls das erste Maximum bei 50° gemessen wird. Vergleichen Sie das Ergebnis mit 1.

Zusatzinfo: Ruhemasse des Elektrons: $m_e = 9{,}11 \cdot 10^{-31}$ kg
Elementarladung: $e = 1{,}60 \cdot 10^{-19}$ C

LÖSUNGEN

1. Eine relativistische Rechnung ist bei einer Energie von 54,0 eV nicht notwendig. Der Impuls ergibt sich aus der kinetischen Energie.

$$E_{kin} = \frac{1}{2} m_e v^2 = eU \Rightarrow m_e^2 v^2 = 2 m_e eU \Rightarrow p = \sqrt{2 m_e eU} \Rightarrow \lambda = \frac{h}{\sqrt{2 m_e eU}}$$

$$\lambda = \frac{6{,}63 \cdot 10^{-34}\,\text{Js}}{\sqrt{2 \cdot 9{,}11 \cdot 10^{-31}\,\text{kg} \cdot 1{,}60 \cdot 10^{-19}\,\text{C} \cdot 54{,}0\,\text{V}}} = 1{,}67 \cdot 10^{-10}\,\text{m}$$

2. Ist der Gangunterschied Δs ein ganzzahliges Vielfache der Wellenlänge λ, dann beobachtet man maximale Verstärkung. Aus der Skizze entnimmt man:
$\Delta s = a \cdot \sin\delta$.
Mit $\Delta s = k \cdot \lambda$ (k = 1, 2, 3…) folgt: $k \cdot \lambda = a \cdot \sin\delta$.

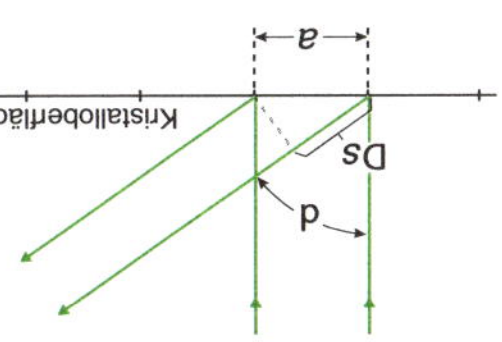

3. Für das erste Maximum ist k = 1, daher ist
$\lambda = 215 \cdot 10^{-12}\,\text{m} \cdot \sin(50°) = 1{,}65 \cdot 10^{-10}\,\text{m}$.

Das Ergebnis stimmt gut mit der in 1. berechneten Wellenlänge überein.
Das Experiment bestätigt die Hypothese von De-Broglie.

LICHTELEKTRISCHER EFFEKT (FOTOEFFEKT)

Wird ein Metall mit Licht genügend hoher Frequenz bestrahlt, so werden Elektronen aus der Metalloberfläche gelöst. Die Elektronen übernehmen die Energie des Lichtes. Man spricht allgemein vom Fotoeffekt, wenn Lichtenergie in elektrische Energie umgesetzt wird.

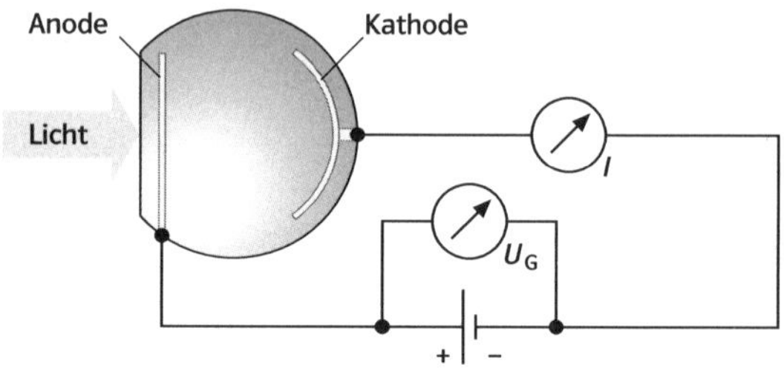

DIE GRENZFREQUENZ

Messungen zeigen, dass der Fotoeffekt nur oberhalb einer vom Metall abhängigen Grenzfrequenz f_{Grenz} eintritt. Ist die Frequenz geringer als diese Grenzfrequenz, dann werden selbst bei hoher Lichtintensität und langer Beleuchtungsdauer keine Elektronen aus der Metalloberfläche herausgelöst. Da die Intensität des Lichts von der Amplitude abhängt, ist dies im Wellenmodell des Lichts nicht zu verstehen. Experimentell kann der Fotoeffekt mit einer Vakuumfotozelle und der Gegenfeldmethode untersucht werden.

Die aus der Kathode austretenden Elektronen bewegen sich zur Anode. Man misst einen Strom. Legt man eine Gegenspannung U_G an, dann erreichen nur Elektronen mit einer kinetischen Energie größer als $e \cdot U_G$ die Anode. Bei steigender Spannung sinkt die Stromstärke, bis sie den Wert null erreicht hat. Die maximale kinetische Energie der Elektronen und die elektrische Energie ist dann gleich.
Es ist: $E_{kin,max} = e \cdot U_{G,max}$

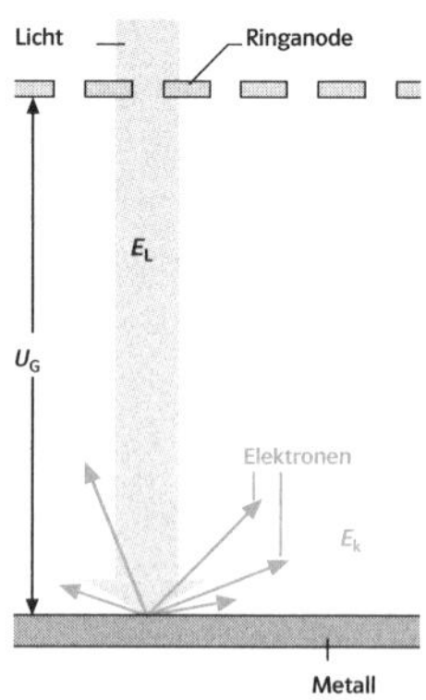

PLANCK'SCHE KONSTANTE

Das Diagramm stellt den Zusammenhang zwischen der Frequenz des Lichtes und der maximalen kinetischen Energie der Fotoelektronen für verschiedene Metalle dar. Man erhält jeweils parallele Geraden.
Die gemeinsame Steigung ist die **Planck'sche Konstante** $h = 6{,}626 \cdot 10^{-34}$ Js.

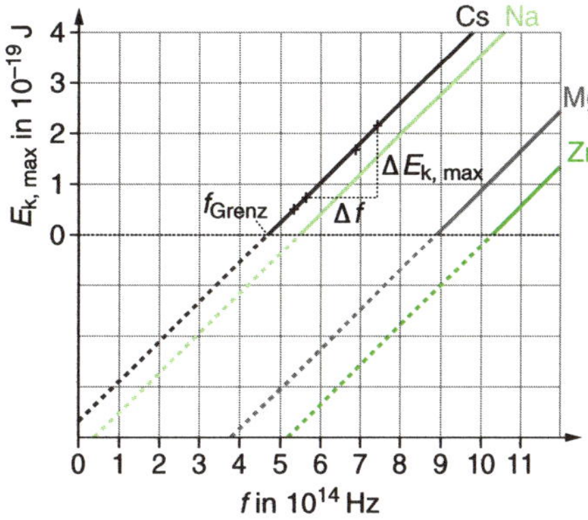

Allgemein gilt:

$E_{kin,max} = h \cdot f - h \cdot f_{grenz}$ bzw.

$h \cdot f = E_{kin,max} + h \cdot f_{grenz}$.

Dabei ist $h \cdot f_{grenz}$ die Auslösearbeit W_a.

ALBERT EINSTEIN

Einstein formulierte:
Licht besteht aus einzelnen Photonen der Energie $h \cdot f$.

Die Photonen bewegen sich mit Lichtgeschwindigkeit.

Sie besitzen den Impuls $p_{Photon} = \frac{h}{\lambda}$ und die

Masse $m_{Photon} = \frac{hf}{c^2}$.

INTERFERENZMUSTER

Beleuchtet man zwei dicht beieinanderliegende Spalte mit Laserlicht, so beobachtet man ein Interferenzmuster. Dieses Muster ist von Wasserwellen bekannt und lässt sich klassisch mit Hilfe der huygensschen Elementarwellen erklären.
Jeder Spalt ist Ausgangspunkt einer Elementarwelle. Diese beiden Wellensysteme überlagern sich zu einem Interferenzbild mit Verstärkung und Auslöschung. Somit zeigt Licht Welleneigenschaften.

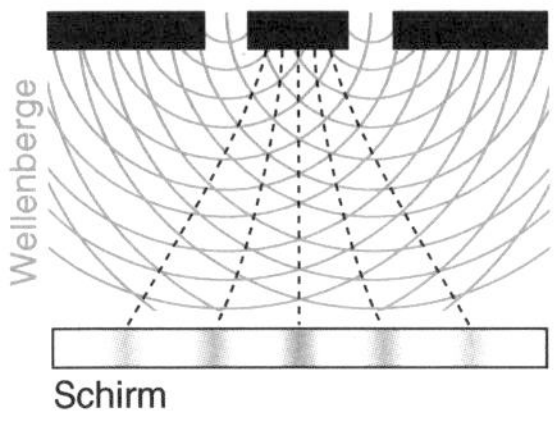

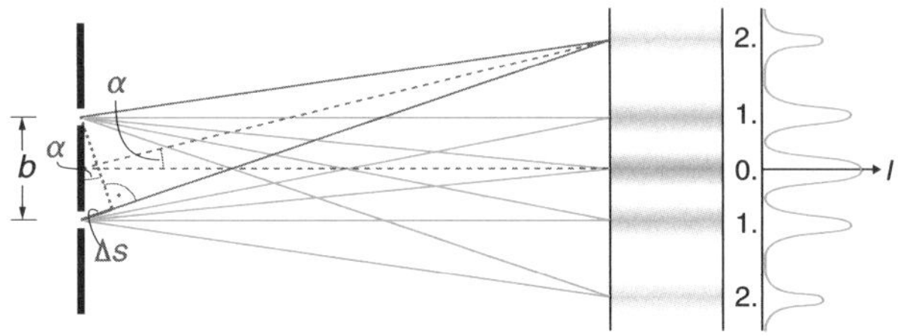

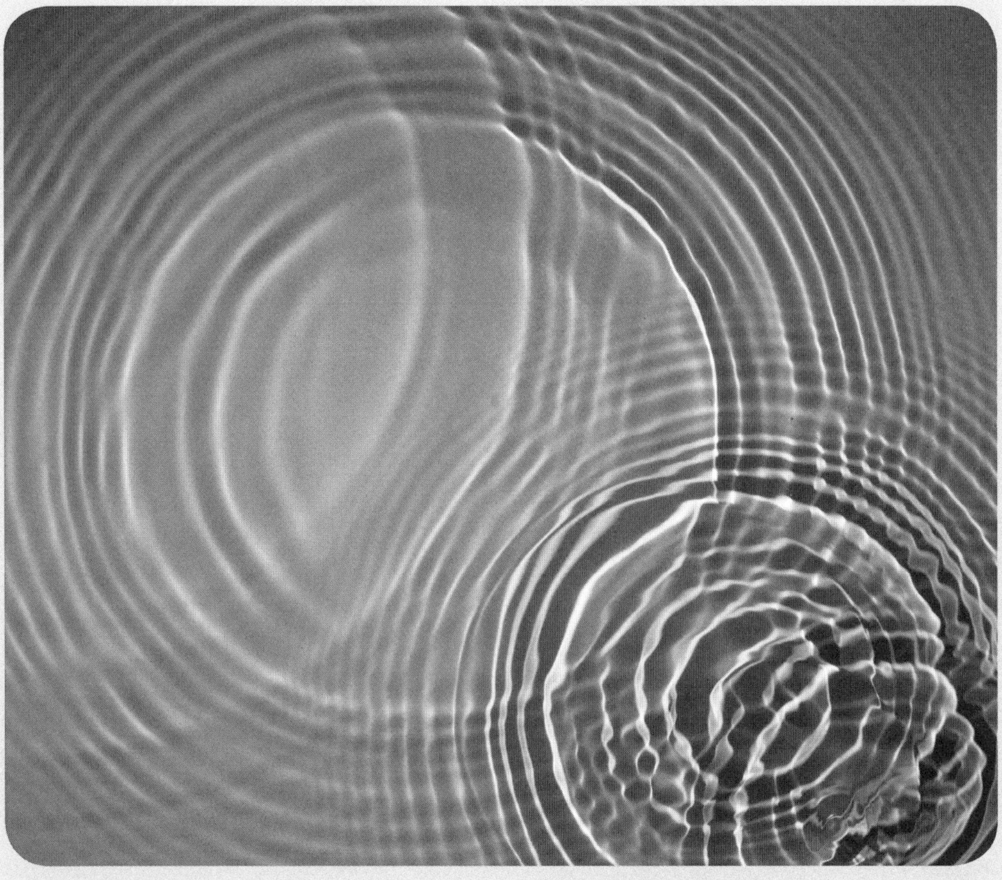

Führt man dieses Experiment mit einzelnen Photonen durch, so erhält man nur dann ein Interferenzmuster, wenn viele Photonen nachgewiesen werden, d. h. bei Licht mit hoher Intensität und kurzer Belichtungszeit oder bei niedriger Intensität und langer Belichtungszeit.
Verwendet man hingegen wenig Photonen, so werden diese als Einzelobjekte nachgewiesen. Man beobachtet auf einem Film unregelmäßig verteilte Punkte.

Beugung und Interferenz kommen nicht durch die Wechselwirkung zwischen einzelnen Photonen zustande.

Es ist nicht möglich, das Verhalten eines Photons nur mit Wellen- oder Teilcheneigenschaften erklären. Zur Erklärung muss man beide Modelle miteinander vereinigen. Photonen sind keine Wellen und auch keine Teilchen.

Im Wellenmodell lässt sich die Intensitätsverteilung berechnen, diese beschreibt die Wahrscheinlichkeit, mit der ein Photon registriert werden kann.

DER FOTOEFFEKT

1. Nennen Sie wichtige experimentelle Ergebnisse des Fotoeffektes.
2. Beschreiben Sie das Photonenmodell des Lichts.
3. Wilhelm Hallwachs (1887) belichtete eine mit einem empfindlichen Elektroskop verbundene Metallplatte mit UV-Licht. Er beobachtete eine sofort einsetzende Aufladung bis zu einer maximalen Spannung U_{max}. Dieser Wert änderte sich bei weiterer Bestrahlung mit dem gleichen Licht nicht mehr.

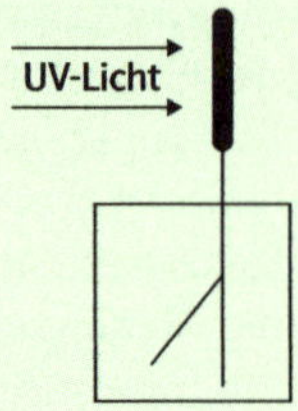

   - Erklären Sie dieses Ergebnis.
   - Wie ändert sich das Versuchsergebnis, wenn man die Lichtintensität oder die Frequenz des Lichtes ändert?
   - Berechnen Sie die maximale Spannung für Licht der Wellenlänge 250 nm, falls die Austrittsarbeit 2,25 eV beträgt.

LÖSUNGEN

1. Die Energie der Fotoelektronen ist abhängig von der Frequenz des Lichtes, aber unabhängig von der Intensität des Lichtes.
   Die Anzahl der Fotoelektronen und damit die Stromstärke ist abhängig von der Lichtintensität.
   Es existiert eine materialabhängige Grenzfrequenz.

2. Licht besteht aus einzelnen Photonen der Energie $h \cdot f$.

3. Ein Photon überträgt seine ganze Energie $h \cdot f$ auf ein Elektron der Metallplatte und löst es heraus. Die Platte lädt sich positiv auf. Es entsteht zwischen Umgebung und Platte ein elektrisches Feld und damit eine Spannung. Die Spannung wächst nur so lange, bis auch die Elektronen mit maximaler kinetischer Energie nicht mehr gegen das Feld anlaufen können.
   $e U_{max} = E_{kin} = hf - W_a$
   Änderung der Lichtintensität: Die maximale Spannung bleibt unverändert.
   Die Frequenz steigt: Die maximale Spannung steigt.
   Die Frequenz sinkt, bleibt aber größer als die Grenzfrequenz: Die maximale Spannung sinkt.
   Gegeben: $\lambda = 250 \cdot 10^{-9}$ m und $W_a = 2{,}25$ eV
   $U_{max} = \frac{1}{e}(hf - W_a) = \frac{1}{e}\left(h \cdot \frac{\lambda}{c} - W_a\right) = 2{,}72\,V$

PHOTONEN AM DOPPELSPALT

Laserlicht der Wellenlänge $\lambda = 632\,\text{nm}$ trifft auf einen Doppelspalt mit dem Spaltmittenabstand $b = 0{,}5\,\text{mm}$. Parallel zum Doppelspalt befindet sich in einer Entfernung von $e = 2\,\text{m}$ eine Fotoplatte.

1. Skizzieren Sie die belichtete Fotoplatte nach dem Entwickeln und berechnen Sie die Abstände a der Intensitätsmaxima.
2. Die Intensität des Lichts wird sehr stark reduziert. Im Mittel befindet sich jeweils nur noch ein Photon zwischen Doppelspalt und Fotoplatte.
   Skizzieren Sie die Fotoplatte, wenn sie
   - nur sehr kurz belichtet wurde,
   - sehr lange belichtet wurde.
3. Photonen sind keine Wellen und auch keine klassischen Teilchen. Erläutern sie diese Aussage.

Zusatzinfo: Ruhemasse des Elektrons: $m_e = 9{,}11 \cdot 10^{-31}\,\text{kg}$
Elementarladung: $e = 1{,}60 \cdot 10^{-19}\,\text{C}$

LÖSUNGEN

1. Für die Abstände a der Intensitätsmaxima gilt die Näherungsformel $a = \lambda \cdot e/b$.
   Auf der Fotoplatte sind Interferenzstreifen in Abständen von etwa $a = \frac{632 \cdot 10^{-9}\,\text{m} \cdot 2\,\text{m}}{0{,}5 \cdot 10^{-3}\,\text{m}} \approx 2{,}5\,\text{mm}$ zu sehen.

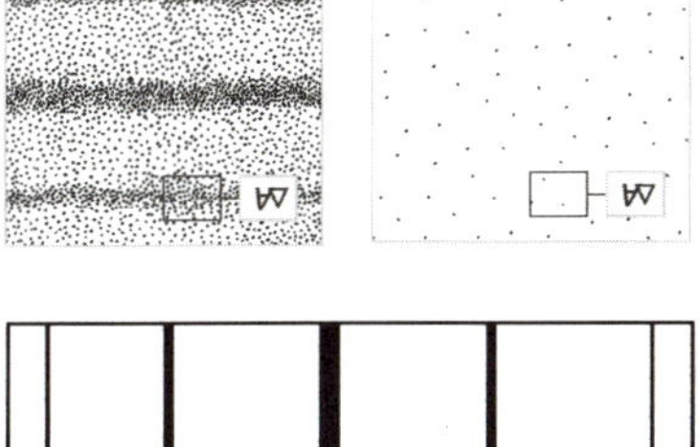

2. - Man beobachtet stochastisch verteilte Schwärzungen auf der Fotoplatte (Abb. 1).
   - Nach längerer Belichtungszeit erkennt man wieder ein Interferenzmuster (Abb. 2).

Abb. 1

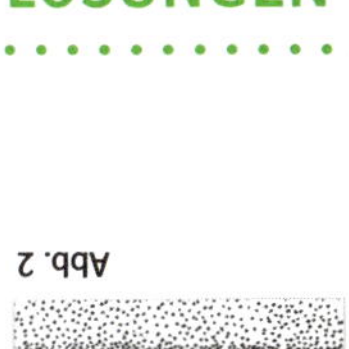

Abb. 2

3. Im Wellenmodell ist das stochastische Verhalten der Photonen nicht zu erklären.
   Im Modell der klassischen Teilchen ist das Interferenzmuster nach langer Belichtungszeit nicht zu erklären.

1. EXPERIMENT MIT DEM MACH-ZEHNDER-INTERFEROMETER

Durch das folgende Experiment kann man überprüfen, ob sich Photonen im Strahlteiler teilen.
In den Weg A und in den Weg B wird je ein Detektor für Photonen gestellt. Diese werden in Koinzidenzschaltung betrieben. Schickt man Photonen durch das Interferometer, dann sprechen die Detektoren niemals gleichzeitig an. Nur ein Detektor registriert jeweils ein ganzes Photon mit der Energie hf. Die Vorstellung, dass sich Photonen teilen und „halbe" Photonen den Weg A bzw. B wählen und beim Zusammentreffen interferieren ist nicht haltbar.
Photonen sind nicht teilbar.

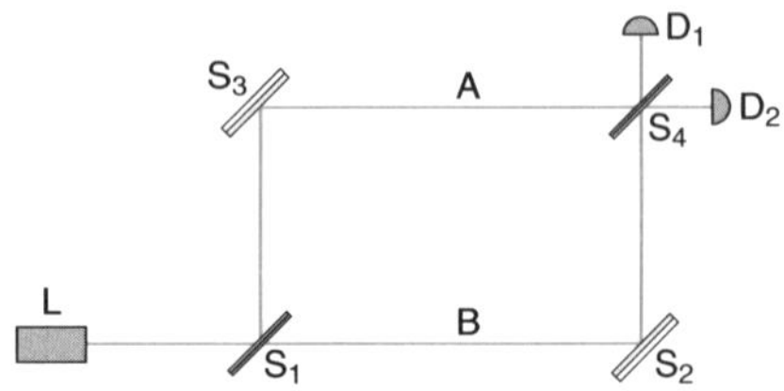

Weg A	Weg B
Photonen nicht unterscheidbar Interferenz	
Photonen unterscheidbar keine Interferenz	
zusätzlich vor D_2 Unterscheidung aufgehoben Interferenz	

2. EXPERIMENT MIT DEM MACH-ZEHNDER-INTERFEROMETER

Mit Hilfe von Polarisatoren kann man Informationen über den gewählten Weg eines Photons erhalten.
Das Experiment aus Teilaufgabe 4. wird erweitert.

- Sind die beiden Polarisatoren parallel eingestellt, dann ist eine Wegentscheidung nicht möglich. Das Interferenzbild bleibt erhalten.
- Stellt man im Versuch 4. vor D_2 einen dritten Polarisator in 0°-Stellung, dann geht die Weginformation verloren. Man sieht wieder ein Interferenzbild.

Unterscheidbarkeit und Interferenz schließen sich bei Quantenobjekten aus.

3. EXPERIMENT MIT DEM MACH-ZEHNDER-INTERFEROMETER

Geht man davon aus, dass sich immer nur ein Photon im Interferometer aufhält, dann ist folgendes denkbar:
Nachdem das Photon in das Interferometer eingetreten ist, wird nach dem Zufallsprinzip einer der beiden Wege blockiert. Bemerkt jetzt das Photon, welches den anderen Weg gewählt hat, etwas von dieser Änderung? Falls nein, dann müsste es (nach Aufgabe 1 auf S. 170) stets im Detektor D_2 nachgewiesen werden. Experimente zeigen aber, das Photonen auch in den zweiten Detektor D_1 gelangen.

Auch wenn der Experimentator von der Blockierung eines Weges nichts erfährt, kann er dies auf Grund des Versuchsergebnisses erschließen. Ein Photon trifft nur dann den Detektor D_1, wenn nur ein Weg möglich ist. Damit ist auch klar, dass das Photon den nicht blockierten Weg gewählt hat. Das Wissen über den Weg und Interferenz schließen sich gegenseitig aus. Zusätzlich hat der Experimentator ein Hindernis gemessen, ohne dass das Quantenobjekt eine Wechselwirkung mit dem Hindernis hatte (es wäre sonst von ihm absorbiert worden). Man spricht von einer wechselwirkungsfreien Messung.

BETRACHTUNGEN AM SPALT

Die Heisenberg'sche Unbestimmheitsrelation kann mit den Mitteln der Schule nicht hergeleitet werden. Betrachtungen am Spalt können sie aber plausibel machen. Elektronen, die aus einer Glühkathode treten, werden in einem elektrischen Feld beschleunigt und treffen senkrecht auf einen Spalt. Dort haben alle gleiche Geschwindigkeit und gleichen Impuls $p = m \cdot v$.
Für Elektronen, die durch den Spalt gelangen, ist die Ortskoordinate bis auf $\Delta x = b/2$ bekannt. Bei großer Spaltbreite wird der Elektronenstrahl nur geringfügig aufgeweitet. Elektronen ändern die Bewegungsrichtung nur wenig. Die Impulsänderung Δp ist gering.

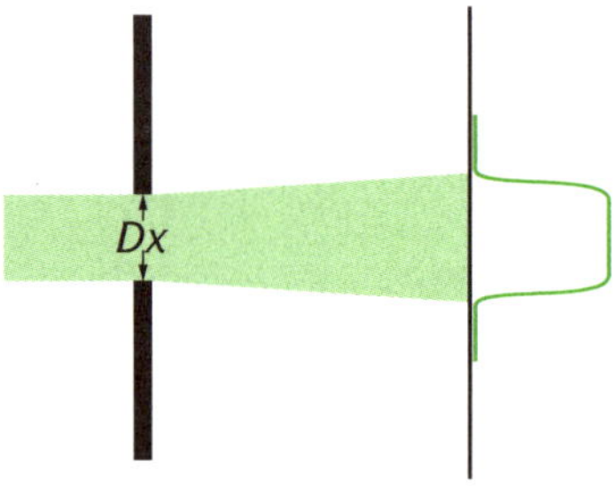

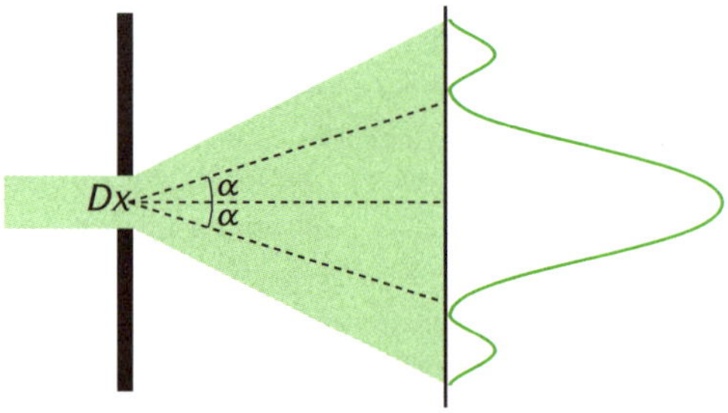

Je schmaler der Spalt wird, desto breiter wird das Beugungsmuster. Die Elektronen ändern ihre Bewegungsrichtung stärker. Die Impulsänderung Δp wächst. Qualitativ erhält man: Je kleiner Δx, desto größer Δp.

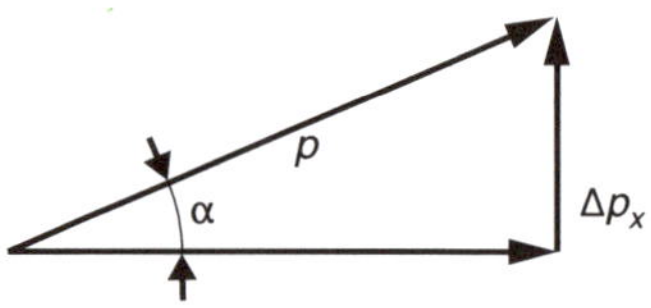

Der Großteil der Elektronen gelangt nach dem Spalt in den Bereich des Hauptmaximums, d. h. ihre Impulse werden in den Winkelbereich $-\alpha$ bis $+\alpha$ gestreut. Daher ist die folgende Abschätzung möglich:
Aus der Skizze folgt: $\Delta p_x \approx p \cdot \sin\alpha$.
Für den Ablenkwinkel α zum 1. Minimum gilt am Spalt:
$\lambda = b \cdot \sin\alpha \Leftrightarrow \sin\alpha = \lambda / b$.
Mit der De-Broglie-Wellenlänge $\lambda = h/p$ erhält man schließlich
$\Delta p_x \cdot \Delta x \approx h/2$.

HEISENBERG'SCHE UNBESTIMMTHEITSRELATION

Das Ergebnis einer vollständigen Theorie ist die Heisenberg'sche Unbestimmtheitsrelation:
Es nicht möglich, gleichzeitig den Ort x und den Impuls p eines Quantenobjektes mit beliebiger Genauigkeit zu bestimmen. Für die Unbestimmtheiten $\overline{\Delta x}$ des Ortes und des Impulses $\overline{\Delta p_x}$ gilt:

$$\overline{\Delta x} \cdot \overline{\Delta p_x} \geqq \frac{h}{4\pi}.$$

In der klassischen Mechanik kann die Bewegung eines Körpers durch eine Bahnkurve beschrieben werden. Diese Beschreibung gelingt nur, wenn man Ort und Impuls gleichzeitig exakt angeben kann. Nach der Heisenberg'schen Unbestimmheitsrelation ist dies für Quantenobjekte nicht möglich. Die Angabe einer Bahnkurve ist daher für Quantenobjekten nicht möglich.
Die Auswirkungen der Unbestimmheitsrelation in der Makrophysik sind so gering, dass sie außerhalb des Beobachtbaren liegen.

MACH-ZEHNDER-INTERFEROMETER

Im Mach-Zehnder-Interferometer können Photonen zwei Detektoren D_1 bzw. D_2 über zwei unterschiedliche Wege A bzw. B erreichen. In der Skizze sind S_1 und S_4 zwei halbdurchlässige Spiegel. Ideale Spiegel sind S_2 und S_3.

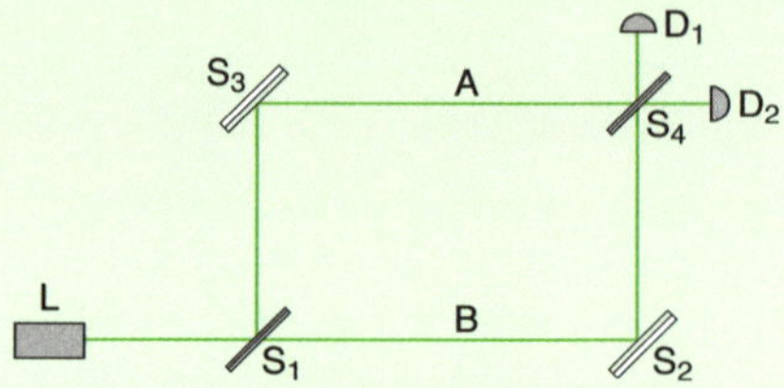

1. Das Licht des Lasers L gelangt in das Interferometer. Berechnen Sie die Gangunterschiede für beide Detektoren.
   Sprechen beide Detektoren an?
2. Was erwarten Sie, wenn man beide Detektoren durch je einen Schirm ersetzt?
3. Der Weg A wird durch ein Hindernis blockiert. Wie ändern sich die beiden vorherigen Ergebnisse?
4. In beide Wegen wird je ein Polarisator gebracht. Die beiden Polarisatoren stehen genau senkrecht zu einander (–45°; +45°). Beschreiben Sie, wie sich das Versuchsergebnis aus 2. ändert.

LÖSUNGEN

1. Es sind die Phasensprünge bei der Reflexion am idealen Spiegel (π) und am halbdurchlässigen Spiegel (π/2) zu berücksichtigen.
   Bei einer Phasendifferenz π liegt Auslöschung vor. Der Detektor D_1 spricht nicht an.
   Bei D_2 ist Verstärkung zu erwarten. Er werden Photonen nachgewiesen.

Lichtweg	Phasensprünge	Phasendifferenz
$L-S_1-S_3-S_4-D_1$	$\pi/2 + \pi + \pi/2 = 2\pi$	π
$L-S_1-S_2-S_4-D_1$	π	
$L-S_1-S_3-S_4-D_2$	$\pi/2 + \pi = 3\pi/2$	0
$L-S_1-S_2-S_4-D_2$	$\pi + \pi/2 = 3\pi/2$	

2. Auf dem Schirm am Ort D_2 erscheint ein Interferenzmuster. Der Schirm am Ort D_1 bleibt dunkel.
3. Die Interferenz verschwindet. Es werden Photonen mit D_1 und mit D_2 nachgewiesen
4. Nach dem Durchgang durch einen Polarisationsfilter sind die Photonen senkrecht zueinander polarisiert. Man kann feststellen, welchen Weg die Photonen genommen haben. Die Interferenz verschwindet.

HEISENBERG'SCHE UNBESTIMMTHEITSRELLATION

Nach der Heisenberg'schen Unbestimmheitsrelation ist es nicht möglich, gleichzeitig den Ort x und den Impuls p eines Quantenobjektes mit beliebiger Genauigkeit zu bestimmen. Für die Unbestimmtheiten $\overline{\Delta x}$ des Ortes und des Impulses $\overline{\Delta p_x}$ gilt:

$$\overline{\Delta x} \cdot \overline{\Delta p_x} \geq \frac{h}{4\pi}.$$

1. Ein Ball der Masse m = 200 g und ein Elektron bewegen sich jeweils mit der Geschwindigkeit 250 m/s. Die Unbestimmheit der Geschwindigkeit ist 0,01 %. Berechnen Sie $\overline{\Delta x}$ für beide Objekte. Vergleichen Sie die Ergebnisse.
2. Im Fadenstrahlrohr bewegen sich Elektronen auf einer Kreisbahn. Berechnen Sie den Impuls p eines Elektrons bei einer Beschleunigungsspannung U_B = 200 V. Durch die Anode wird ein Strahl der Breite b = 1 mm ausgeblendet. Ermitteln Sie $\overline{\Delta p_x}$. Vergleichen Sie das Ergebnis mit dem Impuls p. Welche Bedeutung hat die Unbestimmtheitsrelation für dieses Experiment?

Zusatzinfo: $h = 6{,}63 \cdot 10^{-34}$ Js; $m_e = 9{,}11 \cdot 10^{-31}$ kg; $e = 1{,}60 \cdot 10^{-19}$ C

LÖSUNGEN

1. Mit der Unbestimmtheit für die Geschwindigkeit $\overline{\Delta v}$ = 240 m/s·0,01 % = 0,025 m/s kann die Unbestimmtheit des Impulses $\overline{\Delta p} = m \cdot \overline{\Delta v}$ berechnet werden.

   Damit ergibt sich aus der Heisenberg'schen Unbestimmtheitsrelation für den Ball mit der Masse m = 0,200 kg

   $$\overline{\Delta x} \geq \frac{h}{4\pi \cdot m \overline{\Delta v}} \geq \frac{6{,}63 \cdot 10^{-34}\,\text{Js}}{4\pi \cdot 0{,}200\,\text{kg} \cdot 0{,}25\,\text{m/s}} = 1{,}1 \cdot 10^{-32}\,\text{m}.$$

   Für das Elektron mit der Masse $9{,}11 \cdot 10^{-31}$ kg ergibt sich entsprechend $\overline{\Delta x} \geqq 2{,}3 \cdot 10^{-3}\,\text{m} = 2{,}3\,\text{mm}$.
   Die Unbestimmheit des Ortes ist für das Elektron um etwa 29 Zehnerpotenzen größer als die für den Ball. Für den Ball ist sie kleiner als der Durchmesser eines Atomkerns und damit bedeutungslos.

2. $p = \sqrt{2 \cdot m_e \cdot e \cdot U_B} = \sqrt{2 \cdot 9{,}11 \cdot 10^{-31}\,\text{kg} \cdot 1{,}60 \cdot 10^{-19}\,\text{C} \cdot 200\,\text{V}} = 2{,}7 \cdot 10^{-8}\,\frac{\text{kgm}}{\text{s}}$

   Als Unbestimmheit des Ortes kann $b/2$ = 0,5 mm gewählt werden.

   $$\overline{\Delta p_x} \geqq \frac{h}{4\pi \overline{\Delta x}} = \frac{9{,}11 \cdot 10^{-34}\,\text{Js}}{4\pi \cdot 0{,}5 \cdot 10^{-3}\,\text{m}} = 1{,}4 \cdot 10^{-31}\,\frac{\text{kgm}}{\text{s}}$$

   Die relative Impulsänderung $\frac{\Delta p_x}{p} \approx 0{,}5 \cdot 10^{-23}$ ist so gering, dass sie ohne Einfluss ist.

ERZEUGUNG VON RÖNTGENSTRAHLUNG

Die Abbildung zeigt schematisch einen Versuchsaufbau zur Erzeugung von Röntgenstrahlung und zur Bestimmung ihrer Wellenlängen.

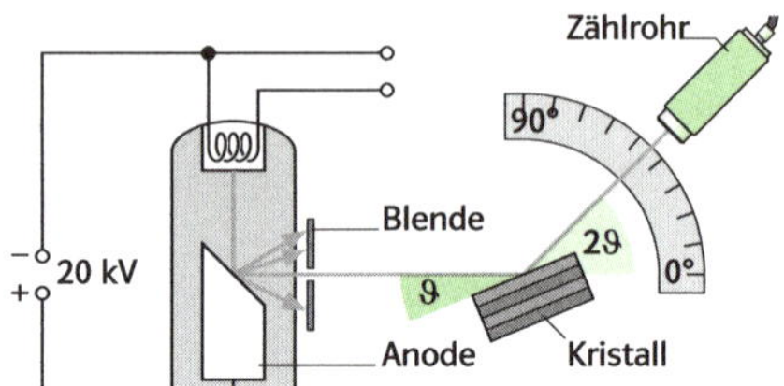

Röntgenstrahlung wird vom Kristall in alle Richtungen abgelenkt.

Versuchsergebnis

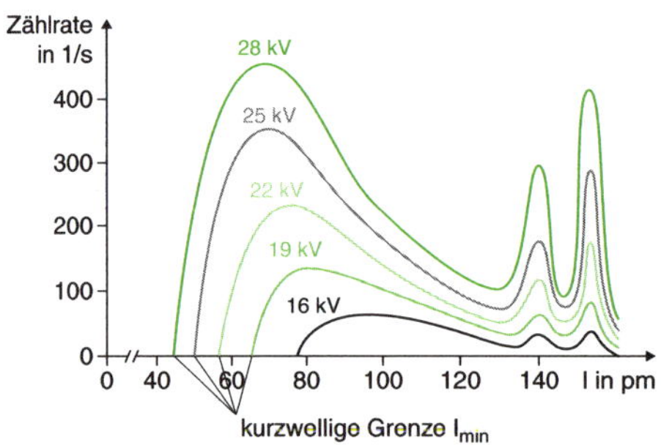

DIE DREHKRISTALLMETHODE

Zur Wellenlängenbestimmung nutzt man die Drehkristallmethode. Bei einem Lithium-Fluorid-Kristall kennt man z. B. den Abstand der Netzebenen, er beträgt a = 201 pm. Über die Braggbedingung $k \cdot \lambda = 2 \cdot a \cdot \sin \delta$ mit k = 1, 2… kann dann vom Winkel auf die Wellenlänge der Strahlung geschlossen werden.

Beispiel: Bei einem fest eingestellten Winkel 10° wird die Beschleunigungsspannung langsam erhöht. Die Zählrate setzt bei U_B = 15,8 kV ein. Zum Winkel 10° gehört k=1 und die Grenzwellenlänge

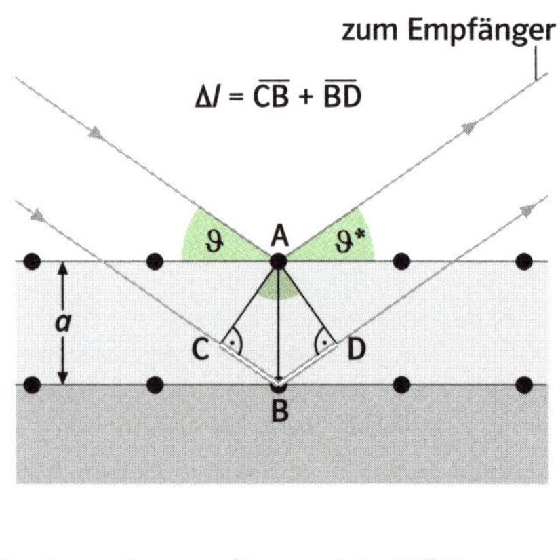

$\lambda_{grenz} = 2 \cdot 201\,\text{pm} \cdot \sin(10°) = 69{,}8\,\text{pm} = 69{,}8 \cdot 10^{-12}\,\text{m}$ bzw. $f_{grenz} = c/\lambda_{grenz} = 4{,}3 \cdot 10^{18}\,\text{Hz}$.

Trägt man die Energie der Elektronen in Abhängigkeit von der Grenzfrequenz in ein Diagramm, so erhält man eine Gerade mit der Planck'schen Konstanten als Steigung. Man erkennt daraus, ähnlich wie beim Fotoeffekt: Die Röntgenstrahlung tritt in Energiequanten, d. h. Photonen der Energie $h \cdot f$ auf.

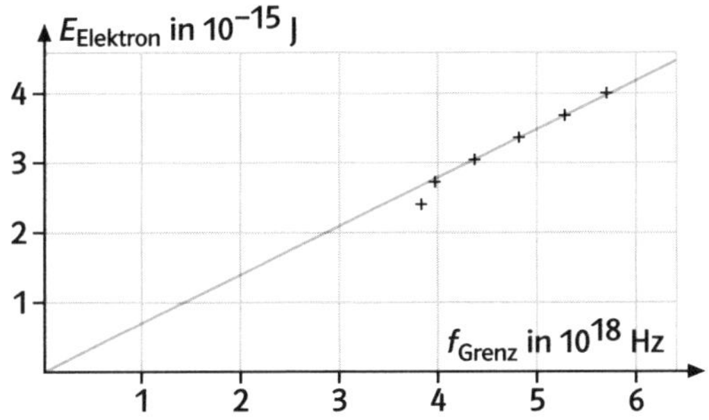

Energie und Frequenz bei Röntgenstrahlung

Die charakteristische Röntgenstrahlung entsteht, wenn die Energie der Elektronen so groß ist, dass sie in der Lage sind, Elektronen aus den niedrigen Energieniveaus der Atome heraus zu lösen. An deren Stelle treten Elektronen aus höheren Niveaus. Dabei wird Strahlung emittiert, deren Energie mit der Differenz der Energieniveaus übereinstimmt. Bei Kupfer erhält man z. B. für die K_α-Linie die Energie von etwa 8,0 keV.

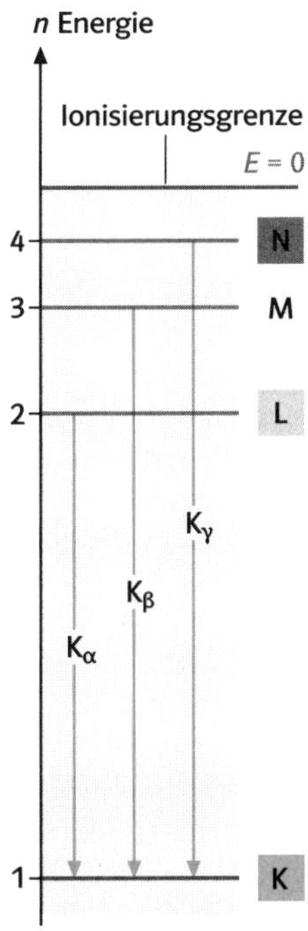

VERSUCHSAUFBAU BEIM COMPTON-EFFEKT

Unter dem Compton-Effekt versteht man die Streuung von Photonen an einem freien bzw. schwach gebundenen Elektron. Die Abbildung skizziert einen möglichen Versuchsaufbau (Abb. 1).
Die Photonen der Röntgenstrahlung treffen auf einen Körper aus Grafit. Mit Hilfe der Bragg'schen Drehkristallmethode wird die Wellenlänge der gestreuten Röntgenstrahlung bestimmt. Die folgenden Diagramme sind Ergebnisse von Messungen, die Compton durchgeführt hat (Abb. 2).

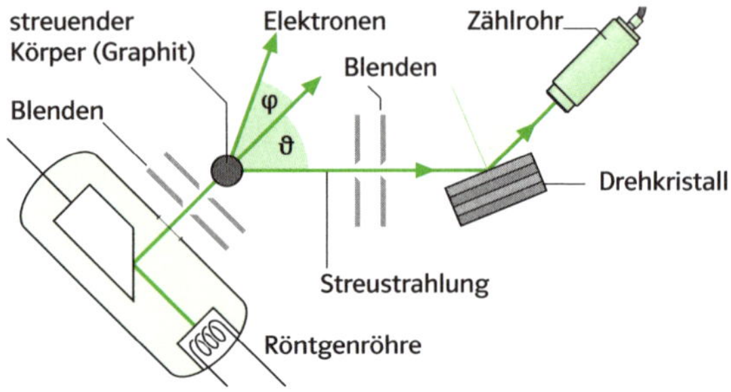

Abb. 1

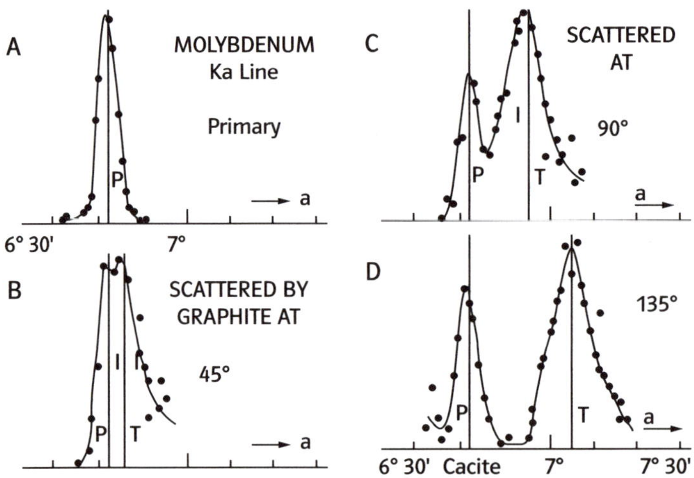

Abb. 2

VERSUCHSERGEBNIS

Man erkennt:
- Das erste Maximum verändert seine Lage nicht. Diese Wellenlänge gehört zur Röntgenstrahlung, die den Kristall ohne Energieverlust durchdringt. Dies kann z.B. durch Streuung an einem Atom geschehen, ähnlich wie die Reflexion eines elastischen Körpers an einer festen Wand.
- Die Wellenlängenänderung nimmt mit zunehmendem Winkel zu.

Theoretisch lässt sich die Wellenlängenänderung durch die Annahme eines elastischen Stoßes zwischen einem Photon und einem freien ruhenden Elektron begründen. Mit Hilfe des Impuls- und des Energieerhaltungssatzes erhält man die Wellenlänge nach der Streuung.

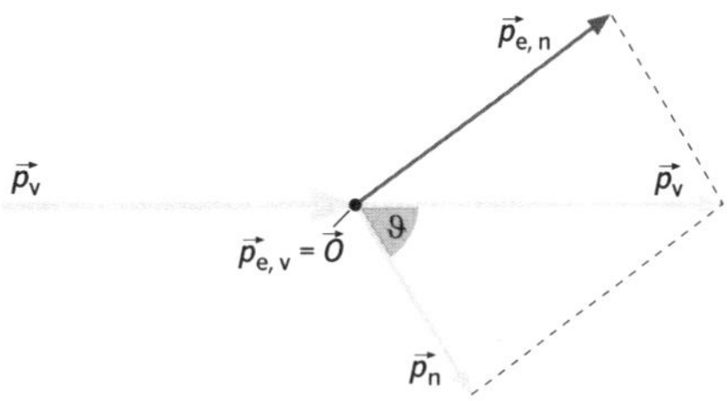

$\vec{p}_v = \vec{p}_n + \vec{p}_{e,n}$; $p_v^2 + p_n^2 - 2p_v p_n \cos\vartheta = p_{e,n}^2$
$h \cdot f_v + m_e \cdot c^2 = h \cdot f_n + m_{2,n} \cdot c^2$

DREHKRISTALLMETHODE

Die Drehkristallmethode nutzt die Bragg-Bedingung bei der Reflexion von Röntgenstrahlung an Netzebenen eines Kristalls.

Wellen, die an hintereinander liegenden Netzebenen reflektiert werden, verstärken sich, wenn der Gangunterschied ein Vielfaches der Wellenlänge λ ist und wenn außerdem die Winkel ϑ_k und ϑ_k^* gleich groß sind. Damit ergibt sich
$\Delta s = k \cdot \lambda$ und $\Delta s = 2a \cdot \sin(\vartheta_k)$.

Maximale Verstärkung erhält man, falls $k \cdot \lambda = 2a \cdot \sin(\vartheta_k)$ ist.

RÖNTGENSTRAHLUNG

Die Röntgenstrahlung kann als Umkehrung des Fotoeffektes aufgefasst werden.

1. Erläutern Sie die abgebildeten Röntgenspektren. Gehen sie dabei auf die kurzwellige Grenze und auf die Maxima ein.

2. Berechnen Sie die kurzwellige Grenze für U_B = 25,0 kV.

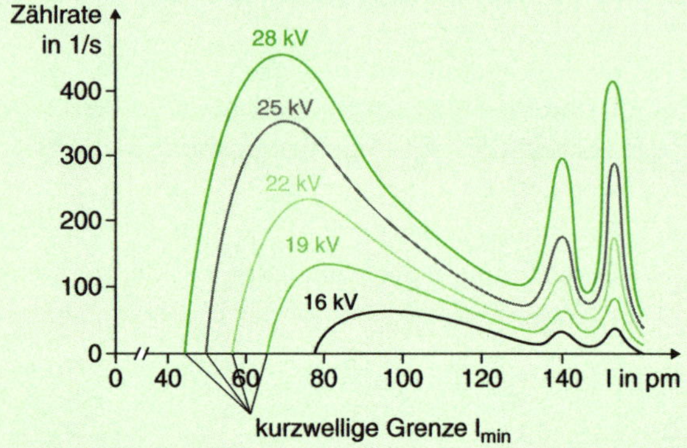

Zusatzinfo: Planck'sches Wirkungsquantum: $h = 6{,}63 \cdot 10^{-34}$ Js
Elementarladung: $e = 1{,}60 \cdot 10^{-19}$ C

LÖSUNGEN

1. Beim Fotoeffekt wird Energie von Photonen in elektrische Energie umgesetzt, bei der Röntgenstrahlung dagegen elektrische Energie in Energie von Photonen.

   Bremsstrahlung: Elektronen werden in einer Röntgenröhre beschleunigt und treffen auf die Anode. Im elektrischen Feld des Anodenmaterials werden sie abgebremst. Ihre elektrische Energie $e \cdot U_B$ wird dabei teilweise oder ganz in Energie von Röntgenphotonen $h \cdot f$ umgesetzt. Man erhält ein kontinuierliches Energiespektrum, die Röntgenbremsstrahlung. Das Bremspektrum ist vom Anodenmaterial unabhängig. Wird die gesamte Energie des Elektrons auf einmal in Energie eines Photons umgesetzt, dann hat dieses Photon die größte Frequenz f_{grenz} bzw. die kleinste Wellenlänge λ_{grenz}:
   $e \cdot U_B = h \cdot f_{grenz} = h \cdot c/\lambda_{grenz} \Leftrightarrow \lambda_{grenz} = h \cdot c/e \cdot U_B$.

   Charakteristische Strahlung: Energiereiche Elektronen können Elektronen aus der K-Schale der Atome des Anodenmaterials herauslösen. Bei der Rekombination aus der L-, M- … Schale wird Energie in Form von Licht frei. Die materialabhängigen Linien im Spektrum heißen K_α-, K_β-Linien. Im Spektrum sind dies die beiden scharfen Maxima. Sinkt die Beschleunigungsspannung, dann verschwinden diese Linien, da dann die Energie der beschleunigten Elektronen zu gering ist.

2. $\lambda_{grenz} = \frac{6{,}63 \cdot 10^{-34}\,\text{Js} \cdot 3{,}0 \cdot 10^{8}\,\frac{\text{m}}{\text{s}}}{1{,}60 \cdot 10^{-19}\,\text{C} \cdot 25{,}0 \cdot 10^{3}\,\text{V}} = 49{,}7 \cdot 10^{-12}\,\text{m}$

DER COMPTON-EFFEKT

1. Beschreiben Sie Compton's Beobachtungen bei der Wechselwirkung von Röntgenstrahlung mit Kohlenstoff unter Anfertigung einer Skizze.

2. Die rechnerische Untersuchung des Compton-Effektes liefert:

   $\Delta\lambda = \lambda_C \cdot (1 - \cos(\vartheta))$ mit $\lambda_C = \frac{h}{m_0 c}$.
   - Erläutern Sie die in der Gleichung vorkommenden Größen.
   - Zeichnen Sie ein Impulsdiagramm für die Streuung der Photonen

3. γ-Strahlung der Wellenlänge $\lambda = 2{,}4 \cdot 10^{-12}$ m wird unter 120° gestreut.
   - Berechnen Sie die Wellenlänge λ_s der gestreuten Strahlung.
   - Ermitteln Sie die Energie der Compton-Elektronen.

LÖSUNGEN

1. Compton beobachtete, dass neben der gestreuten Strahlung mit einer unveränderten Wellenlänge auch Strahlung mit größerer Wellenlänge entsteht. Er stellte fest, dass die Wellenlängenänderung vom Streuwinkel abhing (Abb. 1).

2.
   - Δλ: Wellenlängenänderung
   - λ_c: Comptonwellenlänge $2{,}43 \cdot 10^{-12}$ m.
   - Bei einem Streuwinkel von 90° stimmt die Wellenlängenänderung mit λ_c überein.
   - ϑ: Streuwinkel

   Impulsdiagramm s. Abb. 2.

3. $\lambda_s = \lambda + \Delta\lambda = \lambda + \lambda_c(1 - \cos(120°)) = 6{,}0 \cdot 10^{-12}$ m

   Die Energieabnahme der Photonen entspricht der Energiezunahme der Elektronen:

   $$\Delta E = \frac{hc}{\lambda} - \frac{hc}{\lambda_s} = hc\left(\frac{1}{\lambda} - \frac{1}{\lambda_s}\right)$$
   $$= 6{,}63 \cdot 10^{-34}\,\text{Js} \cdot 3 \cdot 10^8 \frac{\text{m}}{\text{s}}\left(\frac{1}{2{,}4 \cdot 10^{-12}\,\text{m}} - \frac{1}{6{,}0 \cdot 10^{-12}\,\text{m}}\right)$$
   $$= 5{,}0 \cdot 10^{-14}\,\text{J} = 3{,}1 \cdot 10^5\,\text{eV}.$$

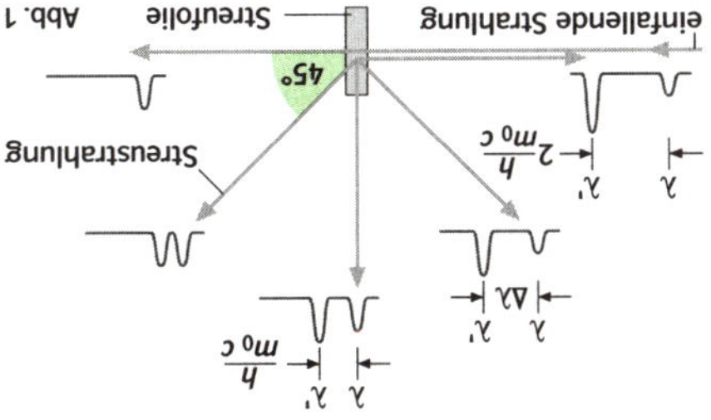

Abb. 1

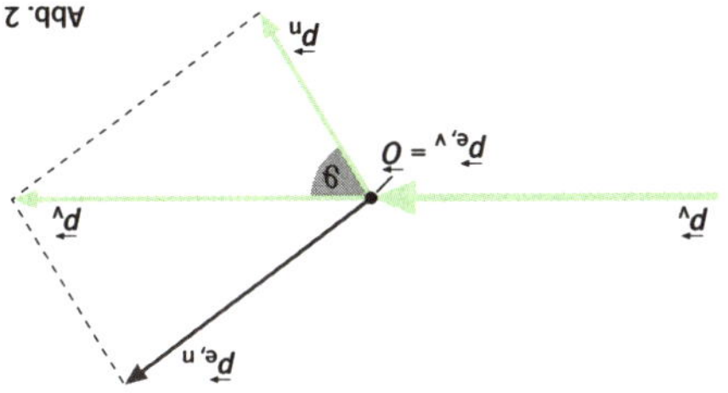

Abb. 2

DIE PLANCK-KONSTANTE

Im Jahre 1900 untersuchte Max Planck den Zusammenhang zwischen der Strahlung, die von einem Körper ausgesandt wird, und dessen Temperatur. Er entwickelte eine Formel, die die experimentellen Ergebnisse gut wiedergab. Bei seinen Überlegungen gab er die klassische Vorstellung auf, dass Licht und Wärme in einen kontinuierlichen Energiestrom abgegeben werden. Seine Strahlungsformel ergab nur Sinn, wenn er annahm, dass die Energie in Portionen proportional zur Frequenz f der Strahlung abgegeben wird. Die Proportionalitätskonstante wurde später die Planck'sche Konstante h genannt.
Die Planck'sche Konstante ist ein Grundstein der modernen Physik.

- Außer der Unbestimmtheit für den Ort und Impuls gibt es weitere ähnliche Beziehungen. Wichtig ist die Unbestimmtheit für Energie und Zeit. Die Planck'sche Konstante begrenzt die Genauigkeit:

  $\overline{\Delta E} \cdot \overline{\Delta t} \geqq \frac{h}{4\pi}$.

- Die Energiezustände eines Atoms sind gequantelt. Für die Energiedifferenzen gilt $\Delta E = h \cdot f$.
- Der Bahndrehimpuls eines Elektrons im Atom ist gequantelt und proportional zu h.
- Quantenobjekte mit der Masse m, deren Aufenthaltsbereich auf eine Strecke der Länge l eingeschränkt ist, haben eine Lokalisationsenergie (Nullpunktsenergie) proportional zu h^2:

  $E_{\text{Lokalisation}} = \frac{1}{2 m l^2} \cdot h^2$.

MESSUNG DER PLANCK-KONSTANTEN

Ab einer Schwellenspannung U_0 gibt eine Leuchtdiode (LED) Licht der Frequenz f ab. Es wird elektrische Energie $e \cdot U_0$ in Lichtenergie $h \cdot f$ umgesetzt.

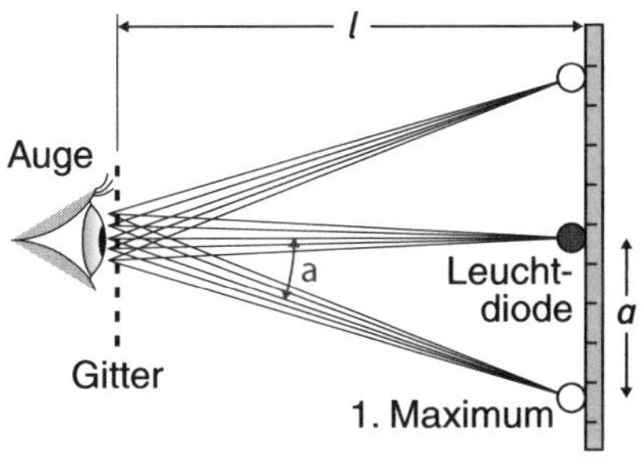

MESSREIHE

Mit der abgebildeten Versuchanordnung wird die Wellenlänge λ des Lichts gemessen. Eine Messreihe mit vier LED's ergibt z. B. die folgenden Werte.

Farbe	**blau**	**grün**	**gelb**	**rot**
U_0 in V	2,5	2,2	2,1	1,9
E in eV	2,5	2,2	2,1	1,9
λ in nm	480	560	590	655
f in 10^{14} Hz	6,25	5,36	5,08	4,58

In einem f-E-Diagramm liegen die Messwerte mit guter Genauigkeit auf einer Ursprungsgeraden. Die Steigung dieser Geraden ergibt die Planck'sche Konstante. Aus $eU_0 = h \cdot f$ folgt $h = e\,U_0/f$. Der Punkt $(2{,}2\,\text{eV}/5{,}36 \cdot 10^{14}\,\text{Hz})$ liegt auf der Ausgleichsgeraden. Damit erhält man h als Steigung der Geraden

$$h = \frac{2{,}2\,\text{V} \cdot 1{,}6 \cdot 10^{-19}\,\text{C}}{5{,}36 \cdot 10^{14}\,\text{s}^{-1}} = 6{,}6 \cdot 10^{-34}\,\text{Js}.$$

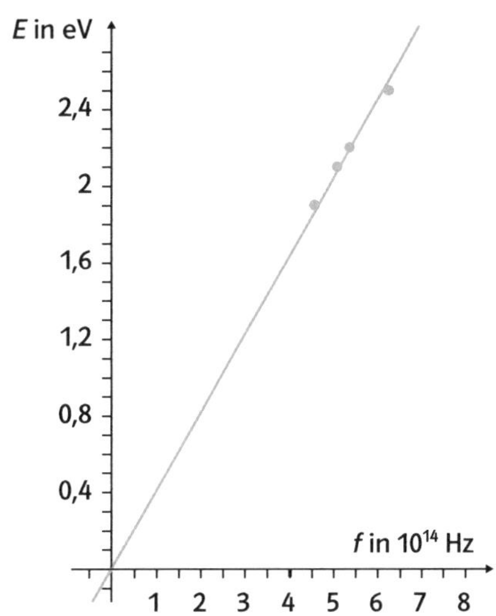

ERWIN SCHRÖDINGER

Erwin Schrödinger entwickelte 1926 eine Differentialgleichung, deren Lösungen Zustandsfunktionen für nichtrelativistische Quantenobjekte (z. B. für Elektronen, Protonen, Neutronen oder auch Atome) sind.

Für Quantenobjekte in einem eindimensionale Potentialtopf lautet die Gleichung

$$\psi''(x) + \frac{8\pi^2 m}{h^2}\cdot(E - E_{pot}(x))\cdot\psi(x) = 0.$$

E ist die Gesamtenergie des Quantenobjektes und $E_{pot}(x)$ die potenzielle Energie in Abhängigkeit des Ortes x.
Ist die potenzielle Energie konstant, dann vereinfachen sich die Lösungen.
Für $E > E_{pot}$ hat die Schrödinger-Gleichung dieselbe Form wie die der harmonischen Schwingung. Lösungen sind Sinusfunktionen:

$$\psi(x) = \text{A}\cdot\sin(\text{B}x + \text{C}) \quad \text{mit} \quad \text{B} = \frac{2\pi}{h}\sqrt{2m(E - E_{pot})}.$$

Für $E < E_{pot}$ sind Exponentialfunktionen Lösungen der Differentialgleichung. Durch Einsetzen erhält man:

$$\psi(x) = \text{D}\cdot e^{-kx} \quad \text{mit} \quad \text{k} = \sqrt{2m(E_{pot} - E)}.$$

Es existieren also auch Lösungen für einen Bereich, in dem sich nach klassischer Vorstellung wegen zu kleiner Gesamtenergie ein Quantenobjekt nicht aufhalten kann.

Im Beispiel ist die potenzielle Energie abschnittsweise konstant. Die Gesamtenergie E eines Elektrons sei größer als E_1, aber kleiner als E_2.
Man berechnet nun für jeden Abschnitt Lösungen der Schrödinger-Gleichung, die an den Übergangsstellen „ohne Knick" zusammengefügt werden. D. h. es müssen folgende Anschlussbedingungen erfüllt sein:
$\psi_1(a) = \psi_2(a)$ und $\psi_1'(x) = \psi_2'(a)$.

Für qualitative Überlegungen genügt das folgende Vorgehen:

- Ist $E - E_{pot}$ positiv, dann befindet sich das Quantenobjekt in einem klassisch erlaubten Bereich. Die Zustandsfunktionen sind Sinusfunktionen.
- Ist $E - E_{pot}$ negativ, dann befindet sich das Quantenobjekt in einem klassisch verbotenen Bereich. Es gibt trotzdem eine geringe Aufenthaltswahrscheinlichkeit. Die Zustandsfunktionen sind Exponentialfunktionen, die gegen Null streben, je weiter man in diesen Bereich eindringt.
- Die Funktionen werden ohne Knick (differenzierbar) zusammengefügt.

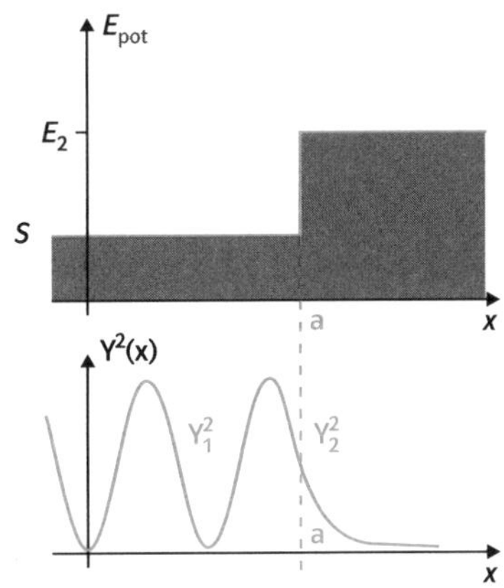

DIE PLANCK'SCHE KONSTANTE

1. Beschreiben Sie Versuchsaufbau und Versuchsdurchführung von drei Experimenten, die sich zur Bestimmung der Planck'schen Konstanten h eignen.

2. Welche Bedeutung hat die Planck'sche Konstante in der Quantenphysik?

3. Nennen Sie einige Konsequenzen, falls die Planck'sche Konstante wesentlich größer wäre.

LÖSUNGEN

1. Fotoeffekt (weitere Informationen finden Sie auf der S. 160, „Der Fotoeffekt"):
   Der äußere Fotoeffekt: Mit einer Vakuumfotozelle und der Gegenfeldmethode lässt sich die Energie der Fotoelektronen bestimmen. In einem Frequenz-Energie-Diagramm erhält man eine Gerade, deren Steigung h ist.
   Elektronenbeugung (weitere Informationen finden Sie ab S. 156, „Interferenz mit Elektronen"):
   Aus der Beschleunigungsspannung U erhält man den Impuls p eines Elektrons. Die De-Broglie-Wellenlänge λ lässt sich aus der Geometrie der Röhre bestimmen. Man erhält $h = p \cdot \lambda$.
   Röntgenstrahlung (Weitere Informationen finden Sie ab S. 172, „Röntgenstrahlung"):
   Für die kurzwellige Grenze gilt: $e \cdot U = h \cdot c/\lambda \Leftrightarrow h = eU\lambda/c$.

2. Welle – Teilchen:
   h verknüpft die Frequenz mit der Energie: $E = hf$.
   h verknüpft die Wellenlänge mit dem Impuls: $p = h/\lambda$.
   Teilchen – Welle:
   h verknüpft Impuls mit einer Wellenlänge: $\lambda = h/p$.
   h begrenzt die Unbestimmtheiten von Ort und Impuls: $\overline{\Delta x} \cdot \overline{\Delta p_x} \geq \frac{h}{4\pi}$.

3. Die Energie der Photonen $E = h \cdot f$ wäre wesentlich größer. Die De-Broglie Wellenlänge $\lambda = h/p$ wäre deutlich größer. Es käme zu Interferenzen bei größeren Objekten. Außerdem würde sich die Unbestimmtheitsrelation im täglichen Leben bemerkbar machen, z. B. bei der Elektronenstrahlröhre.

ZUSTANDSFUNKTIONEN

Die Eigenschaften von Quantenobjekten lassen sich mit den anschaulichen Vorstellungen als Teilchen oder Wellen nur unzureichend erfassen. Es bleibt nur eine mathematische Beschreibung. Man ordnet einem Quantenobjekt eine Zustandsfunktion (man sagt auch Wellenfunktion, Wahrscheinlichkeitsamplitude oder ψ-Funktion) zu.
Im folgenden werden nur lineare zeitunabhängige Vorgänge betrachtet. Die Zustandsfunktion $\psi(x)$ ist dann eine reelle Funktion in Abhängigkeit des Ortes x.

1. Beschreiben Sie die physikalische Bedeutung von $\psi(x)$ und $\psi^2(x_0)\cdot\Delta x$.
2. Erläutern Sie, wie ein Doppelspaltexperiment ablaufen muss, damit dieses durch $\psi_{12}^2 = (\psi_1(x) + \psi_2(x))^2$ oder durch $\psi_{12}^2(x) = \psi_1^2(x) + \psi_2^2(x)$ richtig beschrieben wird.
3. Das Diagramm zeigt eine Wahrscheinlichkeitsdichte für ein Elektron in einem Potentialtopf. Welche Aussagen lassen sich über das Elektron machen?

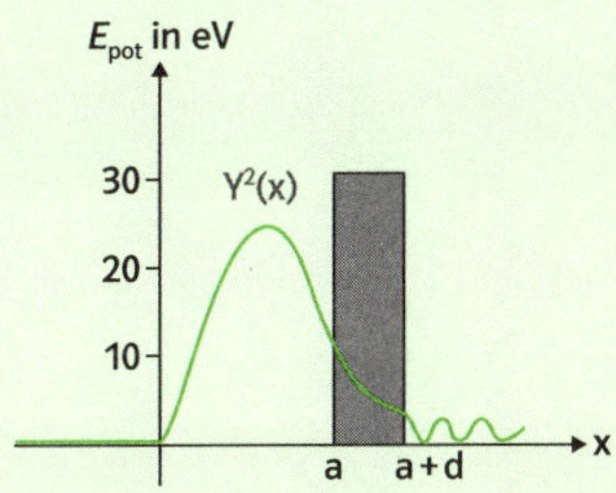

LÖSUNGEN

1. • $\psi(x)$ hat keine physikalische Bedeutung, es ist keine Messgröße.
   • $\psi^2(x_0)\cdot\Delta x$ ist die Wahrscheinlichkeit, ein Quantenobjekt im Bereich Δx um den Ort x_0 zu registrieren.

2. $\psi_1(x)$ bzw. $\psi_2(x)$ sind die Zustandsfunktionen für einen Versuch, bei dem genau ein Spalt geöffnet ist.
   Stellt man vor beide Spalte je ein Polarisationsfilter und sind diese senkrecht zu einander eingestellt, dann kann prinzipiell festgestellt werden, welchen Weg die Photonen gewählt haben (Spalt 1 oder Spalt 2). In diesem Fall beobachtet man keine Interferenz. Die Antreffwahrscheinlichkeiten addieren sich; deshalb ist: $\psi_{12}^2(x) = \psi_1^2(x) + \psi_2^2(x)$, s. obere Abb.
   Entfernt man beide Polarisatoren oder stellt sie parallel ein, dann entfällt die Weginformation. Man beobachtet Interferenz. Jetzt müssen zuerst die Zustandsfunktionen addiert werden (entspricht der Addition der Amplituden zweier Wellen). Man erhält: $\psi_{12}^2 = (\psi_1(x) + \psi_2(x))^2$, s. untere Abb.

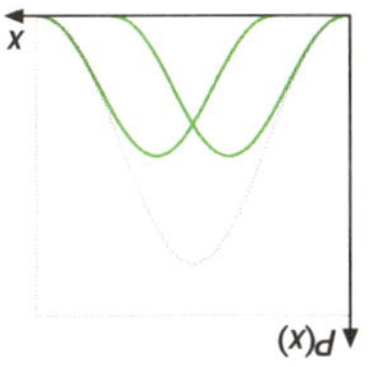

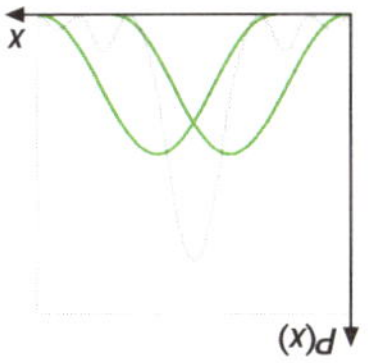

3. Das Elektron hält sich mit maximaler Wahrscheinlichkeit in einer Umgebung um den Ort $x_0 \approx a/2$ auf. Seine Gesamtenergie ist kleiner als 30 eV. Obwohl die Energie nicht reicht, besteht eine geringe Wahrscheinlichkeit für den Aufenthalt im Bereich $]a, a + d]$. Elektronen können endlich hohe Energiebarrieren „durchtunneln". Für $x < 0$ ist die Antreffwahrscheinlichkeit Null.

9 ATOMPHYSIK

Rutherford'sches Atommodell

DAS ROSINENKUCHEN-MODELL

Der britische Physiker J. J. Thomson (Nobelpreis 1906) entdeckte das Elektron als Bestandteil von Atomen. Da Atome nach außen hin elektrisch neutral sind, müssen sie auch positive Ladung enthalten. Thomson stellte sich das Atom als eine kompakte Kugel vor, in der die positive Ladung gleichmäßig verteilt ist. Die Elektronen sollten in diesem Modell, wie Rosinen in einem Kuchen, angeordnet sein. Man spricht auch von dem „Rosinenkuchen-Modell".

Joseph John Thomson

Genauere Kenntnisse über den Aufbau von Atomen liefern Streuexperimente. Rutherford schoss ein schmales Bündel α-Teilchen (Heliumkerne) auf eine dünne Goldfolie. Aus diesen Versuchsergebnissen entwickelte er das Kern-Hülle-Modell.

Rutherford'sches Atommodell

VERSUCH

Die Abbildung zeigt eine heutige Versuchsanordnung. Ein Radiumpräparat sendet α-Teilchen aus, diese treffen auf eine dünne Goldfolie. Auf einem Schirm kann man α-Teilchen als Lichtblitze nachweisen.

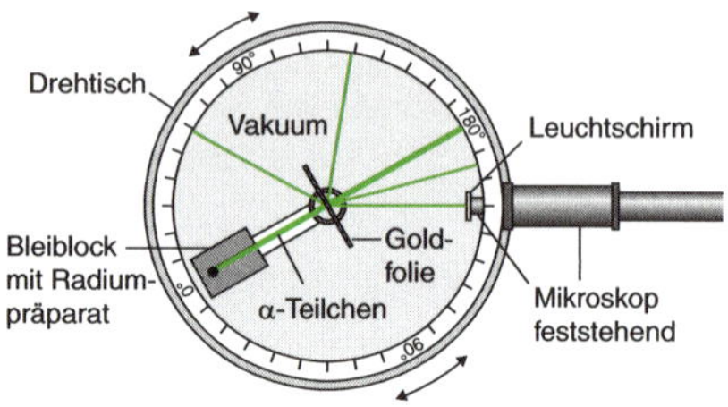

Nach den Vorstellungen von Thomson sollten die α-Teilchen die Folie ohne Ablenkung durchdringen. Man beobachtete aber, dass ein Teil der α-Teilchen abgelenkt und sogar zurückgestreut wurde.

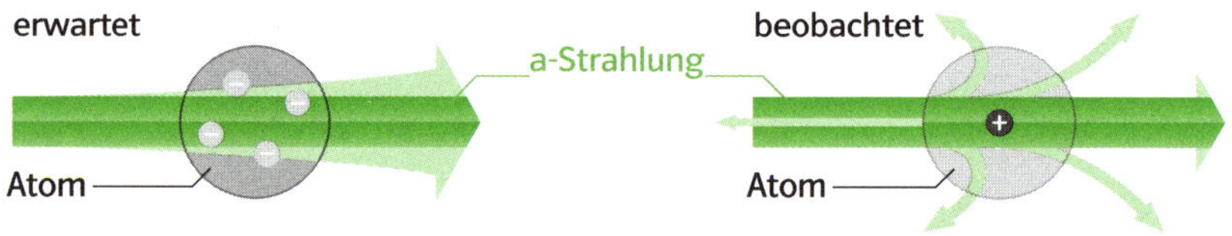

Dies war völlig unerwartet. Rutherford soll gesagt haben: „Es war so unglaublich, wie wenn jemand eine 15-Zoll-Granate auf ein Stück Papier gefeuert hätte und dann von zurückprallenden Geschossteilen selbst getroffen worden wäre."

KERN-HÜLLE-MODELL

Rutherford entwickelte ein **Kern-Hülle-Modell** des Atoms. Die Größenordnung des Kerns lässt sich aus den α-Teilchen ermitteln, die zurückgestreut werden. Man erhält eine Kerndurchmesser von $d \approx 10^{-14}\,\text{m}$.
Probleme:

- Für ein im elektrischen Feld kreisendes Elektron sind alle Kreisradien möglich. Ein fester Atomdurchmesser ist nicht erklärbar.
- Elektronen auf Kreisbahnen strahlen Energie ab. Elektronen müßten in den Kern stürzen.
- Es gibt keine Erklärung für die Absorptions- und Emissionsspektren.

RUTHERFORD'SCHES ATOMMODELL

1. Nennen Sie die wesentlichen Aussagen des Rutherford'schen Atommodells und erläutern Sie, aus welchen experimentellen Beobachtungen sie folgen.

2. Ein α-Teilchen der Energie $E_{kin} = 8{,}0\,\text{MeV}$ bewegt sich aus größerer Entfernung kommend auf einen Goldkern $^{197}_{79}\text{Au}$ zu und wird um 180° abgelenkt. Schätzen Sie aus diesen Daten den Durchmesser des Atomkerns ab.

Konstanten: $h = 4{,}14 \cdot 10^{-15}\,\text{eVs} = 6{,}63 \cdot 10^{-34}\,\text{Js}$ $m_e = 9{,}11 \cdot 10^{-31}\,\text{kg}$
$\varepsilon_0 = 8{,}85 \cdot 10^{-12}\,\text{C/(Vm)}$ $e = 1{,}60 \cdot 10^{-19}\,\text{C}$

LÖSUNGEN

1. Rutherford schoss ein schmales Bündel α-Teilchen (das sind Heliumkerne) auf eine dünne Goldfolie. Er stellte fest:
   - Fast alle α-Teilchen durchdringen die Goldfolie ohne Ablenkung.
   - Wenige α-Teilchen wurden abgelenkt. Vereinzelt kam es zu einer Streuung um 180°.
   - Durch die Ablenkung verlieren die α-Teilchen kaum Energie.

   Die Masse m_α eines α-Teilchens ist sehr viel größer als die Masse m_e eines Elektrons. Eine Streuung an Elektronen konnte er so ausschließen. Rutherford führte die beobachteten Phänomene auf Coulomb-Kräfte zwischen einem positiv geladenen Kern und einem α-Teilchen zurück.

   Rutherford'sches Atommodell: Die Masse und die positive Ladung eines Atoms sind in einem kleinen Raumbereich, dem Atomkern, konzentriert. Die Elektronen bewegen sich auf Kreisbahnen um den Kern und bilden die Atomhülle.

2. Nähert sich ein α-Teilchen dem Kern, dann wird seine kinetische Energie in potentielle Energie umgesetzt. Gilt $E_{kin} = E_{pot}$, dann ist der geringste Abstand erreicht.

   $$E_{kin} = \frac{1}{4\pi\varepsilon_0} \cdot \frac{79e \cdot 2e}{r} \Leftrightarrow r = \frac{1}{4\pi\varepsilon_0} \cdot \frac{79e \cdot 2e}{E_{kin}} \Rightarrow r = \frac{158 \cdot e^2}{4 \cdot \pi \cdot 8{,}6 \cdot 10^{-12}\,\frac{\text{C}}{\text{Vm}} \cdot 8{,}0 \cdot 10^6\,\text{eV}} \approx 2{,}9 \cdot 10^{-14}\,\text{m}.$$

   Der Kerndurchmesser ist kleiner als $2{,}9 \cdot 10^{-14}\,\text{m}$.

FRANCK-HERTZ-VERSUCH MIT NEON

In der Franck-Hertz-Röhre befindet sich ein Tropfen Quecksilber. Durch das Heizen der Röhre verdampft ein Teil des Tropfens, sie ist nun mit Quecksilberdampf gefüllt. Zwischen der Auffangelektrode A und dem Gitter G wird eine konstante Gegenspannung von U_G =1V und zwischen der Glühkathode K und dem Gitter G eine variable Beschleunigungsspannung U_B =0V ...30V gelegt.

Die aus der Glühkathode austretenden Elektronen werden im elektrischen Feld zwischen der Kathode und dem Gitter beschleunigt.

Die Anodenstromstärke I wird in Abhängigkeit von der Beschleunigungsspannung U_B gemessen.

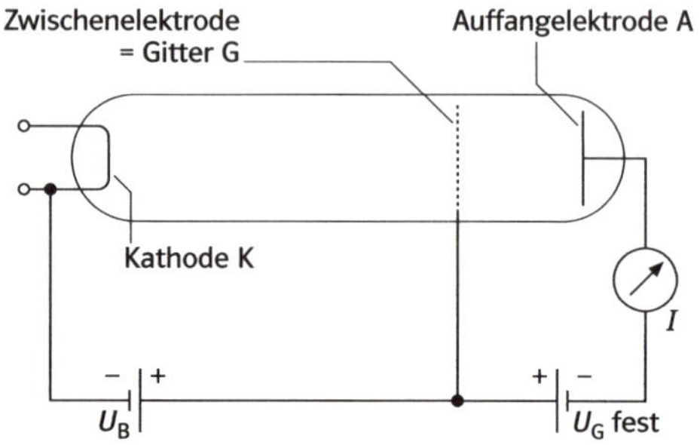

VERSUCHSERGEBNIS

Der Franck-Hertz-Versuch kann auch mit anderen Füllgasen durchgeführt werden. Das U_B-I-Diagramm zeigt ein Versuchergebnis für Neon. Gleichzeitig kann man ein Leuchten des Gases beobachten. Die beschleunigten Elektronen können in diesem Versuch nur Energie in Portionen von 19 eV an die Neon-Atome abgeben.

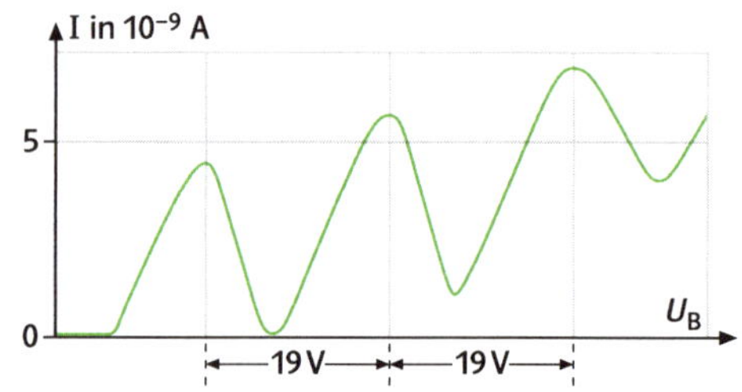

Allgemein gilt:
Atome nehmen nur ganz bestimmte Portionen an Energie auf. Der Betrag ist abhängig von der Atomsorte.

Man spricht dann von einem angeregten Atom.

Leuchterscheinungen während des Versuches deuten daraufhin, dass die Energie wieder durch Photonen abgegeben werden kann.

Atome können durch Emission von Photonen der Energie hf in den Grundzustand zurückkehren.

ANREGUNGSSTUFEN VON ELEMENTEN

Mit den Methoden von Franck und Hertz konnte man weitere Anregungsstufen von einer großen Anzahl von Elementen bestimmen.

Die Anregungsstufen stellt man mit einem Energie- bzw. Termschema dar.

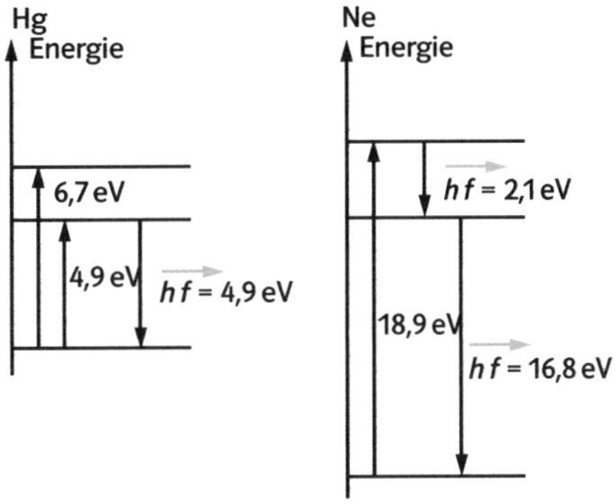

Heinrich Hertz

Die Wellenlänge der emittierten Photonen sind in den Beispielen:

Quecksilber: λ = 254 nm. Diese Strahlung liegt im ultravioletten Bereich und kann im Unterrichtsversuch nicht beobachtet werden.

Neon: Das Atom geht durch die Emission von zwei Photonen in den Grundzustand. Die Wellenlänge zur Energie 2,1 eV beträgt 585 nm und liegt damit im sichtbaren Bereich.

RECHNUNG ZUM BOHR'SCHEN ATOMMODELL

Das Bohr'sche Atommodell liefert für wasserstoffähnliche Atome, das sind Atome mit nur einem Elektron in der Hülle, eine gute Übereinstimmung zwischen Experiment und Rechnung. Die Theorie versagt aber schon beim Heliumatom.

Die folgende Rechnung gilt für wasserstoffähnliche Atome.

- Berechnung der zulässigen Bahngeschwindigkeiten v_n.
  Das Elektron bewegt sich auf einer Kreisbahn. Die dafür notwendige Zentralkraft $F_z = m_e \cdot \frac{v_n^2}{r_n}$ ist die Coulombkraft $F_C = \frac{1}{4\pi\varepsilon_0} \cdot \frac{Ze^2}{r_n^2}$.
  Aus $F_Z = F_C$ und dem ersten Postulat folgt:
  (1) $2\pi \cdot m_e \cdot r_n \cdot v_n \cdot v_n = \frac{1}{2\varepsilon_0} \cdot Ze^2 \Rightarrow n h v_n = \frac{1}{2\varepsilon_0} \cdot Ze^2 \Rightarrow v_n = \frac{Ze^2}{2\varepsilon_0 h} \cdot \frac{1}{n}$.

- Berechnung der zulässigen Bahnradien: Man setzt die berechnete Geschwindigkeit in die linke Seite von (1) ein und erhält:
  $r_n = \frac{\varepsilon_0 h^2}{\pi m_e Z e^2} \cdot n^2$.

Den Energieterm erhält man durch folgende Überlegungen:

- Das Elektron besitzt im elektrischen Feld des Kerns die potentielle Energie. $E_{pot} = -\frac{1}{4\pi\varepsilon_0}\cdot\frac{Ze^2}{r_n}$.

  Aus der Bedingung $F_Z = F_C$ ergibt sich die kinetische Energie

  $E_{kin} = \frac{1}{8\pi\varepsilon_0}\cdot\frac{Ze^2}{r_n}$

  und damit die Gesamtenergie $E = E_{pot} + E_{kin} = -\frac{1}{8\pi\varepsilon_0}\cdot\frac{Ze^2}{r_n}$.

  In diesem Ergebnis muss r_n noch durch die erlaubten Radien ersetzt werden:

  $$E_n = -\frac{Z^2 e^4 m_e}{8\varepsilon_0^2 h^2}\cdot\frac{1}{n^2} = -13{,}6\,\text{eV}\cdot\frac{Z^2}{n^2}.$$

Die in den Formeln vorkommende natürliche Zahl n heißt Hauptquantenzahl oder auch Energiequantenzahl.

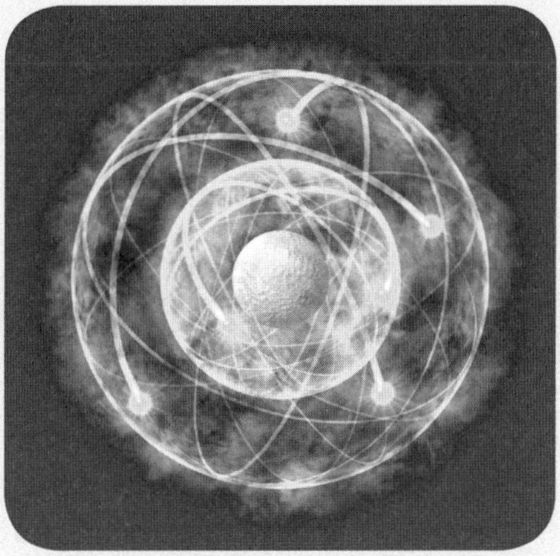

LEISTUNGEN UND GRENZEN

Die Quantenvorstellungen von Planck und Einstein wurden von Bohr zum ersten Mal erfolgreich auf Atome angewendet. Die Spektren wasserstoffähnlicher Atome konnten genau berechnet werden. Dies gilt auch für die charakteristische Röntgenstrahlung.
Im Wasserstoffatom bewegt sich das Elektron auf einer Kreisbahn in einer festen Ebene. Danach müsste das Atom eine dünne Scheibe sein.
Nach der Heisenberg'schen Unbestimmtheitsrelation ist die Anwendung des Bahnbegriffs nicht möglich.

FRANCK-HERTZ-VERSUCH

1. Fertigen Sie eine Schaltskizze zum Franck-Hertz-Versuch an und beschreiben Sie kurz die Versuchsdurchführung.

2. Das Franck-Hertz-Rohr ist mit Quecksilberdampf gefüllt. Erläutern Sie die Vorgänge im Rohr mit Hilfe des U_B-I-Diagramms.

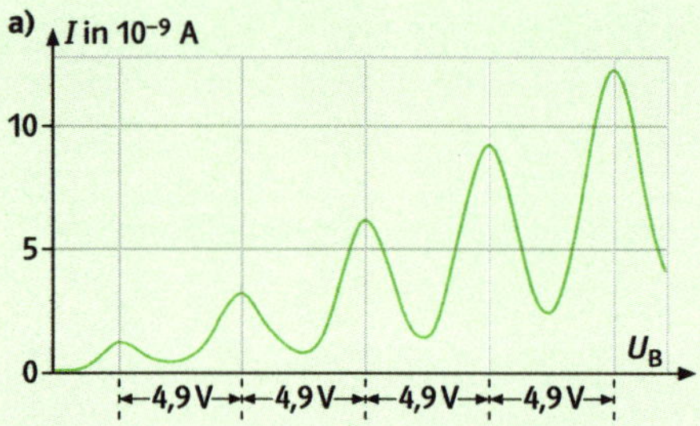

LÖSUNGEN

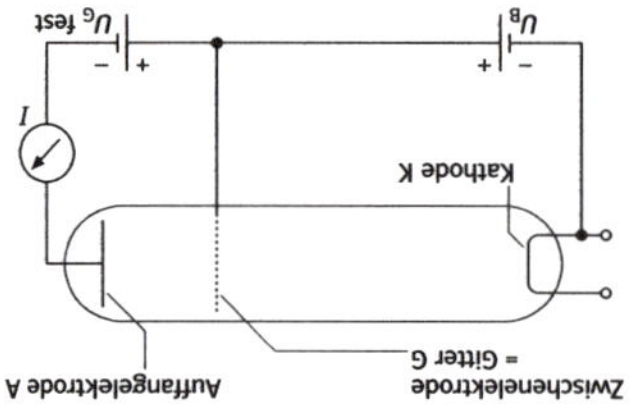

1. Die Gegenspannung $U_G = 1\,V$ ist fest.
Die Stromstärke I wird in Abhängigkeit von der Beschleunigungsspannung U_B gemessen.

2. Sobald für die Beschleunigungsspannung $U_B > U_G$ ist, können die Elektronen die Gegenspannung überwinden. Die Stromstärke wächst zunächst, wie bei einer Diode, mit steigender Spannung U_B, dann aber folgen mehrere Maxima und Minima in Abständen von jeweils 4,9V. Die Abnahme der Stromstärke kann nur mit einem Energieverlust der Elektronen erklärt werden.
Bis zu einer Energie kleiner als 4,9 eV kommt es nur zu elastischen Stößen zwischen Elektronen und Quecksilberatomen, dabei ändert sich die Energie der Elektronen nicht.
Bei einer Spannung von 4,9 V besitzen die Elektronen unmittelbar vor dem Gitter G genügend Energie für einen unelastischen Stoss. Ein Elektron, das seine Energie abgegeben hat, kann die Gegenspannung nicht mehr überwinden, die Stromstärke sinkt.
Steigt die Spannung weiter, so finden unelastische Stöße in größerer Entfernung vom Gitter statt. Auf der „restlichen" Strecke werden Elektronen erneut beschleunigt und können schließlich die Gegenspannung wieder überwinden. Die Stromstärke steigt bis zum nächsten Maximum. Die Elektronen erreichen nun eine Energie von 9,8eV und können zweimal Energie auf Quecksilberatome übertragen. Die Stromstärke sinkt erneut.

BOHR'SCHES ATOMMODELL

1. Bohr fügte dem Rutherford'schen Atommodell weitere Grundannahmen an. Formulieren Sie die Bohr'schen Postulate.

2. Für das He^+-Atom (Kernladungszahl $Z = 2$ und ein Elektron in der Hülle) erhält man mit dem Bohr'schen Atommodell die folgenden zulässigen Bahnradien, Bahngeschwindigkeiten und Energieterme

$$r_n = \frac{h^2 \varepsilon_0}{\pi m_e e^2} \cdot n^2, \quad v_n = \frac{e^2}{2 \varepsilon_0 h} \cdot \frac{1}{n} \quad \text{und} \quad E_{r_n} = -\frac{1}{4 \pi \varepsilon_0} \cdot \frac{e^2}{r_n}$$

   - Zeigen Sie, dass $E_n = -54{,}4\,\text{eV} \cdot 1/n^2$ gilt.
   - Ermitteln Sie die Ionisierungsenergie.
   - Zeichnen Sie ein Energieschema.
   - Berechnen Sie den Radius und die Bahngeschwindigkeit für den Grundzustand. Beurteilen Sie die Ergebnisse mit der Heisenberg'schen Unbestimmtheitsrelation.

Konstanten: $h = 6{,}63 \cdot 10^{-34}\,\text{Js} = 4{,}14 \cdot 10^{-15}\,\text{eVs}$ $\quad m_e = 9{,}11 \cdot 10^{-31}\,\text{kg}$
$e = 1{,}60 \cdot 10^{-19}\,\text{C}$ $\quad \varepsilon_0 = 8{,}85 \cdot 10^{-12}\,\text{C/Vm}$

LÖSUNGEN

1. 1. Postulat: Elektronen mit der Masse m_e kreisen mit der Geschwindigkeit v_n im Abstand r_n strahlungsfrei um den Atomkern, wenn $2 \cdot \pi \cdot m_e \cdot v_n \cdot r_n = n \cdot h$ ist.
   2. Postulat: Gehört zu einer äußeren Bahn die Energie E_m und zu einer inneren Bahn die Energie E_n, dann wird die Energiedifferenz $\Delta E = E_m - E_n = h \cdot f$ beim Übergang von der äußeren zur inneren Bahn abgegeben. Beim umgekehrten Vorgang wird ein Photon absorbiert.

2. - Im Energieterm ist r_n durch den angegebenen Radius zu ersetzen.
   - Die Ionisierungsenergie beträgt 54,4 eV. Mit dieser Energie kann man das Elektron vom Grundzustand (n = 1) auf das Nullniveau heben.
   - Energieschema: Siehe Abbildung
   - $r_1 = 2{,}6 \cdot 10^{-11}\,\text{m}$
   - $v_1 = 4{,}4 \cdot 10^{-6}\,\text{m/s}$
   - Man wählt für die Unbestimmtheit des Ortes den Radius r_1, dann ist

   $$\overline{\Delta x} \cdot \overline{\Delta p} = r_1 \cdot m_e \cdot \overline{\Delta v} \geqq \frac{h}{4\pi} \Leftrightarrow \overline{\Delta v} \geqq \frac{h}{4 \pi m_e r_1} = 2{,}2 \cdot 10^{-6}\,\text{m/s}.$$

   Die Unbestimmtheit der Geschwindigkeit beträgt also etwa 50 % von v_1. Nach der Heisenberg'schen Unbestimmtheitsrelation ist die Angabe einer Bahnkurve nicht haltbar.

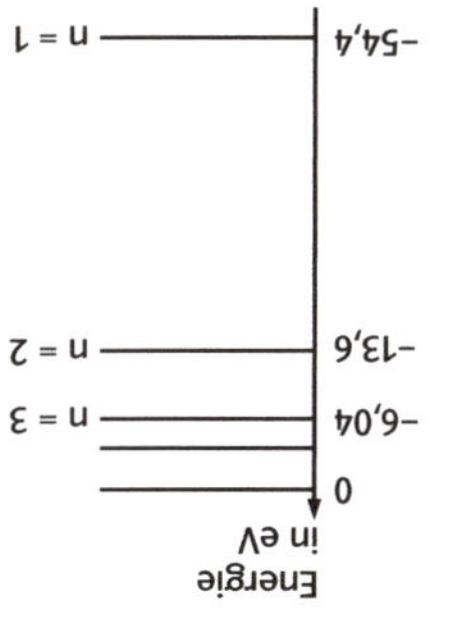

EINDIMENSIONALER POTENZIALTOPF

Ein Atommodell, welches die Ergebnisse der Quantenphysik berücksichtigt, muss ohne den Bahnbegriff auskommen. Ein stark vereinfachtes Modell ist der eindimensionale Potenzialtopf. Man geht davon aus, dass sich ein Elektron längs einer Strecke L frei bewegen, diese aber nicht verlassen kann. Beschrieben wird das Elektron mit einer vom Ort x abhängigen Zustandsfunktion $\psi(x)$. Diese Funktion hat keine direkte physikalische Bedeutung. Geht man aber zum Quadrat $\psi^2(x)$ dieser Funktion über, so erhält man die Wahrscheinlichsdichte für den Aufenthalt des Elektrons.

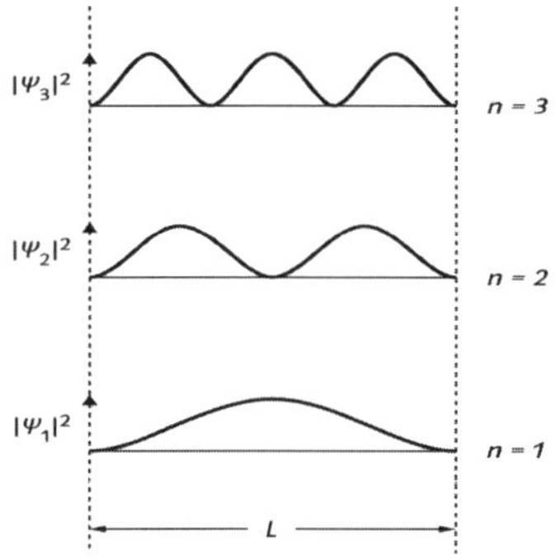

Multipliziert man die Wahrscheinlichkeitsdichte mit einer Intervalllänge Δx, so gibt dieses Produkt die Wahrscheinlichkeit an, ein Elektron im Intervall $[x - \Delta x, x + \Delta x]$ zu finden.
Die räumliche Verteilung der Wahrscheinlichkeitsdichte heißt Orbital des Elektrons. Das Bild zeigt die ersten drei Orbitale für ein Elektron im eindimensionalen Potenzialtopf.

Im linearen Potentialtopf kann ein Elektron nur die Energien

$E_n = \frac{h^2}{8L^2 m_e} \cdot n^2$ annehmen.

Allgemein gilt:
Ein begrenzter Raumbereich für den Aufenthalt eines Elektrons führt immer zu diskreten Energieniveaus.

DREIDIMENSIONALER POTENZIALTOPF

Atome sind räumlich ausgedehnt. Deshalb ist es sinnvoll, die Überlegungen des eindimensionalen Potenzialtopfes auf drei Dimensionen zu übertragen. Der Aufenthaltsbereich für das Elektron sei nun ein Quader mit den Abmessungen L_1, L_2, L_3.

Für jede Raumrichtung gilt die Bedingung des linearen Potenzialtopfes:

$$L_i = \frac{n_i \cdot \lambda_{n_i}}{2} \Rightarrow \lambda_{n_i} = \frac{2 \cdot L_i}{n_i} \Rightarrow p_i = \frac{h}{\lambda_{n_i}} = \frac{n_i h}{2 \cdot L_i} \text{ mit } i = 1, 2, 3.$$

Für die Gesamtenergie E ist dann: $E = \frac{h^2}{8 m_e}\left(\frac{n_1^2}{L_1^2} + \frac{n_2^2}{L_2^2} + \frac{n_3^2}{L_3^2}\right)$.

Ist der Quader ein Würfel ($L_1 = L_2 = L_3$), dann können verschieden Zustände gleiche Energien haben. Dieses Phänomen bezeichnet man als Entartung.

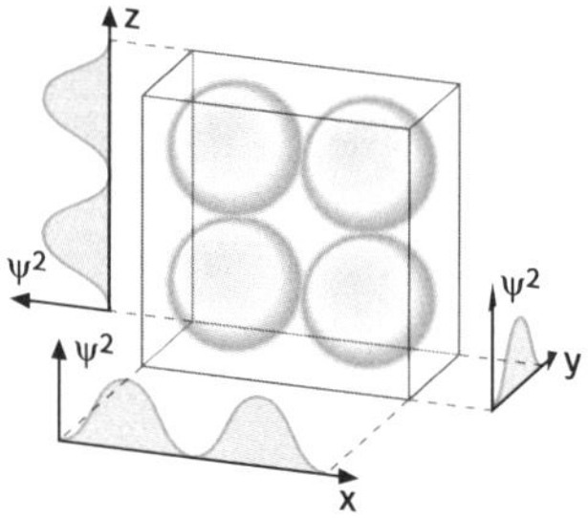

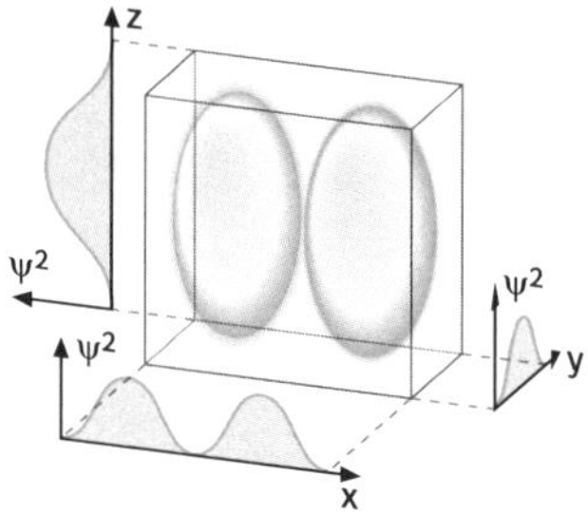

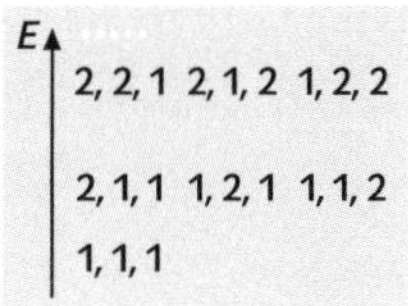

DAS WASSERSTOFFSPEKTRUM

Das Bohr'sche Atommodell beschreibt das Wasserstoffatom mit großer Genauigkeit. Aus den möglichen Energieniveaus $E_n = -13{,}6\,\text{eV} \cdot 1/n^2$ folgen die Frequenzen $f = f_R \cdot (1/n^2 - 1/m^2)$ mit der Rydbergfrequenz $f_R = 3{,}2888 \cdot 10^{15}\,\text{Hz}$.

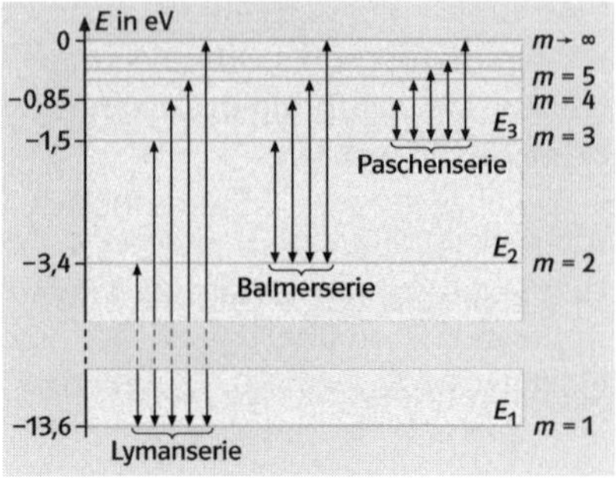

VERBESSERTES ATOMMODELL

Aus dem Modell des eindimensionalen Potenzialtopf folgt $E_n \sim n^2$. Für das Wasserstoffatom gilt jedoch $E_n \sim 1/n^2$.
Ein verbessertes Atommodell muss das Coulombpotenzial berücksichtigen.
Die Zustandsfunktionen sind Lösungen einer Differentialgleichung, die von Erwin Schrödinger 1926 entwickelt wurde.
Die Wahrscheinlichkeitsdichte $p = \psi_n^2(x)$ für $n = 1$ besitzt ein absolutes Maximum bei x_1.
Bei diesem Abstand, er stimmt mit dem ersten Bohr'schen Radius überein, ist das Elektron am wahrscheinlichsten anzutreffen. Für größere n ist die Übereinstimmung mit den Radien nach Bohr nicht mehr gegeben.

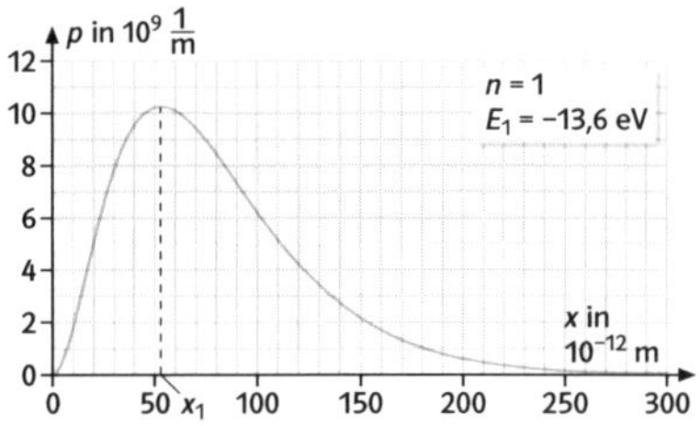

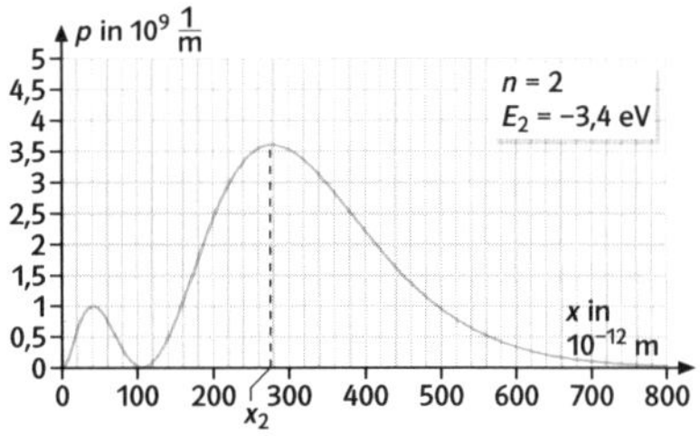

DAS WASSERSTOFFSPEKTRUM

Eine vollständige Lösung der Schrödinger-Gleichung zeigt, dass es neben rotationssymmetrischen s-Orbitalen noch weitere gibt, die komplexere Symmetrien aufweisen. Die zugehörigen Zustandsfunktionen können durch drei Quantenzahlen beschrieben werden.

Hauptquantenzahl n: Sie kennzeichnet das Energieniveau.

Nebenquantenzahl: l = 0, 1, . . ., n − 1: Sie gibt die Anzahl der Knotenebenen an.
l = 0 kennzeichnet s-Orbitale, l = 1 kennzeichnet p-Orbitale usw.

Orientierungsquantenzahl: m = −l, . . ., −1, 0, 1, . . ., l: Sie unterscheidet die Orbitale nach ihrer Rotationssymmetrie.

ENERGIESCHEMA

Das Energieschema zeigt, dass die Energieniveaus des H-Atoms entartet sind.

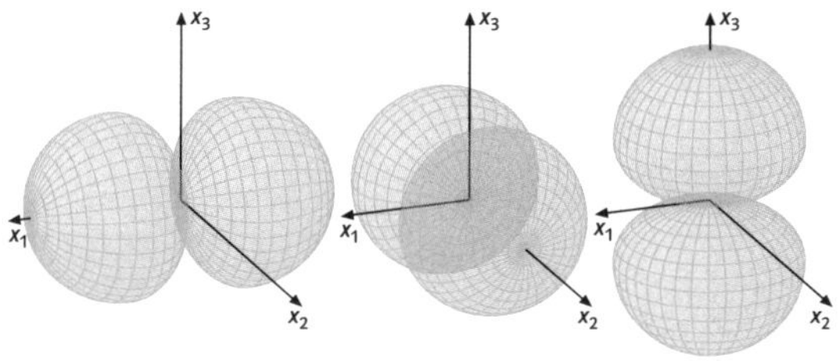

2p-Orbitale (l = 1)

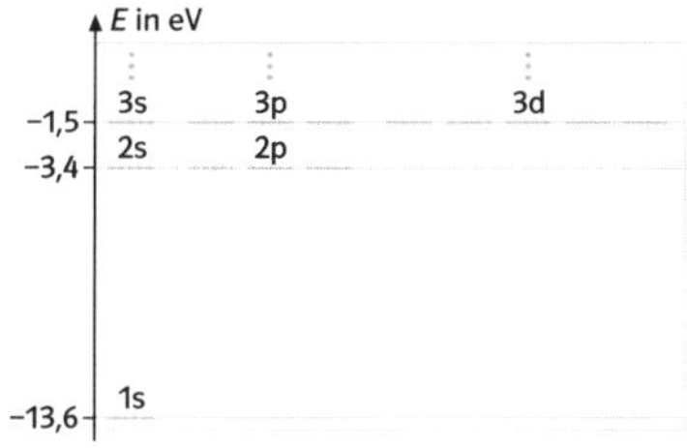

Termschema des Wasserstoffatoms

Auch Atome mit mehr als einem Elektron lassen sich durch die obigen Quantenzahlen beschreiben.
Hinzu kommt noch die Spinquantenzahl s = 1/2 bzw. s = −1/2. Diese Zahl beschreibt eine Eigenschaft eines Elektrons, die vergleichbar mit dem klassischen Eigendrehimpuls ist.

Es gilt das Pauli Prinzip:
Elektronen eines Atoms unterscheiden sich in mindestens einer Quantenzahl.

MODELL DES POTENZIALTOPFS

1. Ein auf einer Strecke L eingeschlossenes Elektron kann nur diskrete Energieniveaus annehmen. Zeigen Sie, dass $E_n = \frac{h^2}{8L^2 m_e} \cdot n^2$ gilt.

2. Farbstoffe, die aus einer langen Kette von C-Atomen aufgebaut sind, lassen sich durch das Modell des Potenzialtopfes mit der Länge L = 1,0 nm beschreiben. Innerhalb dieses Bereiches können sich die acht Valenzelektronen nahezu frei bewegen. Im Grundzustand sind die ersten vier Niveaus mit je zwei Elektronen besetzt.

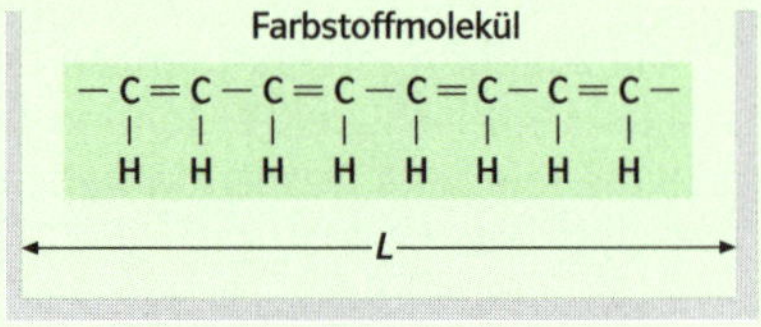

Licht mit einem kontinuierlichen Spektrum trifft auf den Farbstoff. Beim Übergang von n = 4 zu n = 5 wird Licht absorbiert. Berechnen Sie die Wellenlänge des absorbierten Lichts.

$h = 4{,}14 \cdot 10^{-14}\,\text{eVs} = 6{,}63 \cdot 10^{-34}\,\text{Js}$; $m_e = 9{,}11 \cdot 10^{-31}\,\text{kg}$; $e = 1{,}60 \cdot 10^{-19}\,\text{C}$

LÖSUNGEN

1. Das Elektron soll sich innerhalb der Strecke L kräftefrei bewegen können, daher kann dort $E_{pot} = 0$ gewählt werden. Außerhalb von L wird E_{pot} unendlich. Das Elektron kann die Strecke L nicht verlassen.
Elektronen werden als Quantenobjekte mit Zustands- bzw. Wellenfunktionen $\psi(x)$ beschrieben. Es gilt:
$\psi^2(x) \cdot \Delta x$ gibt die Wahrscheinlichkeit an, ein Elektron in einem Intervall der Länge Δx in der Umgebung des Ortes x zu finden.

Für den Potenzialtopf sind die Zustandsfunktionen außerhalb der Strecke null und innerhalb der Strecke sind es stehende Wellen, für die die De-Broglie-Beziehung $\lambda = h/p$ gilt (s. Abb.).

Es ist: $L = n \cdot \frac{\lambda_n}{2} \Rightarrow \lambda_n = \frac{2 \cdot L}{n} \Rightarrow p = \frac{h}{\lambda_n} = \frac{nh}{2L}$ also

$E_n = E_{pot} + E_{kin,n} = 0 + \frac{p^2}{2m_e} = \frac{h^2}{8m_e L^2} \cdot n^2$.

2. $E_5 - E_4 = 5{,}4 \cdot 10^{-19}\,\text{J} = hf = \frac{hc}{\lambda} \Rightarrow \lambda = 366\,\text{nm}$

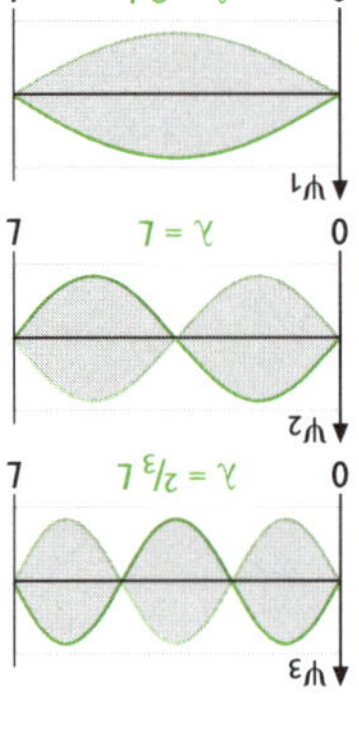

DAS WASSERSTOFFATOM

In einer Spektralröhre wird Wasserstoff zum Leuchten gebracht. Mit einem Gitter werden die Wellenlängen bestimmt.

rot	grün	blau	violett
655 nm	490 nm	435 nm	410 nm

Für die zugehörigen Frequenzen fand der Baseler Mittelschullehrer Johann Jakob Balmer 1885 die folgende Gesetzmäßigkeit.

$f = f_R\left(\frac{1}{2^2} - \frac{1}{m^2}\right)$ mit $m = 3, 4, 5, \ldots$

1. Ermitteln Sie aus der Messreihe die konstante Frequenz f_R. Diese Frequenz heißt Rydbergfrequenz.

2. Berechnen Sie aus $E_n = -13{,}6\,\text{eV} \cdot \frac{1}{n^2}$ den theoretischen Wert von f_R. Vergleichen Sie beide Ergebnisse.

Konstanten: $h = 6{,}63 \cdot 10^{-34}\,\text{Js} = 4{,}14 \cdot 10^{-15}\,\text{eVs}$

LÖSUNGEN

1. $f_R = \frac{f}{\left(\frac{1}{4} - \frac{1}{m^2}\right)} = \frac{c}{\lambda\left(\frac{1}{4} - \frac{1}{m^2}\right)}$

Farbe	rot	grün	blau	violett
	$m = 3$	$m = 4$	$m = 5$	$m = 6$
Wellenlänge	655 nm	490 nm	435 nm	410 nm
f_R	$3{,}30 \cdot 10^{15}$ Hz	$3{,}26 \cdot 10^{15}$ Hz	$3{,}28 \cdot 10^{15}$ Hz	$3{,}29 \cdot 10^{15}$ Hz

Mittelwert: $f_R = 3{,}28 \cdot 10^{15}\,\text{Hz}$

2. Die Frequenzen gehören zu Übergängen von der m-ten Energiestufe zur zweiten Energiestufe.

$hf = 13{,}6\,\text{eV} \cdot \left(\frac{1}{4} - \frac{1}{m^2}\right) \Rightarrow f_R = \frac{13{,}6\,\text{eV}}{h} = \frac{13{,}6\,\text{eV}}{4{,}14 \cdot 10^{-15}\,\text{eVs}} = 3{,}29 \cdot 10^{15}\,\text{Hz}$

Gute Übereinstimmung mit dem experimentellen Wert.

AUFBAU DER ATOME

Das Periodensystem lässt sich mit dem quantenmechanischen Aufbau der Atome erklären, wenn man neben dem Pauli-Prinzip noch die folgende Regel berücksichtigt:

Elektronen besetzen beim Aufbau der Atomhülle immer das niedrigste noch freie Energieniveau.

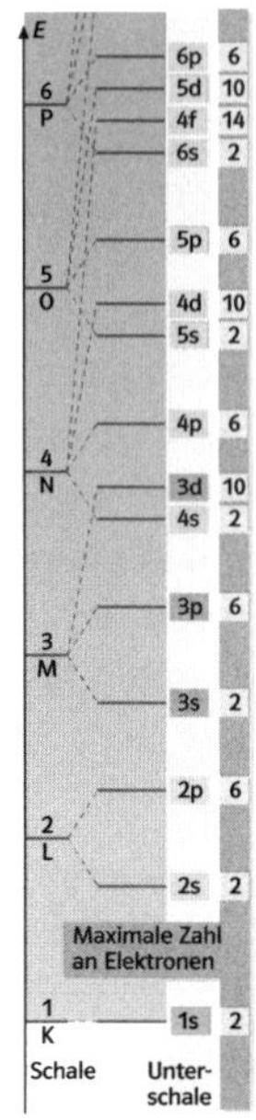

Energieniveaus und Schalen

Das 1s-Orbital ($n = 1$) kann maximal zwei Elektronen aufnehmen, dem entsprechen Wasserstoff und Helium. Die zwei Elektronen des He-Atoms sind durch die Quantenzahlen

($n = 1$; $l = 0$; $s = \frac{1}{2}$) und ($n = 1$; $l = 0$; $s = -\frac{1}{2}$) gekennzeichnet.

Für $n = 2$ ergeben sich acht mögliche Kombinationen der Quantenzahlen. Diese ergeben die Elemente Natrium bis Neon der 2. Periode.

Für die 3. Periode sollte man $2 \cdot 3^2 = 18$ erwarten, tatsächlich besteht sie jedoch nur aus acht Elementen. Der Grund dafür ist, dass die Niveaus für $n = 3$ teilweise höher sind als Niveaus für $n = 4$.

Hauptgruppen

Perioden	I	II	III	IV	V	VI	VII	VIII
1	1,0 H 1							4,0 He 2
2	6,9 Li 3	9,0 Be 4	10,8 B 5	12,0 C 6	14,0 N 7	16,0 O 8	19,0 F 9	20,2 Ne 10
3	23,0 Na 11	24,3 Mg 12	27,0 Al 13	28,1 Si 14	31,0 P 15	32,1 S 16	35,5 Cl 17	39,9 Ar 18
4	39,1 K 19	40,1 Ca 20	69,7 Ga 31	72,6 Ge 32	74,9 As 33	79,0 Se 34	79,9 Br 35	83,8 Kr 36
5	85,5 Rb 37	87,6 Sr 38	114,8 In 49	118,7 Sn 50	121,8 Sb 51	127,6 Te 52	126,9 I 53	131,3 Xe 54
6	132,9 Cs 55	137,3 Ba 56	204,4 Tl 81	207,2 Pb 82	209,0 Bi 83	209 Po 84	210 At 85	222 Rn 86

Hauptgruppen des Periodensystems

ATOMPHYSIK

ÜBERGANG DES ENERGIENIVEAUS

Die Elektronen in einem Atom können mit einer bestimmten Wahrscheinlichkeit von einem Energieniveau $E_1(n_1;\, l_1;\, m_1;\, s_1)$ auf ein Niveau $E_2(n_2;\, l_2;\, m_2;\, s_2)$ übergehen. Die Energiedifferenz wird entweder durch ein Photon abgegeben oder es wird ein Photon mit der entsprechenden Energie absorbiert.

Es sind jedoch nicht alle Übergänge erlaubt. Es müssen zusätzliche Auswahlregeln beachtet werden. Eine der möglichen Auswahlregeln besagt, das sich bei optischen Übergängen die Quantenzahl l nur um +1 oder −1 ändern darf. Im Energieschema bedeutet dies, dass nur Übergänge zwischen benachbarten „Spalten" möglich sind.

DAS MOSELEY'SCHE GESETZ

Energiereiche Elektronen können Atome mit größerer Ordnungszahl ionisieren. Es ist möglich, dass sie Elektronen aus den niedrigsten Energieniveaus der Atomhülle herauslösen. Andere Elektronen aus höheren Nieveaus können den freien Platz einnehmen. Es entsteht ein Quant der charakteristischen Röntgenstrahlung. Die Energie des Photons berechnet sich aus dem Moseley'sche Gesetz

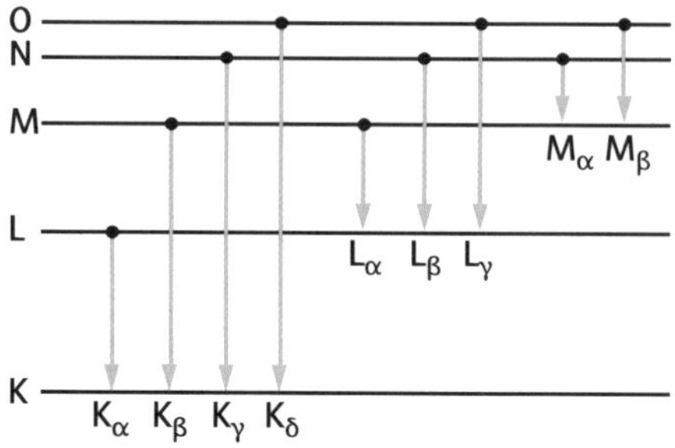

$\Delta E = h \cdot f = 13{,}6\,\text{eV} \cdot (Z - a)^2 \cdot (1/m^2 - 1/n^2)$.

ABSCHIRMFAKTOR

Ein Vergleich mit wasserstoffähnlichen Atomen zeigt, dass hier die Kernladungszahl Z durch $Z - a$ ersetzt wurde. Die Korrektur berücksichtigt, dass die Elektronen der Atomhülle einen Teil der Kernladung abschirmen. a heißt daher auch Abschirmfaktor. Für die K_α-Linie ist $a = 1$.

Moseley bestimmte durch systematische Messungen die Röntgenspektrallinien von ca. 40 Elementen. Mit Hilfe des obigen Gesetzes konnte er die zugehörigen Kernladungszahlen bestimmen und so Lücken im Periodensystem nachweisen.

ABSORPTION VON RÖNTGENSTRAHLUNG

Trifft Röntgenstrahlung auf Materie, so wird ein Teil der Strahlung absorbiert. Die Schwächung der Strahlung ist von ihrer Energie $E = hf = hc/\lambda$ und von der Kernladungszahl Z der durchstrahlten Materie abhängig. Die Abbildung unten zeigt ein Messergebnis für Zirkon-40. Nach einem Anstieg der Absorption erfolgt bei $\lambda \approx 65\,\text{pm}$ eine sprunghafte Abnahme der Absorption. Man spricht von der Absorptionskante. Diese Absorptionskante ist charakteristisch für den durchstrahlten Stoff.

Röntgenstrahlung hoher Energie, d. h. kleiner Wellenlänge, kann ein Elektron der K-Schale auf eine höheres freies Energieniveau heben oder es kann dieses aus dem Atom entfernen. Dabei verliert die Röntgenstrahlung Energie. Daher steigt zunächst der Anteil der absorbierten Strahlung mit zunehmender Wellenlänge, also abnehmender Energie.

An der Absorptionskante reicht die Energie der Röntgenphotonen für den beschriebenen Vorgang nicht mehr aus. Diese Möglichkeit Energie abzugeben entfällt. Deshalb sinkt das Absorptionsvermögen plötzlich bzw. die „Durchlässigkeit" steigt. Danach steigt der Anteil der absorbierten Strahlung wieder. Für die L-Schale wiederholt sich der Vorgang.

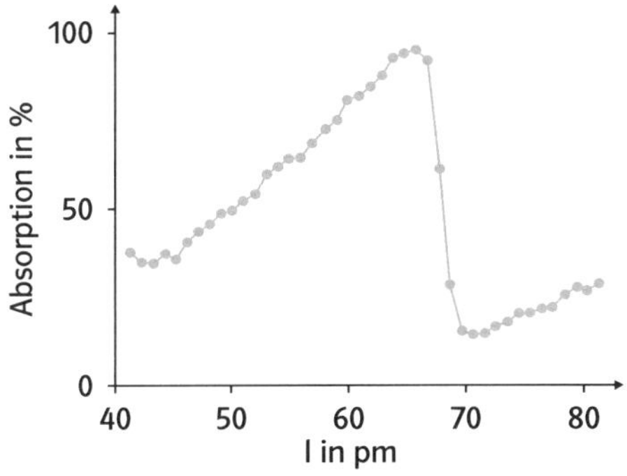

ATOME MIT MEHREREN ELEKTRONEN

1. Ein Atom wird durch vier Quantenzahlen beschrieben. Wie heißen diese? Beschreiben Sie kurz ihre Bedeutung.

2. Formulieren Sie das Pauli-Prinzip.

3. Berechnen Sie die maximale Anzahl der Elektronen auf der M-Schale (n = 3)

4. Um Neon oder Argon zu ionisieren, benötigt man hohe Energien im Vergleich zum Natrium. Erklären Sie dies.

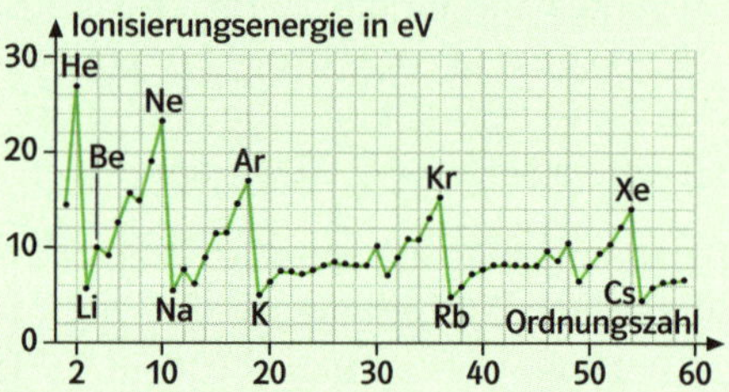

LÖSUNGEN

1. Hauptquantenzahl n: Sie kennzeichnet das Energieniveau.
Nebenquantenzahl $l = 0, 1, \dots, n-1$: Sie gibt die Anzahl der Knotenebenen der Orbitale an.
$l = 0$ kennzeichnet s-Orbitale, $l = 1$ kennzeichnet p-Orbitale usw.
Orientierungsquantenzahl $m = -l, \dots -1, 0, 1, \dots l$: Sie unterscheidet die Orbitale nach ihrer Rotationssymmetrie.
Spinquantenzahl $s = 1/2$ bzw. $s = -1/2$. Diese Zahl beschreibt eine Eigenschaft eines Elektrons, die vergleichbar mit dem klassischen Eigendrehimpuls ist.

2. Pauli-Prinzip: Elektronen eines Atoms unterscheiden sich in mindestens einer Quantenzahl.

3. $n = 3$
$l = 0; m = 0$ $l = 1; m = -1; m = 0; m = 1$ $l = 2; m = -2; m = -1; m = 0; m = 1; m = 2$
jeweils mit $s = 1/2$ oder $s = -1/2$
Daher beträgt die maximale Anzahl $2 \cdot 9 = 18$.
Allgemein gilt: Für die Hauptquantenzahl n gibt es $2n^2$ mögliche Kombinationen der Quantenzahlen.

4. Bei Natrium ist das 11. Elektron auf einem höheren Energieniveau als das 10. Elektron des Neon-Atoms. Vom Natrium-Atom zum Argon-Atom wird die M-Schale mit Elektronen aufgefüllt. Die Kernladungszahl steigt und damit auch die anziehenden Kräfte, die die Elektronen in der Atomhülle erfahren.

CHARAKTERISTISCHE RÖNTGENSTRAHLUNG

1. Für wasserstoffähnliche Atome gilt für die Energiestufen $E_n = -13{,}6\,\text{eV} \cdot Z^2/n^2$. Erläutern Sie, wie man hieraus das Moseley'sche Gesetz für die K_α-Linie folgern kann.

2. Die Frequenz einer K_α-Linie sei $f_{K_\alpha} = 1{,}93 \cdot 10^{18}\,\text{Hz}$. Berechnen Sie die Ordnungszahl des zugehörigen Elements.

3. Allgemein gilt für die charakteristische Röntgenstrahlung $\Delta E = 13{,}6\,\text{eV} \cdot (Z - a)^2 (1/m^2 - 1/n^2)$ mit dem Abschirmfaktor a.
   Die Tabelle enthält die Frequenzen der K_β-Strahlung einiger Elemente.
   Zeichnen Sie ein $\sqrt{f_{K_\beta}}$-Z-Diagramm.

   Bestimmen Sie mit Hilfe des Diagramms den Abschirmfaktor. Warum erwartet man einen Wert größer als 1?

Element	Calcium	Titan	Eisen	Kupfer
Kernladungszahl Z	20	22	26	29
f_{K_β} in 10^{18} Hz	1,0	1,2	1,7	2,2

LÖSUNGEN

1. Die K_α-Linie entsteht beim Übergang eines Elektrons von der Energiestufe $n = 2$ in einen freien Zustand $n = 1$. Das zweite Elektron im Zustand $n = 1$ schirmt ungefähr eine Kernladung ab. In guter Näherung kann Z durch $Z - 1$ ersetzt werden.

2. $\Delta E = E_2 - E_1 = h \cdot f_{K_\alpha} = 13{,}6\,\text{eV} \cdot (Z-1)^2 \cdot 3/4$

   $Z = \sqrt{\frac{4 \cdot 1{,}93 \cdot 10^{18}\,\text{Hz} \cdot 4{,}14 \cdot 10^{-15}\,\text{eVs}}{13{,}6\,\text{eV} \cdot 3}} + 1 = 29.$ Es ist Kupfer.

3. Die K_β-Linie gehört zum Übergang von $n = 3$ zu $n = 1$.
   Es ist also $h \cdot f_{K_\beta} = 13{,}6\,\text{eV} \cdot (Z - a)^2 \cdot 8/9$.
   Diese Gleichung stellt man nach Z frei.

   $Z = \sqrt{\frac{9h}{8 \cdot 13{,}6\,\text{eV}}} \cdot \sqrt{f_{K_\beta}} + a$

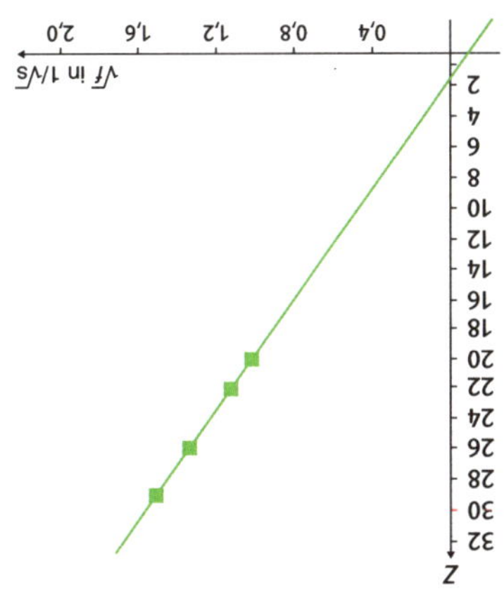

Das Diagramm ergibt also eine Gerade. Der Achsenabschnitt 1,5 ist der Abschirmfaktor.
Da auch die Elektronen der L-Schale einen Teil der Kernladung abschirmen, erwartet man für a einen Wert größer als 1.

AUFBAU EINES LASERS

Das Bild zeigt schematisch den Aufbau eines Lasers. Das Lasermaterial zwischen den Spiegeln kann ein Gas, ein Festkörper, eine Flüssigkeit oder ein Halbleiter sein. In diesem Material wird durch Energiezufuhr Besetzungsinversion erzeugt.

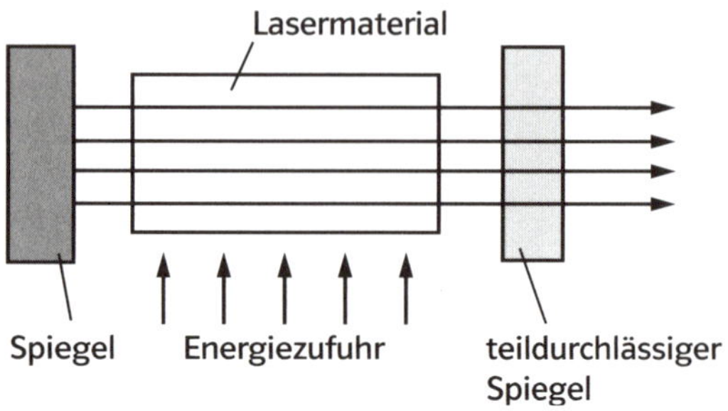

Von einem Gaslaser spricht man, wenn die Inversion durch Elektronenstoß in einer Gasentladung erzeugt wird. Zu dieser Gruppe gehören z. B. der Argon-Ionen-Laser und der Helium-Neon-Laser.
Bei einem Festkörper oder bei einer Flüssigkeit erfolgt die Energiezufuhr durch Photonen. Bekannte Laser dieses Typs sind der Rubinlaser, der Neodym-Glas-Laser und der Farbstofflaser.
Bei einem Halbleiterlaser wird die Inversion direkt durch einen elektrischen Strom in einem p-n-Übergang erzeugt. Die Elektronen im Leitungsband rekombinieren mit den Löchern im Valenzband.
Die ausgelösten Photonen werden an Spiegeln reflektiert. Sie durchqueren das Lasermaterial mehrfach; dadurch kommt es zu weiteren stimulierten Emissionen von Photonen. Das Licht wird intensiver. Durch den teildurchlässigen Spiegel kann das Licht abgestrahlt werden.

HELIUM-NEON-LASER

Bei einem **Helium-Neon-Laser** stoßen in einer Gasentladung Elektronen auf He-Atome und führen ihnen Energie zu. Das mit $E_{2,He}$ = 20,61 eV angeregte Helium-Atom befindet sich in einem metastabilen Zustand. Ein optischer Übergang in den Grundzustand ist nicht möglich. Durch einen unelastischen Stoß kann es aber die Energie auf ein Neon-Atom übertragen und ein Elektron auf das metastabile Niveau $E_{3,Ne}$ = 20,66 eV heben. Die geringe Energiedifferenz von 20,66 eV − 20,61 eV = 0,05 eV wird durch die kinetische Energie der Teilchen ausgeglichen.
Das Mischungsverhältnis von He-Atomen zu Ne-Atomen ist ungefähr 10 : 1. Die Energieübertragung führt daher zu einer Besetzungsinversion beim Neon. Der beschriebene Vorgang wird Pumpen genannt.
Das angeregte Neon-Gas sendet beim Übergang vom Energieniveau $E_{3,Ne}$ auf das Niveau $E_{2,Ne}$ die bekannte rote Laserlinie mit der Wellenlänge 633 nm aus. Das Energieniveau $E_{2,Ne}$ „entleert" sich schnell durch spontane Emission.

Helium-Neon-Laser

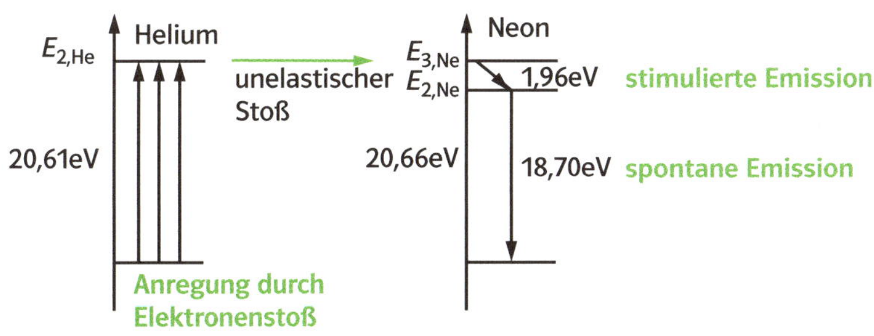

ENERGETISCHE EIGENSCHAFTEN

Der Aufenthaltsbereich frei beweglicher Elektronen in einem Festkörper ist auf das Volumen des Körpers beschränkt. Dies führt dazu, dass für diese Elektronen nur diskrete Energieniveaus möglich sind. Recht gut lassen sich die energetischen Eigenschaften mit dem Modell des dreidimensionalen Potenzialtopfes beschreiben. Für einen würfelförmigen Festkörper der Kantenlänge L ergeben sich die Energiestufen

$$E(n_1, n_2, n_3) = \frac{h^2}{8 m_e L^2}(n_1^2 + n_2^2 + n_3^2).$$

Dabei sind n_1, n_2 und n_3 natürliche Zahlen. Wendet man dieses Ergebnis auf einen Würfel mit der Kantenlänge 1 cm an, so erhält man für den Grundzustand

$$E(1, 1, 1) = \frac{(6{,}63 \cdot 10^{-34}\,\text{Js})^2}{8 \cdot 9{,}11 \cdot 10^{-31}\,\text{kg} \cdot (0{,}01\,\text{m})^2} \cdot (1 + 1 + 1)$$

$$= 6{,}03 \cdot 10^{-34}\,\text{J} \cdot 3$$

$$= 3{,}77 \cdot 10^{-15}\,\text{eV} \cdot 3 = 1{,}13 \cdot 10^{-14}\,\text{eV}.$$

Alle weiteren Energien sind Vielfache von $3{,}77 \cdot 10^{-15}$ eV. Dabei kann es vorkommen, dass verschiedene Quantenzustände gleiche Energien haben. Bis zum 14-fachen dieser Energie gehören 17 Quantenzustände, die mit $17 \cdot 2$ Elektronen besetzt werden können.

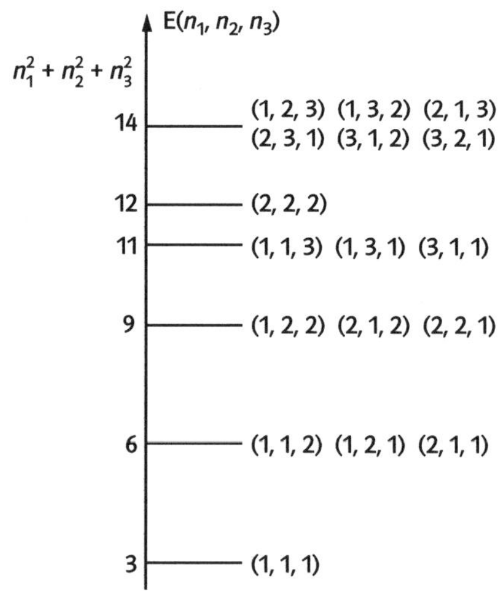

HÖHERE ENERGIEN

Für höhere Energien E lässt sich die Anzahl der möglichen Zustände durch $Z = \frac{4\pi \cdot L^3}{3h^3} \cdot (2m_e E)^{3/2}$ abschätzen.

Jeder Zustand kann nach dem Pauli-Prinzip zwei Elektronen aufnehmen. Bei einer Temperatur $T = 0\,\text{K}$ sind die Energieniveaus vom Grundzustand aufwärts bis zur Fermi-Energie E_F besetzt. Bei $T = 0\,\text{K}$ und bei N freien Elektronen ist also $Z = N/2$ und $E = E_F$. Damit kann man aus der Zahl der Zustände die Fermi-Energie berechnen. Bei der Rechnung wird noch berücksichtigt, dass $N/L^3 = N/V$ die Dichte n_e der freien Elektronen ist. Diese Größe kann experimentell aus dem Hall-Effekt bestimmt werden.

$$Z = \frac{N}{2} = \frac{4\pi \cdot L^3}{3h^3} \cdot (2m_e E_F)^{3/2} \Leftrightarrow \frac{3h^3}{8\pi} \cdot n_e = (2m_e E_F)^{3/2} \Leftrightarrow E_F = \frac{h^2}{8m_e} \cdot \left(\frac{3}{\pi} \cdot n_e\right)^{2/3}$$

FERMI-EMERGIE

Die Fermi-Energie hängt nur von der Elektronendichte ab, sie ist unabhängig vom Körpervolumen. Für Kupfer ist $n_e = 8{,}47 \cdot 10^{28}\,\text{m}^{-3}$. Hieraus ergibt sich die Fermi-Energie

$$E_F = \frac{(6{,}63 \cdot 10^{-34}\,\text{Js})^2}{8 \cdot 9{,}11 \cdot 10^{-31}\,\text{kg}} \cdot \left(\frac{3}{\pi} \cdot 8{,}47 \cdot 10^{28} \frac{1}{\text{m}^3}\right)^{2/3} = 11{,}28 \cdot 10^{-19}\,\text{J} = 7{,}05\,\text{eV}.$$

Metall	Dichte der Elektronen n_e in m^{-3}	Fermi-Energie in eV
Kupfer	$8{,}47 \cdot 10^{28}$	7,05
Silber	$5{,}86 \cdot 10^{28}$	5,50
Gold	$5{,}90 \cdot 10^{28}$	5,53

LASER

1. Erläutern Sie die Begriffe spontane Emission, stimulierte Emission, metastabile Zustände, Besetzungsinversion.

2. Argon-Ionen lassen sich zur Erzeugung von Laserlicht verwenden. Durch Elektronenstoß werden die Argon-Atome zunächst ionisiert und anschließend durch einen weiteren Stoß auf das 4 p Niveau gehoben. Das Laserlicht entsteht beim Übergang vom 4 p- in den 4 s-Zustand.
   a) Berechnen Sie die Geschwindigkeit, die ein Elektron mindestens haben muss, um ein Argon-Ion auf das Laserniveau zu heben.
   b) Ermitteln Sie die Wellenlänge des Laserlichtes.

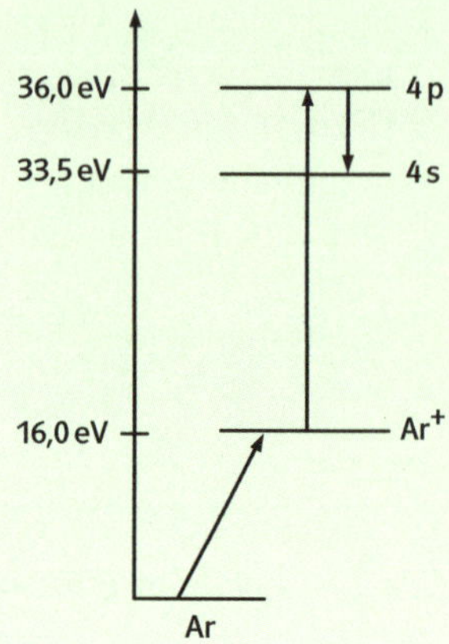

Konstanten: $h = 6{,}63 \cdot 10^{-34}\,\text{Js} = 4{,}14 \cdot 10^{-15}\,\text{eVs}$ $\quad m_e = 9{,}11 \cdot 10^{-31}\,\text{kg}$
$c = 3{,}00 \cdot 10^{8}\,\text{m/s}$ $\quad e = 1{,}60 \cdot 10^{-19}\,\text{C}$

LÖSUNGEN

1. • Ein angeregtes Atom kehrt im allgemeinen spontan (Verweildauer etwa 10^{-8} s) in den Ausgangszustand zurück. Die dabei freiwerdende Energie wird als Photon abgegeben. Trifft ein Photon auf ein bereits angeregtes Atom, so kann es dieses veranlassen, aus dem höheren Niveau E_n in das niedrigere E_m unter Aussendung eines Photons der Energie $h \cdot f = \Delta E$ überzugehen, sofern es dieselbe Energie hat. Man erhält ein zweites Photon gleicher Energie. Der Vorgang heißt stimulierte Emission.
   • Ist die Verweildauer im angeregten Zustand wesentlich größer als 10^{-8} s, dann spricht man von einem metastabilen Zustand.
   • Durch Energiezufuhr müssen mehr Atome angeregt werden, als dem thermischen Gleichgewicht entspricht. Es liegt dann Besetzungsinversion vor.

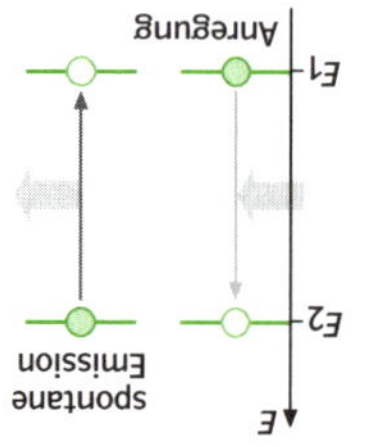

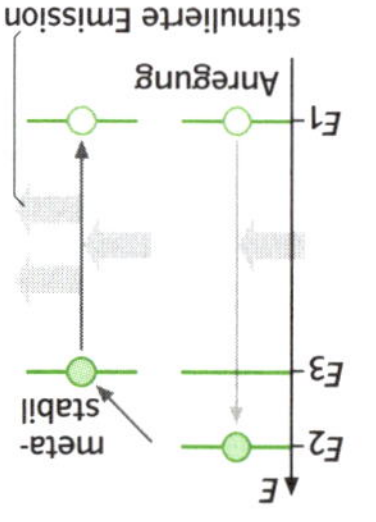

2. a) Dem Argon-Ion muss die Energie $\Delta E = 36{,}0\,\text{eV} - 16\,\text{eV} = 20\,\text{eV}$ $= 20 \cdot 1{,}60 \cdot 10^{-19}\,\text{J}$ zugeführt werden. Für die Geschwindigkeit des Elektrons gilt dann: $\frac{1}{2} m_e v^2 = \Delta E \Rightarrow v = \sqrt{\frac{2\Delta E}{m_e}} = \sqrt{\frac{2 \cdot 20 \cdot 1{,}60 \cdot 10^{-19}\,\text{J}}{9{,}11 \cdot 10^{-31}\,\text{kg}}} = 2{,}65 \cdot 10^{6}\,\frac{\text{m}}{\text{s}}$.
   b) Die Energiedifferenz ΔE beim Übergang von 4 p nach 4 s beträgt $36{,}0\,\text{eV} - 33{,}5\,\text{eV} = 2{,}5\,\text{eV}$.
   $\Delta E = hf = hc/\lambda \Rightarrow \lambda = \frac{hc}{\Delta E} = \frac{4{,}14 \cdot 10^{-15}\,\text{eVs} \cdot 3{,}00 \cdot 10^{8}\,\frac{\text{m}}{\text{s}}}{2{,}5\,\text{eV}} = 497\,\text{nm}$

ELEKTRONEN IM FESTKÖRPER

1. Beschreiben Sie kurz die folgenden Bindungstypen.
   a) metallische Bindung
   b) kovalente Bindung
   c) ionische Bindung
2. Was versteht man unter „Fermi-Energie"?
3. Licht einer Glühlampe wird in seine Spektralfarben zerlegt. In den Lichtweg bringt man unterschiedliche Metallfolien bzw. Halbleiterplättchen. Es wird jeweils das Absorptionsspektrum gemessen.
   Man beobachtet:
   - Die Metallfolien absorbieren stets das gesamte sichtbare und infrarote Spektrum.
   - Die Halbleiterplättchen sind für einen Teil des Spektrums durchlässig.

Zusatzinfo: $h = 6{,}63 \cdot 10^{-34}\,\text{Js} = 4{,}14 \cdot 10^{-15}\,\text{eVs}$ $m_e = 9{,}11 \cdot 10^{-31}\,\text{kg}$
$e = 1{,}60 \cdot 10^{-19}\,\text{C}$

LÖSUNGEN

1. a) In Metallen geben die Atome die am schwächsten gebundenen Elektronen ab. Diese können nicht mehr einem einzelnen Atom zugeordnet werden, sondern dem ganzen Metall. Die positiv geladenen Atomrümpfe werden durch die gemeinsamen Elektronen zusammengehalten.
   b) Bei der kovalenten Bindung haben zwei Atome gemeinsame Elektronen. Die Aufenthaltswahrscheinlichkeit der Elektronen ist zwischen den beiden Atomen maximal. Die gemeinsamen Elektronen werden von beiden Atomkernen angezogen; es entsteht eine feste Bindung.
   c) Die Ionenbindung entsteht durch anziehende Kräfte zwischen positiv und negativ geladenen Ionen.

2. Bei der Temperatur $T = 0\,\text{K}$ sind alle Energieniveaus vom Grundzustand aufwärts bis zu einer Energiegrenze besetzt. Alle höheren Energieniveaus sind leer. Die Energiegrenze E_F heißt Fermi-Energie.

3. Für freie Elektronen in Metallen liegen unmittelbar oberhalb der Fermie-Energie freie Energieniveaus. Diese haben so geringe Abstände, dass die Elektronen auch kleinste Energiebeträge absorbieren können. Deshalb absorbiert Metall Licht jeder Wellenlänge.
   Die Elektronen im Halbleiter müssen eine Mindestenergie aufnehmen, um ein freies Energieniveau zu erreichen. Diese Mindestenergie ist materialabhängig. Halbleiter sind deshalb für Licht mit Wellenlängen, deren Energie unter dieser Schwelle liegt, durchlässig.

10 KERNPHYSIK

Nachweis radioaktiver Strahlung

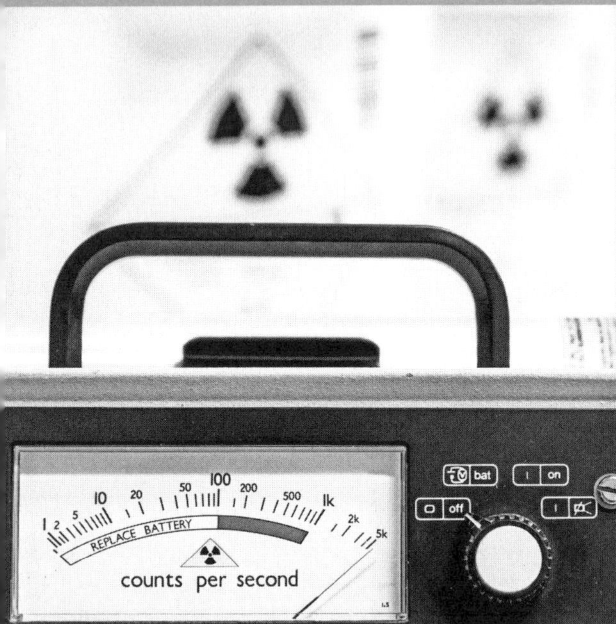

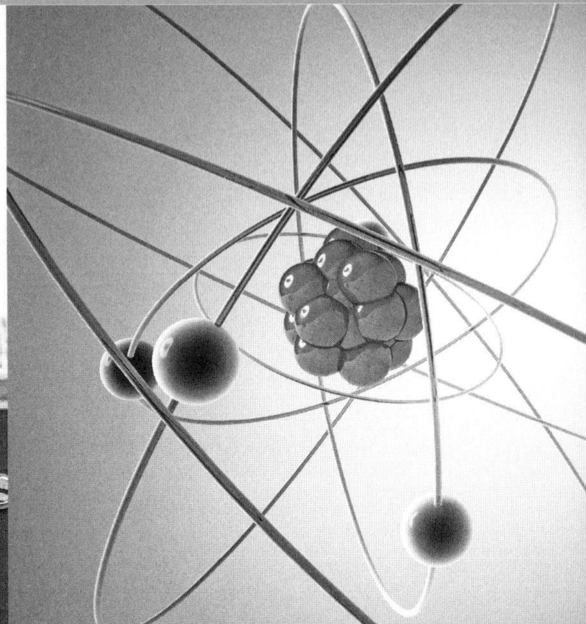

IONISATIONSKAMMER

Die Ionisationskammer ist eine Metallkammer. Zwischen Gehäuse und Präparat besteht ein elektrisches Feld. Bei hinreichend großer Feldstärke tragen alle erzeugten Ionen zum Strom bei. Die Stromstärke bleibt dann konstant.
Die Sättigungsstromstärke ist ein Maß für die Intensität der Strahlung.

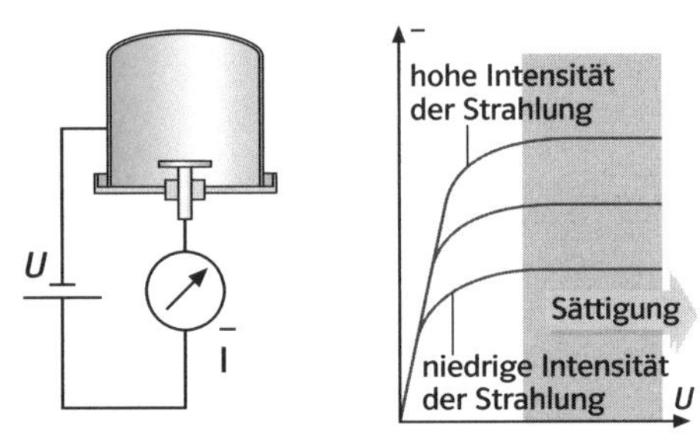

HALBLEITERDETEKTOR

Beim Halbleiterdetektor ist die p-n-Schicht breit. Die Betriebsspannung ist so gepolt, dass die Diode sperrt. Ionisierende Strahlung kann in der Grenzschicht Elektronen-Loch-Paare erzeugen. Es kommt zum Stromstoß und damit am Widerstand zum Spannungsimpuls. Wird in der Grenzschicht die Strahlung absorbiert, dann ist die Höhe des Spannungsimpulses ein Maß für die Energie der Strahlung.
Der Halbleiterdetektor eignet sich zur Messung der Energie der Strahlung.

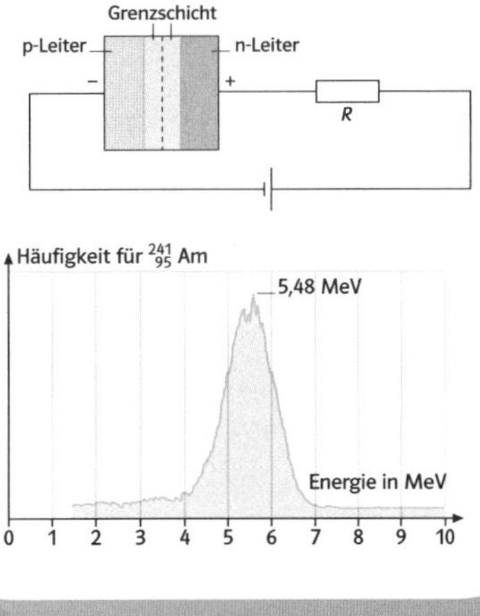

SZINTILLAZIONSZÄHLER

Im Szintillationszähler erzeugt radioaktive Strahlung durch Anregung der Moleküle Lichtblitze. Diese treffen auf eine Fotokathode. Dort lösen sie eine zur Anzahl der Lichtblitze proportionale Zahl von Elektronen aus (Fotoeffekt). Diese werden beschleunigt, treffen auf Dynoden (Sekundärelektronenvervielfacher, SEV), aus denen sie weitere Elektronen herauslösen. Auf diese Weise wird der Elektronenstrom um einen Faktor von etwa 10^8 verstärkt. Der Strom führt zu einem Spannungsimpuls an einem Widerstand. Die Höhe des Impulses ist proportional zur Energie der ionisierenden Strahlung.
Der Szintillationszähler eignet sich zur Messung der Energie der Strahlung.

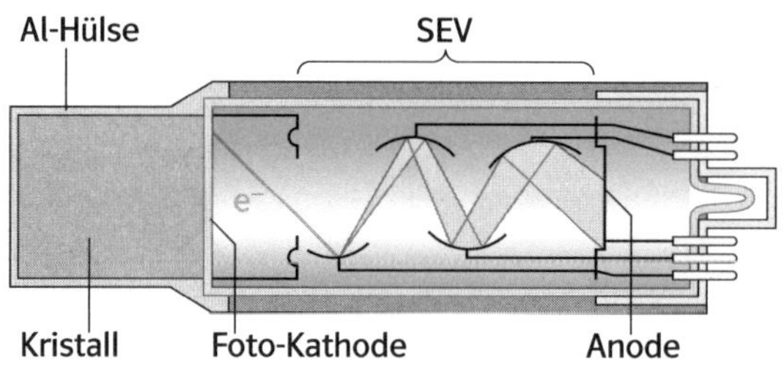

ENERGIESPEKTRUM EINER GAMMASTRAHLUNG

Die Abbildung zeigt das Energiespektrum einer γ-Strahlung. Beim Fotoeffekt überträgt ein Photon der γ-Strahlung seine gesamte Energie $h \cdot f$ auf ein Elektron. Das Maximum bei 0,662 MeV gehört zu diesem Vorgang. Beim Comptoneffekt ist die übertragene Energie stets kleiner als $h \cdot f$, sie ist vom Streuwinkel abhängig. Bei einer Rückwärtsstreuung ist die Energieübertragung maximal, diese Energie nennt man Comptonkante. Ist der Streuwinkel kleiner als 180°, dann ist die Energieübertragung geringer. Im Energiespektrum ist dies das Comptonkontinuum.

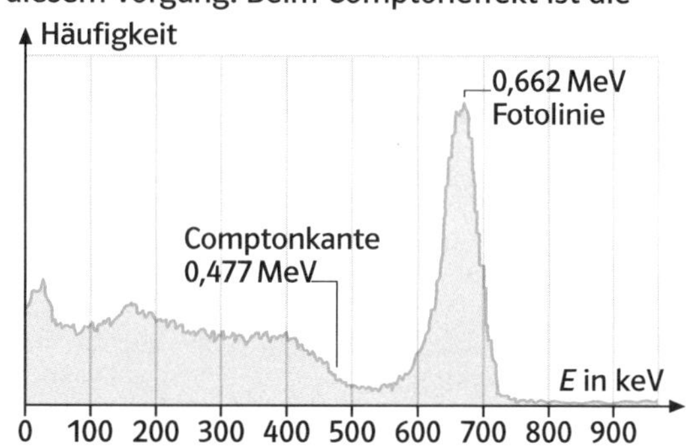

NACHWEIS RADIOAKTIVER STRAHLUNG

1. Fertigen Sie eine Schaltskizze zum Geiger-Müller-Zählrohr an. Erklären Sie seine Funktionsweise.

2. Mit einer Nebelkammer lassen sich Spuren radiaktiver Strahlung sichtbar machen. Wie entsteht ein solches Bild und welche Aussagen kann man über die radioaktive Strahlung machen?

3. Nennen Sie drei weitere Nachweisgeräte.

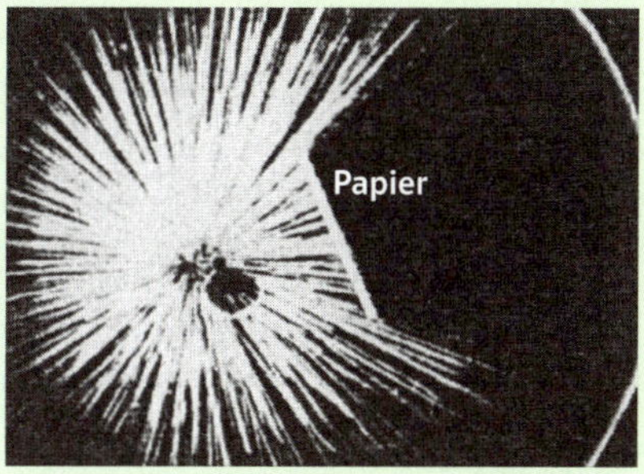

Ernst Klett Verlag, Archiv

LÖSUNGEN

1. Die Strahlung ionisiert zunächst einige Atome des Edelgases. Die Elektronen werden zum Draht beschleunigt.
   Ihre Energie nimmt schnell zu. Sie können weitere Atome ionisieren. Die Anzahl der Ladungsträger wächst lawinenartig an. Die Folge ist ein Stromstoß und damit ein Spannungsimpuls am Widerstand. Da die Ionen wesentlich träger sind, entsteht um den Draht ein Bereich mit positiver Ladung. Das von außen angelegte elektrische Feld wird abgeschirmt. Für eine kurze Zeit (Totzeit) wird die lawinenartige Ladungserzeugung gestoppt.

2. In der Kammer befindet sich Luft, die bis zur Sättigung mit Wasser-Alkohol-Dampf gefüllt ist. Wird der Druck plötzlich (adiabatisch) verringert, kühlt sich die Luft ab. Die Ionen wirken als Kondensationskeime, um die sich Wassertröpfchen bilden.
   - Dicke Spuren deuten auf α-Strahlung.
   - Strahlung lässt sich durch Papier abschirmen.
   - Kurze Reichweite der Strahlung.

3. Weitere Nachweisgeräte:
   Ionisationskammer, Halbleiterdetektor, Szintillationszähler

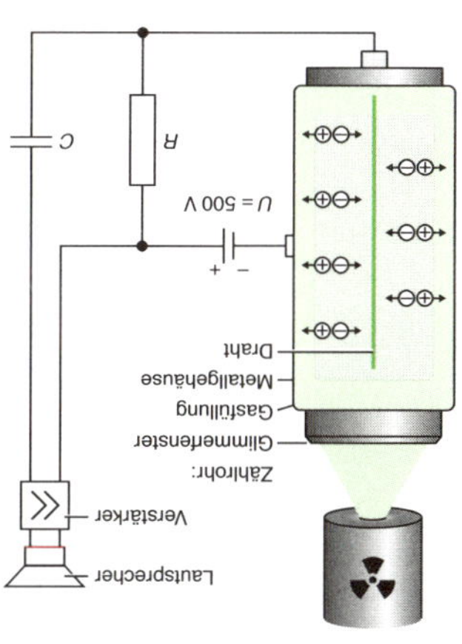

WECHSELWIRKUNG DER ALPHA- UND BETASTRAHLUNG MIT MATERIE

Geladene Teilchen wechselwirken mit Materie im Wesentlichen durch:

- Stöße mit den Elektronen der Atomhülle. Dabei wird ein Atom angeregt oder ionisiert.
- Ablenkung im elektrischen Feld der Atomkerne. Es entsteht Röntgenbremsstrahlung.

Die He-Kerne der α-Strahlung wirken stark ionisierend. Wegen der großen Masse der He-Kerne wird die Strahlung kaum abgelenkt.
Die Elektronen der β-Strahlung ionisieren und regen Atome an. Wegen ihrer geringen Masse können sie leichter abgelenkt werden. Es kommt zur Bremsstrahlung.

WECHSELWIRKUNG DER GAMMASTRAHLUNG MIT MATERIE

Als Wechselwirkung kommen im Wesentlichen drei Prozesse in Betracht: Fotoeffekt, Comptoneffekt und Paarbildung.
Die Paarbildung erfordert eine Mindestenergie von 1,02 MeV. Das Photon erzeugt im elektrischen Feld des Atomkerns ein Elektron-Positron-Paar.
Die Wechselwirkung der γ-Strahlung mit Materie ist geringer als die der geladenen Teilchen. Messungen zeigen:
Bei der Absorption von γ-Strahlung nimmt die Zählrate exponentiell mit der Dicke des Materials ab. Es ist: $z(d) = z_0 \cdot e^{-\mu d}$.
μ heißt Schwächungskoeffizient. Für Blei ist dieser Koeffizient groß, d. h. es eignet sich besonders zur Abschirmung.

KERNPHYSIK

DOSIMETRISCHE GRÖSSEN

- Ionisierende Strahlung kann lebende Zellen schädigen oder zerstören. Der Quotient aus der im Körper erzeugten Ladung ΔQ und der bestrahlten Masse Δm heißt Ionendosis D_I. $D_I = \Delta Q/\Delta m$ in 1 C/kg

- Für die Erzeugung von Ionen wird Energie benötigt. Der Quotient aus der absorbierten Energie ΔE und der bestrahlten Masse Δm heißt Energiedosis D_E mit der Einheit 1 Gray (1 Gy). $D_E = \Delta E/\Delta m$ mit 1 Gy = 1 J/kg

- Die biologische Wirkung hängt von der Art der Strahlung ab. 1 Gy α-Strahlung ist mit der biologischen Wirkung von 20 Gy β- bzw. γ-Strahlung gleichzusetzen. Ein Qualitätsfaktor berücksichtigt die unterschiedliche Wirkung. Das Produkt $q \cdot D_E$ heißt Äquivalenzdosis D_q. Sie wird in der Einheit 1 Sievert (1 Sv) angegeben.
  $D_q = q \cdot D_E$ mit 1 Sv = 1 J/kg

- Die effektive Äquivalenzdosis berücksichtigt die unterschiedliche Empfindlichkeit der verschiedenen Stoffe. Dies geschieht durch die Multiplikation der Äquivalenzdosis mit Wichtungsfaktoren.

GRUNDREGELN FÜR DEN STRAHLENSCHUTZ

- großer Abstand zur Quelle
- kurzer Aufenthalt in der Strahlung
- Abschirmung der Strahlung
- Aufnahme in den Körper durch Nahrung und Atmung vermeiden
- Kontakt mit der Haut und Kleidung vermeiden

ZERFALLSFGESETZE

Das radioaktive Zerfallsgesetz erfasst eine statistische Größe. Der Zeitpunkt des Zerfalls eines Atoms ist völlig unbestimmt. Das Verhalten einer großen Anzahl radioaktiver Kerne lässt sich jedoch mathematisch beschreiben. Man geht davon aus, dass die Änderungsrate $\Delta N/\Delta t$ proportional der Anzahl $N(t)$ der zum Zeitpunkt t vorhandenen Kerne ist. Damit ist: $-\Delta N/\Delta t = \lambda \cdot N(t)$. Da die Zahl der Kerne abnimmt, ist ΔN negativ.
Für $\Delta t \to 0$ erhält man die Differentialgleichung $\dot{N}(t) = -\lambda \cdot N(t)$ mit der Lösung $N(t) = N_0 \cdot e^{-\lambda t}$.
Die Zahl $N(t)$ der noch nicht zerfallenen Kerne nimmt exponentiell ab.

HALBWERTSZEIT

Die Halbwertszeit $T_{1/2}$ gibt an, in welcher Zeitspanne sich die Zahl der radioaktiven Kerne halbiert.
Aus $N(T_{1/2}) = \frac{1}{2} \cdot N_0$ folgt $\ln 2 = \lambda \cdot T_{1/2}$ bzw. $T_{1/2} = \ln 2/\lambda$.

AKTIVITÄT

Verschiedene Isotope zerfallen in gleichen Zeitspannen unterschiedlich. Dies beschreibt man durch die Aktivität. Der Quotient aus der Zahl $|\Delta N|$ der zerfallenden Kerne und der zugehörigen Zeitspanne Δt heißt **Aktivität A**. Lässt man auch hier Δt gegen Null streben, dann erhält man $A(t) = \lambda \cdot N(t) = \lambda \cdot N_0 e^{-\lambda t}$.
Die Aktivität wird in der Einheit Becquerel (Bq) angegeben. Für sie gilt:

$$1\,\text{Bq} = 1\,\frac{\text{Kernzerfall}}{\text{Sekunde}}.$$

ALTERSBESTIMMUNG MIT DER C14-METHODE

In der Atmosphäre besteht ein fast konstantes Verhältnis zwischen dem radioaktiven Kohlenstoff C14 und dem stabilen C12. Lebende Organismen nehmen ständig Kohlenstoff aus der Atmosphäre auf. Ihre C14-Konzentration ist somit gleich der in der Atmosphäre. Nach dem Absterben sinkt der C14-Gehalt mit der Halbwertszeit von $5730\,a = 1{,}81 \cdot 10^{11}\,s$. Heute befinden sich in der Atmosphäre pro 1 g Kohlenstoff etwa $7{,}5 \cdot 10^{10}$ radioaktive C14-Nuklide. Misst man z. B. in 1 g Kohlenstoff einer Fossilie eine Aktivität von 0,18 Bq, so kann man ihr Alter durch die folgende Rechnung abschätzen.
Man nimmt an, dass sich der C14-Anteil im Laufe der Zeit nicht verändert hat. Mit dieser Annahme kann die Aktivität kurz vor dem Absterben ($t = 0$) mit dem heutigen C14-Anteil berechnen werden.

Es ist also: $A(0) = \lambda \cdot N(0) = (\ln 2/T_{1/2}) \cdot N(0)$.
Heute (Zeitpunkt t) ist die Aktivität $A(t) = 0{,}18\,Bq$.
Damit ergibt sich:

$$t = \frac{1}{\lambda} \cdot \ln\left(\frac{A(t)}{A_0}\right) = -\frac{T_{1/2}}{\ln 2} \cdot \ln \frac{A(t) \cdot T_{1/2}}{\ln 2 \cdot N_0} = -\frac{5730\,a}{\ln 2} \cdot \ln\left(\frac{0{,}18\,\frac{1}{s} \cdot 1{,}81 \cdot 10^{11}\,s}{7{,}5 \cdot 10^{10} \cdot \ln 2}\right) \approx 3900\,a.$$

Das Alter der Fossilie beträgt etwa 3900 Jahre.

Die C14-Methode erfordert eine sehr genaue Kenntnis der C14-Konzentration. Abweichungen von nur 1 % bedeuten eine Änderung im Alter von etwa 85 Jahren.

STRAHLUNGSARTEN

Radioaktive Strahlung kann Atome oder Moleküle der umgebenden Stoffe ionisieren.

1. Was versteht man unter α-, β- bzw. γ-Strahlung? Welche Eigenschaften haben sie (Energie, Reichweite, Absorption)?

2. Ein schmales Bündel radioaktiver Strahlung geht senkrecht zu den Feldlinien durch ein starkes Magnetfeld. Beschreiben Sie, wie sich die Strahlung verhält.

3. Beschreiben Sie einige biologische Folgen radioaktiver Strahlung.

LÖSUNGEN

1.

Strahlungsarten	α-Strahlung	β-Strahlung	γ-Strahlung
Strahlung besteht aus	positiv geladenen Heliumkernen	Elektronen (β^-) bzw. Positronen (β^+)	energiereichen Photonen
Energie	3 MeV bis 11 MeV	bis etwa 3 MeV	0,001 MeV bis 10 MeV
Reichweite in Luft	einige Zentimeter	einige Meter	sehr groß
Abschirmung	durch ein Blatt Papier	durch ein dünnes Aluminiumblech	durch dicke Bleiplatten; vollständige Abschirmung nicht möglich

2. Ein Teil der Strahlung wird schwach abgelenkt. Die Ablenkungsrichtung zeigt, dass sie aus positiv geladenen Teilchen besteht. Es ist die α-Strahlung. Ein anderer Teil wird stark abgelenkt. Die Richtung deutet auf negativ geladene Körper hin. Es ist die β-Strahlung. Ein dritter Teil durchdringt das Magnetfeld ohne Richtungsänderung. Es ist die γ-Strahlung.

3. Die Tabelle gibt einen Überblick

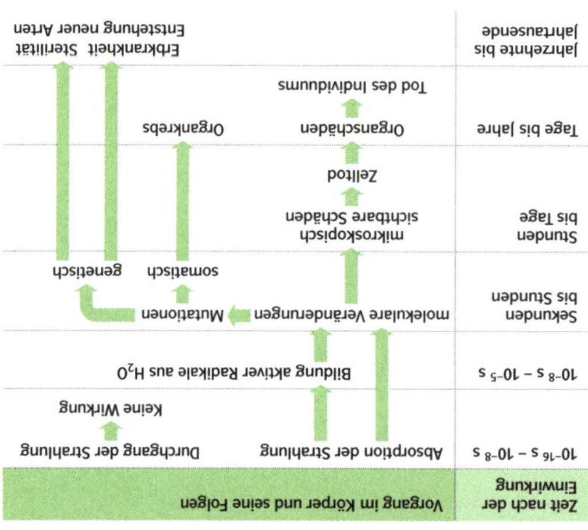

ZERFALLSGESETZ

1. Die Zählrate z eines radioaktiven Präparates nimmt mit der Zeit ab. Mit dem Geiger-Müller-Zählrohr wurde die folgende Messreihe aufgenommen. Die Nullrate ist bereits berücksichtigt.

t in s	0	60	120	180	240	300	360	420	480
z in s^{-1}	41	28	22	18	13	10	9	6	5

- Zeichnen Sie ein t- $\ln(z/z_0)$-Diagramm und begründen Sie, dass die Zählrate nach einem Exponentialgesetz abnimmt.
- Bestimmen Sie mit Hilfe des Diagramms die Halbwertszeit $T_{1/2}$ und die Zerfallskonstante λ.
- Geben Sie das Zerfallsgesetz an.

2. In der Medizin, Technik und Forschung wird Co57 als γ-Strahler eingesetzt. Die Halbwertszeit beträgt 270 Tage. Für einen Einsatz wird eine Anfangsaktivität von $5{,}0 \cdot 10^6$ Bq benötigt. Wie lange kann man mit dem Präparat arbeiten, bis die Aktivität auf $4{,}0 \cdot 10^6$ Bq gefallen ist?

LÖSUNGEN

1. Die Punkte liegen mit guter Genauigkeit auf einer Geraden, d. h. die Messwerte genügen einem Exponentialgesetz $z(t) = z(0) \cdot e^{-\lambda t}$.
Mit dem Punkt (350 s/−1,6) erhält man die Steigung der Geraden $\ln(z/z_0) = m \cdot t$.
Es ist: $m = -0{,}0046\,s^{-1}$.

$\Rightarrow \ln(z/z_0) = -0{,}0046\,s^{-1} \cdot t$

$\Rightarrow z(t) = 41\frac{1}{s} \cdot e^{-0{,}0046\,\frac{1}{s} \cdot t}$

$\Rightarrow$ Zerfallskonstante $\lambda = 0{,}0046\frac{1}{s}$

$\Rightarrow$ Halbwertszeit $T_{1/2} = \ln(2)/\lambda = 150\,s$

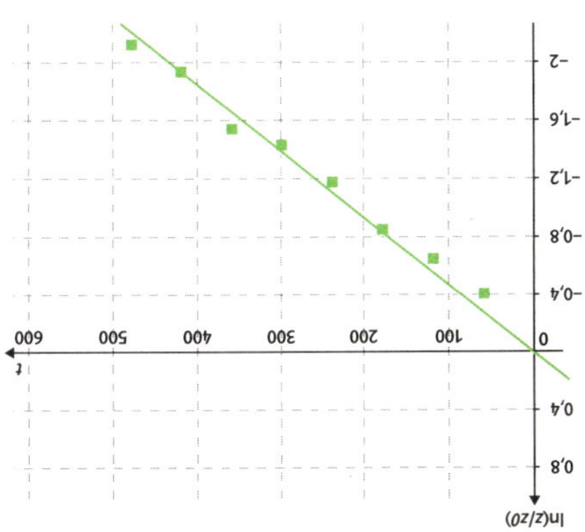

2. Für die Aktivität $A(t)$ gilt:

$\Rightarrow A(t) = A_0 \cdot e^{-\lambda \cdot t} \Rightarrow t = -\frac{\ln(A(t)/(A_0)}{\lambda} = \frac{T_{1/2} \cdot \ln(A(t)/A_0)}{\ln(2)}$

$t = \frac{270\,d \cdot \ln(0{,}8)}{\ln(2)} = 87\,d.$

KERNKRAFT

Die Nukleonen im Atomkern werden durch eine starke Kraft, die **Kernkraft**, zusammengehalten. Sie ist durch folgende Eigenschaften charakterisiert:
- Sie ist unabhängig von der Ladung.
- Sie ist sehr viel stärker als die Coulombkraft zwischen den Protonen.
- Ihre Reichweite ist in der Größenordnung von 10^{-15} m. Sie wirkt also nur zwischen benachbarten Nukleonen.

TRÖPFCHENMODELL

Ein Flüssigkeitstropfen wird durch Kohäsionskräfte, die nur auf benachbarte Moleküle wirken, zusammengehalten. Diese Eigenschaft ist vergleichbar mit der Kernkraft.
Im **Tröpfenmodell des Atomkerns** geht man davon aus, dass die Nukleonen im Atomkern so zusammengefügt sind wie die Moleküle in einem Flüssigkeitstropfen. In diesem Modell lassen sich z. B. Kernradien recht gut vorhersagen.
Geht man von einer Kugelgestalt für Nukleon und Kern aus, so erhält man für das

Kernvolumen bzw. für das Volumen eines Nukleons $V_{Kern} = \frac{4}{3}\pi R^3$ bzw. $V_{Nukleon} = \frac{4}{3}\pi r^3$.

Ein Kern besteht aus A Nukleonen, es gilt daher $V_{Kern} = A \cdot V_{Nukleon}$.

$$\Rightarrow \frac{4}{3}\pi R^3 = A \cdot \frac{4}{3}\pi r^3 \Rightarrow R = r \cdot \sqrt[3]{A}$$

Streuexperimente ergeben für r etwa $1{,}5 \cdot 10^{-15}$ m.

ZERFALLSSCHEMATA

Der radioaktive Zerfall eines Kerns kann durch ein Energieschema dargestellt werden. Die Abbildungen zeigen je ein Beispiel für den α- bzw. β-Zerfall. Bei der γ-Strahlung nimmt nur die Energie des Kerns ab. Es entstehen dabei keine neuen Elemente. Anders ist dies bei der α- und β-Strahlung. Hier entstehen neue Elemente.

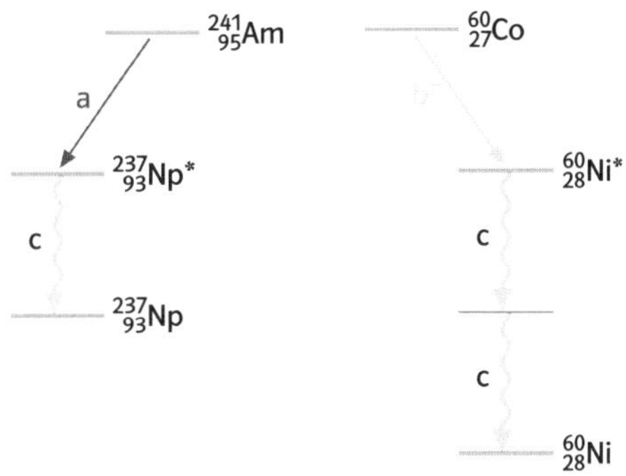

ZERFALLSREIHEN

Die neu entstandenen Kerne sind häufig nicht stabil, sie zerfallen weiter. Es entstehen Zerfallsreihen, die durch ihre Massenzahl *A* bestimmt sind. Die Thorium-Zerfallsreihe endet beim stabilen Blei.

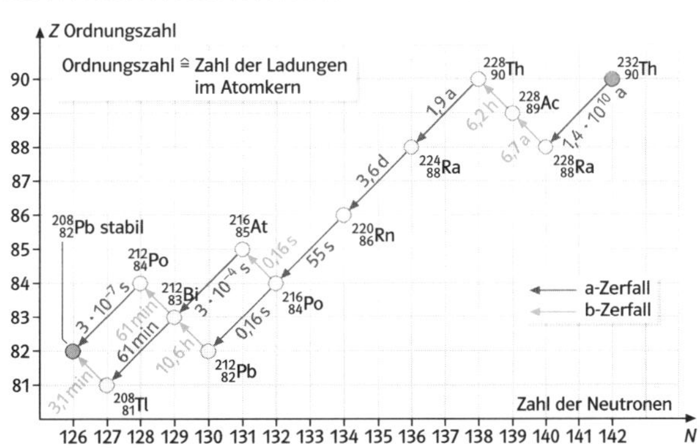

ATOMARE MASSENEINHEIT

Die Masse von Atomen bzw. Atomkernen werden oft in der atomaren Masseneinheit $1\,u = 1{,}6605402 \cdot 10^{-27}\,kg$ angegeben. Sie entspricht etwa der Masse eines Wasserstoffatoms. Definiert ist sie als 1/12 der Masse des Kohlenstoffisotops ^{12}C.

MASSENDEFEKT

Vergleicht man die Masse eines Atomkerns mit der Gesamtmasse seiner Nukleonen, so ist die Masse des Kerns stets kleiner als die Summe aller Nuklidmassen. Dieser Massenunterschied Δm nennt man Massendefekt.
Es gilt: $\Delta m = Z \cdot m_{Proton} + (A - Z) \cdot m_{Neutron} - m_{Kern}$ und $m_{Kern} = m_{Atom} - Z \cdot m_{Elektron}$

BINDUNGSENERGIE E_B

Nach der Relativitätstheorie entspricht der Massendifferenz ein Energiebetrag von $\Delta m \cdot c^2$. Beim Aufbau eines Kerns aus seinen Nukleonen wird dieser Energiebetrag frei. Diese Bindungsenergie E_B wird negativ angegeben, da sie vom System Kern abgegeben wird. Derselbe Energiebetrag muss dem Kern zugeführt werden, wenn er wieder in seine Nukleonen zerlegt werden soll. In diesem Fall wird die Energie positiv gezählt.

Die Bindungsenergie E_B ist abhängig von der Zahl A der Nukleonen. Der Quotient E_B/A heißt mittlere Bindungsenergie pro Nukleon. Für fast alle Kerne (mit Ausnahme der leichten) liegt sie in der Größenordnung von −8 MeV. Die Bindungsenergie pro Nukleon besitzt im Bereich der Massenzahl $A = 60$ ein Minimum. Bei der Spaltung schwerer Kerne bzw. bei der Verschmelzung leichter Kerne nimmt die Bindungsenergie pro Nukleon ab. Bei diesen Vorgängen wird Energie freigesetzt.

BESCHREIBUNG DER BINDUNGSENERGIE

Aus dem Tröpfenmodell leitete C. F. v. Weizsäcker eine Formel her, die die Bindungsenergie pro Nukleon in weiten Bereichen befriedigend beschrieb. Bei sehr leichten und bei sehr schweren Kernen sind quantenmechanische Korrekturen notwendig. Die Bindungsenergie setzt sich im Wesentlichen aus drei Anteilen zusammnen.

- Die Volumenenergie E_V ist proportional zum Volumen und damit auch proportional zur Massenzahl. Also ist $E_V \sim A$.
- Nukleonen an der Kernoberfläche sind weniger fest gebunden als innere Nukleonen. Die Oberflächenenergie $E_0 \sim 4\pi r^2$ vermindert die Gesamtenergie.
- Die abstoßenden Kräfte zwischen den Protonen haben eine weitere Energieabsenkung zur Folge. Dies berücksichtigt die Coulombenergie $E_C \sim (Ze)^2/r$
  Mit $r = r_0 A^{1/3}$ erhält man schließlich $E_B = a \cdot A - b \cdot A^{2/3} - c \cdot Z^2 \cdot A^{-1/3}$ bzw. $E_B/A = a - b \cdot A^{-1/3} - c \cdot Z^2 \cdot A^{-4/3}$. Die Konstanten haben die Werte a = 14 MeV, b = 13 MeV und c = 0,59 MeV. Die Abbildung zeigt, dass die theoretischen Überlegungen gut mit den experimentellen Daten übereinstimmen.

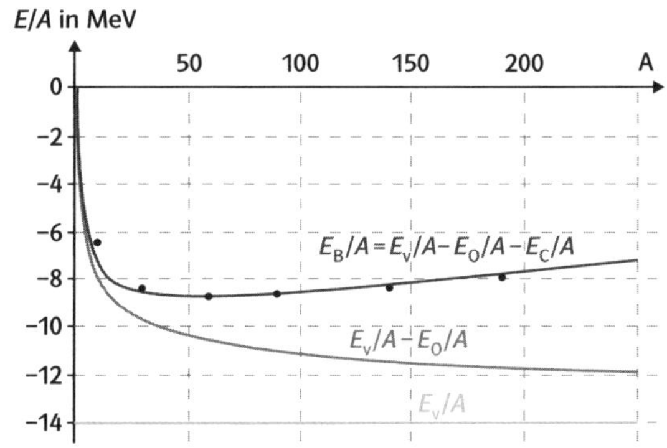

KERNMODELLE

1. Beschreiben Sie mit Hilfe einer Skizze das Potenzialtopfmodell des Atomkerns.

2. Erläutern Sie im Potenzialtopfmodell den α-, β- und γ-Zerfall. Geben Sie die zugehörigen Zerfallsgleichungen an.

LÖSUNGEN

1. • Die Einschränkung ihres Aufenthaltbereichs führt bei Quantenobjekten zu diskreten Energieniveaus.
   • Der Kernradius ist durch den starken Abfall der potenziellen Energie gekennzeichnet.
   • Außerhalb des Kerns erfahren Neutronen keine Kräfte, daher kann $E_{pot} = 0$ gewählt werden. Für Protonen ist das Coulombpotenzial zu berücksichtigen. Es wird angenommen, dass sich Kräfte, die ein Nukleon im Kern erfährt, aufheben. Innerhalb des Kerns ist die potenzielle Energie konstant.
   • Wegen der abstoßenden Coulombkraft sind die Energieniveaus für Protonen etwas höher als die für Neutronen.
   • Nach dem Pauli-Prinzip ist jedes Niveaus mit höchstens zwei Nukleonen besetzt.

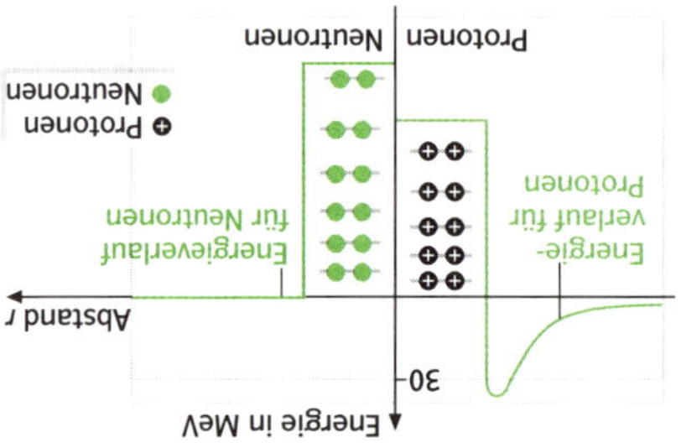

2. • γ-Strahlung: Angeregter Kern geht in den Grundzustand über: ${}^{A}_{Z}X^* \rightarrow {}^{A}_{Z}X + \gamma$.
   • β-Strahlung: Ein freies Energieveau für Neutronen kann durch ein Proton mit höherer Energie besetzt werden oder umgekehrt: Ein Neutron besetzt ein niedrigeres Enegieniveau für Protonen. Ein Elektron bzw. ein Positron verlässt den Kern als β⁻- bzw. β⁺-Strahlung: ${}^{A}_{Z}X \rightarrow {}_{Z+1}^{A}Y + e^-$ oder ${}^{A}_{Z}X \rightarrow {}_{Z-1}^{A}Y + e^+$.
   • α- Strahlung: Zwei Protonen und zwei Neutronen können einen Heliumkern bilden. Dieser kann als α-Strahlung den Atomkern verlassen: ${}^{A}_{Z}X \rightarrow {}^{A-4}_{Z-2}Y + {}^{4}_{2}He$.

BINDUNGSENERGIE – MASSENDEFEKT

1. Zeigen Sie, dass die Beziehung $1\,u\,c^2 = 931{,}5\,\text{MeV}$ gilt.

2. Erläutern Sie am Beispiel des Heliumkerns Massendefekt und Bindungsenergie.

3. Erläutern Sie anhand der Abbildung, warum bei der Spaltung schwerer Kerne in zwei mittelschwere Kerne Energie freigesetzt wird.

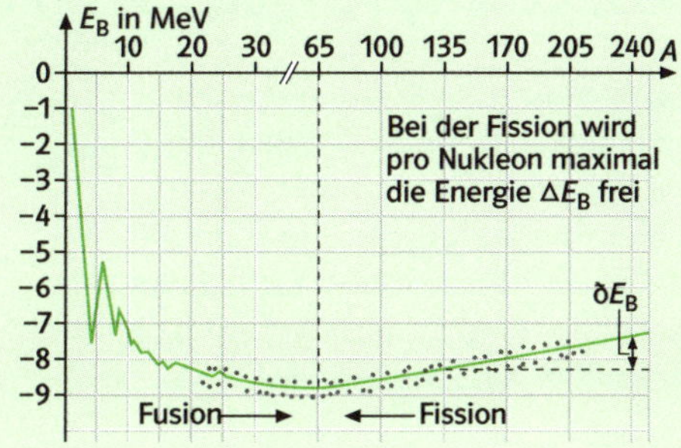

Zusatzinfo:
Atomare Masseneinheit:
$u = 1{,}6605 \cdot 10^{-27}\,\text{kg}$
Vakuum-Lichtgeschwindigkeit:
$c = 2{,}9979 \cdot 10^8\,\frac{\text{m}}{\text{s}}$

LÖSUNGEN

1. $1\,uc^2 = 1{,}6605 \cdot 10^{-27}\,\text{kg} \cdot (2{,}9979 \cdot 10^8\,\text{m/s})^2 = 1{,}492 \cdot 10^{-10}\,\text{J} = 931{,}5\,\text{MeV}$

2. Die Massen von Proton und Neutron sind in guter Genauigkeit bekannt.
Der Heliumkern besteht aus zwei Protonen und zwei Neutronen. Die Masse des Kerns sollte mit $2m_p + 2m_n$ übereinstimmen.
Es ist: $2m_p + 2m_n = 2 \cdot 1{,}007727647\,u + 2 \cdot 1{,}00866490\,u = 4{,}03188274\,u$
Experimentell erhält man jedoch für $m_{He} = 4{,}0015064\,u$ eine kleinere Masse als die berechnete. Die Differenz heißt Massendefekt Δm.

Es gilt allgemein: **Die Masse eines Kerns ist kleiner als die Summe der Massen seiner Nukleonen.**
Dem Massendefekt entspricht die Energie $\Delta m\,c^2$. Diese Energie muss aufgebracht werden, um die Nukleonen vom Kern zu trennen. Die Energie wird beim Aufbau des Kerns frei. In diesem Fall spricht man von der **Bindungsenergie** E_B. Da die Energie vom System Kern abgegeben wird, wird sie negativ angegeben.
Es ist: $E_B = -\Delta m \cdot c^2$

3. Der Betrag der Bindungsenergie ist bei dem schweren Kern kleiner als bei den beiden mittelschweren Kernen zusammen. Es wird Bindungsenergie frei.
Entsprechendes gilt für die Fusion leichter Kerne.

EIN KLASSISCHES „TEILCHEN“ IN EINER MULDE

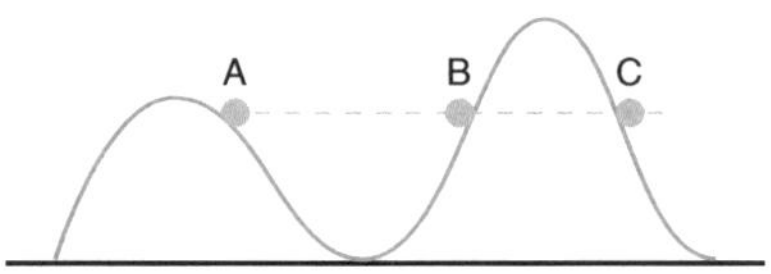

Eine Kugel startet im Punkt A mit der Geschwindigkeit 0m/s. Sieht man von der Reibung ab, dann erreicht sie den Punkt B am zweiten Hügel. Sie kann die Mulde nicht verlassen. Ohne zusätzliche Energie ist der Punkt C nicht erreichbar, obwohl dort die potenzielle Energie mit der am Ort A übereinstimmt.

EIN ALPHATEILCHEN IN EINER „ENERGIEMULDE“

Zwei Protonen und zwei Neutronen eines Atomkerns können sich zu einem Heliumkern (α-Teilchen) verbinden, dabei wird Bindungsenergie frei. Die Energie eines solchen Heliumkerns kann größer als Null werden. Er ist dann, ähnlich wie die Kugel, in einer „Energiemulde“ eingesperrt.
Würde sich das α-Teilchen wie die Kugel in der Mulde verhalten, dann könnte es den Potenzialtopf nur mit einer Energie von etwa 25 MeV verlassen. Diese Energie müsste das α-Teilchen in großer Entfernung von Kern als kinetische Energie besitzen, im Widerspruch zu den zu deutlich geringeren Messergebnissen.

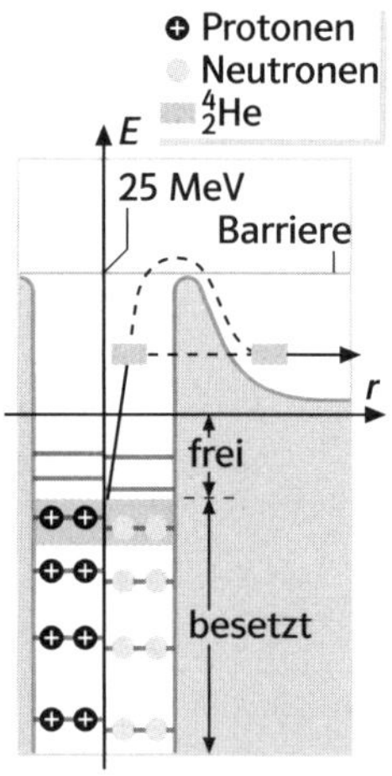

TUNNELEFFEKT

α-Teilchen sind keine klassischen Teilchen, sondern Quantenobjekte. Für sie gilt die Heisenberg'sche Unbestimmtheitsrelation in der Form $\overline{\Delta E} \cdot \overline{\Delta t} \geqq h/4\pi$. Sie besagt, dass bei kleinem $\overline{\Delta t}$ die Energieunbestimmtheit groß sein kann. Damit kann ein Quantenobjekt eine Energiebarriere durchdringen, auch wenn seine Energie nicht reicht. Diese Eigenschaft nennt man Tunneleffekt.
Das Durchtunneln ist um so wahrscheinlicher, je schmaler die Energiebarriere ist. Dies erklärt auch, warum die Energie von α-Teilchen im allgemeinen um so größer ist, je kleiner die Halbwertszeit des α-Strahlers ist.

BESONDERHEIT DER BETASTRAHLUNG

Das Energiespektrum eines α- oder γ-Strahlers ist diskret. Dies sollte auch bei der β-Strahlung so sein, denn aus dem Massedefekt von Mutter- und Tochterkern sollte man die Energie der Elektronen bzw. Positronen in der β-Strahlung berechnen können. Messungen zeigen aber ein kontinuierliches Energiespektrum.

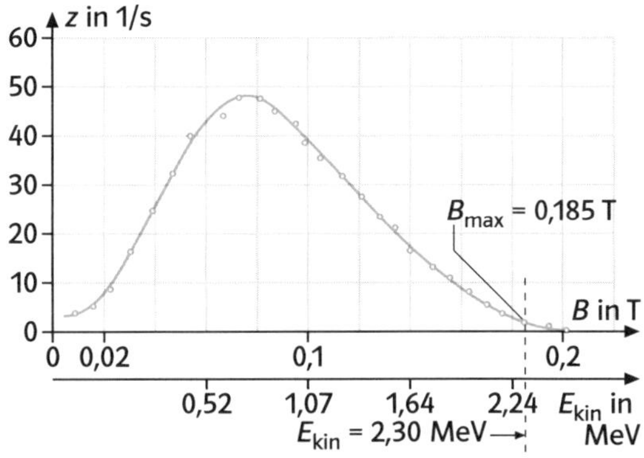

Die Spektren besitzen eine für den Strahler charakteristische maximale Energie. Diese selten vorkommende Energie stimmt mit der aus dem Massedefekt berechneten Energie überein. Bei der Emission eines Elektrons bzw. Positrons mit geringerer Energie stimmt die Bilanz nicht mehr. Dies führte zu einer Krise bei den mit dem Phänomen beschäftigten Physikern, da in ersten Deutungsversuchen vermutet wurde, dass der Energieerhaltungssatz beim β-Zerfalll nicht gelten könnte.

ANTINEUTRINO V

Wolfgang Pauli vermutete, dass bei der β-Strahlung neben dem Elektron ein weiteres neutrales Teilchen auftritt. Dieses Teilchen heißt heute Antineutrino $\overline{\nu}$. Die maximale Energie wird dabei auf Elektron und Antineutrino aufgeteilt. Die Energiebilanz blieb jetzt erhalten. Mit dem Antineutrino konnte auch die Impulserhaltung gesichert werden. Experimentell nachgewiesen wurde das Antineutrino erst 1956.

ZERFALLSGLEICHUNG ZUM BETAZERFALL

Die Zerfallsgleichung zum β^--Zerfall ist vollständig: ${}^{A}_{Z}Z \rightarrow {}^{A}_{Z+1}Y + {}^{0}_{1}e^{-} + \overline{\nu}$.

Entsprechendes gilt für den β^+-Zerfall. Das zusätzlich auftretende Teilchen heißt Neutrino ν. Damit erhält man ${}^{A}_{Z}X \rightarrow {}^{A}_{Z-1}Y + {}^{0}_{1}e + \nu$ als Zerfallsgleichung.

α-ZERFALL

Polonium 213 ist ein α-Strahler. Die Abbildung zeigt das zugehörige Energieschema.

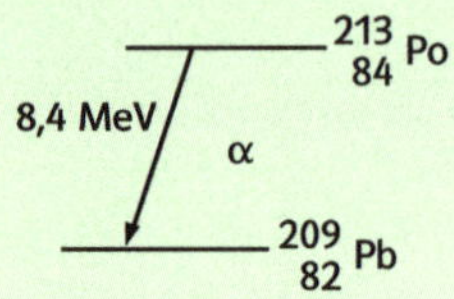

1. Das α-Teilchen befindet sich nach dem Zerfall im elektrischen Feld des neu entstandenen Kerns.
   Ermitteln Sie die kinetische Energie, die das α-Teilchen in großer Entfernung vom neuen Kern haben müsste. Die Ausdehnung des α-Teilchens dürfen Sie vernachlässigen.

2. Vergleichen Sie das Ergebnis aus 1 mit dem Energieschema. Stellen Sie dar, wie der α-Zerfall erklärt werden kann.

LÖSUNGEN

1. Der Radius des Bleikerns beträgt: $r = 1{,}5 \cdot 10^{-15}\,\text{m} \cdot \sqrt[3]{A} = 1{,}5 \cdot 10^{-15} \cdot \sqrt[3]{209}\,\text{m} = 8{,}9 \cdot 10^{-15}\,\text{m}$.
   In großer Entfernung müsste sich die potentielle Energie am Ort r in kinetische Energie des α-Teilchens umgesetzt haben.

   $$W_{\text{kin}} = W_{\text{pot}} = \frac{1}{4\pi\varepsilon_0} \cdot \frac{82e \cdot 2e}{r} = 4{,}2 \cdot 10^{-12}\,\text{J} = 26\,\text{MeV}$$

2. Das Ergebnis aus 1. ist etwa um den Faktor 3 größer als der gemessene Wert.
   Es scheint so, als sei das α-Teilchen nicht aus dem Kern gekommen, denn zur Überwindung des Potentialwalls benötigt es die Energie von etwa 26MeV. Zur Energie von 8,4MeV gehört eine deutlich größere Entfernung vom Kernmittelpunkt.
   Die Heliumkerne der α-Strahlung sind Quantenobjekte. Diese können Energiebarrieren durchdringen, man spricht vom Tunneleffekt. Dies heißt, dass mit einer von Null verschiedenen Wahrscheinlichkeit α-Teilchen außerhalb des Potentialtopfes anzutreffen sind, obwohl ihre Energie nach klassischer Vorstellung zu gering ist, um den Kern zu verlassen.

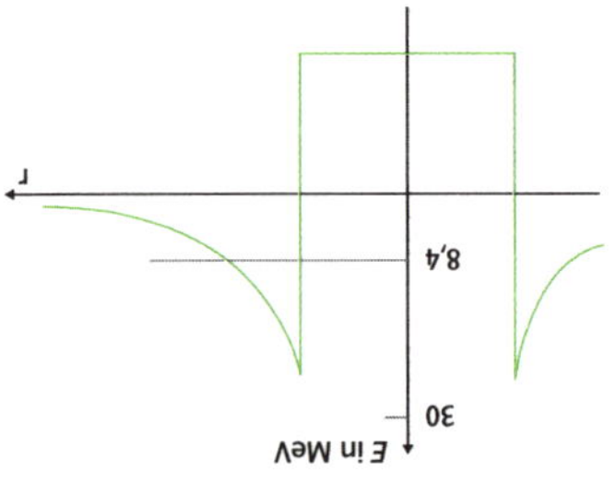

β-ZERFALL

Das Niobisotop $^{95}_{41}Nb$ ist nicht stabil, es geht unter Anwendung von β-Strahlung in ein Molybdänisotop über. Der Molybdän-Kern befindet sich im angeregten Zustand von 0,768 MeV. Anschließend geht er durch das Aussenden eines Gammaquants in den Grundzustand über.

1. Zeichnen Sie das zugehörige Energieschema und geben Sie die Zerfallsgleichung an.
2. Zeigen Sie, wie man aus den Kernmassen die maximale Energie der Elektronen der β-Strahlung berechnen kann.
3. Berechnen Sie aus der Differenz der Kernmassen die maximale Energie der Elektronen der β-Strahlung:
   $m\left(^{95}_{41}Nb\right) - m\left(^{95}_{42}Mo\right) = 1{,}542 \cdot 10^{-3}\,u.$
   Begründen Sie, warum die meisten Elektronen eine geringere Energie erhalten, als diese Rechnung ergibt.

LÖSUNGEN

1.

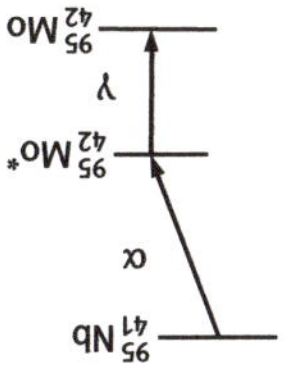

$^{95}_{41}Nb \rightarrow {}^{95}_{42}Mo^* + {}^{0}_{-1}e + \bar{\nu}$

$^{95}_{42}Mo^* \rightarrow {}^{95}_{42}Mo + \gamma$

2. Maximale kinetische Energie erhält man aus dem Massendefekt der Kernmassen:

$m\left(^{95}_{41}Nb\right) \cdot c^2 = m\left(^{95}_{42}Mo\right) \cdot c^2 + m_e c^2 + 0{,}768\,\text{MeV} + \Delta E.$

3. $\Delta E = \left(m\left(^{95}_{41}Nb\right) - m\left(^{95}_{42}Mo\right)\right) \cdot c^2 - m_e c^2 - 0{,}768\,\text{MeV}$

$= 1{,}542 \cdot 10^{-3}\,u \cdot c^2 - 9{,}109 \cdot 10^{-31}\,\text{kg} \cdot \left(2{,}998 \cdot 10^8\,\frac{\text{m}}{\text{s}}\right)^2 - 0{,}768\,\text{MeV}$

$= 1{,}542 \cdot 10^{-3} \cdot 931{,}5\,\text{MeV} - 0{,}51\,\text{MeV} - 0{,}768\,\text{MeV} = 0{,}157\,\text{MeV}$

Ein Teil der Energie übernimmt das Antineutrino.

DAS URAN-EXPERIMENT

Im Labor von Otto Hahn und Fritz Straßmann wurde natürliches Uran, welches zu 99,3 % U-238 und 0,7 % U-235 enthält, mit langsamen Neutronen beschossen. Sie erwarteten nach

$$^{235}_{92}\mathrm{U} + ^{1}_{0}\mathrm{n} \rightarrow ^{236}_{92}\mathrm{U}^{*} \rightarrow ^{235}_{93}\mathrm{Np} + ^{0}_{-1}\mathrm{e} + ^{0}_{0}\overline{\nu}$$

ein Element mit größerer Kernladungszahl, ein Transuran. Stattdessen fanden sie im Experiment Barium.

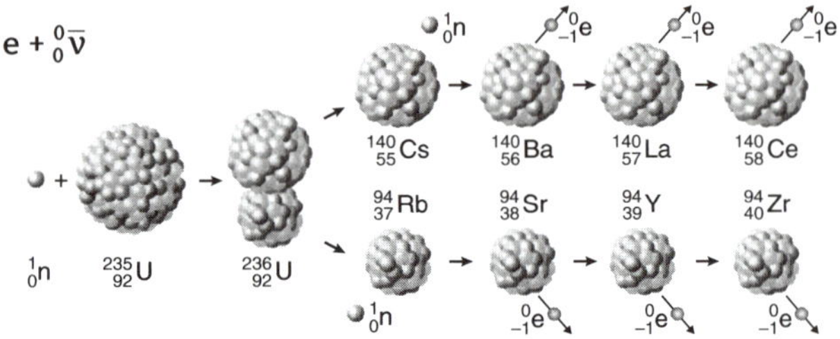

$$^{1}_{0}\mathrm{n} + ^{235}_{92}\mathrm{U} \rightarrow ^{236}_{92}\mathrm{U} \rightarrow ^{A_1}_{Z_1}\mathrm{K}_1 + ^{A_2}_{Z_2}\mathrm{K}_2 + 2 \cdot ^{1}_{0}\mathrm{n} + \text{Energie}$$

DIE KERNSPALTUNG

Lise Meitner und ihr Neffe Otto Robert Frisch deuteten die Beobachtung als Kernspaltung.

- Bei einer Kernspaltung entstehen aus einem schweren Kern zwei größere Bruchstücke.
- Die Spaltprodukte sind nicht eindeutig bestimmt. Das Verhältnis der Nukleonenzahlen der Spaltprodukte ist häufig etwa 2 : 3.

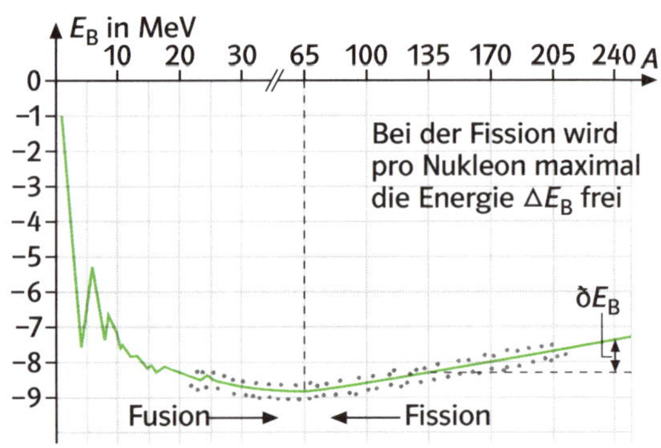

Die folgende Abschätzung gibt ungefähr den Energiegewinn je Spaltung an. Aus dem Diagramm entnimmt man: Der Betrag der mittleren Bindungsenergie pro Nukleon ist für Uran-235 etwa 7,5 MeV und für die Bruchstücke etwa 8,4 MeV. Damit erhält man (8,4 MeV − 7,5 MeV) · 235 ≈ 200 MeV. Davon entfallen etwa 170 MeV auf die kinetische Energie der Spaltprodukte. Diese kinetische Energie erhöht die innere Energie und damit die Temperatur des Spaltmaterials.

UNKONTROLLIERTE KETTENREAKTION UND KRITISCHE MASSE

Bei einer Kernspaltung entstehen zusätzlich zwei bis drei freie Neutronen. Wenn diese weitere Kernspaltungen auslösen, dann kann ihre Anzahl exponentiell ansteigen. Es kann zu einer unkontrollierten Kettenreaktion kommen. Dazu ist es aber notwendig, dass die Neutronen wieder auf einen spaltbaren Atomkern treffen. Dies bedeutet, die Masse des spaltbaren Materials muss groß genug sein. Die kritische Masse beträgt bei Uran-235 bei kugelförmiger Anordnung ca. 50 kg.

KONTROLLIERTE KETTENREAKTION

In Reaktoren der Kernkraftwerke findet eine kontrollierte Kettenreaktion statt. Durch Regelstäbe werden so viele Neutronen absorbiert, dass nur noch ein Neutron für eine weitere Spaltung übrig bleibt.
Uran-235-Kerne werden durch langsame Neutronen gespalten. Da die bei der Spaltung entstehenden Neutronen hohe Geschwindigkeiten haben, werden sie mittels elastischer Stöße mit so genannten Moderatoren abgebremst. Haben die Stoßpartner gleiche Masse, dann ist die Energieübertragung optimal. Deshalb verwendet man als Moderatoren z. B. leichtes Wasser, schweres Wasser oder Grafit, deren Kerne eine relativ geringe Masse haben und die technisch leicht zu handhabende Stoffe darstellen.

VERSCHMELZEN LEICHTER KERNE

Beim Verschmelzen zweier leichter Kerne zu einem neuen Kern wird Bindungsenergie frei. Diesen Vorgang bezeichnet man als Kernfusion. In Fusionsreaktoren soll die Kernfusion kontrolliert ablaufen.
Die Forschungsarbeiten konzentrieren sich zur Zeit darauf, die beiden Wasserstoffisotope Deuterium und Tritium zum Helium zu verschmelzen.

$$^{2}_{1}H + ^{3}_{1}H \rightarrow ^{4}_{1}He + ^{1}_{0}n + 17{,}6\,\text{MeV}$$

Damit die Fusion möglich wird, müssen sich die beiden Wasserstoffisotope gegen die Coulombkraft bis in den Bereich der Kernkraft annähern. Wegen der kurzen Reichweite der Kernkräfte bedeutet dies, dass ihr Abstand nur $r_1 + r_2 \approx 1{,}8 \cdot 10^{-15}\,\text{m} + 2{,}0 \cdot 10^{-15}\,\text{m} = 3{,}8 \cdot 10^{-15}\,\text{m}$ betragen darf. Dabei sind r_1 bzw. r_2 die Kernradien von Deuterium bzw. Tritium. Ihre potentielle Energie beträgt in dieser Entfernung:

$$E_{pot} = \frac{1}{4\pi\varepsilon_0} \cdot \frac{e^2}{r_1 + r_2} = \frac{1{,}60 \cdot 10^{-19}\,\text{C} \cdot e}{4\pi \cdot 8{,}85 \cdot 10^{-12}\,\frac{\text{C}}{\text{Vm}} \cdot 3{,}8 \cdot 10^{-15}\,\text{m}} \approx 0{,}4\,\text{MeV}.$$

Dabei ist die Elementarladung $e = 1{,}60 \cdot 10^{-19}\,\text{C}$ und die elektrische Feldkonstante $\varepsilon_0 = 8{,}85 \cdot 10^{-12}\,\frac{\text{C}}{\text{V} \cdot \text{m}}$.

Betrachtet man die Teilchen näherungsweise als ein Gas, dann bedeutet dies eine Gastemperatur von ca. $3 \cdot 10^9\,\text{K}$. Diese berechnete Obergrenze muss aber nicht erreicht werden. Für einen Deuterium-Tritium-Reaktor genügt „schon" eine Mindesttemperatur von $10^8\,\text{K}$ entsprechend 13 keV. Obwohl diese Energie deutlich niedriger ist als der Coulombwall, kommt es zu Fusionen. Begründet werden kann dies mit dem Tunneleffekt und der Tatsache, dass die 13keV eine mittlere Energie darstellt, d. h. es gibt einige Ionen mit deutlich höherer Energie.

PLASMA

Bei den hohen Temperaturen sind alle Atome vollständig ionisiert, es liegt ein nach außen neutrales Gemisch von freien Elektronen und Ionen vor. Diesen Zustand der Materie nennt man Plasma.

Die bisher erfolgreichsten Experimente zur Kernfusion wurden in Tokamak-Anlagen durchgeführt. Das heiße Plasma wird mit starken Magnetfeldern in einen Torus berührungslos eingeschlossen. Zugleich entsteht durch diese magnetische Kompression eine hohe Plasmadichte und eine hohe Temperatur. Ein zweites Magnetfeld erzeugt durch Induktion einen ringförmigen Induktionsstrom von mehreren Millionen Ampere. Durch Einschuss energiereicher Teilchen, durch Laserbestrahlung oder durch Einstrahlung von Mikrowellen soll die Temperatur weiter erhöht werden. Schließlich soll ein Fusionsplasma entstehen, welches mehr Energie liefert, als zu seiner Aufrechterhaltung nötig ist.

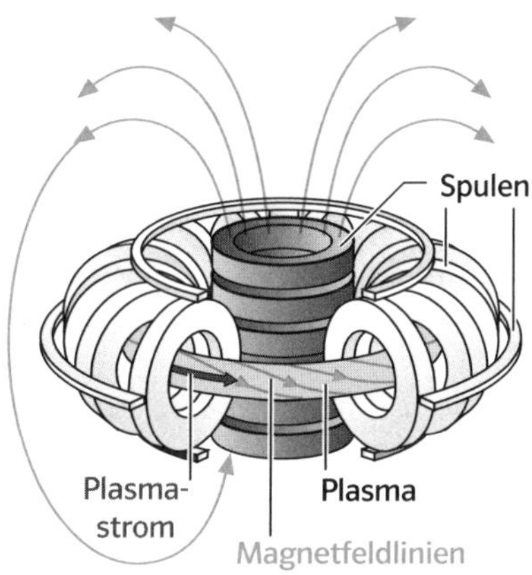

KERNSPALTUNG

1. Erläutern Sie anhand der Abbildung die Kernspaltung im Tröpfenmodell des Kerns. Gehen Sie dabei auch auf die Aktivierungsenergie ein.

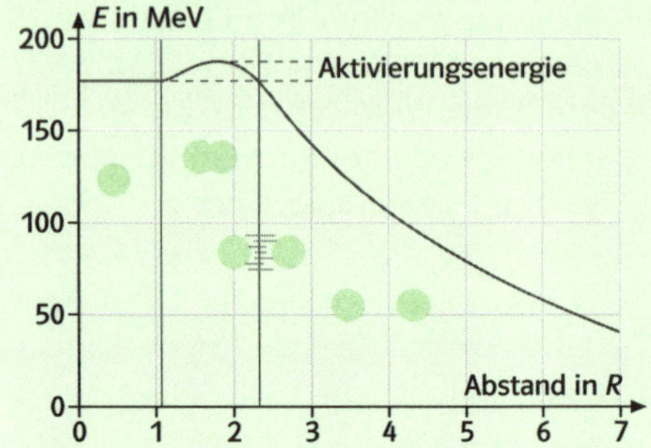

2. U-235 kann durch langsame Neutronen, U-238 dagegen nur durch schnelle Neutronen gespalten werden. Begründen Sie dies.

3. Die Zerfallsgleichung stellt ein Beispiel für eine Kernspaltung dar. Beschreiben Sie die Vorgänge und berechnen Sie die freiwerdende Bindungsenergie.

   $^{235}_{92}U + ^{1}_{0}n \rightarrow ^{236}_{92}U^{*} \rightarrow ^{140}_{55}Cs + ^{94}_{37}Rb + 2\,^{1}_{0}n$

   $\rightarrow ^{140}_{58}Ce + ^{94}_{40}Zr + 6\,^{0}_{-1}e + 2\,^{1}_{0}n$

	U-233	U-235	U-238
Aktivierungsenergie	5,2 MeV	5,8 MeV	6,3 MeV
Bindungsenergie des angelagerten Neutrons	6,7 MeV	6,4 MeV	4,8 MeV

LÖSUNGEN

1. Für ein Neutron gibt es bei der Annäherung an einen Uran-Kern keinen Potenzialwall. Es kann bis zum Kern gelangen und von ihm eingefangen werden, dabei wird Bindungsenergie frei. Der Kern beginnt zu schwingen. Ist die Schwingung heftig genug, dann kann es zu einer Einschnürung kommen. Die Kernkräfte habe nur eine sehr kurze Reichweite, sodass schließlich die abstoßenden Coulombkräfte zwischen den beiden „Hälften" überwiegen. Der Kern bricht auseinander.
2. Zur Spaltung muss die Aktivierungsenergie aufgebracht werden. Bei Uran 238 reicht die bei der Anlagerung des Neutrons frei werdende Bindungsenergie nicht zur Spaltung des Kerns aus. Es wird zusätzlich Energie benötigt.
3. Das Neutron wird vom Uran-235 eingefangen. Es entsteht ein angeregter Uran-236-Kern. Bei der Spaltung entstehen Cs-140, Rb-94 und zwei Neutronen. Die Bruchstücke gehen nach jeweils drei β-Zerfällen in die stabilen Ce-140- und Zr-40-Kerne über.
   $\Delta m = m_{(U\,235)} - m_{(Ce\,140)} - m_{(Zr\,40)} - 2\cdot m_n - 6\cdot m_e$ bzw. nach Einsetzung der betreffenden Massen:
   $= 234{,}99346\,u - 139{,}87346\,u - 93{,}884156\,u - 1{,}008665\,u - 6\cdot 0{,}0005486\,u$
   $= 0{,}22388\,u$
   Die freiwerdende Energie beträgt $931{,}5\,\text{MeV}/u \cdot 0{,}22388\,u = 208{,}5\,\text{MeV}$.

KERNFUSION

1. Die Sonne gewinnt ihre Energie aus der Fusion von Protonen. Diese läuft nach dem Bethe-Weizsäcker-Zyklus ab.
   Geben Sie alle Kernumwandlungen des Zyklus an. Zeigen Sie, dass
   $4 \cdot {}^{1}_{1}\mathrm{H} \rightarrow {}^{4}_{2}\mathrm{He} + 2 \cdot {}^{0}_{-1}\mathrm{e} + 3\gamma + 2\nu + 24{,}7\,\mathrm{MeV}$.
   Beginnen Sie mit ${}^{12}_{6}\mathrm{C} + {}^{1}_{1}\mathrm{H} \rightarrow {}^{13}_{7}\mathrm{N} + \gamma$.

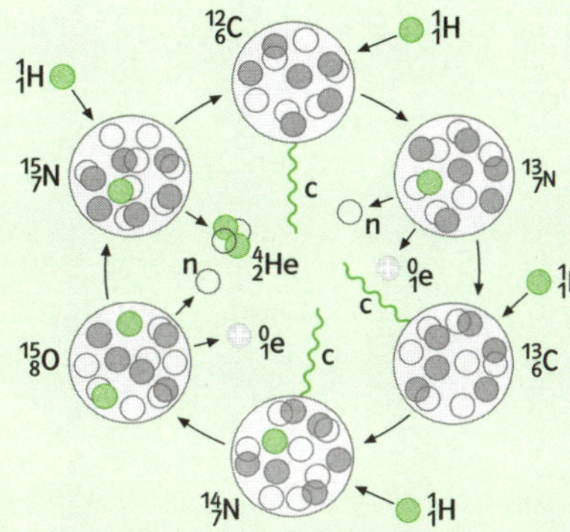

2. Zur Realisation einer Fusion müssen die Kerne gegen die abstoßende Coulombkraft in den Wirkungsbereich der Kernkräfte gelangen. Die dafür benötigte Energie beträgt etwa 0,40 MeV. Aus der kinetischen Gastheorie folgt für die mittlere Energie der Gasteilchen $E_{kin} = 3/2 \cdot k \cdot T$ (k ist die Boltzmann-Konstante). Berechnen Sie die Temperatur, die zum Erreichen der 0,40 MeV notwendig ist.

$m_p = 1{,}0072765\,u$; $m_{He} = 4{,}0015064\,u$; $m_e = 0{,}00054858\,u$

LÖSUNGEN

1. $${}^{12}_{6}\mathrm{C} + {}^{1}_{1}\mathrm{H} \rightarrow {}^{13}_{7}\mathrm{N} + \gamma \qquad {}^{13}_{7}\mathrm{N} \rightarrow {}^{13}_{6}\mathrm{C} + {}^{0}_{1}\mathrm{e} + \nu$$
   $${}^{13}_{6}\mathrm{C} + {}^{1}_{1}\mathrm{H} \rightarrow {}^{14}_{7}\mathrm{N} + \gamma \qquad {}^{14}_{7}\mathrm{N} + {}^{1}_{1}\mathrm{H} \rightarrow {}^{15}_{8}\mathrm{O} + \gamma$$
   $${}^{15}_{8}\mathrm{O} \rightarrow {}^{15}_{7}\mathrm{N} + {}^{0}_{1}\mathrm{e} + \nu \qquad {}^{15}_{7}\mathrm{N} + {}^{1}_{1}\mathrm{H} \rightarrow {}^{12}_{6}\mathrm{C} + {}^{4}_{2}\mathrm{He}$$
   Ein Vergleich von Beginn und Ende des Zyklus liefert:
   $${}^{12}_{6}\mathrm{C} + 4 \cdot {}^{1}_{1}\mathrm{H} \rightarrow {}^{12}_{6}\mathrm{C} + {}^{4}_{2}\mathrm{He} + 2 \cdot {}^{0}_{1}\mathrm{e} + 3 \cdot \gamma + 2 \cdot \nu$$
   $$\Rightarrow \quad 4 \cdot {}^{1}_{1}\mathrm{H} \rightarrow {}^{4}_{2}\mathrm{He} + 2 \cdot {}^{0}_{1}\mathrm{e} + 3 \cdot \gamma + 2 \cdot \nu.$$
   Der Kohlenstoff wirkt als Katalysator. Die frei werdende Energie beträgt:
   $\Delta m \cdot c^2 = 4 \cdot 1{,}000072765\,u - (4{,}0015064\,u + 2 \cdot 0{,}00054858\,u) \cdot c^2 = 24{,}7\,\mathrm{MeV}$

2. $E_{kin} = \frac{3}{2} k \cdot T$ ergibt nach T aufgelöst: $T = \frac{2 \cdot 0{,}40 \cdot 10^{6} \cdot 1{,}60 \cdot 10^{-19}\,\mathrm{J}}{3 \cdot 1{,}38 \cdot 10^{-23}\,\frac{\mathrm{J}}{\mathrm{K}}} = 3 \cdot 10^{9}\,\mathrm{K}$.
   Die Temperatur eines Gases müsste etwa $3 \cdot 10^{9}\,\mathrm{K}$ betragen.

EXPERIMENT IN DER NEBELKAMMER

Rutherford schickte 1919 in eine mit Stickstoff gefüllte Nebelkammer α-Teilchen. Hierbei entdeckte er eine Spur, die sich in eine lange dünne und eine kurze dicke gabelte. Er fand heraus, dass die dünne Spur zu einem Proton gehörte.

Das α-Teilchen stößt mit dem Stickstoffkern zusammen. Es bildet sich der Kern eines Fluorisotops. Dieser zerfällt in ein Proton und einen Sauerstoffkern.

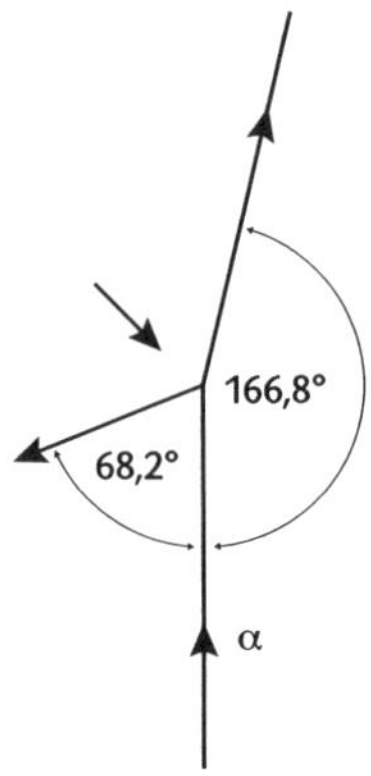

Ernest Rutherford

Die Nebelkammer zeigt auch, dass die folgenden Alternativen nicht zutreffen können:

1) Das α-Teilchen schlägt ein Proton aus dem Stickstoffkern. Das α-Teilchen und der neue Kern verlassen die Kollisionszone.
   In diesem Fall müsste man nach dem Zusammenstoß drei Nebelspuren beobachten können.

2) Das α-Teilchen wird durch einen elastischen Stoß am Stickstoffkern gestreut.
   Die berechneten Impulse müssten dann in folgender Weise den Stoßpartnern zugeordnet werden:
   Vor dem Stoß: $p_\alpha = 9{,}11 \cdot 10^{-20}\,\mathrm{kgms^{-1}}$
   Nach dem Stoß: $p'_\alpha = 2{,}54 \cdot 10^{-20}\,\mathrm{kgms^{-1}}$ und $p_\mathrm{K} = 10{,}33 \cdot 10^{-20}\,\mathrm{kgms^{-1}}$
   Unter dieser Voraussetzung kann aus dem Energiesatz die Masse m_K des Atomkerns bestimmt werden.
   Es ist: $\frac{p_\alpha^2}{2m_\alpha} = \frac{p'^2_\alpha}{2m_\alpha} + \frac{p_\mathrm{K}^2}{2m_\mathrm{K}} \Rightarrow m_\mathrm{K} = \frac{p_\mathrm{K}^2}{p_\alpha^2 - p'^2_\alpha} \cdot m_\alpha \approx 5{,}6\,u.$
   D. h. der Stoßpartner kann kein Stickstoffkern sein.

AUSLÖSEN KÜNSTLICHER KERNREAKTIONEN

Künstliche Kernreaktionen lassen sich mit allen bekannten Teilchen auslösen, z. B. mit Protonen, Deuteronen, Neutronen sowie mit schwereren Kernen und auch mit γ-Strahlung.

BEISPIELE

1) $^{7}_{3}\text{Li} + ^{1}_{1}\text{p} \rightarrow ^{4}_{2}\text{He} + ^{4}_{2}\text{He}$

   Bei dieser Reaktion ist die Summe der Massen vor der Reaktion größer als nachher. Es wird Bindungsenergie frei. Man spricht in diesem Fall von einer endothermen Reaktion.

2) Beträgt die Energie des Proton mindestens 1,88 MeV, dann ist $^{7}_{3}\text{Li} + ^{1}_{1}\text{p} \rightarrow ^{7}_{4}\text{Be} + ^{1}_{0}\text{n}$ möglich.

   Da die Summe der Massen vor der Reaktion kleiner ist als nachher, muss zusätzlich Energie aufgebracht werden. Eine solche Reaktion nennt man exotherm.

3) 1994 wurde bei der Gesellschaft für Schwerionenforschung erstmals eine Atom mit der Ordnungszahl 111 erzeugt.
   Dieses Transuran Roetgenium (Rg) erhielt man durch $^{64}_{28}\text{Ni} + ^{209}_{83}\text{Bi} \rightarrow ^{272}_{111}\text{Rg} + ^{1}_{0}\text{n}$.

ELEMENTARTEILCHEN

Spuren der Elementarteilchen in Nebel- oder Blasenkammern lassen Schlüsse auf ihre Eigenschaften zu.

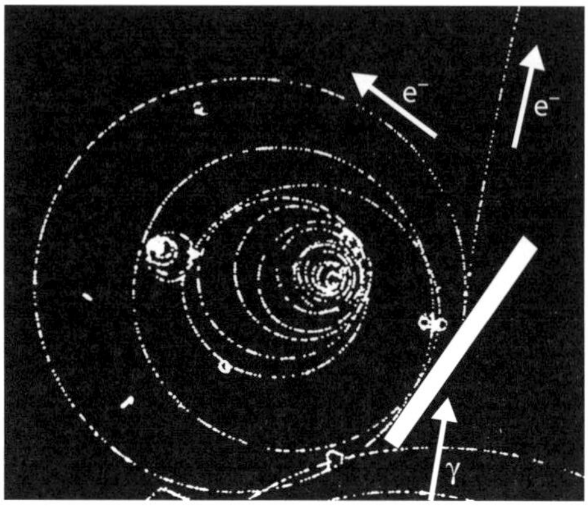

Eine Bleiplatte wird mit Röntgenphotonen hoher Energie beschossen. Oberhalb der Platte beobachtet man in der Nebelkammer zwei Kurven mit entgegengesetzter Krümmung. Die Nebelkammer befindet sich in einem Magnetfeld. Deshalb müssen die Spuren von Teilchen mit entgegengesetzter Ladung stammen. Aus einem Gammaquant entsteht ein Elektron-Positron-Paar.

Der Impulserhaltungssatz zeigt, dass eine Paarerzeugung im Vakuum nicht möglich ist. Wenn beide Teilchen in die gleiche Richtung fliegen, dann haben sie zusammen den Impuls $2mv$. (Der Betrag des Gesamtimpulses ist bei unterschiedlichen Richtungen kleiner als $2mv$.) Ihre Gesamtenergie $2mc^2$ stimmt mit der Energie hf des Photons überein.
Es ist dann: $p_{\text{photon}} = hf/c = 2mc^2/c = 2mc > 2mv$.
Es muss daher mindestens ein drittes Teilchen bei der Paarerzeugung beteiligt sein. Im Experiment sind es die Bleiatome.

TEILCHENFAMILIEN

Die Vielzahl der Elementarteilchen fasst man zu Teilchenfamilien zusammen. In Richtung zunehmender Masse unterscheidet man: Photonen (Ruhemasse Null), Leptonen (leichte Teilchen) und Hadronen (schwere Teilchen). Die Hadronen werden noch in Mesonen (mittelschwere Teilchen) und Baryonen unterteilt. In der Tabelle sind einige wichtige Elementarteilchen zusammengestellt. Statt der Masse der Teilchen gibt man häufig die zugehörige Ruheenergie $E = mc^2$ an und spricht wegen der Äquivalenz trotzdem von der Masse des Teilchens.
Die Erhaltungssätze für Ladung, Energie, Impuls und Drehimpuls gelten auch für Zerfallsprozesse. Darüber gibt es weitere Erhaltungsgrößen, so ändern sich z. B. Leptonenzahl L und Baryonenzahl B nicht. Antiteilchen haben entgegengesetzte Leptonen- und Baryonenzahlen.
Daraus folgt, dass der Zerfall $p \rightarrow e^+ + \gamma$ nicht möglich ist. Denn vor dem Zerfall ist $L(p) = 0$ und nach dem Zerfall $L(e^+) + L(\gamma) = -1 + 0$

Gruppe		Name	Masse in MeV	Ladung in $1{,}6 \cdot 10^{-19}$ C	Lebensdauer in s	nachgewiesen
		Photon γ		–	∞	1905
Leptonen		Elektron e^-	0,511	−1	stabil	1897
Leptonen		Myon μ^-	105,7	−1	$2{,}2 \cdot 10^{-6}$	1937
Leptonen		Anti-Elektronneutrino $\bar{\nu}_e$	0	0	stabil	1956
Leptonen		Myonneutrino ν_μ	0	0	stabil	1962
Hadronen	Mesonen	Pion π^-	139,6	−1	$2{,}6 \cdot 10^{-8}$	1947
Hadronen	Mesonen	Kaon K^+	493,7	+1	$1{,}2 \cdot 10^{-8}$	1949
Hadronen	Mesonen	Eta-Null η^0	548,8	0	$2{,}5 \cdot 10^{-19}$	1960
Hadronen	Baryonen	Proton p	938,28	+1	stabil	1886
Hadronen	Baryonen	Neutron n	939,57	0	918	1932
Hadronen	Baryonen	Lambda-Null Λ^0	1115,6	0	$2{,}6 \cdot 10^{-10}$	1953
Hadronen	Baryonen	Sigma-Plus Σ^+	1189,4	+1	$0{,}8 \cdot 10^{-10}$	1953
Hadronen	Baryonen	Sigma-Stern-Minus Σ^{*-}	1385	−1	$1{,}3 \cdot 10^{-23}$	1960
Hadronen	Baryonen	Delta-Null Δ^0	1235	0	$0{,}4 \cdot 10^{-23}$	1952
Hadronen	Baryonen	Xi-Stern-Minus Ξ^{*-}	1385	−1	$0{,}5 \cdot 10^{-22}$	1962
Hadronen	Baryonen	Omega-Minus Ω^-	1672	−1	$1{,}3 \cdot 10^{-10}$	1964

KÜNSTLICHE KERNUMWANDLUNG

Zur Erinnerung: Rutherford schickte 1919 in eine mit Stickstoff gefüllte Nebelkammer α-Teilchen. Hierbei entdeckte er eine Spur, die sich in eine lange dünne und eine kurze dicke gabelte. Er fand heraus, dass die dünne Spur zu einem Proton gehörte. Das α-Teilchen stößt mit dem Stickstoffkern zusammen. Es bildet sich der Kern eines Fluorisotops. Dieser zerfällt in ein Proton und einen Sauerstoffkern.

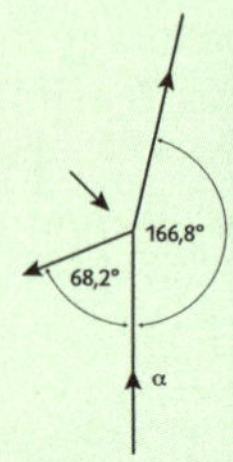

1. Stellen Sie die Reaktionsgleichung auf. Berechnen Sie die Mindestenergie, die ein α-Teilchen haben muss, damit die Kernumwandlung möglich ist.

2. Aus Reichweitemessungen weiß man, dass die Energie des α-Teilchens vor dem Stoß 3,9 MeV betrug. Berechnen Sie mit den Winkelangaben Impuls und kinetische Energie der wegfliegenden Teilchen. Vergleichen Sie die Energien. Geben Sie eine Erklärung für die Differenz an.

LÖSUNGEN

1. $^{14}_{7}N + ^{4}_{2}He \rightarrow ^{18}_{9}F^* \rightarrow ^{17}_{8}O + ^{1}_{1}p$

Aus dem Massendefekt ($m_\alpha = 4{,}0015064\,u$, $m_N = 13{,}9992342\,u$, $m_p = 1{,}0072765\,u$, $m_O = 16{,}9947446\,u$) erhält man:
$\Delta m\,c^2 = ((m_O + m_p) - (m_N - m_\alpha))\,c^2 = 0{,}0012806\,u \cdot 931\,\text{MeV}/u \approx 1{,}2\,\text{MeV}.$
Die Kernumwandlung ist möglich, falls die Energie des α-Teilchens mindestens 1,2 MeV beträgt.

2. Impuls des α-Teilchens vor der Wechselwirkung:

$p_\alpha = \sqrt{2\,m_\alpha E_{kin}} = \sqrt{2 \cdot 6{,}64 \cdot 10^{-27}\,\text{kg} \cdot 3{,}9\,\text{MeV}} = 9{,}11 \cdot 10^{-20}\,\frac{\text{kgm}}{\text{s}}$

Die Impulse nach der Wechselwirkung ergeben sich aus dem Impulsdiagramm zu

$p_p = p_\alpha \cdot \frac{\sin 13{,}2°}{\sin 55°} = 2{,}54 \cdot 10^{-20}\,\frac{\text{kgm}}{\text{s}}$ und $p_o = p_\alpha \cdot \frac{\sin 111{,}8°}{\sin 55°} = 10{,}33 \cdot 10^{-20}\,\frac{\text{kgm}}{\text{s}}$.

Damit erhält man für die Energien nach dem Stoß:

$E_{^{17}_{8}O} = \frac{p_O^2}{2m_o} = 1{,}21\,\text{MeV} \approx 1{,}2\,\text{MeV}$ und $E_p = \frac{p_p^2}{2m_p} = 1{,}18\,\text{MeV} \approx 1{,}2\,\text{MeV}.$

Es besteht eine Energiedifferenz von 3,9 MeV − (1,2 MeV + 1,2 MeV + 1,2 MeV) = 0,3 MeV. Der Sauerstoffkern könnte noch im angeregten Zustand sein.

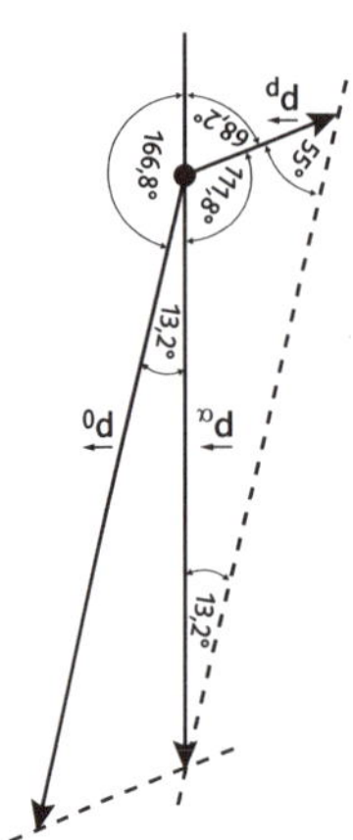

NACHWEIS VON ELEMENTARTEILCHEN

1. Die Abbildung stellt schematisch einen Ausschnitt aus einer Blasenkammeraufnahme dar.

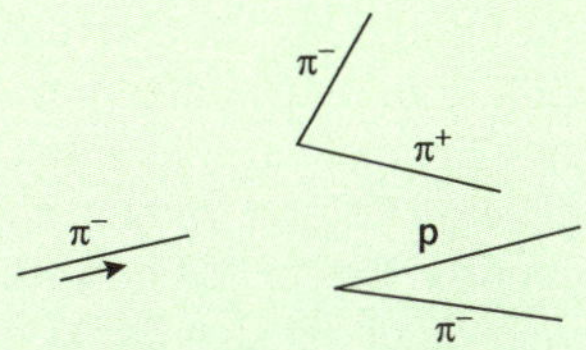

   a) Betrachten Sie die beiden Stellen, an denen zwei Teilchen entstehen. Warum müssen diese aus mindestens einem dritten Teilchen entstanden sein?
   b) Die Spur des dritten Teilchens ist nicht sichtbar. Auf welche Teilcheneigenschaft kann man schließen?
   c) Bei der Blasenklammeraufnahme handelt es sich um die folgenden Zerfälle: $K^0 \to \pi^- + \pi^+$ und $\Lambda \to \pi^- + p$
   Zeichnen Sie die unsichtbaren Bahnen gestrichelt ein und bezeichnen Sie diese.
   d) Bei der Entdeckung des K^0-Zerfalls war das Kaon 3 cm vom Entstehungsort entfernt. Das Kaon bewegt sich fast mit Lichtgeschwindigkeit. Berechnen Sie seine ungefähre Lebensdauer.
2. Welche Bedingungen müssen für eine Paarerzeugung $\gamma \to e^+ + e^-$ erfüllt sein?
3. Warum ist es nicht möglich, dass aus einem Photon nur ein Elektron ensteht?

LÖSUNGEN

1. a) Der Gesamtimpuls der auseinanderfliegenden Teilchen ist ungleich null. Wegen der Impulserhaltung muss ein weiteres Teilchen diesen Impuls übertragen haben.
   b) Die Teilchen müssen elektrisch neutral sein.
   c)

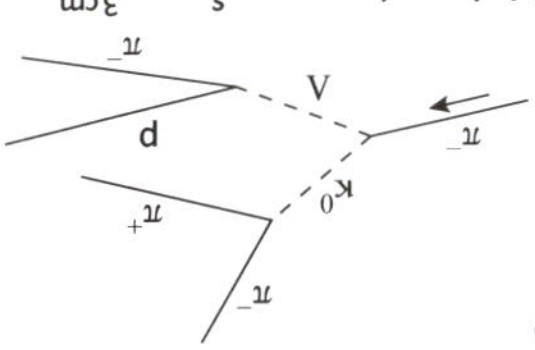

   d) Lebensdauer $\tau \approx \frac{s}{c} = \frac{3\,\text{cm}}{3 \cdot 10^{10}\,\text{cms}^{-1}} = 10^{-10}\,\text{s}$
2. Zur Bildung des Elektron-Positron-Paares ist mindestens die Ruheenergie von Elektron und Positron notwendig. $W_\gamma \geqq 2\,m_0 c^2 = 2 \cdot 0{,}511\,\text{MeV} = 1{,}02\,\text{MeV}$.
   Es muss mindestens ein weiteres Teilchen beteiligt sein, damit die Impulserhaltung gewährleistet ist.
3. Eine Reaktion $\gamma \to e^-$ widerspricht dem Satz von der Erhaltung der Ladung.

FEYNMAN-DIAGRAMME

Die Beschreibung von Wechselwirkungen zwischen den Elementarteilchen geschieht ohne Felder. Die Wechselwirkungen werden durch Austauschteilchen vermittelt. Für die graphische Veranschaulichung von Wechselwirkungen benutzt man Zeit-Raum-Diagramme, die Feynman-Diagramme. Die Tabelle enthält die Bausteine dieser Diagramme.

Photon γ	γ (Wellenlinie)
Teilchen, z. B. Elektron	e (Linie mit Pfeil)
Antiteilchen, z. B. Positron	e^+ (Linie mit Gegenpfeil)
Gluon g	g (Schleifenlinie)
Bosonen	W^- W^+ Z^0 (gestrichelte Linie)

AUSTAUSCHTEILCHEN

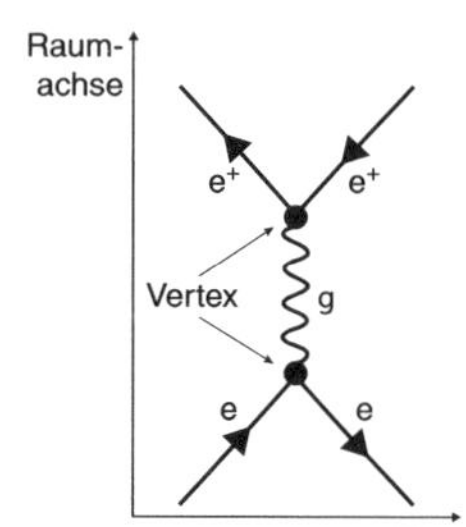

Bei der elektomagnetischen Wechselwirkung ist das Photon das Austauschteilchen. Das nebenstehende Feynman-Diagramm beschreibt die Wechselwirkung zwischen einem Positron und einem Elektron. Die Zeitachse zeigt nach rechts, die Raumachse nach oben.
(In der Literatur findet man auch die umgekehrte Anordnung.)
Das Diagramm beschreibt den folgenden Sachverhalt:
Je ein einlaufendes Elektron und Positron tauschen ein Photon aus. Nach der Wechselwirkung hat man je ein auslaufendes Elektron und Positron. Man spricht von einer Elektron-Positron-Streuung.
Es ist zu beachten, dass die „Pfeile" keine Bahnen der Teilchen darstellen. Dies wäre mit den Eigenschaften der Quantenobjekte nicht vereinbar.

VERTEX

Die Stelle im Feynman-Diagramm auf der voranstehenden Seite, an denen eine Emission bzw. Absorption eines Austauschteilchens stattfindet, heißt Vertex.
Berührt nur der Anfang oder nur das Ende einer Linie einen Vertex, dann spricht man von einer äußeren Linie. Diese stellen beobachtbare Teilchen dar. Im Beispiel sind dies das Elektron und das Positron.
Innere Linien beginnen und enden bei einem Vertex. Sie stellen virtuelle d. h. nicht beobachtbare bzw. im Endzustand nicht vorhandene Teilchen dar. Im Beispiel ist dies das Photon.

Der Austausch eines virtuellen Teilchens kann man mit Hilfe der Unbestimmtheitsrelation $\Delta E \cdot \Delta t \geqq h/4\pi$ verstehen. Die Emission eines Austauschteilchens der Energie $\Delta E = mc^2$ ist ohne Verletzung des Energiesatzes möglich, wenn dieses in der Zeitspanne $\Delta t = h/(4\pi\Delta E) = h/(4\pi mc^2)$ wieder absorbiert wird. In der Zeit Δt kann das virtuelle Teilchen höchstens die Strecke

$$r = c \cdot \Delta t = c \cdot h/(4\pi mc^2) = h/(4\pi mc)$$

zurücklegen. Dies entspricht der Reichweite. Man erhält also, dass Kräfte mit kurzer Reichweite von Austauschteilchen mit relativ großer Masse vermittelt werden. Weiter erkennt man, dass Photonen mit der Ruhemasse Null eine unbegrenzte Reichweite haben.

EIGENDREHIMPULS

In der Makrophysik ist der Spin der Drehimpuls eines Teilchens, wenn es sich wie ein Kreisel um seine eigene Achse dreht. In der Elementarteilchenphysik ordnet man den Teilchen ebenfalls einen Eigendrehimpuls zu. Dieser ist aber gequantelt, er kann nur ganzzahlige oder halbzahlige Vielfache von $h/4\pi$ sein.
Für Ferminonen (Quarks und Leptonen), dies sind Teilchen mit halbzahligen Spin, gilt das Pauli-Prinzip.
Für Bosonen (Photon, W^+, W^-, Z^0, Gluon, Graviton), dies sind Teilchen mit ganzzahligen Spin, gilt das Pauli-Prinzip nicht. Es können also mehrere Austauschteilchen im gleichen Quantenzustand sein.

QUARKS UND ANTIQUARKS

Einige Eigenschaften der Quarks sind in der Tabelle zusammengestellt. Quarks nehmen an allen Wechselwirkungen teil.

Die entsprechenden Anti-Quarks bezeichnet man mit einem Querstrich.

Flavour		Massen in MeV	Ladung in *e*	Spin
up	u	≈ 5	+2/3	$\frac{1}{2}$
down	d	≈ 10	−1/3	$\frac{1}{2}$
strange	s	≈ 100	−1/3	$\frac{1}{2}$
charm	c	≈ 1500	+2/3	$\frac{1}{2}$
bottom	b	≈ 4200	−1/3	$\frac{1}{2}$
top	t	≈ 120 000	+2/3	$\frac{1}{2}$

FARBLADUNG

Nach dem Pauli-Prinzip müssen sich die Quarks uuu in Δ^{++}-Teilchen in mindestens einer Quantenzahl unterscheiden. Die Quantenzahlen Ladung und Spin genügen daher nicht. Man führte eine weitere Quantenzahl ein, die Farbladung oder einfach Farbe. Die Farbladung ist die „Ladung" der starken Kraft (im elektromagnetischen Fall ist es die elektrische Ladung).
Man unterscheidet die drei Farben Rot, Grün, Blau bzw. die Antifarben Antirot (Cyan), Antigrün (Magenta), Antiblau (Gelb). Mischt man in der Realität Farbe, Antifarbe bzw. die drei Farben Rot (r) , Gelb (g), Blau bzw. die drei Antifarben dann erhält man Weiß.
Es gilt:
Alle möglichen Quarkkombinationen der Hadronen sind weiß.

BEISPIEL

Folgende Farbe sind für π-Mesonen ($d\bar{d}$) möglich:
Rot + Cyan = Weiß oder Grün + Magenta = Weiß oder Blau + Gelb = Weiß.
Es zeigt sich, dass die Quarks in Hadronen ständig ihre Farbe wechseln. Es bleibt aber immer Weiß. Ein Farbwechsel ist nur möglich, wenn die Quarks ihre Farbe abgeben und eine neue Farbe aufnehmen können. Diese Aufgabe übernehmen die Austauschteilchen, die Gluonen. Die Gluonen tragen eine Farbe und eine Antifarbe. Deshalb können Gluonen an der starken Wechselwirkungen teilnehmen, zum Unterschied zu den Photonen, die an der elektromagnetischen Wechselwirkung wegen fehlender Ladung nicht teilnehmen können.
Quarks in sehr geringem Abstand können sich fast frei bewegen. Versucht man sie zu trennen, dann wächst mit steigendem Abstand die notwendige Energie. Schließlich reicht die Energie zur Erzeugung eines neuen Quark-Antiquark-Paars. Es entstehen neue gebundene Mesonen oder Baryonen.

In unmittelbarer Nähe eines weißen Nukleons ist noch etwas von der Farbladung der Gluonen zu spüren, dies ist die Ursache für die Kernkraft.

WECHSELWIRKUNG VON ELEMENTARTEILCHEN

1. Außer der Gravitation gibt es drei weitere Wechselwirkungen. Welche Wechselwirkungen sind dies?
   Nennen Sie die Austauschteilchen.
   Geben Sie je ein Beispiel an.

2. Geben Sie zum Teilchenprozess $e^- + e^- \rightarrow e^- + e^-$ das Feynman-Diagramm an und erläutern Sie dies.

3. Berechnen Sie die Masse, die ein Austauschteilchen mit der Reichweite $r \approx 10^{-15}$ m haben müsste.

Konstanten: $c = 3{,}00 \cdot 10^8$ m/s; $h = 6{,}63 \cdot 10^{-34}$ Js und $e = 1{,}60 \cdot 10^{-19}$ C

LÖSUNGEN

1. • Elektromagnetische Wechselwirkung
   Beispiel: Kräfte zwischen geladenen Teilchen (Elektron – Proton im Atom)
   Austauschteilchen: Photonen
   • Starke Wechselwirkung
   Beispiel: Kräfte zwischen den Quarks eines Protons (Zusammenhalt des Protons)
   Austauschteilchen: Gluonen
   • Schwache Wechselwirkung
   Beispiel: Sie wirkt auf alle Teilchen. Bewirkt den β-Zerfall.
   Die Reichweite ist mit etwa 10^{-17} m sehr kurz.
   Austauschteilchen: W^+, W^- und Z^0-Bosonen

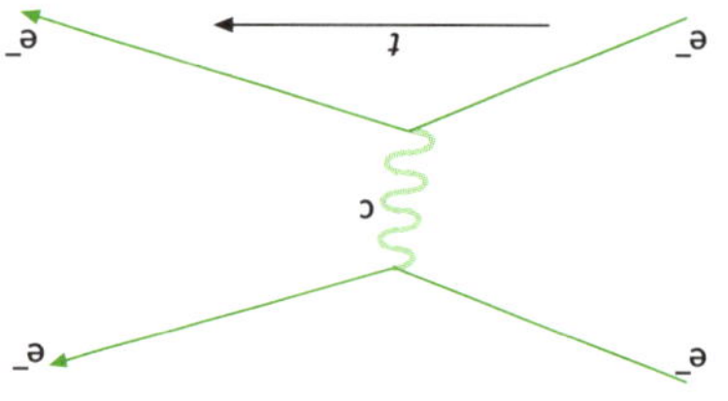

2. Beide Elektronen tauschen ein virtuelles Photon aus. Dadurch erfahren sie die Impulsänderung $\Delta p \approx \frac{h}{r}$ (r ist der Abstand der beiden Elektronen) und üben die Coulombkraft $F = \Delta p/\Delta t = h/r\Delta t = hc/r^2 \sim 1/r^2$ aufeinander aus. Dabei wurde benutzt, dass für die Wechselwirkungszeit Δt der Zusammenhang $c \cdot \Delta t = r$ gilt.

3. $r \approx h/(4\pi m c) \Leftrightarrow m \approx h/(4\pi c r) = 6{,}63 \cdot 10^{-34}\,\text{Js}/(4\pi \cdot 3 \cdot 10^8\,\text{ms}^{-1} \cdot 10^{-15}\,\text{m}) = 1{,}76 \cdot 10^{-27}\,\text{kg}$.
   Dies entspricht in etwa der Masse eines Nukleons. In Energieeinheiten sind dies 990 MeV.

DAS STANDARDMODELL DER ELEMENTARTEILCHEN

1. Das Standardmodell besteht aus 12 elementaren Bausteinen. Ergänzen Sie die Tabelle

Generation	I (leicht)	II (mittelschwer)	III (schwer)
Quarks	up-Quark u		
Leptonen			tauon Neutrino
		Müon μ^-	

2. Was sind Fermionen, was sind Bosonen?

3. Beschreiben Sie den Aufbau eines Neutrons im Standardmodell.

4. Zeichnen Sie für den β^- Zerfall ein Feynman-Diagramm.

LÖSUNGEN

1.

Generation	I (leicht)	II (mittelschwer)	III (schwer)
Quarks	up-Quark u	charm-Quark c	top-Quark t
	down-Quark d	strange-Quark s	bottom-Quark b
Leptonen	Elektron Neutrino ν_e	Müon-Neutrino ν_μ	tauon Neutrino ν_τ
	Elektron e^-	Müon μ^-	Tauon τ^-

2. Fermionen sind Teilchen mit halbzahligen Spin. Dazu gehören die Quarks und die Leptonen. Bosonen sind Teilchen mit ganzzahligen Spin. Dazu gehören alle Austauschteilchen.

3. Ein Neutron besteht aus zwei d-Quarks mit einer elektrischen Ladung von je $-1/3\,e$ und einem u-Quark mit der Ladung $+2/3\,e$. Insgesamt ergibt sich ein neutrales Element mit halbzahligen Spin.

4.

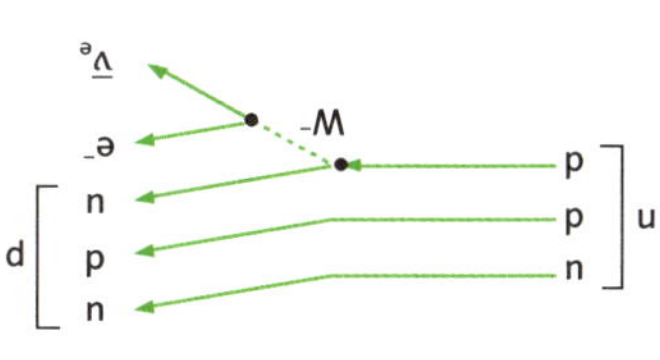

$n \rightarrow p + e^- + \bar{\nu}_e$

11 THERMODYNAMIK

Allgemeine Gasgleichung

ZUSTANDSGRÖSSEN

Ein Gas wird durch die Zustandsgrößen Volumen V, Druck p, und Temperatur T beschrieben. Für ideale Gase gilt die allgemeine Gasgleichung pV/T = konst.

Es zeigt sich, dass die Konstante proportional zur betrachteten Stoffmenge ist. Wird die Stoffmenge n in der Einheit mol angegeben (1 mol = $6{,}0221341 \cdot 10^{23}$ Teilchen), dann erhält man:

$pV = nRT$ mit der universellen Gaskonstanten $R = 8{,}31\,\mathrm{J/(K \cdot mol)}$.

Vielfach benutzt man auch die Anzahl der Gasteilchen N zur Beschreibung der Stoffmenge. Dann erhält die allgemeine Gasgleichung die folgende Form:

$pV = NkT$ mit der Boltzmann-Konstanten $k = 1{,}38 \cdot 10^{-23}\,\mathrm{J/K}$

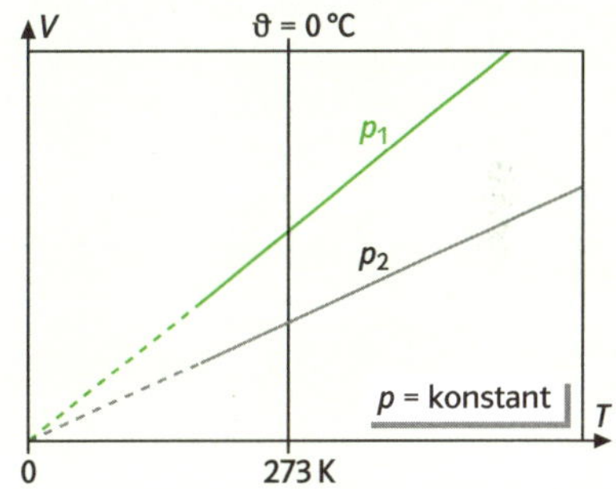

Temperatur und Volumen

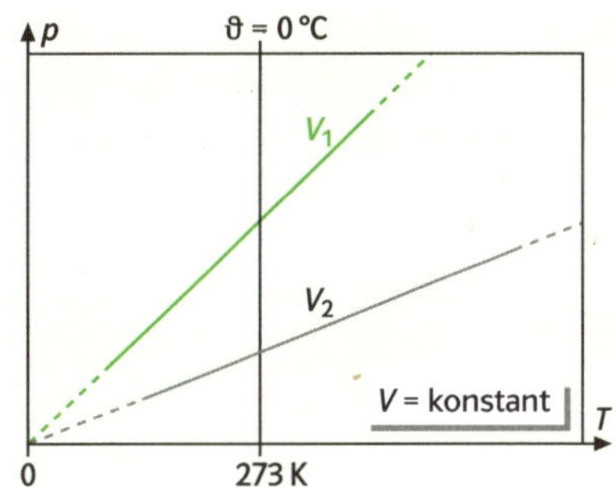

Temperatur und Druck

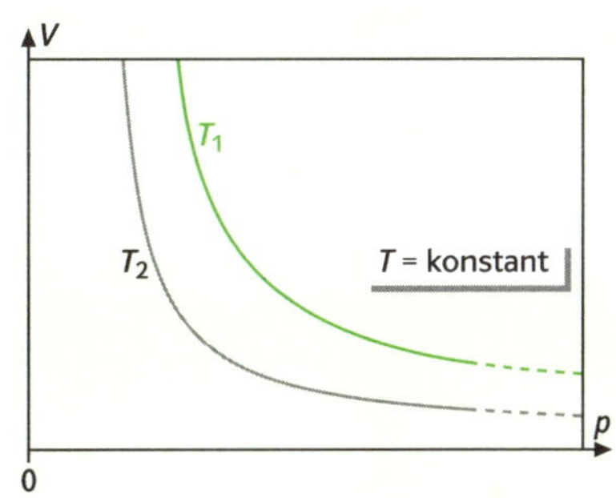

Druck und Volumen

SONDERFÄLLE

Drei Sonderfälle der Gasgesetze sind:

Gesetz von Gay-Lussac
(isobare Zustandsänderung)
Bei konstantem Druck p ist das Volumen V proportional zur Temperatur T.
$V = \text{konst} \cdot T$

Gesetz von Amontons
(isochore Zustandsänderung)
Bei konstantem Volumen V ist der Druck p proportional zur Temperatur T
$p = \text{konst} \cdot T$

Gesetz von Boyle-Mariotte
(isotherme Zustandsänderung)
Bei konstanter Temperatur T ist der Druck p antiproportional zum Volumen V.
$p \cdot V = \text{konst}$

HERLEITUNG DES GASDRUCKS

Für die theoretische Herleitung des Gasdrucks werden noch die folgenden Idealisierungen vorgenommen.

- Ein würfelförmiges Gasvolumen V enthält N Teilchen mit der Masse m.
- Je ein Sechstel der Teilchen bewegt sich senkrecht zu einer Würfelfläche.
- Der Geschwindigkeitsbetrag v ist für alle Teilchen gleich.
- Es kommt nur zu elastischen Stößen mit den Wänden.

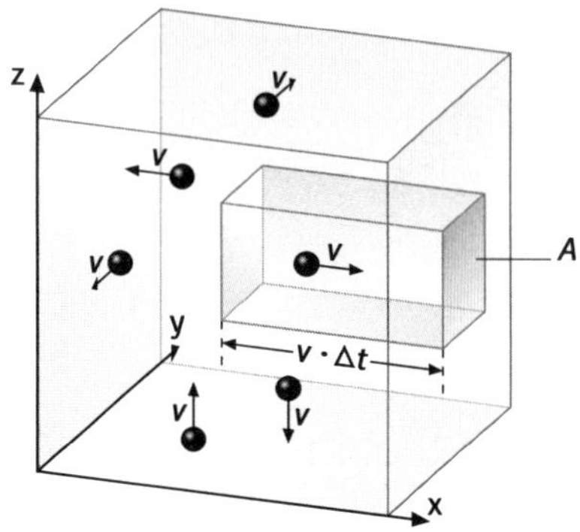

Im Volumen $V' = A\,v\,\Delta t$ befinden sich N' Teilchen. Ein Sechstel davon erreicht in der Zeitspanne Δt die Fläche A.
Dies sind:

$$\frac{1}{6}N' = \frac{1}{6}\cdot\frac{N}{V}\cdot V' = \frac{1}{6}\cdot\frac{N A v \Delta t}{V}$$

Mit jedem Stoß überträgt ein Teilchen den Impuls $2mv$ auf die Wand. Der gesamte in der Zeitspanne Δt übertragende Impuls Δp ist demnach $\Delta p = 1/6 \cdot N' \cdot 2 \cdot m v$.

Damit ergibt sich für den Druck $p = \frac{F}{A} = \frac{1}{A}\cdot\frac{\Delta p}{\Delta t}$

$$p = \frac{1}{A}\cdot\frac{\Delta p}{\Delta t} = \frac{1}{A}\cdot\frac{1}{6}\cdot\frac{N A v \Delta t}{\Delta t \cdot V}\cdot 2mv = \frac{N}{V}\cdot\frac{1}{3}m v^2$$

(Beachten Sie: p bezeichnet den Druck und Δp die Impulsänderung)

Berücksichtigt man die Geschwindigkeitsverteilung, dann muss v^2 durch das mittlere Geschwindigkeitsquadrat $\overline{v^2}$ ersetzt werden. Hieraus ergibt sich mit der mittleren kinetischen Energie $\overline{E_{kin}} = \frac{1}{2} m \overline{v^2}$ schließlich $pV = \frac{2}{3} N \overline{E_{kin}}$.
Vergleicht man das Ergebnis mit $pV = NkT$, so erhält man einen Zusammenhang zwischen der Temperatur T und der mittleren kinetischen Energie.

Die Teilchen eines idealen Gases haben bei der Temperatur T die mittlere kinetischen Energie $\overline{E_{kin}} = \frac{3}{2} kT$.

Da alle drei Raumrichtungen gleichberechtigt sind, beträgt die mittlere kinetische Energie je Richtung (je Freiheitsgrad) $\frac{1}{2} kT$.

Atome eines idealen Gases haben je Bewegungsrichtung einen Freiheitsgrad, also insgesamt drei.
Bei zweiatomigen Gase kommen zwei Freiheitsgrade für die Rotation hinzu, es sind also fünf.

Der Gleichverteilungssatz besagt, dass im thermodynamischen Gleichgewicht ein Teilchen je Freiheitsgrad die mittlere Energie $\frac{1}{2} kT$ besitzt.

ALLGEMEINE GASGLEICHUNG

1. Nennen Sie die Grundannahmen für das Modell des idealen Gases.

2. Eine Stahlflasche ist mit 100 l Stickstoff gefüllt. Bei einer Temperatur von 20,0 °C beträgt der Druck 23,0 MPa. Die Stahlflasche ist bis zu einem Maximaldruck von 28,0 MPa zugelassen.
   a) Ermitteln Sie die maximal zugelassene Temperatur, bei der die gefüllte Flasche gelagert werden darf.
   b) Berechnen Sie die Masse der 100 l Stickstoff. Die relative Molekülmasse beträgt 28,0.

Konstanten: $k = 1{,}38 \cdot 10^{-23}\,\mathrm{J/K}$ $\quad R = 8{,}31\,\mathrm{J/(K \cdot mol)}$ $\quad 1\,u = 1{,}66 \cdot 10^{-27}\,\mathrm{kg}$

LÖSUNGEN

1. • Die Teilchen haben kein Volumen.
   • Nur bei den Zusammenstößen wirken Kräfte.
   • Alle Stöße sind elastische Stöße.
   • Die Bewegung erfolgt völlig regellos.

2. a) Es gilt: $\frac{p_1 \cdot V_1}{T_1} = \frac{p_2 \cdot V_2}{T_2}$

   Mit $V_1 = V_2 = 100\,\mathrm{l}$ folgt $T_2 = \frac{p_2}{p_1} \cdot T_1 = \frac{28{,}0\,\mathrm{MPa}}{23{,}0\,\mathrm{MPa}} \cdot (273{,}2 + 20{,}2)\,\mathrm{K} = 356{,}9\,\mathrm{K} \approx 84\,°\mathrm{C}$

   b) Aus $p \cdot V = NkT$ erhält man die Anzahl $N = (pV)/(kT)$ der Stickstoffmoleküle.
   Die Masse m des eingefüllten Stickstoffs ist dann:

$$m = \frac{pV}{kT} \cdot m_{\text{N-Molekül}} = \frac{23{,}0 \cdot 10^6 \frac{\mathrm{N}}{\mathrm{m}^2} \cdot 10^{-1}\,\mathrm{m}^3}{1{,}38 \cdot 10^{-23} \frac{\mathrm{J}}{\mathrm{K}} \cdot 193{,}2\,\mathrm{K}} 28 \cdot 1{,}66 \cdot 10^{-27}\,\mathrm{kg} = 26{,}4\,\mathrm{kg}$$

KINETISCHE GASTHEORIE

1. Ein Wasserstoffgas hat die Temperatur 500 °C. Es verhält sich wie ein ideales Gas. Die Masse eines Wasserstoffmoleküls beträgt $3{,}347 \cdot 10^{-27}$ kg.
   a) Berechnen Sie die mittlere kinetische Energie, die mittlere Geschwindigkeit und den mittleren Impuls eines Wasserstoffmoleküls. Es darf die Näherung $\overline{v^2} = \overline{v}^2$ benutzt werden.
   b) Ermitteln Sie den Impuls, den ein Teilchen bei einem senkrechten elastischen Stoß im Mittel auf die Wand überträgt.

2. Die Geschwindigkeiten der einzelnen Teilchen eines idealen Gases sind statistisch verteilt. Die Abbildung zeigt qualitativ eine Geschwindigkeitsverteilung. Erläutern Sie, warum man zwischen häufigster und mittlerer Geschwindigkeit unterscheiden muss.

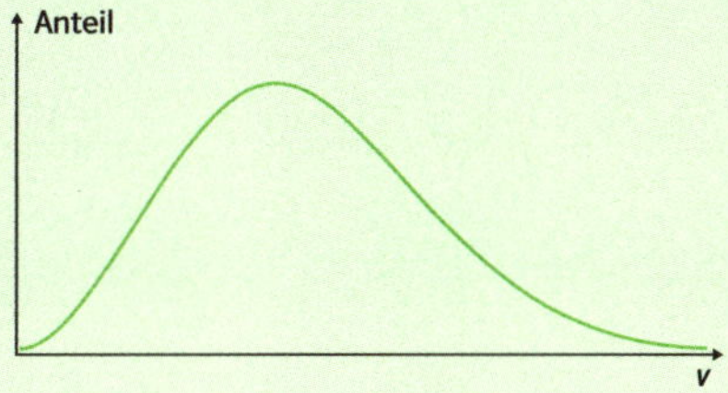

Konstanten: $k = 1{,}38 \cdot 10^{-23}$ J/K

LÖSUNGEN

1. a) Geschwindigkeit: $\frac{1}{2} m \overline{v^2} = \frac{3}{2} kT \Rightarrow \overline{v^2} = 3 \cdot \frac{kT}{m}$

$$\overline{v^2} = \frac{3 \cdot 1{,}38 \cdot 10^{-23}\,\text{JK}^{-1} \cdot 773{,}15\,\text{K}}{3{,}347 \cdot 10^{-27}\,\text{kg}} = 9{,}57 \cdot 10^{6}\,\frac{\text{m}^2}{\text{s}^2} \Rightarrow \overline{v} = 3090\,\frac{\text{m}}{\text{s}}$$

Energie: $\overline{E_{kin}} = \frac{3}{2} kT = \frac{3}{2} \cdot 1{,}38 \cdot 10^{-23}\,\text{J/K} \cdot 773{,}15\,\text{k} = 1{,}60 \cdot 10^{-20}\,\text{J}$

Impuls: $\overline{p} = m\overline{v} = 3{,}347 \cdot 10^{-27}\,\text{kg} \cdot 3090\,\text{m/s} = 1{,}03 \cdot 10^{-23}\,\frac{\text{kgm}}{\text{s}}$

b) Impulsübertragung: $\overline{\Delta p} = 2\overline{p} = 2{,}06 \cdot 10^{-23}\,\frac{\text{kgm}}{\text{s}}$

2. Das Maximum der Verteilung gibt die häufigste Geschwindigkeit v_0 an. Die Anzahl der Teilchen mit einer größeren Geschwindigkeit als v_0 ist größer als der Anteil mit einer kleineren Geschwindigkeit. Deshalb ist die mittlere Geschwindigkeit größer als v_0.

Genauer gilt: $v_0 < \overline{v} = 1{,}128 \cdot v_0 < \sqrt{\overline{v^2}} = 1{,}224 \cdot v_0$ und damit $\overline{v} \approx 0{,}92 \cdot \sqrt{\overline{v^2}}$.

INNERE ENERGIE

Ändert sich die Temperatur eines festen, flüssigen oder gasförmigen Körpes der Masse m um ΔT, dann ändert sich die innere Energie U um ΔU. Ändert sich der Aggregatzustand des Körpers nicht und finden keine chemische Reaktionen statt, dann gilt $\Delta U = c\,m\,\Delta T$.
c heißt spezifische Wärmekapazität.
Für die innere Energie eines Körpers benutzt man auch den Formelbuchstaben E_{innere} statt U.

SCHMELZENERGIE UND VERDAMPFUNGSENERGIE

Beim Schmelzen und beim Verdampfen ändert sich, trotzt Energiezufuhr, die Temperatur des Körpers nicht. Mit der Schmelzenergie wird der feste Teilchenverband aufgelöst. Die potenzielle Energie der Teilchen wird dadurch erhöht. Beim Verdampfen erhält man frei bewegliche Gasteilchen. Die potenzielle Energie erhöht sich weiter. Das Volumen nimmt erheblich zu, hierfür muss Arbeit verrichtet werden. Zusammnen ergibt dies die Verdampfungsenergie.

Die umgekehrten Vorgänge Kondensieren bzw. Verfestigen setzen dieselbe Energie frei.

t-*T*-DIAGRAMM FÜR KONSTANTE ENERGIEZUFUHR

Während der Änderungen der Aggregatzustände ändert sich die Temperatur nicht.

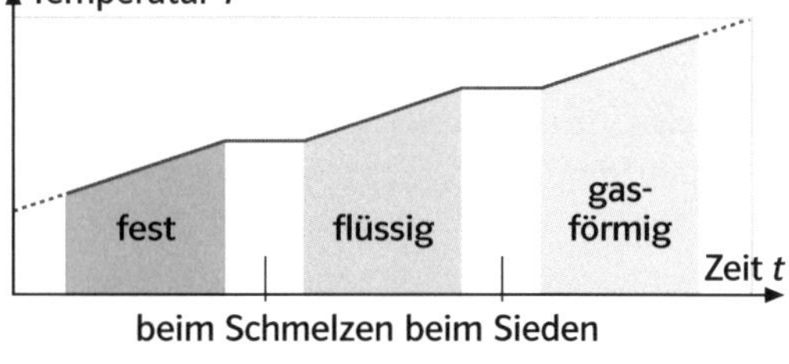

WÄRMEKAPAZITÄT

Misst man die Energie, die man benötigt, um die Temperatur eines Gases um ΔT zu erhöhen, dann stellt man fest, dass diese bei konstantem Volumen kleiner ist als bei konstantem Druck. Die spezifische Wärmekapazität c_V ist kleiner als die spezifische Wärmekapazität bei konstantem Druck c_p. Der Grund dafür ist, dass im zweiten Fall das Gasvolumen vergrößert werden muss. Dies bedeutet, dass eine Gefäßwand gegen den äußeren Luftdruck verschoben werden muss. Dazu ist die Energie $\Delta E = p\,\Delta V$ erforderlich. Um diesen Betrag reduziert sich die innere Energie des Gases.

Bezieht man alles auf die Stoffmenge n eines Gases, so zeigt eine Rechnung, dass $C_{p,m} - C_{V,m} = R$ ist. Dabei sind $C_{p,m}$ und $C_{V,m}$ die molaren Wärmekapazitäten.

Rechnung:

$$\Delta U_{\text{V-konst}} = C_{Vm} \cdot n \cdot \Delta T$$

$$\Delta U_{\text{p-konst}} = C_{pm} \cdot n \cdot \Delta T$$

Somit ist:

$$p \cdot \Delta V = C_{pm} \cdot n \cdot \Delta T - C_{Vm} \cdot n \cdot \Delta T = n \cdot R \cdot \Delta T \Rightarrow C_{pm} - C_{Vm} = R$$

Gas	C_{Vm}	C_{pm}	$C_{pm} - C_{Vm}$
	in J/(mol·K)		
He	12,6	20,9	8,3
Ne	12,6	20,8	8,2
N_2	20,8	29,2	8,4
O_2	21,1	29,3	8,2
CO_2	28,5	36,8	8,3

Molare Wärmekapazitäten

ARBEIT UND WÄRMEENERGIE

Arbeit W und Wärmeenergie Q erhalten ein Vorzeichen.

- W oder Q sind positiv, wenn die innere Energie des Systems steigt.
- W oder Q sind negativ, wenn die innere Energie des Systems sinkt.

DER ERSTE HAUPTSATZ DER THERMODYNAMIK

Der erste Hauptsatz der Thermodynamik lautet:
Die Änderung ΔU der inneren Energie eines Systems ist gleich der Summe aus verrichteter Arbeit und umgesetzter Wärmeenergie: $\Delta U = W + Q$.

Der erste Hauptsatz ist die Erweiterung des Energiesatzes der Mechanik. Es können jetzt auch Reibungsvorgänge berücksichtigt werden. Allgemein gilt der Satz der Energieerhaltung: In einem thermisch und mechanisch abgeschlossenen System ist die Gesamtenergie konstant.

Robert Boyle

VOLUMENÄNDERUNGSARBEIT

Als Volumenarbeit (Volumenänderungsarbeit) bezeichnet man die Arbeit, die das Gas bei der Expansion verrichtet, bzw. die Arbeit, die bei der Kompression am Gas verrichtet wird.
Man unterscheidet:

- Isobare Zustandsänderung (p = konst). Das Gas expandiert von V_1 nach V_2. Die Arbeit wird daher negativ gerechnet.
  $W = -F \cdot \Delta s = -pA \cdot \Delta s = -p\,\Delta V$
  $\Delta U = Q + (-p\,\Delta V)$

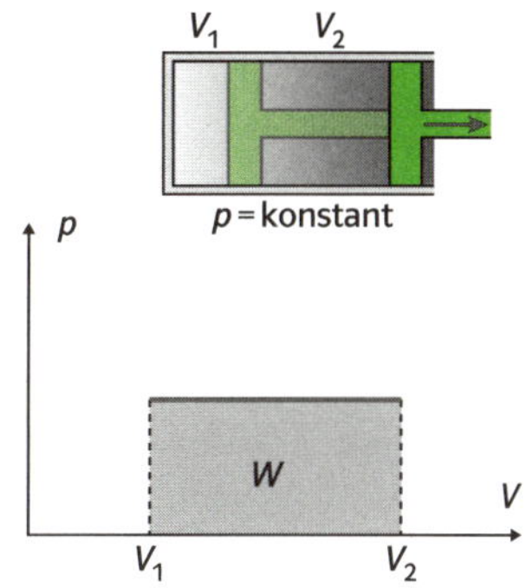

- Isotherme Zustandsänderung (T = konst). Bei konstanter Temperatur ist $\Delta U = 0$. Es gilt das Gesetz von Boyle-Mariotte.

$$W = \int_{V_1}^{V_2} p\,dV = -NkT \int_{V_1}^{V_2} \frac{1}{V}\,dV = -NkT \ln\left(\frac{V_2}{V_1}\right)$$

$$\Delta U = Q + (-NkT \cdot \ln(V_2/V_1)) = 0$$

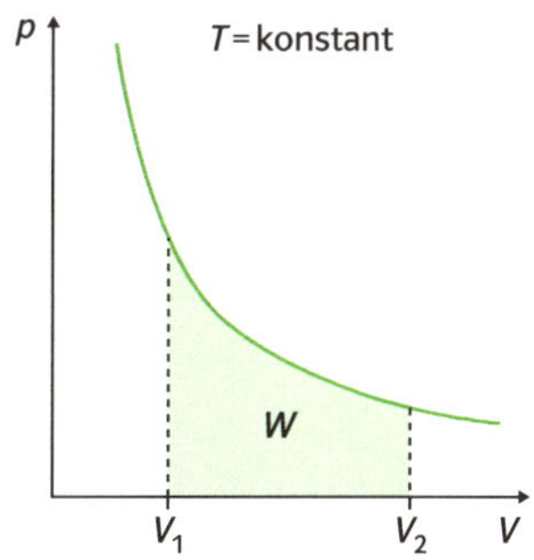

- Adiabatische Zustandsänderung ($Q = 0$). Es findet keine Wärmeübertragung statt.
  Es gilt $p \cdot V^{\varkappa}$ = konst mit $\varkappa = c_p/c_V$. Der Exponent hängt von der Gassorte ab. Für einatomige Gase ist $\varkappa = 5/3$, für zweiatomige ist $\varkappa = 7/3$.
  $\Delta U = W$

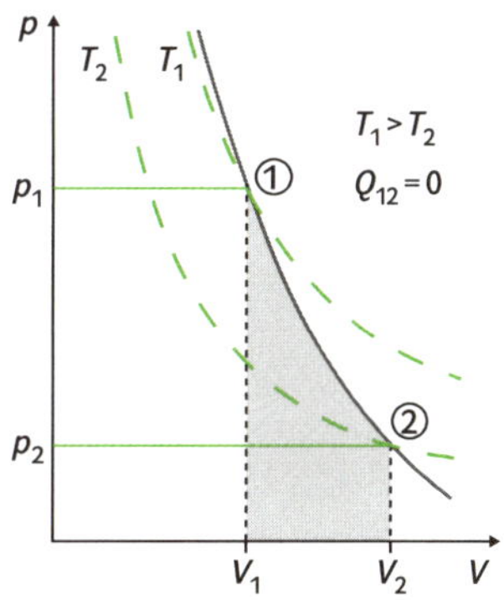

- Isochore Zustandsänderung (V = konst). Es findet keine Volumenänderung statt. Es ist also $\Delta U = Q$.

INNERE ENERGIE

1. Erläutern Sie den Begriff „innere Energie".

2. Was versteht man unter spezifischer Wärmekapazität?

3. 100 m³ Wasser soll als Energiespeicher für die Sonnenenergie dienen. Berechnen Sie die Energie, die benötigt wird, um die Temperatur des Wassers um 30 °C zu erhöhen. Wie lange reicht diese Energie für die Heizung eines Hauses bei einer Heizleistung von 20 kW ($c_{Wasser} = 4{,}2\,kJ/(kg \cdot K)$; $\varrho_{Wasser} = 1\,g/cm^3$)?

4. Bei Gasen unterscheidet man zwischen der spezifischen Wärmekapazität c_V bei konstantem Volumen und der spezifischen Wärmekapazität c_p bei konstantem Druck.
   Begründen Sie, warum c_p größer als c_V sein muss.

LÖSUNGEN

1. Die innere Energie U eines Körpers ist die Summe aller Energien seiner Teilchen. In einem idealen Gas besitzen die Teilchen kinetische Energie. In einem festen oder flüssigen Körper kommt auf Grund der Kräfte zwischen den Molekülen noch potenzielle Energie und Bindungsenergie hinzu.

2. Benötigt man die Energie ΔE, um die Temperatur eines Körpers der Masse m um ΔT zu erhöhen, dann heißt der Quotient $\Delta E / m\,\Delta T$ spezifische Wärmekapazität.
   Die Maßzahl dieser Größe gibt die Energie an, die benötigt wird, um die Temperatur eines Körpers der Masse 1 kg um 1 K zu erhöhen.

3. $\Delta E = m\,c_{Wasser}\,\Delta T = V \varrho_{Wasser}\,c_{Wasser}\,\Delta T$
   $= 100 \cdot 10^3\,dm^3 \cdot 1\,\frac{kg}{dm^3} \cdot 4{,}2 \cdot 10^3\,\frac{J}{kgK} \cdot 30\,K = 1{,}26 \cdot 10^{10}\,J \approx 1{,}3 \cdot 10^{10}\,J$
   Diese Energie reicht für $\frac{1{,}26 \cdot 10^{10}\,J}{20 \cdot 10^3\,W} = 6{,}3 \cdot 10^5\,s \approx 7$ Tage.

4. Bei konstantem Druck wird ein Teil der zugeführten Energie zur Volumenvergrößerung benutzt. Dieser Teil erhöht nicht die mittlere kinetische Energie der Gasteilchen, also auch nicht die Gastemperatur. Daher gilt stets $c_p > c_V$.

ERSTER HAUPTTSATZ

1. Der erste Hauptsatz der Thermodynamik lautet:
   $\Delta U = Q + W$
   a) Beschreiben Sie die Bedeutung der in der Gleichung vorkommenden Größen.
   b) Geben Sie für die folgenden Fälle je ein Beispiel an:
   $W = 0$ und $Q > 0$,
   $W = 0$ und $Q < 0$,
   $W > 0$ und $Q = 0$,
   $W < 0$ und $Q = 0$.

2. Eine abgeschlossene Gasmenge wird isotherm vom Volumen $V_1 = 20\,\text{dm}^3$ auf $V_2 = 5\,\text{dm}^3$ komprimiert. Der Anfangsdruck beträgt $p_1 = 1000\,\text{hPa}$.
   Berechnen Sie die zur Kompression des Gases notwendige Arbeit.

LÖSUNGEN

1. Mit U bezeichnet man die innere Energie eines Systems.
   a) Die Änderung der inneren Energie lässt sich durch Erwärmen oder Abkühlen erreichen. Dabei geht Energie von einem zweiten Körper durch den direkten Kontakt oder durch Strahlung auf den anderen Körper über. Diese Energieform nennt man Wärmeenergie Q (kurz: Wärme).
   b) Mit W bezeichnet man die Arbeit (z.B. Reibungsarbeit), die verrichtet wird, um die innere Energie eines Systems zu ändern.
   $W = 0$ und $Q > 0$: Dem System wird nur Wärmeenergie zugeführt. Dies kann z.B. durch Heizen geschehen.
   $W = 0$ und $Q < 0$: Das System gibt nur Wärmeenergie ab. Beispiel: Abkühlen.
   $W > 0$ und $Q = 0$: Am System wird Arbeit verrichtet. Beispiel: Kompression eines Gases, Reibungsarbeit.
   $W < 0$ und $Q = 0$: Das System verrichtet Arbeit. Beispiel: Vergrößerung des Gasvolumens.
2. Bei konstanter Temperatur gilt das Gesetz von Boyle-Mariotte $p \cdot V = \text{konst.}$
   Es gilt hier: $p_1 V_1 = 100\,000\,\text{Pa} \cdot 20 \cdot 10^{-3}\,\text{m}^3 = 2000\,\text{Nm} = \text{konst.}$
   Die Arbeit für die Volumenvergrößerung ist: $W = \int_{V_2}^{V_1} p\,\mathrm{d}V = \text{konst.} \cdot \int_{V_2}^{V_1} \frac{1}{V}\,\mathrm{d}V = 2000\,\text{Nm} \int_{5}^{20} \frac{1}{V}\,\mathrm{d}V,$
   $W = 2000\,\text{Nm} \cdot \ln\left(\frac{20}{5}\right) = 2773\,\text{J}.$

ARBEIT UND WÄRMEENERGIE

Gleichwertige Formulierungen des zweiten Hauptsatzes sind:

- Es gibt keine periodisch arbeitende Maschine, die innere Energie ausschließlich in Arbeit umsetzt (Kelvin 1851).
- Zustandänderungen eines Systems laufen von selbst stets so ab, dass der neue Zustand wahrscheinlicher ist als der alte (Boltzmann).
- Wärme geht niemals von selbst von einem System niedriger zu einem System höherer Temperatur über (Clausius 1850).

THEORIE DER WÄREMKRAFTMASCHINEN

Die Theorie der Wärmekraftmaschinen zeigt, dass die periodische Umwandlung von Wärmeenergie in mechanische Energie immer mit einer Wärmeabgabe an ein kälteres Reservoir verknüpft ist.

Der Wirkungsgrad η eines Energieumwandlungsprozesses ist das Verhältnis von nutzbarer Energie zu aufgewendeter Energie. Für die Umwandlung von Wärmeenergie Q_{zu} in mechanische Energie E ist der Wirkungsgrad gegeben durch $\eta = |E|/Q_{zu}$. Bei einer idealen Wärmekraftmaschine kann der Wirkungsgrad durch die Temperaturen T_1 (hohe Temperatur) und T_2 (niedrige Temperatur) der Wärmereservoire ausgedrückt werden. Es ist $\eta = 1 - T_2/T_1$.

KREISPROZESS VON R. STERLING

Der vom schottischen Erfinder R. Sterling angegebene Kreisprozess erreicht den maximalen Wirkungsgrad.

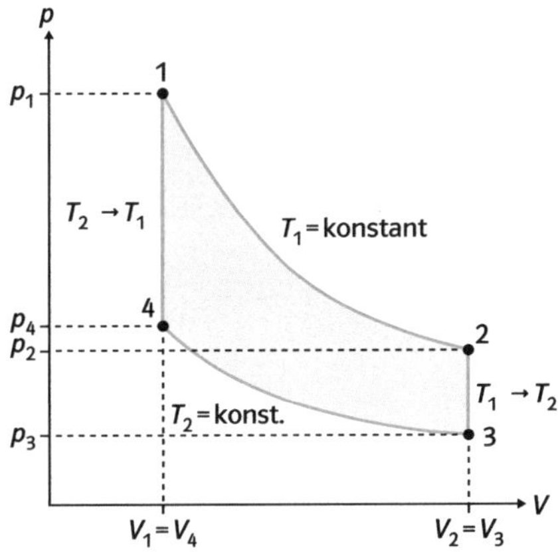

Die Zustandsänderungen und die zugeführten bzw. abgeführten Wärmeenergien sind in der Tabelle zusammengestellt.

Für den Wirkungsgrad erhält man:

$$\eta = \frac{Q_{zu} - |Q_{ab}|}{Q_{zu}} = \frac{NkT_1 \ln(V_2/V_1) - NkT_2 \ln(V_2/V_1)}{NkT_1 \ln(V_2/V_1)},$$

$$\eta = \frac{T_1 - T_2}{T_1} = 1 - \frac{T_2}{T_1}.$$

1 → 2	2 → 3	3 → 4	4 → 1
Isotherme Expansion bei konstanter hoher Temperatur T_1 $Q_{zu} = NkT_1 \ln(V_2/V_1)$	Isochore Abkühlung von T_1 auf T_2 $Q_{ab} = -mc_V \Delta T$	Isotherme Kompression bei konstanter niedriger Temperatur T_2 $Q_{ab} = -NkT_2 \ln(V_2/V_1)$	Isochore Erwärmung von T_2 auf T_1 $Q_{zu} = mc_V \Delta T$

WÄRMEPUMPE

Der technische Wirkungsgrad der Wärmepumpe ist:

$$\eta_{\text{Wärmepumpe}} = \frac{\text{abgegebene Wärmeenergie } Q_1}{\text{aufgewendete mechanische Energie } E} = \frac{Q_1}{|Q_1| - |Q_2|} = \frac{1}{\eta_{\text{Wärmekraftmaschine}}},$$

$$\eta_{\text{Wärmepumpe}} = \frac{T_1}{T_1 - T_2}.$$

Bei der Bewertung dieses Ergebnisses ist zu berücksichtigen, dass eine elektrische betriebene Wärmepumpe gerade den Energieanteil wieder nutzbar macht, der bei der Stromerzeugung verloren wurde. Technisch erreichbar sind Wirkungsgrade von etwa 4,5.

Günstiger sind Wärmepumpen, die mit Gasmotoren betrieben werden.

OTTO-MOTOR

Die Abbildung zeigt ein reales Arbeitdiagramm für einen Otto-Motor.

1. Gas-Luft-Gemisch wird angesaugt.
2. Gasgemisch wird vom Anfangsvolumen V_1 auf das Volumen V_2 verdichtet.
3. Heizung durch Zündung und explosionsartige Verbrennung. Das Volumen V_2 bleibt annähernd konstant (isochorer Vorgang).
4. Expansion unter Verrichtung mechanischer Arbeit.
5. Ausstoßen des verbrannten Gases.

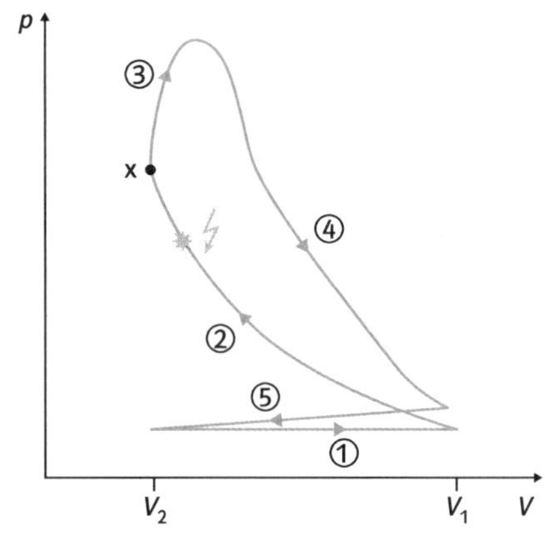

THEORETISCHE BESCHREIBUNG DES OTTO-MOTORS

Bei der theoretischen Beschreibung des Otto-Motors (siehe voranstehende Seite) geht man davon aus, dass die Kompression (2) und die Expansion (4) adiabatisch, also ohne Wärmeaustausch mit der Umgebung, erfolgen.

Unter dieser Voraussetzung ist der theoretische Wirkungsgrad $\eta = 1 - \left(\frac{V_2}{V_1}\right)^{\varkappa - 1}$

Für zweitatomige Gase ist $\varkappa = 1{,}4$.

Der Wirkungsgrad hängt bei dem idealisierten Motor nur von der Verdichtung V_2/V_1 ab. Aus mehreren Gründen lässt sich die Verdichtung aber nicht beliebig erhöhen.

- Bei hoher Verdichtung steigen der Druck und die Temperatur. Die Materialien dürfen dadurch nicht beschädigt werden. Es gibt Dichtungsprobleme.
- Bei hohen Temperaturen kann es zu einer vorzeitigen Verbrennung kommen.

Bei Ottomotoren liegen die Verdichtungen zwischen 9 : 1 bis 14 : 1. Bei Dieselmotoren erreicht man höhere Verdichtungen bis etwa 19 : 1 und damit einen besseren Wirkungsgrad.

ZWEITER HAUPTSATZ

1. Erläutern Sie, was man unter einem reversiblen bzw. einem irreversiblen Vorgang versteht.

2. Der in der Abbildung dargestellte Kreisprozess wird von einem idealen Gas (m = 200 g, c_p = 0,52 kJ kg^{-1} K^{-1}, c_V = 0,31 kJ kg^{-1} K^{-1}) im Uhrzeigersinn durchlaufen. Dabei gilt:

Zustand 1	Zustand 2	Zustand 3
100 kPa	150 kPa	100 kPa
150 dm³	150 dm³	200 dm³
300 K	450 K	450 K
Die Zustandsänderung von 2 nach 3 verläuft isotherm		

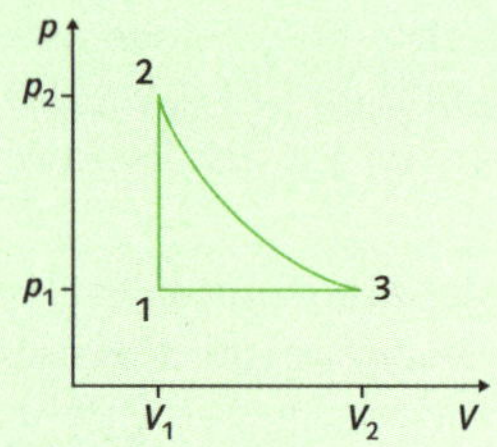

Ermitteln Sie den Wirkungsgrad dieses Kreisprozesses.

LÖSUNGEN

1. Unter einem reversiblen Prozess versteht man einen Vorgang, der zeitlich umkehrbar ist, ohne dass eine Veränderung in der Umgebung zurückbleibt. Reversible Vorgänge sind Idealisierungen. Beispiele sind reibungsfrei ablaufende Vorgänge wie ungedämpfte Schwingungen oder elastische Stöße.

   Ein irreversibler Prozess ist ein Vorgang, der von selbst nur in einer Richtung abläuft. Beispiele sind das gedämpfte Pendel oder der Crashtest.

2. 1 → 2: Isochore (V = konst) Zustandsänderung
   $Q_{zu} = m c_V \Delta T = 0{,}200\,\text{kg} \cdot 0{,}31\,\text{kJkg}^{-1}\text{K}^{-1} \cdot (450\,\text{K} - 300\,\text{K}) = 9{,}3\,\text{kJ}$

   2 → 3: Das Gesetz von Boyle-Mariotte beschreibt die isotherme (T = konst) Zustandsänderung.
   $\text{konst} = p_1 \cdot V_1 = 100 \cdot 10^3\,\text{Pa} \cdot 150 \cdot 10^{-3}\,\text{m}^3 = 15\,\text{kJ}$
   $W_{ab} = -15\,\text{kJ} \cdot \ln(V_2/V_1) = -15\,\text{kJ} \cdot \ln(2) = -10{,}4\,\text{kJ}$
   $Q_{zu} = -W_{ab} = 10{,}4\,\text{kJ}$

   3 → 1: Isobare (p = konst) Zustandsänderung
   $Q_{ab} = m c_p \Delta T = 0{,}200\,\text{kg} \cdot 0{,}52\,\text{kJkg}^{-1}\text{K}^{-1}(300\,\text{K} - 450\,\text{K}) = -15{,}6\,\text{kJ}$

   Der Wirkungsgrad ergibt sich aus der zugeführten und abgeführten Wärmeenergie.

$$\eta = \frac{Q_{zu} - |Q_{ab}|}{Q_{zu}} = \frac{9{,}3\,\text{kJ} + 10{,}4\,\text{kJ} - 15{,}6\,\text{kJ}}{9{,}3\,\text{kJ} + 10{,}4\,\text{kJ}} = 0{,}21 \approx 20\,\%$$

ANWENDUNG VON KREISPROZESSEN

1. Erläutern Sie die Funktionsweise einer Wärmepumpe.
2. Eine Wärmepumpe nutzt Grundwasser der Temperatur 10 °C. Die Nutzwärme wird bei 50 °C übertragen.
   Berechnen Sie den theoretischen Wirkungsgrad.
3. Ein Benzinmotor eines Autos verbraucht stündlich 22 kg Benzin mit einem Heizwert von 42 MJ/kg. Die Motorleistung beträgt 66 kW.
   Berechnen Sie den Wirkungsgrad des Motors.
4. Der Motor aus Aufgabe 3 hat ein Verdichtungsverhältnis von 12 : 1.
   Berechnen Sie den theoretischen Wirkungsgrad, falls $\varkappa = 1{,}4$ ist.
   Vergleichen Sie das Ergebnis mit dem Wirkungsgrad aus 3.

LÖSUNGEN

1. Die Umkehrung einer Wärmekraftmaschine arbeitet als Wärmepumpe.
   Isotherme Expansion bei niedriger Temperatur T_2 unter Zufuhr der Wärmeenergie Q_2.
   Der Arbeitsstoff wird verdichtet. Dabei steigt die Temperatur auf T_1. Bei einer isothermen Verdichtung wird Wärmeenergie Q_1 abgegeben. Für diesen Vorgang muss die Arbeit $W = |Q_1| - |Q_2|$ verrichtet werden.
   Es folgt eine Expansion des Arbeitsstoffes. Er kühlt auf die Anfangstemperatur T_2 ab.

2. Mit $T_1 = (273{,}15 + 50)\,\text{K}$ und $T_2 = (273{,}15 + 10)\,\text{K}$ folgt für den theoretischen Wirkungsgrad
   $\eta = \frac{T_1}{T_1 - T_2} = \frac{323{,}15\,\text{K}}{40\,\text{K}} = 8{,}1.$

3. In 1 h = 3600 s wird im Motor die Energie $W = 22\,\text{kg} \cdot 42 \cdot 10^6\,\text{Jkg}^{-1}$ umgesetzt. Damit ist die zugeführte Leistung $P_{zu} = W/t = 22\,\text{kg} \cdot 42 \cdot 10^6\,\text{Jkg}^{-1}/3600\,\text{s} = 2{,}57 \cdot 10^5\,\text{J/s}$. Hieraus ergibt sich ein Wirkungsgrad von
   $\eta = P_{ab}/P_{zu} = 66 \cdot 10^3\,\text{W}/2{,}57 \cdot 10^5\,\text{W} = 0{,}257 = 25{,}7\,\%.$

4. $\eta_{theor.} = 1 - \left(\frac{V_2}{V_1}\right)^{\varkappa - 1} = 1 - \left(\frac{1}{12}\right)^{0{,}4} = 63\,\%$
   In der Theorie setzt man adiabatische Verdichtung voraus. Der Motor muss aber gekühlt werden. Dieser Energieverlust wurde nicht berücksichtigt. Deshalb ist der in 3 berechnete Wirkungsgrad wesentlich geringer.

DEFINITION DER ENTROPIE

Der Energieerhaltungssatz erlaubt keine Aussage darüber, ob ein Vorgang reversibel oder irreversibel ist. Mit Hilfe der Entropie S kann man diese Vorgänge unterscheiden.

Makroskopisch lässt sich die Entropieänderung wie folgt definieren: Führt man einem System bei konstanter Temperatur die Wärme Q zu, so ändert sich seine Entropie um $\Delta S = Q/T$.

Eine statistische Definition der Entropie S formulierte Ludwig Boltzmann. Die Definitionsgleichung lautet
$S = k \cdot \ln(w)$.
Dabei ist $k = 1{,}380658 \cdot 10^{-23}$ J/K die Boltzmannkonstante und w die Wahrscheinlichkeit für einen Makrozustand. Diese Wahrscheinlichkeit ergibt sich aus der Anzahl z der zu diesem Zustand gehörenden und der Anzahl z_0 aller möglichen Mikrozustände, $w = z/z_0$. Findet in einem abgeschlossenen System ein irreversibler Vorgang statt, dann wächst die Wahrscheinlichkeit w. Ist die Wahrscheinlichkeit w_2 für einen zweiten Zustand größer als die Wahrscheinlichkeit w_1 für den ersten, dann ist
$\Delta S = k \cdot \ln(w_2) - k \cdot \ln(w_1) = k \cdot \ln(w_2/w_1)$ größer als Null.

Obwohl die zweite Definition nicht unmittelbar auf einen Zusammenhang mit Größen wie Wärme und Energie hinweist, besteht ein solcher. Als Beispiel soll die isotherme Expansion eines idealen Gases dienen.

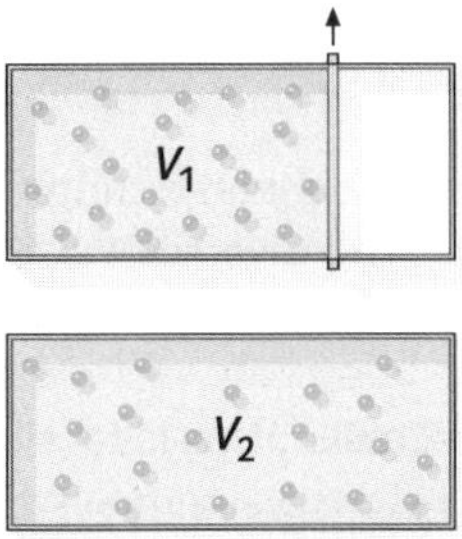

Die Abbildung zeigt einen reversiblen Vorgang. Ein Kasten ist durch einen Schieber in zwei Volumina getrennt. Nach dem Entfernen der Trennwand verteilen sich alle Gasteilchen im größeren Volumen V_2.
Die Wahrscheinlichkeit, ein beliebiges Teilchen nach der Expansion im linken Teilvolumen zu finden, ist $w_1/w_2 = V_1/V_2$.
Für N Teilchen ergibt sich die Wahrscheinlichkeit $w_1/w_2 = (V_1/V_2)^N$. Dies liefert eine Entropieänderung von $\Delta S = k \cdot \ln(w_2/w_1) = k \cdot \ln((V_2/V_1)^N) = k \cdot N \cdot \ln(V_2/V_1)$.
Der makroskopische Weg führt ebenfalls zu diesem Ergebnis. Bei einer isothermen Expansion eines Gases wird die Wärme $Q = N \cdot k \cdot T \cdot \ln(V_2/V_1)$ zugeführt. Damit ist $Q/T = N \cdot k \cdot \ln(V_2/V_1) = \Delta S$.

Ludwig Boltzmann

WEITERE EIGENSCHAFTEN DER ENTROPIE

- Die Entropie eines abgeschlossenen Systems nimmt nie ab. Nur bei reversiblen Vorgängen gilt $\Delta S = 0$.
- In einem abgeschlossenen System laufen Vorgänge so lange ab, bis die Entropie ihr Maximum erreicht hat.
- Zustandänderungen eines Systems laufen von selbst stets so ab, dass der neue Zustand wahrscheinlicher ist als der alte.
- Läuft ein Vorgang so ab, dass Entropie entsteht, dann wird Energie entwertet. Die entwertete Energie ist $\Delta S \cdot T_0$, dabei ist T_0 die momentane Umgebungstemperatur.
- Bilden sich Strukturen, z. B. Kristalle, dann entsteht „Ordnung" und damit nimmt die Anzahl der möglichen Mikrozustände ab. Die Entropie sinkt. Dem System wird Entropie entzogen und der Umgebung zugeführt. Es liegt also kein abgeschlossenes System vor.

STRAHLUNGSGESETZE

Die Strahlungsgesetze setzen einen idealen schwarzen Körper (schwarzen Strahler) voraus. Die Intensitätsverteilung wird durch das Planck'sche Strahlungsgesetz beschrieben. Aus der grafischen Darstellung lässt sich entnehmen, dass eine von der Temperatur abhängige Wellenlänge λ_{max} existiert, bei der die Intensität maximal ist. λ_{max} wird mit steigender Temperatur kleiner. Der gesamte Strahlungsstrom in W/m² wird durch die Fläche charakterisiert, die der Graph mit der Rechtsachse einschließt.

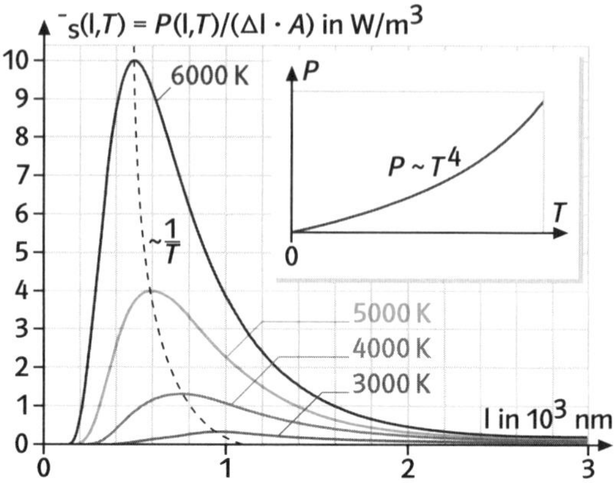

Strahlungsintensität des schwarzen Körpers

Zwei Gesetze lassen sich aus dem Diagramm herleiten: das Wien'sche Verschiebungsgesetz und das Stefan-Boltzmann'sche Gesetz.

WIEN'SCHES VERSCHIEBUNGSGETZ

Die Wellenlänge λ_{max} mit der größten Leistung eines schwarzen Körpers ist antiproportional zu dessen Temperatur *T*.

$\lambda_{max} = a/T$ mit $a = 2{,}9 \cdot 10^{-3}\,\mathrm{m \cdot K}$

STEFAN-BOLTZMANN'SCHES GESETZ

Die Strahlungsleistung $P(\lambda, T)$ eines schwarzen Körpers ist proportional zum Produkt aus seiner Oberfläche A und der vierten Potenz seiner Temperatur T. $P(\lambda, T) = \sigma \cdot A \cdot T^4$ mit $\sigma = 5{,}67 \cdot 10^{-8}\,\mathrm{Wm^{-2}K^{-4}}$.

Ohne Atmosphäre wäre die mittlere Temperatur der Erde etwa −20 °C. Der Treibhauseffekt sorgt für eine angenehmere Temperatur. Dieser Effekt lässt sich vereinfacht wie folgt erklären:
Die von der Sonne eingestrahlte Energie hat wegen der hohen Sonnentemperatur hauptsächlich kurze Wellenlängen. Hierfür ist die Atmosphäre gut durchlässig. Die langwellige Wärmestrahlung wird aber zum großen Teil von ihr absorbiert. Die von der Sonne und von der Erde aufgeheizte Atmosphäre strahlt auf den Boden zurück, sodass die Bodentemperatur weiter erhöht wird. Das geschieht so lange, bis sich eine neue Gleichgewichtstemperatur eingestellt hat. Diese liegt heute bei etwa 15 °C.

ENTROPIE

1. Formulieren Sie den zweiten Hauptsatz mit Hilfe der Entropie.

2. Bei welchen Vorgängen kann die Entropie eines abgeschlossenen Systems
   a) zunehmen,
   b) abnehmen,
   c) weder zu- noch abnehmen?

3. Zwei Körper der Temperatur T_1 und T_2 mit $T_1 > T_2$ werden miteinander in Kontakt gebracht. Berechnen Sie die Entropieänderung ΔS des Systems (bei konstanten Temperaturen T_1 und T_2) und zeigen Sie, dass $\Delta S > 0$ ist.

4. Die Temperatur des Wassers einer Warmwasserheizung beträgt 60°. Um eine konstante Raumtemperatur von 20 °C zu erhalten, muss die Heizung je Sekunde eine Energie von 120 J an den Raum abgeben. Ermitteln Sie die Energieentwertung.

LÖSUNGEN

1. Es gibt keine Prozesse, die zu einer Entropievernichtung führen.

2. a) Die Entropie nimmt bei irreversiblen Vorgängen zu.
   b) Eine Abnahme ist im abgeschlossenen System nicht möglich.
   c) Die Entropie ändert sich bei reversiblen Vorgängen nicht.

3. Q ist die übertragene Wärme. Der 1. Körper gibt die Entropie $\Delta S_1 = -Q/T_1$ ab, der zweite Körper nimmt bei der Temperatur T_2 die Entropie $\Delta S_2 = Q/T_2$ auf.
   Die Entropieänderung des Systems ist:
   $\Delta S = \Delta S_1 + \Delta S_2 = -Q/T_1 + Q/T_2 = Q(T_1 - T_2)/T_1 T_2$.
   ΔS ist wegen $T_1 > T_2$ positiv, was einem irreversiblen Vorgang entspricht.
   (Anmerkung: Bei veränderlicher Temperatur zerlegt man den Vorgang in viele isotherme Abschnitte und berechnet für jeden Abschnitt die Entropieänderungen, die anschließend aufsummiert werden.)

4. $\Delta S_{Heizung} = -120\,\text{J}/(273 + 60)\,\text{K} = -120\,\text{J}/333\,\text{K}$ $\quad \Delta S_{Raum} = 120\,\text{J}/(273 + 20)\,\text{K} = 120\,\text{J}/293\,\text{K}$
   Die Energieentwertung ermittelt man aus der Entropieänderung und der Umgebungstemperatur $T_0 = 293\,\text{K}$.
   $\Delta S \cdot T_0 = (-120\,\text{J}/333\,\text{K} + 120\,\text{J}/293\,\text{K}) \cdot 293\,\text{K} = 14{,}4\,\text{J}$

STRAHLUNGSGESETZE

1. Erläutern Sie, was man unter einem schwarzen Körper versteht.

2. Die Sonne hat ihre maximale Strahlungsleistung bei einer Wellenlänge von λ_{max} = 500 nm. Ermitteln Sie die ungefähre Temperatur der Sonnenoberfläche.

3. 30 % der eingestrahlten Sonnenleistung wird von der Erde sofort reflektiert, 70 % tragen zur Erwärmung der Atmosphäre und der Erdoberfläche bei. Die Solarkonstante ist $S = 1370\,\text{W/m}^2$. Welche mittlere Temperatur für die Erde ergibt sich aus diesen Daten? Die tatsächliche Durchschnittstemperatur liegt bei etwa 15 °C. Erklären Sie den Unterschied zum berechneten Wert.

LÖSUNGEN

1. Ein idealer schwarzer Körper (schwarzer Strahler) absorbiert jede einfallende Strahlung vollständig und emittiert diese im Strahlungsgleichgewicht ohne Wellenlängenänderung. In guter Näherung sind Sonne, Glühlampe, Bügeleisen, Erde… schwarze Strahler. Dagegen ist eine Leuchtstoffröhre kein schwarzer Strahler, denn das Füllgas emittiert nur ganz bestimmte Wellenlängen.

2. Die Temperatur ergibt sich aus dem Wien'schen Verschiebungsgesetz.

$$\lambda_{max} = \frac{2{,}9 \cdot 10^{-3}\,\text{m} \cdot \text{K}}{T} \Rightarrow T_{Sonne} = \frac{2{,}9 \cdot 10^{-3}\,\text{m} \cdot \text{K}}{500 \cdot 10^{-9}\,\text{m}} = 5800\,\text{K}$$

3. Im Strahlungsgleichgewicht sind zugeführte Leistung P_{zu} und abgestrahlte Leistung P_{ab} gleich. P_{zu} berechnet man mit Hilfe der Solarkonstanten.

$$P_{zu} = 0{,}7 \cdot 1340\,\text{Wm}^{-2} \cdot A_{\text{Querschnittsfläche - Erde}} = 0{,}7 \cdot 1340\,\text{Wm}^{-2} \cdot \pi r^2_{\text{Erde}}$$

Aus dem Stefan-Botzmann-Gesetz folgt die abgestrahlte Leistung.

$$P_{ab} = \sigma \cdot T^4 \cdot A_{\text{Oberfläche - Erde}} = 5{,}67 \cdot 10^{-8}\,\text{Wm}^{-2}\,\text{K}^{-4} \cdot T^4 \cdot 4\pi r^2_{\text{Erde}}$$

$$P_{zu} = P_{ab} \Rightarrow T = \sqrt[4]{\frac{0{,}7 \cdot 1340}{4 \cdot 5{,}67 \cdot 10^{-8}}}\,\text{K} = 254\,\text{K} \approx -21\,°\text{C}$$

Bei der Rechnung wurde die Atmosphäre nicht berücksichtigt. Der Treibhauseffekt sorgt dafür, dass die mittlere Temperatur auf etwa 15 °C ansteigt.

RELATIVITÄTSTHEORIE

Einsteins Postulate

DAS EXPERIMENT VON MICHELSON UND MORLEY

Lange Zeit ging man davon aus, dass das Licht ein Medium, den Äther, für seine Ausbreitung benötigt.
Michelson und Morley wollten diesen Äther nachweisen. Dazu untersuchten sie, welchen Einfluss die Bahngeschwindigkeit der Erde $v = 30\,\text{km/s} = 3 \cdot 10^4\,\text{m/s}$ auf die Lichtgeschwindigkeit hat.
Die Abbildung unten zeigt den Versuchsaufbau.

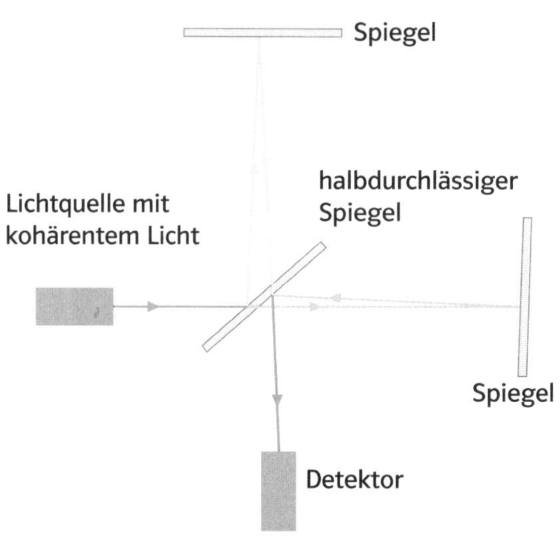

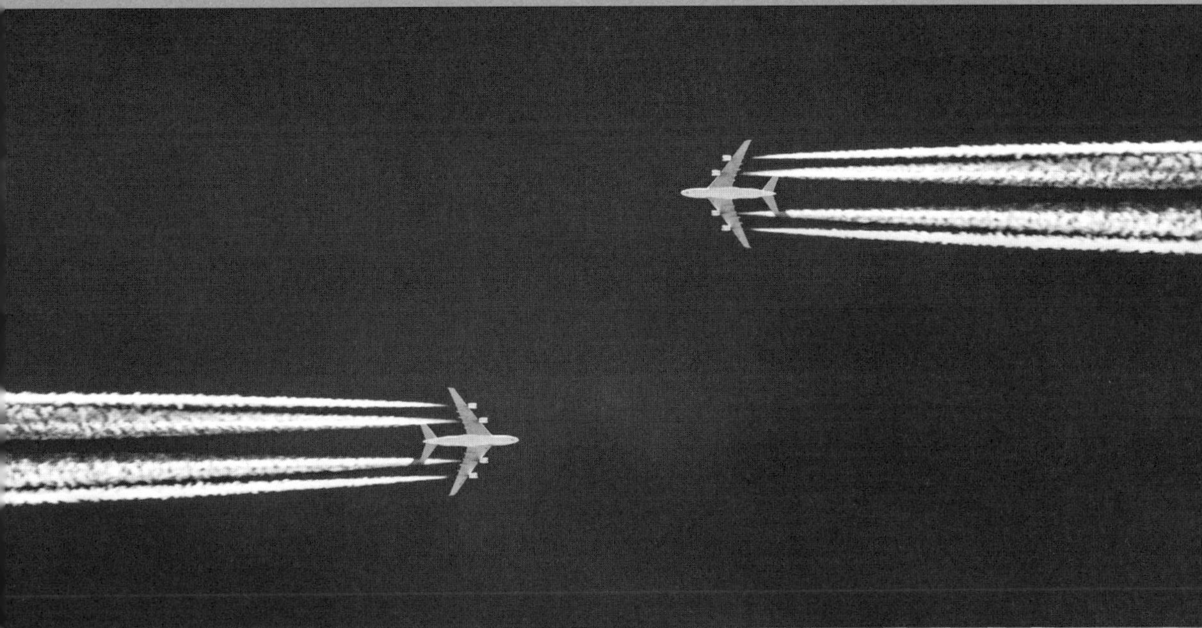

DER MICHELSON-INTERFEROMETER

Im Michelson-Interferometer wird ein schmales Lichtbündel durch einen Strahlteiler aufgeteilt. Nach der Reflektion am Spiegel 1 bzw. 2 gelangen beide Lichtbündel auf den Schirm. Die Überlagerung erzeugt ein Interferenzmuster. Die Anordnung wird so aufgestellt, dass die Lichtwege senkrecht und parallel zur Erdbahn verlaufen. Die Bahngeschwindigkeit sollte sich auf die beiden Lichtwege unterschiedlich auswirken, falls sich die Erde durch einen in Ruhe befindlichen Äther bewegt. Dieser Einfluss müsste sich durch eine Verschiebung des Interferenzmusters bemerkbar machen, wenn man die Anordnung um 90° dreht.

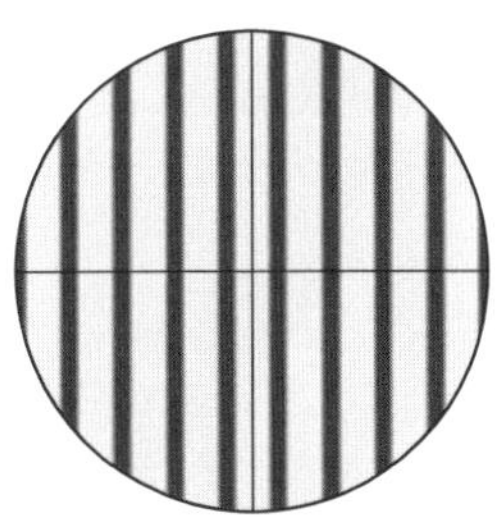

Auf dem Schirm zu beobachtendes Interferenzmuster, das sich beim Drehen der Anordnung verschieben sollte.

Ein Beobachter außerhalb der Erde (er ruht bezüglich des Äthers) berechnet die Laufzeit für den Weg 1 wie bei den Schallsignalen in Aufgabe 2 auf S. 279.

$t_1 = \frac{l_1}{c - v} + \frac{l_1}{c + v} = \frac{2\,l\,c}{c^2 - v^2}$, dabei ist c die Lichtgeschwindigkeit.

Für den Weg 2 ermittelt er zweimal die Geschwindigkeit $\sqrt{c^2 - v^2}$.
Für diesen Weg erhält er die Laufzeit
$t_2 = \frac{l_2}{\sqrt{c^2 - v^2}} + \frac{l_2}{\sqrt{c^2 - v^2}} = \frac{2\,l_2}{\sqrt{c^2 - v^2}}$.

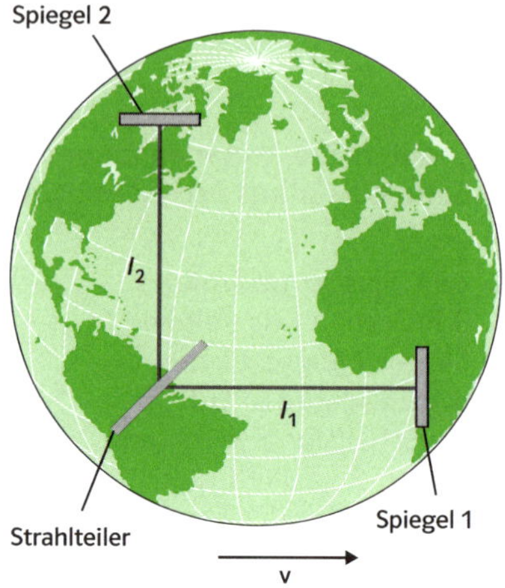

Die beiden Lichtbündel haben unterschiedliche Laufzeiten. Das Interferenzmuster müsste sich verschieben, wenn man die Anordnung um 90° dreht. Dies wurde nie beobachtet.

Weg 2

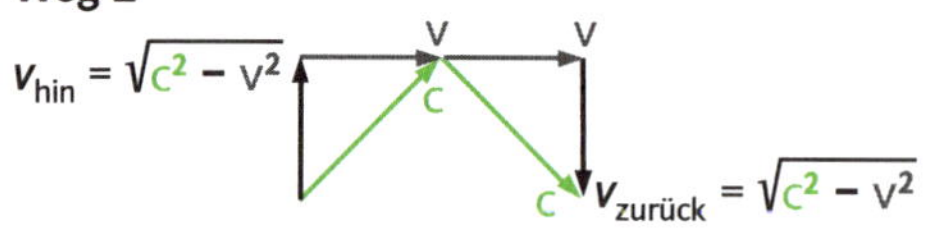

MICHELSON (1881)

„Die Hypothese eines stationären Äthers erweist sich als unhaltbar."

Die Lichtgeschwindigkeit in Vakuum ist unabhängig von der Bewegung der Quelle.

EINSTEINS POSTULATE

Relativitätsprinzip: Alle Intertialsysteme sind bezüglich physikalischer Gesetze gleichberechtigt.

Konstanz der Lichtgeschwindigkeit: Die Lichtgeschwindigkeit im Vakuum ist unabhängig von der Bewegung der Lichtquelle und vom Inertialsystem, in dem sie gemessen wird.

EINSTEINS POSTULATE

1. Erläutern Sie, was man unter einem Intertialsystem versteht. Nennen Sie Beispiele für Inertialsysteme und beschleunigte Bezugssysteme.

2. Zwei Flugzeuge A und B fliegen mit derselben Geschwindigkeit *v* relativ zur ruhenden Luft. Ein Schallsignal wird von A nach B gesandt, dort reflektiert und von A wieder empfangen.

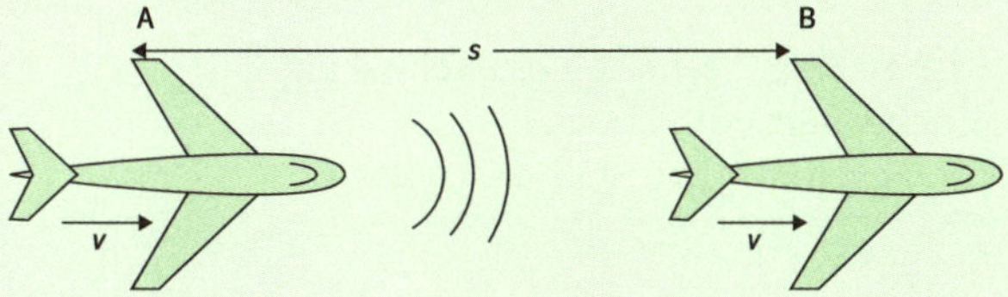

   Berechnen Sie die Laufzeit für das Signal von A – B – A. Argumentieren Sie aus der Sicht des Piloten im Flugzeug A und dann aus der Sicht eines Beobachters, der relativ zur Luft ruht.

3. Formulieren Sie die Einstein'schen Postulate.

LÖSUNGEN

1. Bezugssysteme, in denen alle kräftefreien Bewegungen eines Körpers geradlinig gleichförmig sind, heißen Inertialsysteme. Es gilt das Trägheitsprinzip. Kann man die Erddrehung vernachlässigen, dann ist z. B. der Klassenraum oder der mit konstanter Geschwindigkeit fahrende Zug ein Inertialsystem.
   Keine Inertialsysteme sind beschleunigte Bezugssysteme, beispielsweise ein Zug während des Anfahrens bzw. Bremsens oder ein Auto während einer Kurvenfahrt.

2. Pilot: In Flugrichtung entfernt sich das Signal mit der Geschwindigkeit $c_{Schall} - v$. Nach der Reflektion nähert es sich mit der Geschwindigkeit $c_{Schall} + v$.
   Er erhält damit die Zeiten $t_{AB} = s/(c_{Schall} - v)$, $t_{BA} = s/(c_{Schall} + v)$.
   Ruhender Beobachter: Das Signal entfernt sich vom Flugzeug mit der Geschwindigkeit c_{Schall} und erreicht nach der Zeit t_{AB} den Punkt B. Während dieser Zeit hat das vordere Flugzeug die Strecke $v \cdot t_{AB}$ zurückgelegt. Die Gesamtstrecke für das Signal ist also $s + v \cdot t_{AB}$. Es gilt: $c_{Schall} \cdot t_{AB} = s + v \cdot t_{AB}$ bzw. $t_{AB} = s/(c_{Schall} - v)$.
   Entsprechend gilt für den Rückweg: $c_{Schall} \cdot t_{BA} = s - v \cdot t_{BA}$ bzw. $t_{BA} = s/(c_{Schall} + v)$.
   Beide Beobachter kommen zum Ergebnis
   $$t_{gesamt} = t_{AB} + t_{BA} = \frac{s}{c_{Schall} - v} + \frac{s}{c_{Schall} + v} = \frac{2 s c_{Schall}}{c_{Schall}^2 - v^2}.$$

3. Relativitätsprinzip: Alle Intertialsysteme sind bezüglich physikalischer Gesetze gleichberechtigt.
   Konstanz der Lichtgeschwindigkeit: Die Lichtgeschwindigkeit im Vakuum ist unabhängig von der Bewegung der Lichtquelle und vom Inertialsystem, in dem sie gemessen wird.
   Es ist $c = 299792458\,m/s \approx 3 \cdot 10^8\,m/s$.

MINKOWSKI-DIAGRAMM

Ein **Minkowski-Diagramm** ist ein Zeit-Ort-Diagramm. Als Zeiteinheit wird eine Sekunde und als Ortseinheit eine Lichtsekunde ($1\,\text{Ls} = 3 \cdot 10^8\,\text{m}$) gewählt bzw. 1 µs für die Zeit und 1 µLs = 300 m für den Ort. Dabei wird auf beiden Achsen für die Einheiten jeweils die gleiche Strecke abgetragen.

Ein Punkt im Diagramm heißt **Ereignis**, eine Zeit-Ort-Kurve **Weltlinie**. Die Weltlinie eines Lichtsignals heißt auch Lichtlinie. Die Lichtlinien sind parallel zu den Winkelhalbierenden des Minkowski-Diagramms.
Ereignisse, die für den Beobachter gleichzeitig stattfinden, liegen auf einer Parallelen zur Ortsachse.
Ereignisse, die am gleichen Ort stattfinden, liegen auf einer Parallelen zur Zeitachse.

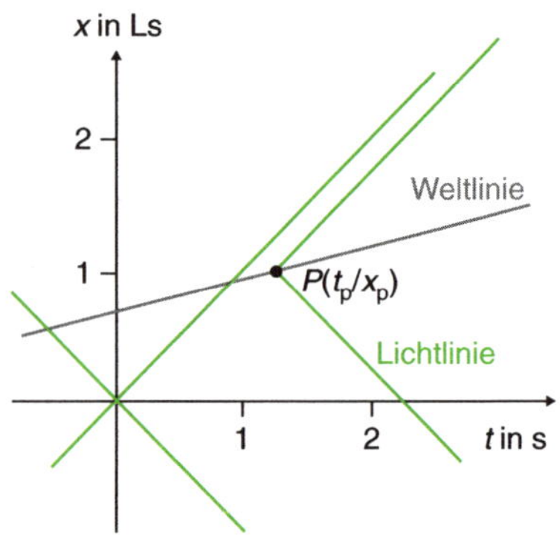

Eine Gerade im Minkowski-Diagramm kennzeichnet eine Bewegung mit konstanter Geschwindigkeit (Für das Diagramm auf S. 281 gilt zum Beispiel $v = 0{,}6c$.). Für einen bezüglich des Systems (t_A; x_A) ruhenden Beobachter A entfernt sich ein Beobachter B mit $v = 0{,}6\,c$ in Richtung der positiven x-Achse. Entsprechend sagt B, dass sich A von ihm in Richtung der negativen x-Achse mit gleichem Geschwindigkeitsbetrag entfernt.

WECHSEL DES BEZUGSSYSTEMS

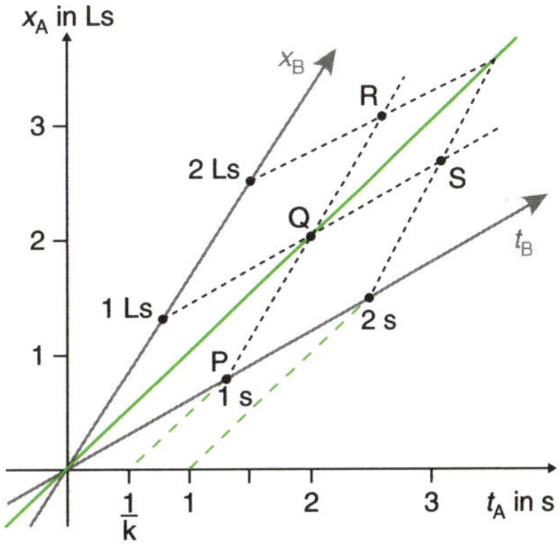

Ein Minkowski-Diagramm für B erhält man durch die folgenden Konstruktionsschritte.

- Die Weltlinie von B wird seine Zeitachse t_B.
- Berechnen Sie den Dopplerfaktor $k = \sqrt{\frac{c+v}{c-v}}$ (für $v = 0{,}6c$ ist $k = 2$) und tragen Sie die Zeiten $1\,\text{s}/k$, $2\,\text{s}/k$ auf der t_A-Achse ein.
- Die Lichtlinien von diesen Punkten markieren die B-Zeiten. (Sendet ein Beobachter A nach der Zeit $t_A = 1\,\text{s}/k$ dem bewegten Beobachter B ein Lichtsignal hinterher, so erreicht es B nach der Zeit $t_B = k \cdot 1\,\text{s}/k = 1\,\text{s}$)
- Wegen der Konstanz der Lichtgeschwindigkeit muss die Weltlinie des Lichtsignals die Winkelhalbierende zwischen der Orts- und Zeitachse sein.

Die Achsen des Minkowski-Diagramms für B sind nicht orthogonal. Die „Ableselinien" eines Ereignisses verlaufen parallel zu den t_B- und x_B-Achsen. Für das gewählte Beispiel gilt:
Ein Beobachter im System B stellt fest, dass die Ereignisse P(1 s/0), Q(1 s/1 Ls), R(1 s/2 Ls) gleichzeitig stattfinden und dass Q(1 s/1 Ls), S(2 s/1 Ls) zwei Ereignisse am gleichen Ort sind. Für einen Beobachter im System A gilt dies offensichtlich nicht. P, Q, R sind für ihn Ereignisse, die nacheinander stattfinden.
Über die zeitliche Abfolge von Ereignissen machen gegeneinander bewegte Beobachter unterschiedliche Aussagen.

ZEITDILATATION

Eine Lichtuhr ruht in einem Inertialsystem S'. Dieses bewegt sich mit der konstanten Geschwindigkeit *v* gegenüber einem Inertialystem S an einem Satz synchronisierter Lichtuhren vorbei. Die synchronisierten Uhren ruhen im System S.
Ein Beobachter im System S' stellt fest:
$c \cdot \Delta t' = d' = d \Leftrightarrow \Delta t' = d/c$.

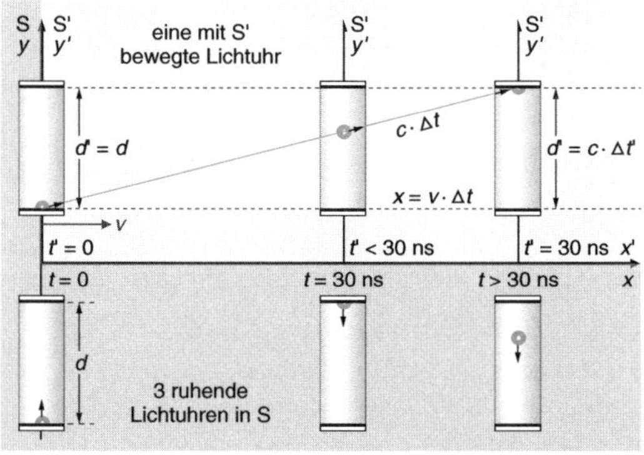

Dabei wurde ausgenutzt, dass sich Längen senkrecht zur Bewegungsrichtung nicht ändern.
Für einen Beobachter im System S hat sich die Uhr in der Zeitspanne Δt um die Strecke $v \cdot \Delta t$ nach rechts bewegt und das Lichtsignal hat die Strecke $c \cdot \Delta t$ zurückgelegt.
Für ihn gilt $(v \cdot \Delta t)^2 + (c \cdot \Delta t')^2 = (c \cdot \Delta t)^2 \Leftrightarrow v^2 \cdot \Delta t^2 + c^2 \Delta t'^2 = c^2 \cdot \Delta t^2 \Leftrightarrow c^2 \cdot \Delta t'^2 = (c^2 - v^2) \cdot \Delta t^2 \Leftrightarrow$
$\Delta t'^2 = \frac{c^2 - v^2}{c^2} \cdot \Delta t^2 \Rightarrow \Delta t' = \Delta t \cdot \sqrt{1 - \frac{v^2}{c^2}} < \Delta t$

Eine bewegte Uhr geht gegenüber ruhenden Uhren nach. Man spricht von der Zeitdehnung bzw. Zeitdilatation.

LÄNGENKONTRAKTION

Eine unmittelbare Folge der Zeitdilatation ist die Längenkontraktion. Unter der Eigenlänge eine Körpers versteht man die Länge, die ein relativ zum Körper ruhender Beobachter misst. In einem relativ zum Körper bewegten Bezugssystem stellt man eine verkürzte Länge l' fest.

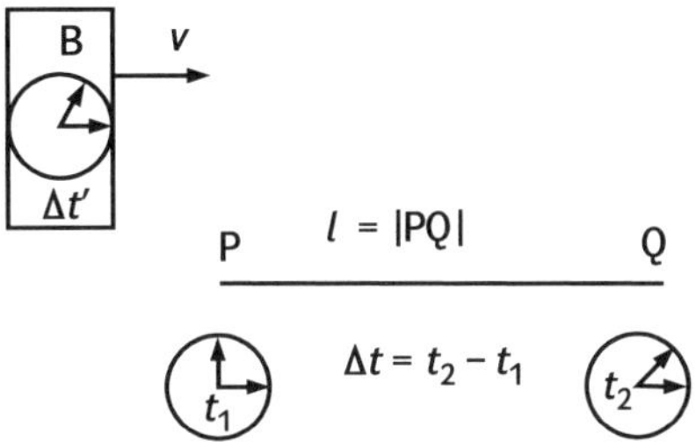

Ein Zusammenhang zwischen beiden Längen liefert die folgende Überlegung.

- An den Enden eines Stabes mit der Eigenlänge $l = |PQ|$ befinden sich synchronisierte Uhren. Ein Beobachter B fährt mit der Geschwindigkeit v am Stab entlang.
- Ein relativ zum Stab ruhender Beobachter A misst mit den Uhren an P und Q die Zeitspanne Δt die B zum Zurücklegen der Strecke l benötigt. Er erhält $l = v \cdot \Delta t$.
- Für den Beobachter B kommt der Stab mit der Geschwindigkeit v auf ihn zu. Er misst mit seiner Uhr die Zeitspanne $\Delta t'$, die der Stab für den „Vorbeiflug" benötigt. Aus seiner Sicht erhält er $l' = v \cdot \Delta t'$.
- Die einzelne Uhr des Beobachters B geht gegenüber den ruhenden Uhren nach.

Schließlich erhält man

$$l' = v \cdot \Delta t' = v \cdot \Delta t \cdot \sqrt{1 - \frac{v^2}{c^2}} = l \cdot \sqrt{1 - \frac{v^2}{c^2}} \text{ mit } \Delta t' = \Delta t \cdot \sqrt{1 - \frac{v^2}{c^2}}.$$

Die Eigenlänge l eines Körpers wird in einem Inertialsystem, welches sich in Längsrichtung mit der Geschwindigkeit v bewegt, mit einer verkürzten Länge l' gemessen.

ORT UND ZEIT

1. Zwei Uhren, die sich an verschiedenen Orten A und B eines Inertialsystems befinden und nicht synchron gehen, sollen synchronisiert werden. Beschreiben Sie ein mögliches Verfahren.

2. Erläutern Sie, was man unter einem Minkowski-Diagramm versteht. Beschränken Sie sich auf eindimensionale Bewegungen.

3. Ein Zug fährt mit der konstanten Geschwindigkeit $v = 0{,}6\,c$. In der Mitte eines Wagens wird ein Lichtblitz gezündet, dieser wird von Uhren an den Wagenenden registriert. Erläutern Sie den Vorgang aus der Sicht eines Reisenden und aus der Sicht eines Beobachters am Bahndamm. Zeichnen Sie ein Minkowski-Diagramm für den Beobachter am Bahndamm.

LÖSUNGEN

1. Die Uhren A und B müssen auf gleiche Ganggeschwindigkeit und auf Gleichzeitigkeit eingestellt werden. Dies kann mit Hilfe von Lichtsignalen, die vom Mittelpunkt der Verbindungsstrecke ausgehen, geschehen. Zuerst werden Lichtsignale im Abstand von einer Sekunde ausgesandt. Die Uhren A und B können auf gleiche Ganggeschwindigkeit eingestellt werden. Anschließend werden die beiden Uhren auf Null gestellt. Ein weiteres Lichtsignal startet beide Uhren gleichzeitig.

2. Minkowski-Diagramme sind Zeit-Ort-Diagramme. Die Rechtsachse ist die Zeitachse in der Einheit Sekunde. Die zweite Achse ist Ortsachse in der Einheit Lichtsekunde (Ls). Es ist $1\,\text{Ls} = 3 \cdot 10^8\,\text{m}$.

3. Reisender: Das Lichtsignal breitet sich mit der Geschwindigkeit c aus. Für die gleich langen Wege zur Vorder- und Rückseite des Wagens werden gleiche Zeiten benötigt. Die Lichtsignale kommen gleichzeitig an.
Bahndamm: Das Lichtsignal breitet sich mit der Geschwindigkeit c aus. Das vordere Wagenende entfernt sich vom Lichtsignal, das hintere Wagenende kommt dem Lichtsignal entgegen. Das Lichtsignal erreicht zuerst das hintere Wagenende und dann das vordere.

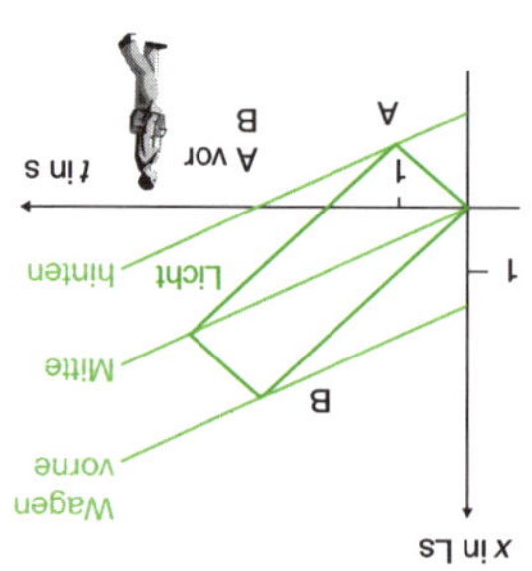

ZEITDILATATION UND LÄNGENKONTRAKTION

1. Man kann die Lebensdauer t von Elementarteilchen bestimmen, indem man ihre Geschwindigkeit v und den während dieser Zeit zurückgelegten Weg s misst. Für ein π-Meson gilt z. B. $v = 0{,}75\,c$ und $s = 8{,}5\,\text{m}$.
   Berechnen Sie die Lebensdauer im Laborsystem und im Ruhesystem des Myons.

2. In einem Beschleuniger wird ein Elektron auf die Geschwindigkeit von $0{,}8\,c$ beschleunigt. Anschließend durchfliegt es eine Strecke von 10 m mit der konstanten Endgeschwindigkeit.
   Berechnen Sie die Streckenlänge im Ruhesystem eines Elektrons.

3. Von welcher Größenordung ist v/c für ein Auto im Stadtverkehr. Welche Konsequenzen hat das Ergebnis für die Relativitätstheorie?

LÖSUNGEN

1. Aus den Laborwerten $v = 0{,}75\,c$ und $s = 8{,}5\,\text{m}$ folgt die Lebensdauer im Laborsystem
   $t = \frac{8{,}5\,\text{m}}{0{,}75 \cdot c} = \frac{8{,}5\,\text{m}}{0{,}75 \cdot 3 \cdot 10^8\,\text{m/s}} = 3{,}8 \cdot 10^{-8}\,\text{s}.$
   Im Ruhesystem des Myons ergibt sich dann $t' = t \cdot \sqrt{1 - \left(\frac{v}{c}\right)^2} = 3{,}8 \cdot 10^{-8}\,\text{s} \cdot \sqrt{1 - \left(\frac{0{,}75\,c}{c}\right)^2} = 2{,}5 \cdot 10^{-8}\,\text{s}.$

2. Die Messergebnisse $v = 0{,}8\,c$ und $s = 10\,\text{m}$ sind Laborwerte. Die Streckenlänge im Ruhesystem des Elektron ist dann $l' = l\sqrt{1 - \left(\frac{v}{c}\right)^2} = 10\,\text{m} \cdot \sqrt{1 - \left(\frac{0{,}8\,c}{c}\right)^2} = 6\,\text{m}.$

3. Für die Stadtgeschwindigkeit gilt $v = 50\,\text{km/h} \approx 15\,\text{m/s} \Rightarrow v/c = 15/(3 \cdot 10^8) = 5 \cdot 10^{-8} \Rightarrow 1 - (v/c)^2 = 1 - 25 \cdot 10^{-16} \approx 1 \Rightarrow t = t'$ und $l = l'$. Es können keine relativistischen Effekte beobachtet werden.

MINKOWSKI-DIAGRAMM

Das Minkowski-Diagramm beschreibt die folgende Situation:
Ein Beobachter B entfernt sich vom Beobachter A mit der Geschwindigkeit v. A sendet zum Zeitpunkt t_1 ein Lichtsignal an B, das dort zur Zeit $t_B = k \cdot t_1$ ankommt und sofort reflektiert wird. Das reflektierte Signal erreicht A zum Zeitpunkt t_2. Da die Bezugssysteme beider Beobachter nach dem Relativitätsprinzip gleichwertig sind gilt $t_2 = k \cdot t_B = k^2 \cdot t_1$.

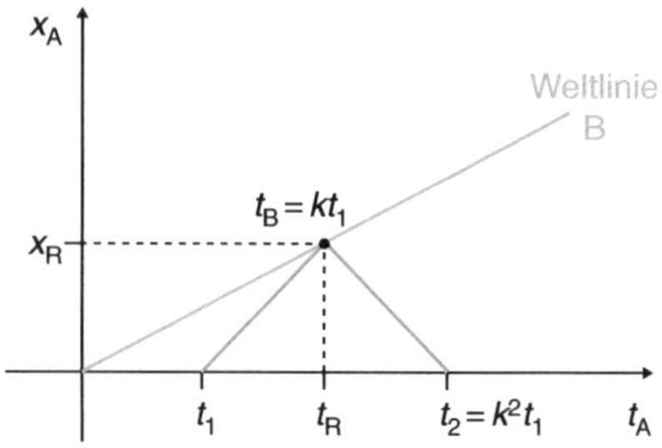

Beobachter A kann aus den Zeiten den Reflexionsort auf zwei Arten berechnen.

- Die Reflexion fand zum Zeitpunkt $t_R = \frac{1}{2} \cdot (t_1 + t_2) = \frac{1}{2} \cdot (t_1 + k^2 t_1) = \frac{1}{2} \cdot (1 + k^2) \cdot t_1$ statt. In dieser Zeit hat der Beobachter B die Strecke $x_R = v \cdot t_R = \frac{1}{2} \cdot (1 + k^2) v t_1$ zurückgelegt.
- Die Laufzeit des Lichtsignals bis zur Reflexion betrug $t_{Licht} = \frac{1}{2} \cdot (t_2 - t_1) = \frac{1}{2} \cdot (k^2 - 1) t_1$.
  Das Licht legte in dieser Zeit die Strecke $x_R = c \cdot t_{Licht} = \frac{1}{2} \cdot (k^2 - 1) c t_1$ zurück.
  Setzt man die berechneten Strecken gleich, dann erhält man
  $\frac{1}{2} \cdot (1 + k^2) v t_1 = \frac{1}{2} \cdot (k^2 - 1) c t_1 \Leftrightarrow (1 + k^2) v = (k^2 - 1) c$.

FOLGERUNG

Aus dieser Gleichung folgt: $k = \sqrt{\frac{c + v}{c - v}}$.

Sendet ein Beobachter A nach der Zeit t dem bewegten Beobachter B ein Lichtsignal hinterher, so erreicht es B nach der Zeit $k \cdot t$ mit $k = \sqrt{\frac{c + v}{c - v}}$.
k heißt Dopplerfaktor.

ANWENDUNG DES DOPPLERFAKTORS

Eine wichtige Anwendung des Dopplerfaktors ist die Berechnung von Schwingungsdauern in gegeneinander bewegten Bezugssystemen. Eine Schwingungsdauer T_A kann durch zwei Lichtsignale im Abstand $\Delta t_A = T_A$ mitgeteilt werden.

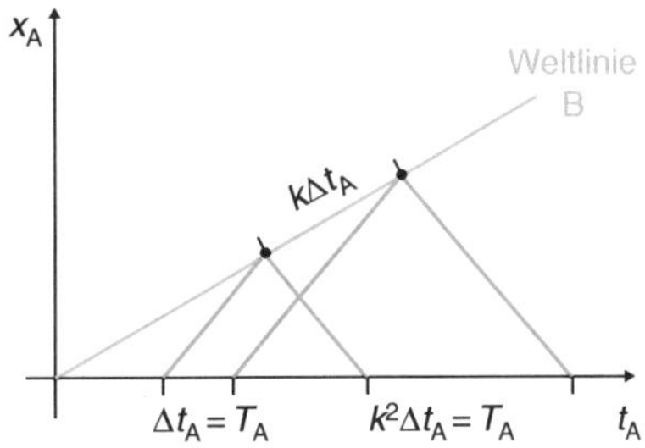

Aus dem Minkowski-Diagramm folgt:
Sendet ein Beobachter A zwei Lichtsignale im Abstand $\Delta t_A = T_A$ in Richtung eines bewegten Beobachters B, so empfängt dieser sie im Abstand $k \cdot \Delta t_A = k \cdot T_A = T_B$ mit $k = \sqrt{\frac{c+v}{c-v}}$.

Falls sich beide Beobachter voneinander entfernen, ist v positiv und $k > 1$; falls sich die beiden Beobachter einander nähern, ist v negativ und $k < 1$.

Für Schwingungsdauer T, Frequenz f und Wellenlänge λ gilt allgemein $f = 1/T$ und $\lambda = c/f = c \cdot T$.

Entsprechend erhält man für einen bewegten Beobachter $f_B = (1/k) \cdot f_A$ und $\lambda_B = k \cdot \lambda_A$.

KOORDINATENTRANSFORMATION

Sind die Raum- und Zeitkoordinaten (x, t) eines Ereignisses in einem Inertialsystem S bekannt, so lassen sich die entsprechenden Koordinanten (x'/t') für ein zweites Inertialsystem S′ mit Hilfe der Lorentz-Transformationen berechnen.

	Inertialsystem S	Das Inertialsystem S′ bewegt sich relativ zu S mit der Geschwindigkeit v.
Ort	x	$x' = \frac{x + vt}{\sqrt{1 + \frac{v^2}{c^2}}}$
Zeit	t	$t' = \frac{t - \frac{vx}{c^2}}{\sqrt{1 + \frac{v^2}{c^2}}}$

Für die Umrechnung von S′ ⇒ S muss man v durch $-v$ ersetzen sowie die Ortskoordinaten x, x' und die Zeitkoordinaten t, t' vertauschen.

Mit Hilfe der Lorentz-Transformation lassen sich relativistische Effekte wie die Relativität der Gleichzeitigkeit, die Längenkontraktion und Zeitdilatation erneut herleiten.
Die beiden Ereignisse $E_1(x_1/t)$ und $E_2(x_2/t)$ finden z. B. im System S gleichzeitig, aber an verschiedenen Orten statt. Im System S′ sind wegen $vx_1 \neq vx_2$ die zugehörigen Zeiten t'_1 und t'_2 verschieden. Die beiden Ereignisse $E_1(x'_1/t'_1)$ und $E_2(x'_2/t'_2)$ finden für den zweiten Beobachter also nicht mehr gleichzeitig statt.

Hendrik Antoon Lorentz

ADDITIONSGESETZ DER GESCHWINDIGKEITEN

Das Additionsgesetz der Geschwindigkeiten folgt ebenfalls aus der Lorentz-Transformation.

Ein Bezugssystem S′ entferne sich mit der Geschwindigkeit v_1 von einem Bezugssystem S. Im Bezugssystem S′ bewege sich ein Körper mit der Geschwindigkeit v_2.
Das Bezugssystem S′ könnte ein Raumschiff sein, das sich vom Bezugssystem Erde (System S) mit der Geschwindigkeit v_1 entfernt. Innerhalb des Raumschiffes bewegt sich ein Körper mit der Geschwindigkeit v_2.
Im System S hat der Körper die Geschwindigkeit $v = x/t$. Bei der Anwendung der Lorentz-Transformation ist zu beachten, dass hier ein Übergang von S nach S′ vorliegt und dass sich das Bezugssystem S′ mit der Geschwindigkeit v_2 entfernt. Der gemeinsame Nenner in den Transformationsgleichungen kann sofort gekürzt werden. Außerdem wird bei der Rechnung noch $v_1 = x'/t'$ benutzt.

$$v = \frac{x}{t} = \frac{x' + v_2 t'}{t' + \frac{v_2 x'}{c^2}} = \frac{t'\left(\frac{x'}{t'} + v_2\right)}{t'\left(1 + \frac{v_2 x'}{c^2 t'}\right)} = \frac{v_1 + v_2}{1 + \frac{v_1 v_2}{c^2}}$$

Sind die Geschwidigkeiten v_1 und v_2 sehr viel kleiner als die Lichtgeschwindigkeit c, dann ist $v_1 \cdot v_2/c^2 \approx 0$ und die Geschwindigkeiten können klassisch addiert werden.

DOPPLERFAKTOR

1. Welche physikalische Bedeutung hat der Dopplerfaktor $k = \sqrt{\frac{c+v}{c-v}}$?

2. Erläutern Sie, worin sich akustischer und optischer Dopplereffekt unterscheiden.

3. Im Spektrum des Spiralnebels Hydra findet man die H-Absorptionslinie bei einer Wellenlänge von $\lambda_Q = 475\,\text{nm}$. Bei einer ruhenden Quelle hat diese Linie die Wellenlänge $\lambda_B = 394\,\text{nm}$. Berechnen Sie die Fluchtgeschwindigkeit des Nebels in Einheiten der Lichtgeschwindigkeit.

4. Die mündliche Physikprüfung soll in diesem Jahr in einem Raumschiff stattfinden.

   Das Raumschiff entfernt sich mit einer Geschwindigkeit $v = \frac{12}{13}c$ von der Erde.

   Die Prüfung wird durch das Fernsehen zur Erde übertragen. Die Prüfungsdauer soll für die Prüfungskommission auf der Erde 20 Minuten betragen. Wie lang darf die Prüfung im Raumschiff sein?

LÖSUNGEN

1. Lichtsignale, die von einem Sender im Zeitabstand Δt abgesandt werden, werden von einem Empfänger im Zeitabstand $k \cdot \Delta t$ empfangen.

2. Beim akustischen Dopplereffekt muss die Luft als Wellenträger berücksichtigt werden. Es ist z. B. zu unterscheiden: bewegter Empfänger und ruhender Sender bzw. ruhender Empfänger und bewegter Sender. Es werden jeweils unterschiedliche Frequenzen empfangen.
   Licht hat keinen Wellenträger. Die Unterscheidung bewegter Empfänger bzw. ruhender Empfänger entfällt. Es kommt nur auf die Relativgeschwindigkeit an.

3. Es ist: $\lambda_B = \lambda_Q \cdot \sqrt{\frac{c+v}{c-v}} \Rightarrow \lambda_B^2(c-v) = \lambda_Q^2(c+v) \Rightarrow \lambda_B^2 c - \lambda_B^2 v = \lambda_Q^2 c + \lambda_Q^2 v \Rightarrow c(\lambda_B^2 - \lambda_Q^2) = v(\lambda_B^2 + \lambda_Q^2)$.

   $$v = c \cdot \frac{\lambda_B^2 - \lambda_Q^2}{\lambda_B^2 + \lambda_Q^2} = c \cdot \frac{475^2 - 394^2}{475^2 + 394^2} = 0{,}18\,c$$

   Der Nebel entfernt sich mit etwa 20 % der Lichtgeschwindigkeit.

4. Entfernen sich Beobachter und Quelle, so gilt: $t_B = t_Q \cdot \sqrt{\frac{c+v}{c-v}} \Rightarrow 20\,\text{min} = t_Q \sqrt{\frac{c + \frac{12}{13}c}{c - \frac{12}{13}c}} = t_Q \cdot 5 \Rightarrow t_Q = 4\,\text{min}$.

   Die Prüfung im Raumschiff dauert 4 Minuten.

TRANSFORMATIONSGLEICHUNGEN

1. Der Ausdruck $x^2 - c^2 t^2$ hat in allen Inertialsystemen den gleichen Wert. Man sagt der Ausdruck ist invariant gegenüber Lorentz-Transformationen. Welcher physikalische Sachverhalt fordert diese Invarianz?

2. Ein Raumfahrer verlässt in einer Silvesternacht um 00:00 Uhr mit $v = 0{,}5\,c$ die Erde in einer Rakete. Genau ein Jahr später (in seinem Raum-Zeit-System) zündet er ein Feuerwerk.
   Wo befindet er sich in diesem Moment für die irdische Kontrollstation und wann hat das Ereignis für sie stattgefunden?

3. Ein Raumschiff entfernt sich mit der Geschwindigkeit $v = 0{,}5\,c$ von der Erde. Im Raumschiff befindet sich ein β-Strahler. Dieser sendet Elektronen mit der Geschwindigkeit $v = 0{,}5\,c$ in Flugrichtung aus.
   - Ermitteln Sie mit Hilfe eines Minkowski-Diagramms die Geschwindigkeit der Elektronen relativ zur Erde.
   - Bestimmen Sie die Geschwindigkeit rechnerisch.

LÖSUNGEN

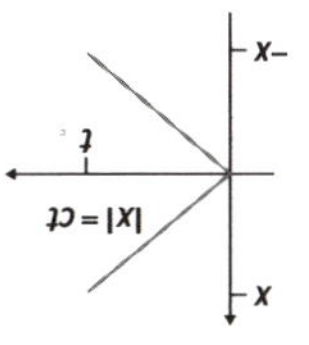

1. Die Invarianz folgt aus der Konstanz der Lichtgeschwindigkeit. Startet im System S am Ort $x = 0$ zur Zeit $t = 0$ ein Lichtsignal, dann hat dieses zum Zeitpunkt t die Strecke $|x| = ct$ zurückgelegt. In einem zweiten System S' muss ebenfalls $|x'| = ct'$ gelten.

2. Im System Raumschiff wurde das Feuerwerk am Ort $x' = 0$ zur Zeit $t' = 1\,\text{a}$ gezündet. Für die Kontrollstation ist
   $x = \frac{x + vt'}{\sqrt{1 - \frac{v^2}{c^2}}} = \frac{0 + 0{,}5c \cdot 1\,\text{a}}{\sqrt{1 - \frac{(0{,}5c)^2}{c^2}}} = \frac{0{,}5\,\text{Lj}}{\sqrt{0{,}75}} = 0{,}577\,\text{a}$ und
   $t = \frac{t' + \frac{vx'}{c^2}}{\sqrt{1 - \frac{v^2}{c^2}}} = \frac{1\,\text{a} + 0}{\sqrt{0{,}75}} = 1{,}154\,\text{a} \approx 1\,\text{a} + 56\,\text{d}.$

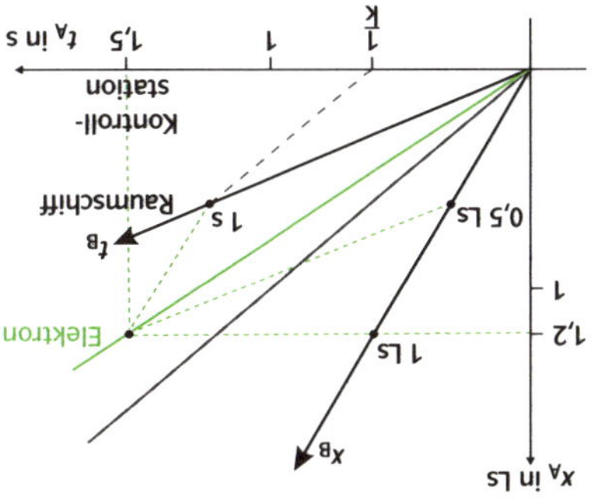

3. Zum Diagramm: $k = \sqrt{\frac{c + v}{c - v}} = \sqrt{\frac{1{,}5}{0{,}5}} = \sqrt{3} \approx 1{,}73$
   $\Rightarrow 1\,\text{s}/k \approx 0{,}6\,\text{s}.$
   Die Geschwindigkeit des Elektrons aus der Sicht der Kontrollstation ist $v = 1{,}2\,\text{Ls}/1{,}5\,\text{s} = 0{,}8\,c.$
   Rechnung: Es ist $v = \frac{v_1 + v_2}{1 + \frac{v_1 v_2}{c^2}} = \frac{0{,}5c + 0{,}5c}{1 + \frac{0{,}5c \cdot 0{,}5c}{c^2}} = \frac{1c}{1{,}25} = 0{,}8\,c.$

TRÄGE MASSE UND GESCHWINDIGKEIT

Kaufmann und Bucherer untersuchten Anfang des letzten Jahrhunderts die spezifische Ladung schneller Elektronen. Es zeigte sich, dass e/m mit steigender Geschwindigkeit kleiner wurde. Bei konstanter Ladung musste daher die Masse zunehmen.

Die träge Masse eines Körpers nimmt mit seiner Geschwindigkeit zu und es gilt $m(v) = \frac{m_0}{\sqrt{1 - v^2/c^2}}$.

Die von einem mitbewegten Beobachter gemessene Ruhemasse m_0 ist die kleinste Masse, die gemessen werden kann. Kein Körper mit einer von null verschiedenen Ruhemasse kann Lichtgeschwindigkeit erreichen.
Die Abbildung zeigt, dass die Zunahme der Masse erst bei höheren Geschwindigkeiten an Bedeutung gewinnt.
Für Geschwindigkeiten kleiner als $0{,}1c$ kann sie in der Regel vernachlässigt werden.

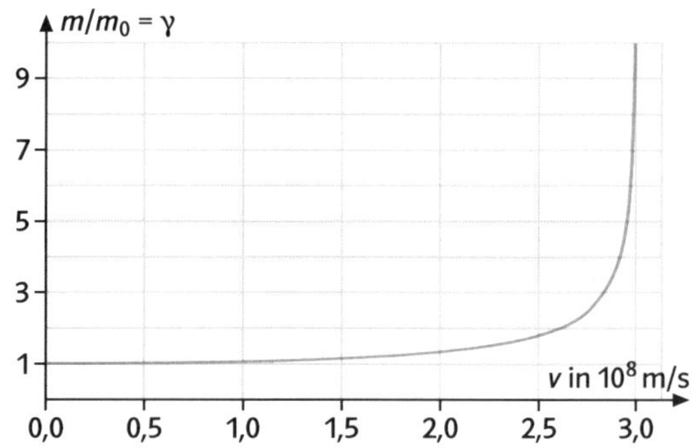

BESTÄTIGUNG

Eine Rechnung für $v = 0{,}1c$ bestätigt dies:

$$m(0{,}1c) = \frac{m_0}{\sqrt{1 - 0{,}01c^2/c^2}} = 1{,}005\,m_0.$$

Die Masse erhöht sich also nur um 0,5 %.

RELATIVISTISCHER IMPULS

Die Abhängigkeit der Masse von der Geschwindigkeit beeinflusst auch den Impuls. Den **relativistischen Impuls** definiert man als Produkt $p = m(v) \cdot v$.
Um ein schnelles Teilchen zu beschleunigen, ist eine Kraft notwendig, die längs eines Weges wirkt. In der Nähe der Lichtgeschwindigkeit wird ein Teilchen kaum schneller, seine Masse kann aber über alle Grenzen steigen. Diese Massenzunahme wird als Energiezunahme gedeutet.

MASSE-ENERGIE-BEZIEHUNG

Nach Albert Einstein gilt die Masse-Energie-Beziehung:
Die Gesamtenergie E und die träge Masse m eines Körpers sind zueinander proportional.

$$E = m(v) \cdot c^2 = \frac{m_0 c^2}{\sqrt{1 - v^2/c^2}}$$

Jede Masse m besitzt Energie und jede Energie eine Masse. Experimentell wird dies z. B. bei der Paarerzeugung in der Elementarteilchenphysik oder bei der Kernspaltung in der Kernphysik deutlich.

Albert Einstein

RELATIVISTISCHER ENERGIESATZ

Für die Größen Energie und Impuls liefert eine Rechnung die Energie-Impuls-Beziehung $E^2 - p^2 c^2 = m_0^2 c^4$.

Diese Gleichung bezeichnet man auch als relativistischen Energiesatz. Wendet man ihn auf Photonen (ihre Ruhemasse ist null) an, so erhält man $E = p \cdot c$ bzw. $p = hf/c$.

Wird ein Teilchen aus der Ruhe auf die Endgeschwindigkeit v beschleunigt, dann nimmt seine Energie um $\Delta E = (m - m_0)c^2$ zu. Dies ist der relativistische Ausdruck für die kinetische Energie eines Teilchens. Ist v sehr viel kleiner als c, dann geht diese Gleichung in $E_{kin} = 1/2 \cdot m v^2$ über.

MASSE, ENERGIE UND IMPULS

$m = m(v)$ ist die von der Geschwindigkeit abhängige träge Masse eines Körpers.

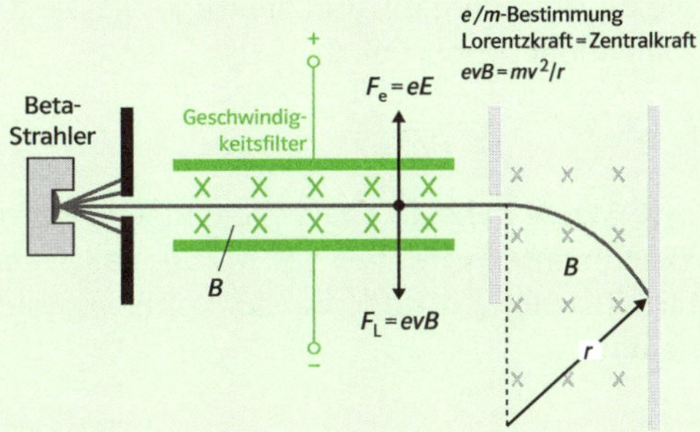

1. Beschreiben Sie das abgebildete Experiment. Aus welchem Ergebnis kann auf die Geschwindigkeitsabhängigkeit der Masse geschlossen werden?
   Gegeben sind die folgenden experimentellen Daten: Elektrische Feldstärke $E = 7{,}2 \cdot 10^6\,\text{V/m}$, magnetische Flussdichte $B = 0{,}030\,\text{Vs/m}^2$ und $r = 7{,}6\,\text{cm}$.
   Berechnen Sie die Masse m des Elektrons am Ende des Kondensators.
   Berechnen Sie aus der Bedingung „Lorentzkraft = Zentralkraft" die spezifische Ladung der Elektronen und vergleichen Sie Ihr Ergebnis mit dem Tabellenwert $e/m_0 = 1{,}7588 \cdot 10^{11}\,\text{C/kg}$.
2. Elektronen ($m_0 = 9{,}11 \cdot 10^{-31}\,\text{kg}$) werden aus der Ruhe durch eine Spannung von 300 kV beschleunigt. Berechnen Sie die Endgeschwindigkeit der Elektronen.

WISSENSCHECK

LÖSUNGEN

1. Der β-Strahler sendet schnelle Elektronen aus. Die erste Blende erzeugt einen Elektronenstrahl. Im Geschwindigkeitsfilter stehen elektrisches und magnetisches Feld senkrecht aufeinander. Durch die Öffnung der zweiten Blende gelangen nur Elektronen, die nicht abgelenkt werden. Für diese gilt $F_e = F_L$ bzw. $eE = veB$. Hieraus lässt sich v bestimmen. Die anschließende Ablenkung im zweiten Magnetfeld gestattet eine e/m-Bestimmung. Mit steigender Geschwindigkeit misst man immer kleiner werdende e/m-Werte. Da die Ladung konstant bleibt, muss die Masse steigen.
   Rechnung: Aus dem Kräftegleichgewicht $eE = evB$ ergibt sich die Geschwindigkeit
   $v = E/B = 7{,}2 \cdot 10^6\,\text{Vm}^{-1}/0{,}030\,\text{Vsm}^{-2} = 2{,}4 \cdot 10^8\,\text{ms}^{-1} = 0{,}8\,c$ und damit die Masse
   $$m = \frac{m_0}{\sqrt{1 - v^2/c^2}} = \frac{9{,}11 \cdot 10^{-31}\,\text{kg}}{\sqrt{1 - 0{,}64}} = \frac{9{,}11 \cdot 10^{-31}\,\text{kg}}{0{,}6} = 15{,}2 \cdot 10^{-31}\,\text{kg} \Rightarrow 0{,}6\,m = m_0.$$
   Aus der Bedingung Lorentzkraft = Zentralkraft ($evB = mv^2/r$) folgt $e/m = v/rB$. Setzt man die gegebenen Größen ein, so erhält man mit $e/m = 1{,}0526 \cdot 10^{11}\,\text{C/kg}$ das 0,6fache des Tabellenwertes.
   Dies entspricht der Massenzunahme, denn $\frac{e}{m} = \frac{0{,}6\,e}{0{,}6\,m} = \frac{0{,}6\,e}{m_0} = 0{,}6\,\frac{e}{m_0}$.
2. Es ist: $E_{kin} = E - E_0 = m_0c^2\left(\frac{1}{\sqrt{1 - v^2/c^2}} - 1\right) \Rightarrow \frac{E_{kin}}{m_0c^2} + 1 = \frac{1}{\sqrt{1 - v^2/c^2}} \Rightarrow v = c\sqrt{1 - \frac{1}{(1 + E_{kin}/(m_0c^2))^2}}$.
   Am Ende der Beschleunigungsstrecke besitzen die Elektronen die kinetische Energie $E_{kin} = 30\,\text{keV}$. Außerdem gilt für Elektronen $m_0c^2 = 511\,\text{keV}$. Setzt man diese Werte in die letzte Gleichung ein, so erhält man $v = 0{,}73\,c = 2{,}2 \cdot 10^8\,\text{m/s}$.

13 ASTROPHYSIK

Entfernungen

TRIGONOMETRISCHE ENTFERNUNGSBESTIMMUNG

Während sich die Erde von E nach E′ bewegt, wandert die Projektion des Sterns an der Sphäre von S nach S′. Man beobachtet während eines Halbjahres die Position eines nahen Sternes vor dem Hintergrund des weit entfernten Fixsternhimmels. Der auf diese Weise ermittelte Winkel Π heißt **Parallaxe** des Sterns.

Aus der Skizze entnimmt man $\tan(\Pi) = a/r$.

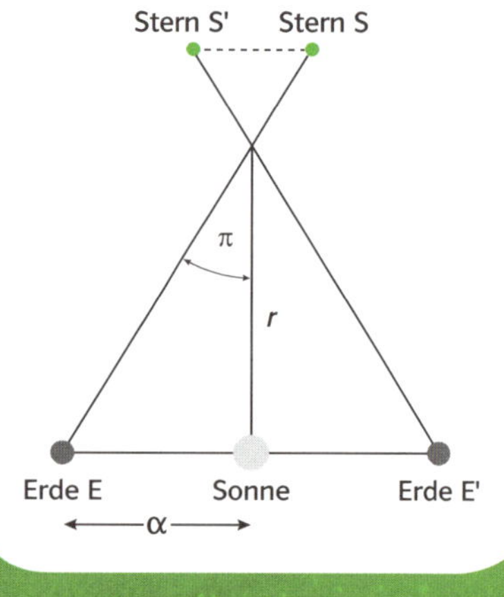

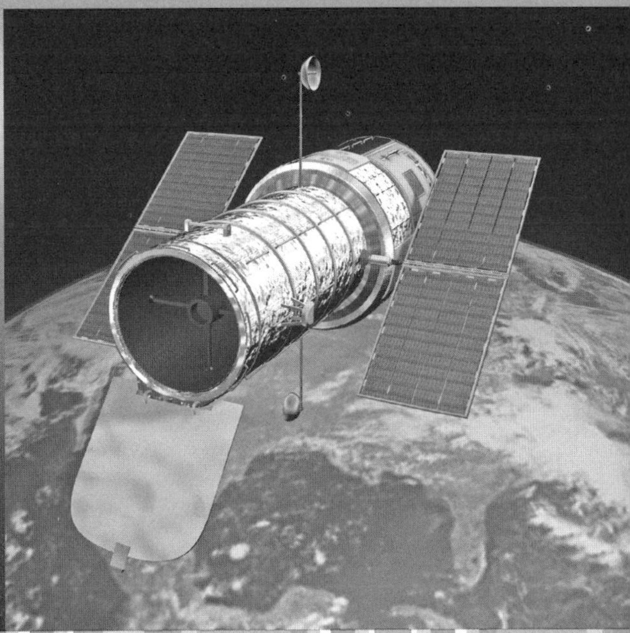

Im Bogenmaß gilt für kleine Winkel $\tan(\Pi) \approx \Pi$. Damit erhält man für die Entfernung die Beziehung $r = a/\Pi$. Dabei ist a der Erdbahnradius $a = 1{,}496 \cdot 10^{11}$ m und Π die Parallaxe im Bogenmaß. Für die Umrechnung in Bogensekunden gilt:

1″ entspricht $\pi/(180 \cdot 3600)$ rad = 1/206 265 rad.

Damit ergibt sich für die Messung in Bogensekunden $r = 206\,265'' \cdot a/\Pi$.

Berücksichtigt man, dass 1 pc = $206\,265'' a/1''$ gilt, dann vereinfacht sich Entfernungsbeziehung zu $r = 1''/\pi$ pc.

Mit erdgebundenen Teleskopen kann Π auf etwa ±0,01″ bestimmt werden.

Entfernungsbestimmungen können mit dieser Methode nur bis etwa 100 Lichtjahren durchgeführt werden.

PHOTOMETRISCHE ENTFERNUNGSBESTIMMUNG

Unter der scheinbaren Helligkeit eines Sterns versteht man die Helligkeit, mit der man einen Stern bei uns sieht. Diese Helligkeit ist von der Leuchtkraft und von der Entfernung des Sterns abhängig.

Zwischen den Strahlungsströmen (Strahlungsleistung pro Flächeneinheit) S_1 und S_2, die im Auge (oder auf dem Fernrohrobjektiv) scheinbare Helligkeiten m_1 und m_2 hervorrufen, gilt bei gleichbleibender Größe der Pupille das psychophysische Grundgesetz $m_1 - m_2 = -2{,}5 \cdot \lg (S_1/S_2)$.

Multipliziert man den Strahlungsstrom S an der Sternoberfläche mit der Kugeloberfläche $4\pi r^2$ (dabei ist r die Entfernung Stern-Erde), so erhält man dessen Leuchtkraft $L = 4\pi r^2 S$ bzw. $S = L/4\pi r^2$.

ABSOLUTE HELLIGKEIT

Die Helligkeit, mit der uns ein Stern in der Normalentfernung 10 pc erscheinen würde, nennt man absolute Helligkeit M.

Setzt man in das Grundgesetz für S_1 den Strahlungsstrom $L/4\pi r^2$ und für S_2 den Strahlungsstrom $L/(4\pi \cdot (10\,\text{pc})^2)$ im Normalabstand 10 pc ein, so ergibt sich

$$m - M = -2{,}5 \cdot \lg\left(\frac{(10\,\text{pc})^2}{r^2}\right) = 5 \cdot \lg\left(\frac{r}{10\,\text{pc}}\right).$$

ENTFERNUNGEN

1. Nennen Sie die Definition für die Entfernungseinheit 1 Parsec.

2. Proxima Centauri im Sternbild Centauros hat die Parallaxe $\Pi = 0{,}762''$.
   Bestimmen Sie seine Entfernung in pc und Lj.

3. Deneb (α Cyg) weist eine scheinbare Helligkeit von $m = 1{,}3$ auf. Seine absolute Helligkeit beträgt $M = -7{,}5$.
   Berechnen Sie seine Entfernung.
   Kann von der Erde aus die Entfernung mit trigonometrischer Parallaxe bestimmt werden? Begründen Sie Ihre Antwort mit einer kurzen Rechnung.

LÖSUNGEN

1. Die astronomische Einheit 1 Parsec ist die Entfernung, aus der die große Halbachse der Erdbahn $a = 1{,}496 \cdot 10^{11}$ m unter der Parallaxe 1″ erscheint.
   Eine Bogensekunde entspricht im Bogenmaß 1/206 265 rad.
   Allgemein gilt für die Entfernung r: $r = 206\,265'' \cdot \frac{a}{\Pi}$
   Dabei ist Π die Parallaxe in Bogensekunde. Für $\Pi = 1''$ erhält man
   $1\,\text{pc} = 206\,265'' \cdot \frac{1{,}46 \cdot 10^{11}\,\text{m}}{1''} = 3{,}086 \cdot 10^{16}\,\text{m} = 3{,}26$ Lj.

2. Misst man die Entfernung r in pc und die Parallaxe Π in Bogensekunden, dann ist $r = 1''/\Pi$ pc.
   Damit erhält man $r = 1''/0{,}762''\,\text{pc} = 1{,}31\,\text{pc} = 4{,}27$ Lj.

3. Aus $m - M = 5 \cdot \lg(r/10\,\text{pc})$ folgt $r = 10^{(m-M)/5} \cdot 10\,\text{pc}$
   Mit $m = 1{,}3$ und $M = -7{,}5$ erhält man $r = 10^{1{,}76} \cdot 10\,\text{pc} \approx 580\,\text{pc}$.
   Die Entfernung ist mit trigonometrischer Parallaxe nicht bestimmbar, da
   $\Pi = 1''/580\,\text{pc} \cdot 1\,\text{pc} = 0{,}002'' < 0{,}01''$.

DEFINITION ROTVERSCHIEBUNG

Die Emissions- und Absorptionslinien bekannter Elemente in den Spektren der Galaxien zeigen eine Verschiebung zu größeren Wellenlängen, man spricht von einer Rotverschiebung. Diesen Effekt deutet man als Doppler-Verschiebung. Dabei geht man davon aus, dass sich Beobachter und Lichtquelle relativ zu einander mit der Geschwindigkeit *v* entfernen.

Ist $\lambda_{\text{Labor}} = \lambda_0$ die im Labor gemessene Wellenlänge und $\lambda_{\text{beobachtet}} = \lambda$ die im Spektrum der Galaxie beobachtete Wellenlänge, so gilt:

$$\lambda = \lambda_0 \sqrt{\frac{c+v}{c-v}}.$$

Aus dieser Beziehung folgt:

$$\frac{\lambda}{\lambda_0} = \sqrt{\frac{c+v}{c-v}} = \frac{\lambda_0 + (\lambda - \lambda_0)}{\lambda_0} = 1 + \frac{\lambda - \lambda_0}{\lambda_0}.$$

DOPPLERVERSCHIEBUNG

Die relative Wellenlängenänderung $(\lambda - \lambda_0)/\lambda_0 = \Delta\lambda/\lambda_0$ heißt Dopplerverschiebung und wird mit *z* bezeichnet. Es ist daher:

$$z = \Delta\lambda/\lambda = \sqrt{\frac{c+v}{c-v}} - 1.$$

Aus dieser Beziehung erhält man bei bekanntem *z* die Fluchtgeschwindigkeit *v*. Ist *v* sehr viel kleiner als die Lichtgeschwindigkeit *c*, dann gilt die Näherung $z = v/c$.

HUBBLE-GESETZ

Hubble untersuchte systematisch die Rotverschiebung in Sternspektren. Er erkannte eine Proportionalität zwischen der Entfernung r und der Geschwindigkeit v von Galaxien. Den proportionalen Zusammenhang $v = H \cdot r$ nennt man das Hubble-Gesetz. Die Hubble-Konstante H liegt zwischen 55 km/(sMpc) und 75 km/(sMpc).

Nimmt man vereinfacht eine gleichförmige Expansion an, so hätte sich die Fluchtgeschwindigkeit v einer Galaxie nicht geändert. Hat eine Galaxie heute die Entfernung r von uns, dann hätte sie für das Zurücklegen dieser Strecke die Zeit $T_0 = r/v = 1/H$ benötigt. Die Expansionsdauer $T_0 = 1/H$ heißt Hubble-Zeit.

Mit H = 65 km/sMpc ergibt sich T_0 = 1 sMpc/65 km = $3{,}086 \cdot 10^{19}$ skm/65 km ≈ $15 \cdot 10^9$ a. Diese Zeit kann als eine Abschätzung für das Alter des Universums gelten.

DUNKLE ENERGIE

Wenn die Expansion durch Gravitationskräfte gebremst wird, dann ist die heutige Geschwindigkeit kleiner als beim Start. Die Hubble-Konstante muss im Laufe der Zeit kleiner geworden sein, d. h. im Mittel ist sie größer als heute. Die berechnete Hubble-Zeit wäre dann zu groß. Neue Messungen zeigen, dass die Expansionsgeschwindigkeit nicht kleiner, sondern größer wird. Entsprechend wäre jetzt die berechnete Hubble-Zeit für das Alter des Universums zu klein.

Die Gravitationskraft hat nur bremsende Wirkung. Es muss also noch ein Antrieb vorhanden sein. Man spricht in diesem Zusammenhang von dunkler Energie. Eine Erklärung für diese Energie hat die Physik noch nicht.

STERNEIGENSCHAFTEN

Die Größen zur Beschreibung der Sterneigenschaften werden oft in Vielfachen der entsprechenden Größen der Sonne angegeben. Für die Sonne gilt:
Oberflächentemperatur $T_0 = 5780\,\text{K}$, Leuchtkraft $L_0 = 3{,}85 \cdot 10^{26}\,\text{W}$, mittlerer Radius $R_0 = 6{,}96 \cdot 10^5\,\text{km}$,
Masse $M_0 = 1{,}989 \cdot 10^{30}\,\text{kg}$, mittlere Dichte $\varrho_0 = 1{,}409 \cdot 10^3\,\text{kg/m}^3$.

LEUCHTKRAFT

Sterne unterscheiden sich in ihrer Leuchtkraft um mehrere Zehnerpotenzen: $10^{-4}\,L_0 < L_{\text{Stern}} < 10^5\,L_0$. Die Oberflächentemperaturen liegen zwischen 3000 K und 30 000 K.

HERTZSPRUNG-RUSSEL-DIAGRAMM

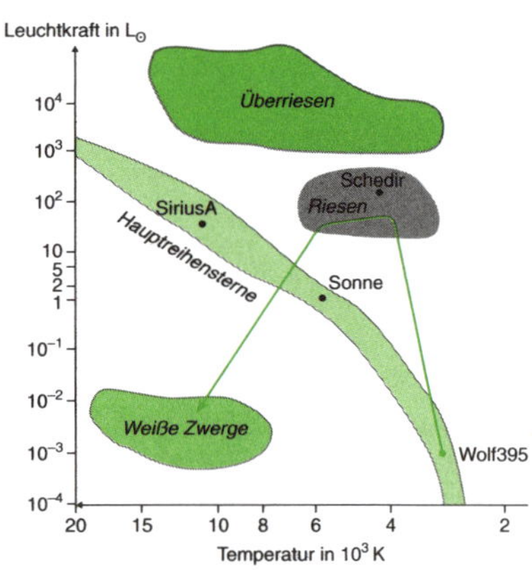

Im Hertzsprung-Russel-Diagramm (HRD) ist die Leuchtkraft in Abhängigkeit der Oberflächentemperatur (bzw. Spektralklasse) aufgetragen. Die Sternpunkte sind auf bestimmte Bereiche des HRD beschränkt. Die stark besetzte Diagonale heißt Hauptreihe. Oben links befinden sich die bläulich weißen Sterne hoher Leuchtkraft und hoher Temperatur. Die sonnenähnlichen gelben Sterne sind in der Mitte. Unten rechts sind die roten Zwerge, Sterne mit geringer Temperatur und geringer Leuchtkraft.
Oberhalb der Hauptreihe befinden sich die Riesensterne. Bei gleicher Leuchtkraft wie die entsprechenden Hauptreihensterne haben sie einen wesentlich größeren Radius ($R_{\text{Stern}} > 10\,R_0$). Riesensterne mit einer Leuchtkraft größer als $1000 \cdot L_0$ heißen Überriesen.
Die Sterne unterhalb der Hauptreihe sind die weißen Zwerge, deren Radius ist etwa $0{,}01\,R_0$.

STEFAN-BOLTZMANN-GESETZ

Mit Hilfe des Stefan-Boltzmann-Gesetzes kann man eine Gesetzmäßigkeit zwischen dem Radius R eines Sternes, seiner Oberflächentemperatur T und seiner Leuchtkraft L herleiten. Es ergibt sich:

$$R = R_0 \sqrt{\frac{L}{L_0}} \cdot \left(\frac{T}{T_0}\right)^2$$

HAUPTREIHENSTERNE

Trägt man für die Hauptreihensterne den Logarithmus der Leuchtkraft L/L_0 in Abhängigkeit vom Logarithmus der Masse M/M_0 auf, so liegen die Punkte im Diagramm in guter Näherung auf einer Geraden mit der Steigung 3. Für Hauptreihensterne gilt die **Masse-Leuchtkraft-Beziehung** $L/L_0 = (M/M_0)^3$.

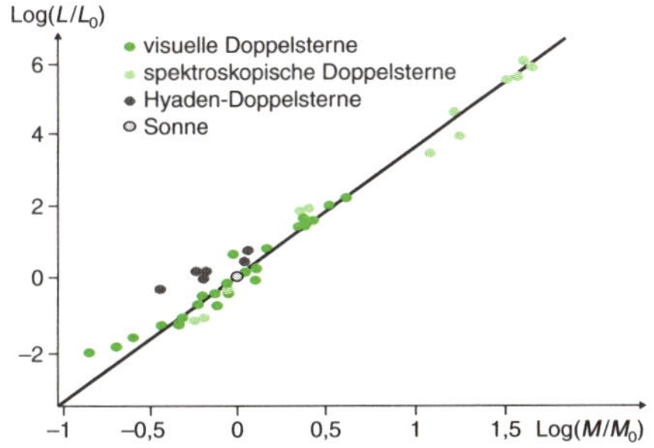

LEBENSDAUER EINES STERNS

Die Zeit t_H, die ein Stern auf der Hauptreihe verbringt, heißt Lebensdauer. Sie gibt an, wie lange es etwa dauert, bis 10% seines Wasserstoff-Vorrates in Helium umgewandelt ist.

Die Lebensdauer t_H lässt sich durch folgende Überlegungen abschätzen:

- t_H ist proportional zum Brennstoffvorrat, also zur Masse M des Sterns.
- t_H ist antiproportional zur Energieabstrahlung und damit zur Leuchtkraft L.

Mit $L \sim M^3$ folgt $t_H \sim M/L \sim M/M^3 \sim 1/M^2$. Damit ergibt sich relativ zur Sonne die Lebensdauer $t_H = t_{0H} \cdot (M_0/M)^2$. Geht man bei der Sonne von einer Lebensdauer von 8 Mrd. Jahren aus, dann hat ein Stern mit drei Sonnenmassen eine Lebensdauer von $8 \cdot 10^9\,\text{a}/9 = 8{,}9 \cdot 10^8\,\text{a}$.

ROTVERSCHIEBUNG

1. Astronomische Spektren sind entweder Emissions- oder Absorptionsspektren. Erläutern Sie, wie diese entstehen.

2. Die Abbildung zeigt das Spektrum des Quasars 3 C 273.

a) Das Verhältnis der Wellenlängen der markierten Linien entspricht dem der Balmerserie. Überprüfen Sie dies.

Balmerserie			
rot	grün	blau	violett
656 nm	486 nm	434 nm	410 nm

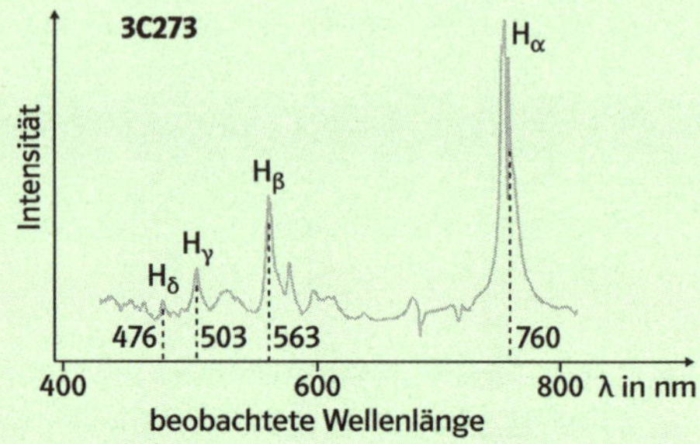

b) Ermitteln Sie die Rotverschiebung.

c) Berechnen Sie die Fluchtgeschwindigkeit (H = 65 km/(s · Mpc)). Es genügt eine nicht-relativistische Rechnung.

d) Berechnen Sie die Entfernung des Quasars.

LÖSUNGEN

1. Emissionsspektrum:
- Atome bzw. Moleküle werden durch Energiezufuhr angeregt.
- Beim Übergang in den Grundzustand geben diese die Energie E als Photonen der Frequenz f ab. Es gilt $E = h \cdot f$.

Absorptionsspektrum:
- Elektromagnetische Strahlung mit einem kontinuierlichen Spektrum durchstrahlt kühles Gas.
- Die Atome bzw. Moleküle des Gases absorbieren die Wellenlängen, die zum jeweiligen Termschema passen.

2. a) Aus der Abbildung ergibt sich für das Verhältnis der beobachteten Wellenlängen 760 : 563 : 503 : 476 = 1,60 : 1,18 : 1,06 : 1.
Die Balmer-Serie ergibt ein Wellenlängen-Verhältnis von 656 : 486 : 434 : 410 = 1,60 : 1,18 : 1,06 : 1.
Die Verhältnisse der Wellenlängen sind in beiden Fällen gleich. Man kann daher davon ausgehen, dass die beobachteten Wellenlängen zur Balmerserie gehören.

b) $\frac{\lambda_{beobachtet} - \lambda_{Labor}}{\lambda_{Labor}} = \frac{760\,nm - 656\,nm}{656\,nm} = 0{,}159$

c) Bei nicht relativistischer Rechnung gilt für die Geschwindigkeit v: $v = z \cdot c \Leftrightarrow v = 0{,}16\,c$. (Bei relativistischer Rechnung erhält man $v = 0{,}15\,c$.)

d) Aus dem Hubble-Gesetz $v = H \cdot r$ folgt $r = \frac{0{,}16 \cdot 3 \cdot 10^5 \frac{km}{s}}{65 \frac{km}{s\,Mpc}} = 740\,Mpc$.

STERNE

1. Was versteht man unter der Leuchtkraft eines Sterns? Wie groß ist die Leuchtkraft der Sonne?

2. Skizzieren Sie ein Hertzsprung-Russel-Diagramm, in dem die üblichen Sterngebiete eingetragen sind. Tragen Sie in das Diagramm die folgenden Sterne ein: Schedir (4100 K/200 $L_○$), Sirius A (9500 K/22 $L_○$), Wolf 395 (2800 K/0,001 $L_○$).

3. Skizzieren Sie im Hertzsprung-Russel-Diagramm den weiteren Lebensweg von Wolf 395.

4. Beschreiben Sie in Stichworten den Lebensweg eines Hauptreihensterns mit einer Masse von etwa einer Sonnenmasse.

5. Stellen Sie in einer Tabelle die Endzustände der Sternentwicklung in Abhängigkeit von der Sternmasse zusammen.

LÖSUNGEN

1. Unter Leuchtkraft versteht man die gesamte vom Stern abgegebene Strahlungsleistung. Für die Sonne gilt $L_0 = 3{,}85 \cdot 10^{26}$ W.

2. und 3. Wolf 395: Hauptreihe – roter Riese – weißer Zwerg.

4. • Wasserstoff-Brennen in der Hülle.
   • Aufblähen des Sterns. Er wird zum roten Riesen.
   • Mit dem Ende des nuklearen Brennens wird der rote Riese instabil. Er stößt seine Hülle ab (planetarischer Nebel).
   • Zurück bleibt der hochverdichtete C-O-Kern.
   • Es entsteht ein weißer Zwerg.

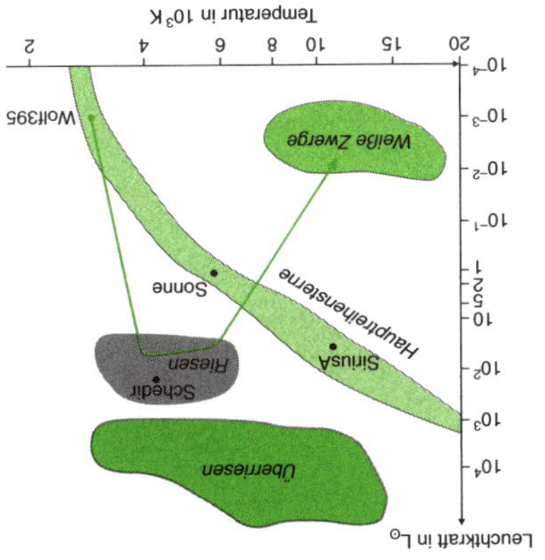

5.

Massearme Sterne bis zu $0{,}3\,M_0$	Massearme Sterne zwischen $0{,}3\,M_0$ und $2{,}3\,M_0$	Massereiche Sterne zwischen $2{,}3\,M_0$ und $8\,M_0$	Massereiche Sterne über $8\,M_0$
weißer Zwerg schwarzer Zwerg	weißer Zwerg	Supernova-Explosion weißer Zwerg	Supernova-Explosion Neutronen-Stern oder schwarzes Loch

14 HALBLEITER

Halbleiter

GUTE UND SCHLECHTE LEITER

Es gibt Stoffe, die den elektrischen Strom sehr gut leiten, und soche, die ihn gar nicht leiten. Gute Leiter sind die Metalle und Elektrolyte. Sehr schlechte Leiter, also Isolatoren, sind z. B. Plastik, Keramik und Glas.

Halbleiter sind Stoffe, die sich bei tiefen Temperaturen wie Isolatoren und bei hohen Temperaturen wie Leiter verhalten. Der Grund liegt in ihrem spezifischen Widerstand. Dieser ist im Gegensatz zu Metallen sehr groß, nimmt aber mit steigender Temperatur ab. Der spezifische Widerstand ist abhängig von der Dichte und der Beweglichkeit der Ladungsträger:

$\rho = \frac{1}{n \cdot e \cdot \mu}$; n: Dichte der Ladungsträger; μ: Beweglichkeit der Ladungsträger.

Bei Halbleitern sind im Gegensatz zu Metallen die Ladungsträger beweglicher, die Dichte jedoch ist geringer. Erhöht man nun die Temperatur, so nimmt die Beweglichkeit der Ladungsträger ab, die Dichte nimmt jedoch sehr stark zu, sodass der spezifische Widerstand kleiner wird. Der spezifische Widerstand hängt bei Halbleitern zusätzlich von der Reinheit des Halbleiters ab.

Beispiele für Halbleiter sind Germanium, Silizium, Selen und Tellur.

EIGENLEITUNG IN HALBLEITERN

Die Eigenschaften eines Halbleiters erklären sich durch ihren atomaren Aufbau. Bei tiefen Temperaturen sind nahezu alle Elektronen an die Gitteratome gebunden. Führt man Energie in Form von Wärme oder Licht zu, so lösen sich weitere Elektronen aus ihren Bindungen und stehen als Ladungsträger zur Verfügung. Zurück bleibt jeweils eine Elektronenfehlstelle, auch als Loch bezeichnet. Dieses Loch wirkt wie eine positive Ladung, da die Stelle vorher neutral war. Nun können Nachbarelektronen zu dem entstandenen Loch wandern und es besetzen. Dadurch entsteht an einer anderen Stelle ein Loch, das wieder durch ein Elektron besetzt werden kann. So erhält man den Eindruck, als ob die Löcher durch den Halbleiter wandern und zwar in entgegengesetzter Richtung zu den Elektronen.

PAARBILDUNG UND REKOMBINATION

Man nennt die Entstehung der Löcher und der freien beweglichen Elektronen **Paarbildung**. Der umgekehrte Vorgang heißt **Rekombination**. Legt man eine Spannungsquelle an den Halbleiter, so bewegen sich die Löcher in Richtung des negativen Pols, die Elektronen in Richtung des positiven Pols.

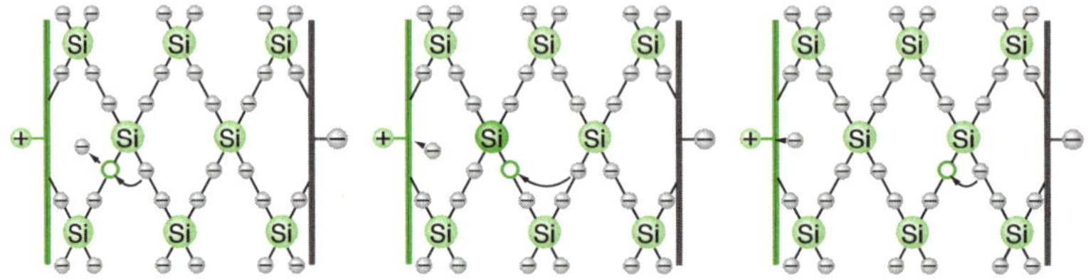

DAS BÄNDERMODELL

Die Leitfähigkeit von Stoffen kann man mittels des **Bändermodels** verdeutlichen. Dabei werden die Elektronen durch ihre Energiezustände beschrieben. Dicht benachbarte Energieniveaus bilden ein **Energieband**. Energiezustände zwischen den Bändern können die Elektronen nicht annehmen. Das oberste, energiereichste Band nennt man **Valenzband V**, es ist vollständig mit Elektronen besetzt. Das darüber liegende Band ist nicht mehr vollständig mit Elektronen besetzt, es kann auch leer sein. Man nennt es **Leitungsband L**. Die Elektronen in diesem Band sind beweglich und dienen zur Leitfähigkeit.

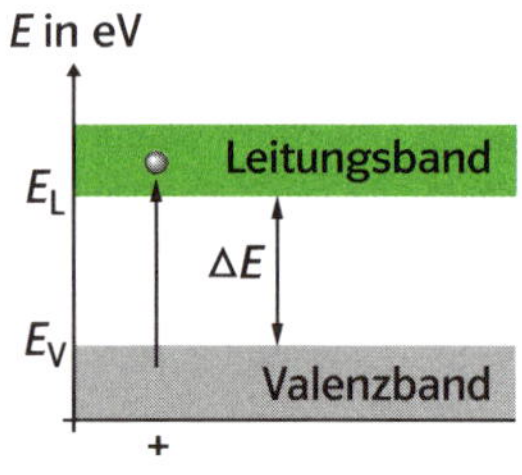

Bei einem Halbleiter ist das Leitungsband bei $T = 0\,K$ leer. Bereits Zimmertemperatur reicht aus, um einige Elektronen aus dem Valenzband in das Leitungsband übergehen zu lassen. Wird die Temperatur größer, so gelangen immer mehr Elektronen in das Leitungsband und die Leitfähigkeit nimmt zu.

HALBLEITER

1. Beschreiben Sie einen Leiter im Bändermodell.

2. Der spezifische Widerstand berechnet sich nach der Formel: $\varrho_{\text{Spezifisch}} = \frac{1}{n \cdot e \cdot \mu}$.
   Dabei ist n die Dichte der Ladungsträger,
   μ die Beweglichkeit der Ladungsträger und e die Elementarladung.
   a) Erklären Sie die physikalischen Größen $\varrho_{\text{Spezifisch}}$ und μ.
   b) Ein Mol Kupfer hat eine Masse von 65,546 g, eine Dichte von 8,93 g/cm³ und einen spezifischen Widerstand von 0,017 Ωmm²/m.
   Berechnen Sie die Beweglichkeit der Ladungsträger.
   (Avogadrozahl: $N_A = 6{,}022142 \cdot 10^{23}$)

LÖSUNGEN

1. Große Teile der Valenzelektronen sind bereits im Leitungsband. Das Leitungsband und das Valenzband überlappen sich. Kleine Feldkräfte rufen bereits einen Strom hervor.

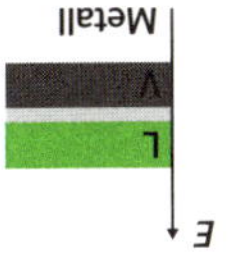

2. a) Bewegte Elektronen erzeugen eine gerichtete Bewegung, dabei wird die Bewegung der Elektronen durch Hin- und Herschwingungen der Ionen um ihre Ruhelage behindert. Der spezifische Widerstand sowie die Beweglichkeit der Ladungsträger sind Größen, die die Stärke der Behinderung der Elektronen durch die Ionen angeben. Je größer diese Behinderung bei konstanter Spannung wird, umso langsamer sind die Ladungsträger und umso größer ist der spezifische Widerstand.
   b) Zur Bestimmung der Beweglichkeit der Ladungsträger stellt man die Formel für den spezifischen Widerstand um nach μ:

$$\varrho_{\text{spezifisch}} = \frac{1}{n \cdot e \cdot \mu}, \text{ also } \mu = \frac{1}{n \cdot e \cdot \varrho_{\text{spezifisch}}}.$$

Die Dichte der Ladungsträger n ist der Quotient aus der Avogadrozahl N_A und dem Molvolumen:

$$n = \frac{N_A}{V} = \frac{N_A \cdot \varrho}{M} = \frac{6{,}022142 \cdot 10^{23} \cdot 8{,}93 \frac{\text{g}}{\text{cm}^3}}{65{,}546\,\text{g}} = 8{,}205 \cdot 10^{22} \frac{1}{\text{cm}^3}.$$

Beweglichkeit der Ladungsträger:

$$\mu = \frac{1}{8{,}205 \cdot 10^{22} \frac{1}{\text{cm}^3} \cdot 1{,}602 \cdot 10^{-19}\,\text{C} \cdot 0{,}017 \frac{\Omega\,\text{mm}^2}{\text{m}}} = \frac{1}{8{,}205 \cdot 10^{28} \frac{1}{\text{m}^3} \cdot 1{,}602 \cdot 10^{-19}\,\text{C} \cdot 0{,}017 \cdot 10^{-6} \frac{\Omega\,\text{m}^2}{\text{m}}} \approx 4{,}5 \cdot 10^{-3} \frac{\Omega^2}{\text{Vs}}.$$

DOTIERUNG VON HALBLEITERN

Die geringe, von der Temperatur abhängige Eigenleitung ist für die Anwendung der Halbleiter zu gering, man braucht Halbleiter mit höherer Leitfähigkeit. Dies kann man erreichen, indem man den Halbleiter gezielt verunreinigt, d. h. indem man Fremdatome in das Kristallgitter einbaut. Man nennt diese Vorgehensweise Dotieren. Dabei werden in den Halbleiter durch Diffusion oder Ionenbeschuß zusätzliche Ladungsträger eingefügt. Bei der Diffusion wird der Halbleiter, z. B., Silicium in einem Diffusionsofen durch Gaszufuhr erhitzt. Das zugeführte Gas enthält dabei die Fremdatome. Diese diffundieren in die Kristalloberfläche und bilden dotierte Gebiete. Beim Ionenbeschuß beschießt man den Halbleiter mit Elektronen, die den Halbleiter an den vorgesehenen Stellen dotieren.

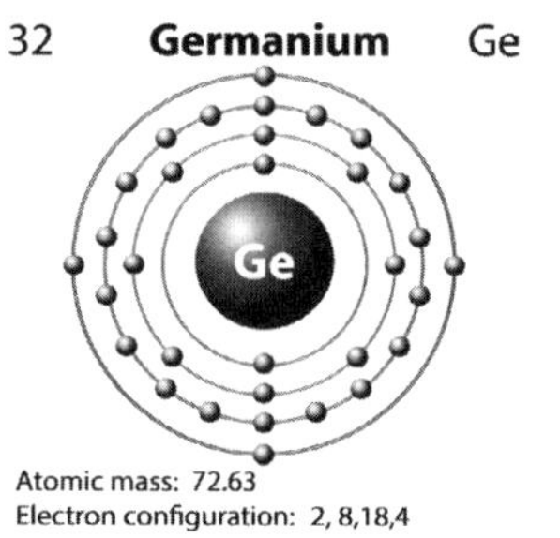

p- UND n-DOTIERUNG

Silicium und Germanium gehören zur IV. Hauptgruppe des Periodensystems. Zur Dotierung verwendet man Elemente der III. oder V. Hauptgruppe. Man unterscheidet zwischen p- und n-Dotierung.

Bei der p-Dotierung verwendet man ein Element der III. Hauptgruppe, z. B. Bor, Gallium oder Aluminium, das den Platz eines Silicium-Atoms einnimmt. Das Fremdatom hat ein Elektron weniger, zurück bleibt ein Loch. Dieses Loch kann durch ein Elektron eines Nachbaratoms besetzt werden, wodurch wieder ein Loch entsteht, das wieder besetzt werden kann. Es entsteht eine sogenannte Löcherleitung, auch p-Leitung genannt. Fremdatome, die zur p-Dotierung verwendet werden, heißen auch Akzeptoren.

Bei der n-Dotierung hingegen verwendet man Elemente der V. Hauptgruppe, z.B. Phosphor oder Arsen. Das Fremdatom hat im Gegensatz zum Halbleiteratom ein Elektron mehr, das nicht gebunden werden kann und als freies Elektron zur Verfügung steht. Diese Art der Leitung nennt man Elektronenleitung oder n-Leitung. Fremdatome für die n-Dotierung nennt man Donatoren.

Mit dem Bändermodell lässt sich die Elektronen- und Löcherleitung folgendermaßen deuten:

p-DOTIERUNG

Durch Dotierung mit einem Element der III. Hauptgruppe entstehen oberhalb des Valenzbandes zusätzliche leere Energieniveaus. Diese werden bei Zimmertemperatur (also bei geringer Energiezufuhr) durch Elektronen aus dem Valenzband vollständig besetzt. Dadurch entstehen im Valenzband Löcher und es erfolgt Löcherleitung. Legt man eine Spannung an den Halbleiter an, so fließen die Elektronen im Valenzband vom Minuspol in die Löcher und dann zum Pluspol. Die Löcher wandern somit vom Pluspol zum Minuspol.

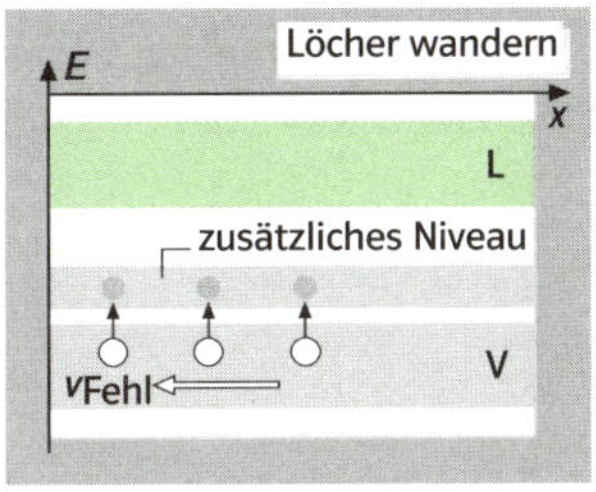

p-Dotierung: Fehlstellen erhöhen die Leitfähigkeit.

n-DOTIERUNG

Durch Dotierung mit einem Element der V. Hauptgruppe entstehen unterhalb des Leitungsbandes zusätzliche Energieniveaus. Bei Zimmertemperatur reicht die innere Energie nicht aus, um alle Elektronen, die sich in diesen Niveaus befinden, den Übergang ins Leitungsband zu ermöglichen. Legt man eine Spannung an den Halbleiter an, so fließen die Elektronen im Leitungsband zum Pluspol, während vom Minuspol neue Elektronen nachgezogen werden.

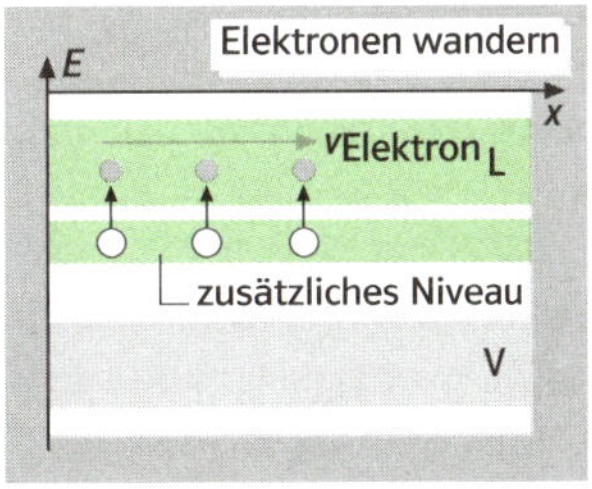

n-Dotierung: Elektronen erhöhen die Leitfähigkeit.

Die Leitfähigkeit von speziellen Halbleitern kann auch durch Temperaturerhöhung oder Temperaturverringerung sowie durch Bestrahlung mit Licht verändert werden. Man unterscheidet Heißleiter, Kaltleiter und Fotowiderstände.

DIE DIODE

Kombiniert man einen n-dotierten und einen p-dotierten Halbleiter, so erhält man eine Diode. Dieser **p-n-Übergang** bestimmt die Wirkungsweise der Diode. Entlang der **Grenzschicht** eines p-n-Übergangs entsteht eine ladungsträgerarme Zone, da Elektronen aus dem n-Leiter in den p-Leiter und Löcher aus dem p-Leiter in den n-Leiter wandern. Im n-Leiter bildet sich eine positive Ladungsschicht, im p-Leiter eine negative Ladungsschicht, sodass ein elektrisches Feld entsteht. Dieses elektrische Feld verhindert, dass weitere Elektronen in den p-Leiter gelangen und somit wirkt der p-n-Übergang wie eine **Sperrschicht**. Außerdem führt das elektrische Feld zu einer Verschiebung der Bänder am p-n-Übergang.

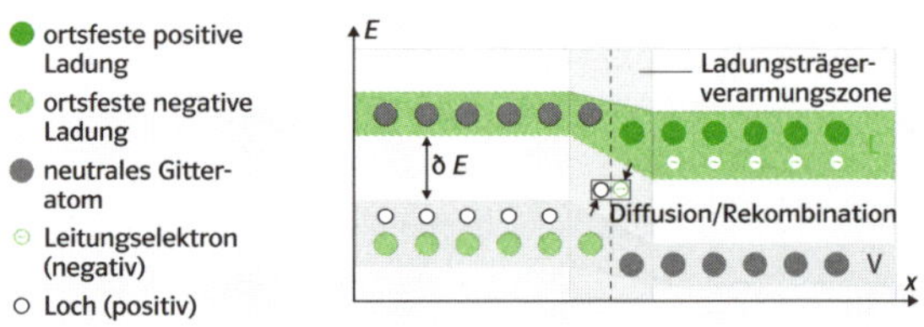

p-n-Übergang im Bändermodell

Legt man an die Diode eine äußere Spannung *U* an, so kann man dies auf zwei Arten tun.

1. MÖGLICHKEIT

Der Pluspol liegt an der p-dotierten Schicht, der Minuspol an der n-dotierten Schicht. Bei geringer Spannung fließt kein Strom, da das elektrische Feld in der Grenzschicht dem äußeren Feld entgegenwirkt. Erst ab einer bestimmten Spannung U_s, der sogenannten Schwellenspannung, überwiegt das äußere Feld und die Verschiebung der Bänder wird aufgehoben. Nun können Elektronen aus dem Leitungsband der n-dotierten Schicht die Grenzschicht überwinden und wandern in das Leitungsband der p-dotierten Schicht. Die Elektronen rekombinieren mit den Löchern des Valenzbandes. Der Pluspol ersetzt die aufgefüllten Löcher und es erscheint so, als ob die Löcher aus dem Valenzband des p-dotierten Teils in das Valenzband des n-dotierten Teils laufen. Dort werden sie von Elektronen besetzt, die vom Minuspol der äußeren Spannungsquelle geliefert werden. Somit fließt ein Strom und die Diode ist in **Durchlassrichtung** gepolt.

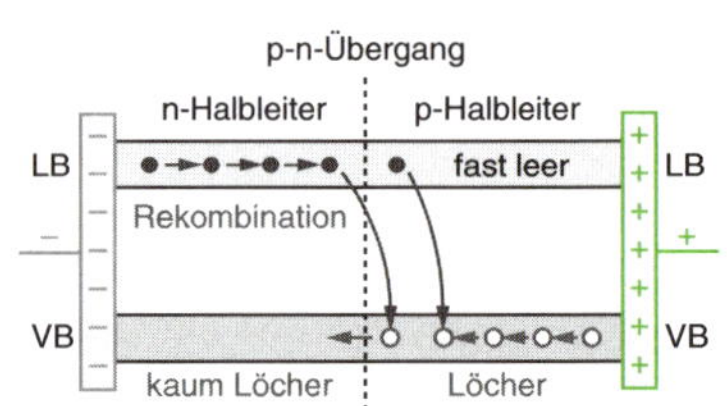

2. MÖGLICHKEIT

Der Pluspol liegt an der n-dotierten Schicht, der Minuspol an der p-dotierten Schicht. Nun verstärkt das von außen angelegte elektrische Feld das elektrische Feld in der Grenzschicht. Beide Felder versuchen die wenigen Elektronen, die sich im Leitungsband der p-dotierten Schicht befinden, zum Minuspol zu ziehen. Sie wandern ohne Widerstand in das Leitungsband der n-dotierten Schicht. Da im Valenzband der n-dotierten Schicht fast keine Löcher vorhanden sind, fehlt es an geeigneten Ladungsträgern. Die p-n-Grenzschicht wird breiter. Die Diode ist in Sperrrichtung gepolt.

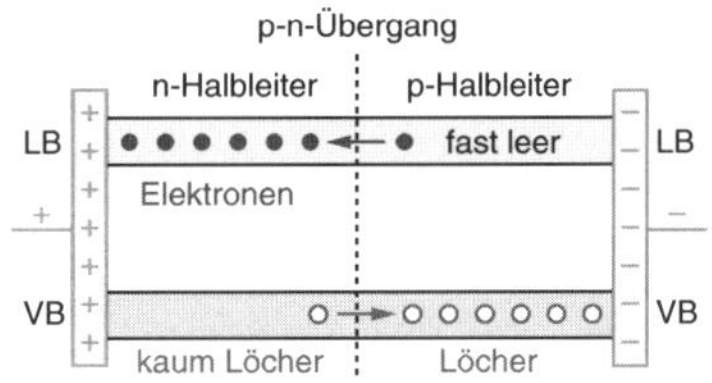

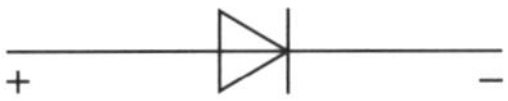

Strom ist vorhanden.
Die Diode ist in Durchlassrichtung gepolt.

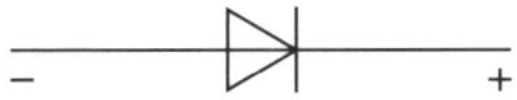

Kein Strom ist vorhanden.
Die Diode ist in Sperrrichtung gepolt.

Verwendet man anstelle der Gleichspannung, die den Strom nur in einer Richtung durchlässt und somit die Diode wie ein Ventil wirken lässt, Wechselstrom, so entsteht ein pulsierender Gleichstrom und die Diode wird zum Gleichrichter.

DOTIERUNG

1. Halbleiter können gezielt verunreinigt werden, um die elektrische Leitfähigkeit des Halbleiters zu verändern. Dazu dotiert man die Halbleiter mit Fremdatomen der III. oder V. Hauptgruppe des Periodensystems.
   Erläutern Sie anhand einer Skizze wie man sich die p-Leitung und n-Leitung im Kristallmodell vorstellt. Als Halbleiter soll Silicium verwendet werden.

2. Spezielle Halbleiter sind Thermistoren und Fotowiderstände (LDR). Die Thermistoren unterteilen sich in Heißleiter (NTC-Widerstand) und Kaltleiter (PTC-Widerstand).
   Nennen Sie die typischen Eigenschaften dieser speziellen Halbleiter.

LÖSUNGEN

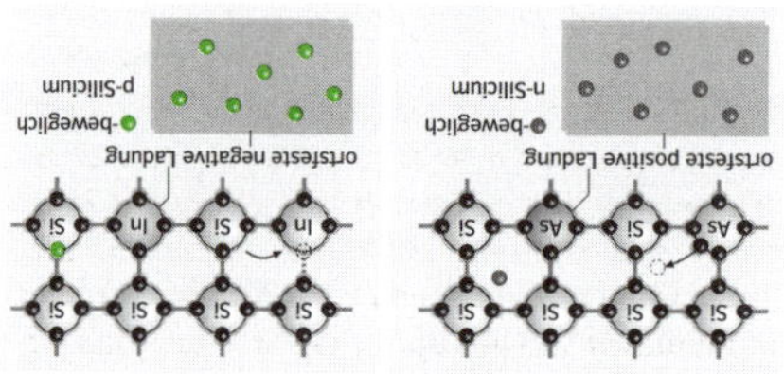

Entstehen von n- und p-Leitern bei Silicium

1. n-Leitung: Man ersetzt im Siliciumkristall etwa jedes 10^6-te Siliciumatom durch ein Atom der V. Hauptgruppe, z. B. Arsen (As). Da dieses fünf Valenzelektronen hat, ist eines davon nicht an seinen Nachbarn gebunden, sondern steht als freies Elektron zur Verbesserung der Leitfähigkeit zur Verfügung. Da es sich hierbei um einen negativen Ladungsträger handelt, spricht man von n-Leitung.
   p-Leitung: Man ersetzt im Siliciumkristall etwa jedes 10^6-te Siliciumatom durch ein Atom der III. Hauptgruppe, z. B. Indium (In). Dieses hat drei Valenzelektronen, sodass ein Elektron des Silicium keine Bindung mit dem Indium eingeht. Zurück bleibt eine Elektronenfehlstelle, die von einem einem benachbarten Elektron besetzt werden kann. Nun entsteht am Nachbaratom eine Elektronenfehlstelle, die wieder besetzt wird. Somit wandern die Elektronenfehlstellen durch den Kristall. Der Silicium ist p-dotiert, da die Elektronenfehlstellen wie positive Ladungen wirken.

2. Heißleiter oder NTC-Widerstände (Negative Temperature Coefficient) sind Halbleiter, deren Widerstand mit steigender Temperatur sinkt. Kaltleiter oder PTC-Widerstände (Positive Temperature Coefficient) sind Halbleiter, deren Widerstand mit sinkender Temperatur sinkt. Bei einem Fotowiderstand oder LDR-Widerstand (Light Dependent Resistor) ändert sich der Widerstandswert mit der Beleuchtungsstärke. Je höher die Beleuchtungsstärke, umso kleiner der Widerstand.

DIODE

Das folgende Diagramm zeigt die Kennlinien zweier Dioden.

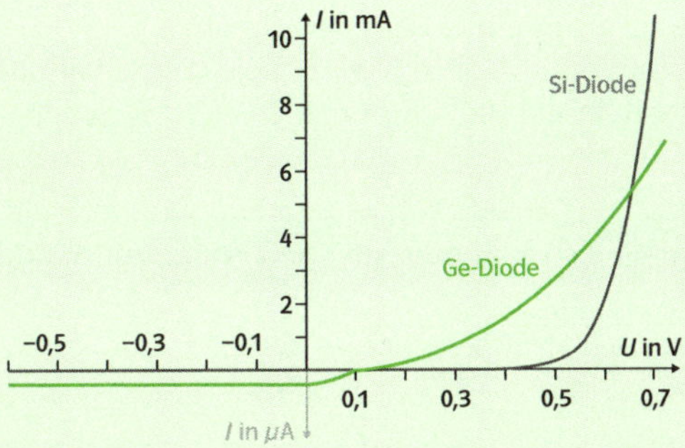

1. Beschreiben Sie einen Versuch, mit dem man diese Kennlinien aufnehmen kann. Skizzieren Sie den zugehörigen Schaltplan.
2. Interpretieren Sie die Kennlinien.

LÖSUNGEN

1. Bei der Kennlinie der Diode soll der Zusammenhang zwischen der Spannung, die an der Diode anliegt, und dem Strom, der durch die Diode fließt, untersucht werden.
   Dazu baut man eine Reihenschaltung aus einer Spannungsquelle, einem Vorwiderstand R, der Diode und einem Strommessgerät auf. Ein Spannungsmessgerät, das parallel zur Diode angeschlossen wird, zeigt die Spannung an. Nun steigert man langsam die Spannung und misst die Stromstärke.
   Ist die Diode in Durchlassrichtung gepolt, so wird die Spannung positiv definiert. In Sperrrichtung ist sie negativ.

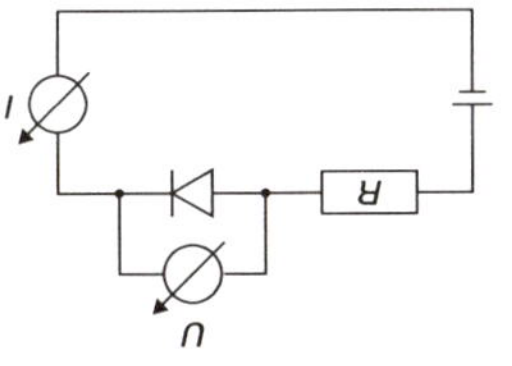

2. Siliciumdiode: Bei Polung in Durchlassrichtung beträgt die Stromstärke bis 0,7 V nahezu 0 A. Ab 0,7 V steigt die Stromstärke sehr stark an. Bei Polung in Sperrrichtung fließt ein Sperrstrom von wenigen mA, der nur mit einem sehr empfindlichen Messgerät gemessen werden kann. In der Praxis ist er bedeutungslos.

   Germaniumdiode: Hier steigt bei Polung in Durchlassrichtung die Stromstärke bereits ab 0,3 V stark an. Die Schwellenspannung ist bei einer Germaniumdiode nicht so eindeutig zu bestimmen wie bei der Siliciumdiode. Ebenso fließt bei Polung in Sperrrichtung ein sehr kleiner Sperrstrom, dieser ist jedoch noch kleiner als bei der Siliciumdiode.

DER TRANSISTOR

Erweitert man eine Diode um eine p-dotierte oder n-dotierte Schicht, so erhält man einen weiteren p-n-Übergang. Ein Bauelement mit zwei p-n-Übergängen nennt man einen **bipolaren Transistor**. Es gibt zwei Arten von bipolaren Transistoren, den npn- und den pnp-Transistor. Im Vergleich zu den beiden äußeren Schichten ist die mittlere Schicht sehr dünn. Die mittlere Schicht nennt man **Basis** (B), die beiden äußeren Schichten **Kollektor** (C) und **Emitter** (E). Die einzelnen Schichten sind mit Anschlüssen versehen.

Jeweils die zwei Anschlüsse Emitter-Basis und Basis-Kollektor funktionieren wie eine Diode. Sie leiten in der einen Richtung, während sie in der anderen sperren.

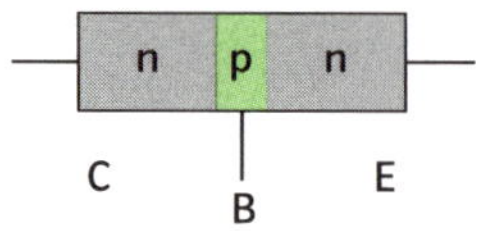

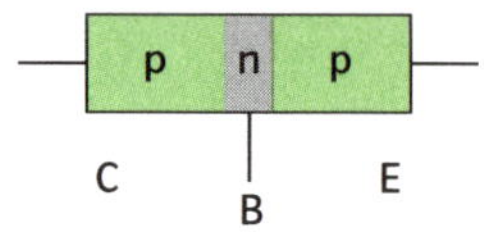

FUNKTIONSWEISE EINES NPN-TRANSISTORS

Im Folgenden beschränken wir uns auf einen npn-Transistor. Der pnp-Transistor funktioniert genauso, nur dass bei ihm die Polarität vertauscht ist, da die Schichten eine umgekehrte Reihenfolge aufweisen. Schließt man den Kollektor an den Pluspol und den Emitter an den Minuspol an, während man den Anschluss an die Basis offen lässt, so fließt kein Strom. Der Transistor wirkt wie eine Diode, die in Sperrrichtung gepolt ist.

Schaltet man zusätzlich die Basis und den Emitter in Durchlassrichtung, so fließt ab der Schwellenspannung U_{BE} ein Basisstrom I_B. Nun bewegen sich die Elektronen vom Emitter zur Basis. Da diese sehr dünn ist und das im Kollektor vorhandene elektrische Feld sehr groß ist, schaffen viele Elektronen den Übergang zum positiv geladenen Kollektor. Damit nicht die meisten der Elektronen über den Anschluss der Basis abfließen, muss die Basis sehr dünn sein. Es entsteht ein Strom, der Kollektorstrom I_C. Diesen Effekt nennt man **Transistoreffekt**.

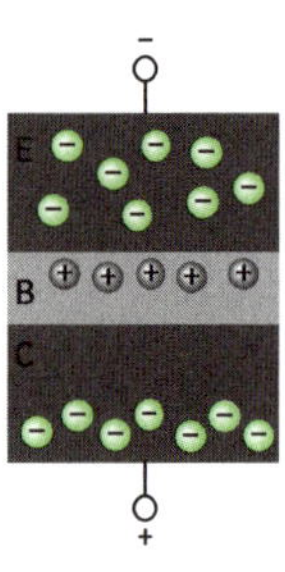

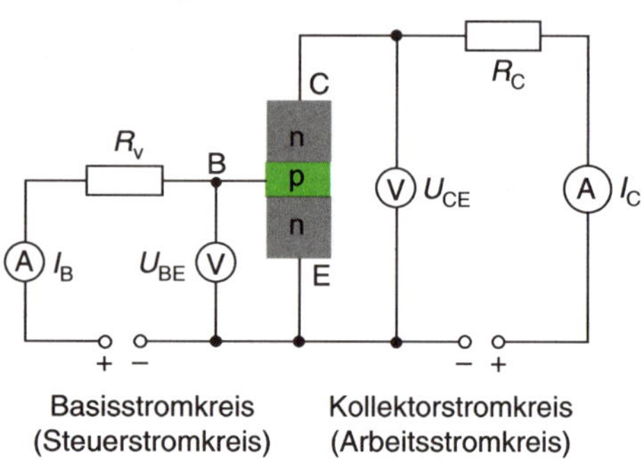

TRANSISTOR

Die folgenden Diagramme zeigen die Kennlinien für einen Transistor. Sie geben an, wie die einzelnen Werte wmiteinander im Verhältnis stehen, und zeigen, wie der Transistor funktioniert.

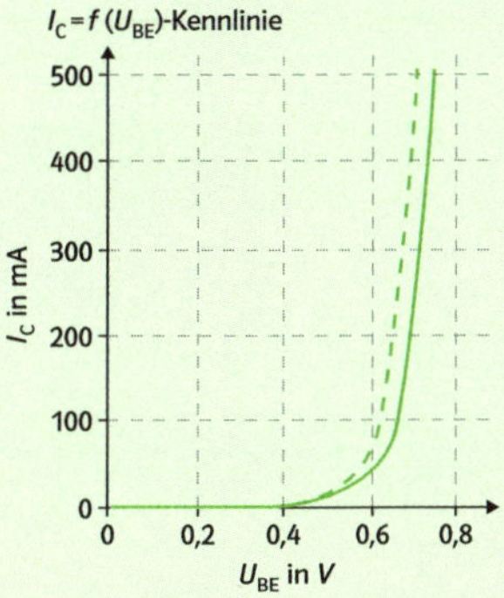

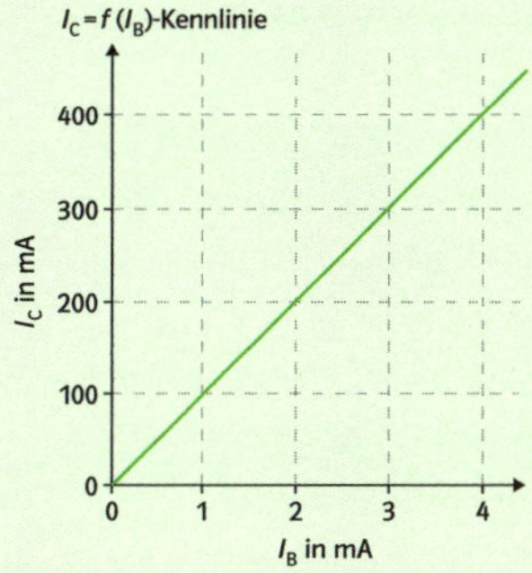

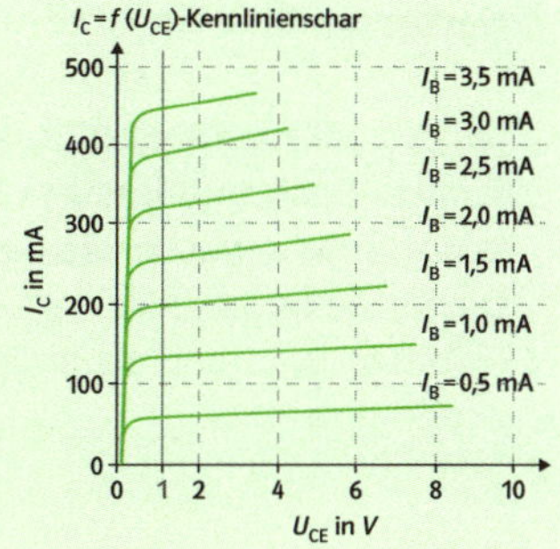

Interpretieren Sie die Kennlinien.

LÖSUNGEN

Eingangskennlinie: Die Basisstromstärke ist gegenüber der Basis-Emitter-Spannung aufgetragen. Erst bei der Schwellenspannung zwischen Basis und Emitter ist ein merklicher Basisstrom zu erkennen. Überschreitet die Spannung diesen Schwellenwert, so steigt der Basisstrom erheblich an. Deshalb sollte man einen Vorwiderstand verwenden. Mithilfe dieser Kennlinie kann man bestimmen, ab welcher Spannung ein Transistor leitend wird.

Übertragungskennlinie: Der Kollektorstrom ist gegenüber dem Basisstrom aufgetragen. Man erkennt, dass diese beiden Größen zueinander proportional sind. Außerdem erkennt man: Ein kleiner Basisstrom ergibt einen großen Kollektorstrom. Mithilfe dieser Kennlinie kann man die Stromverstärkung des Transistors ausrechnen. Je steiler die Kurve, desto größer die Stromverstärkung.

Für die Stromverstärkung gilt: $B = \frac{\Delta I_C}{\Delta I_B}$.

Je mehr die Kurve von einer Geraden abweicht, umso verzerrter ist das Ausgangssignal.

Ausgangskennlinie: Die Kollektorstromstärke ist gegenüber der Kollektor-Emitter-Spannung aufgetragen. Unterhalb von 1V ist eine Abhängigkeit der Kollektorstromstärke von der Kollektor-Emitter-Spannung zu erkennen. Oberhalb von 1V ändert sich der Kollektorstrom nur sehr gering. Deshalb sollten bei Schaltungen mit Transistoren die Betriebsspannungen über 1V liegen. Da die Ausgangskennlinie bei konstanter Basisstromstärke aufgenommen wird, existiert für jede Basisstromstärke eine eigene Kennlinie.

BILDNACHWEIS

S. 3	Mädchen sitzend • Fotolia (Yuri Arcurs)
S. 6	Sprung von Klippen • Shutterstock (Lukasz Z)
S. 6	schnelles Auto • Fotolia (Ivan Kurmyshov)
S. 7	Achterbahn • Fotolia (tomomomokko)
S. 11	Basketball • Shutterstock (sirtravelalot)
S. 12	Wurf nach oben • Fotolia (Mikhail Ulyannikov)
S. 16	Isaac Newton • Thinkstock (TonyBaggett)
S. 17	Kiste schieben • Thinkstock (cherezoff)
S. 18	Zentripetalkraft • Thinkstock (supergenijalac)
S. 22	Kugelstoßpendel • Shutterstock (valdis torms)
S. 23	startende Rakete • Shutterstock (Vladi333)
S. 25	Saturn • iStockphoto (SSSCCC)
S. 27	gespannte Feder aus Metall • Shutterstock (Deyan Georgiev)
S. 30	Atommodell • Shutterstock (ktsdesign)
S. 30	Röhrenfernseher • Fotolia (Stefan_Weis)
S. 31	Stromleitungen • Shutterstock (Sista Vongjintanaruks)
S. 34	Strommasten • Shutterstock (Stacey Arsenault)
S. 36	elektrischer Zaun • Shutterstock (Alzbeta)
S. 41	Georg Simon Ohm • Fotolia (Juulijs)
S. 42	Kondensatoren • Shutterstock (yurazaga)
S. 46	Kondensatoren • Shutterstock (Etaphop photo)
S. 47	Kondensatoren • Shutterstock (Etaphop photo)
S. 53	Oszilloskop • Shutterstock (Audrius Merfeldas)
S. 54	Robert Andrews Millikan • Shutterstock (neftali)
S. 54	Plattenkondensator • Wikimedia Commons by Hannes
S. 58	Hufeisenmagnet • Fotolia (suthisak)
S. 58	Magnete • Shutterstock (Africa Studio)
S. 59	Kompass in Hand • Shutterstock (Alexander Chaikin)
S. 62	Magnet mit Eisenspänen • Thinkstock (colematt)
S. 70	elektrischer Widerstand • Thinkstock (Norasit Kaewsai)
S. 71	Umspannwerk • Thinkstock (xuanhuongho)
S. 71	Transformator • Thinkstock (junpinzon)
S. 72	Pfanne auf Induktionsherd • Shutterstock (ersin ergin)
S. 76	Glühbirne • Thinkstock (Monkey Business Images)
S. 79	Straße über Hügel • Thinkstock (FooTToo)
S. 83	elektrische Widerstände • Thinkstock (pioneer111)
S. 88	Sprungfeder • Shutterstock (Lahutkin Anatolii)
S. 88	Pendel • Thinkstock (raw206)
S. 89	Wellen • Thinkstock (johnnorth)
S. 92	Schaukeln • Thinkstock (Photokanok)
S. 93	Uhr mit Pendel • Thinkstock (Kimmo Mustonen)
S. 99	Flügel, Piano • Thinkstock (tiler84)

S. 100	Millenium Bridge, London • Thinkstock (albertobrian)
S. 105	Wellen, Meer • Fotolia (EpicStockMedia)
S. 107	Überlagerung bei Wasserwellen • Klett-Archiv (Zuckerfabrik Digital)
S. 110	Christian Huygens • Fotolia (orion_eff)
S. 114	elektromagnetisches Plasmafeld • Thinkstock (sakkmesterke)
S. 114	MRT • Thinkstock (sudok1)
S. 115	Höhensonne • Thinkstock (Hemera Technologies)
S. 116	William Thomson • Fotolia (orion_eff)
S. 119	Radar • Thinkstock (myibean)
S. 122	Sonnenuntergang • Thinkstock (Biletskiy_Evgeniy)
S. 123	Mikroskop • Thinkstock (Kkolosov)
S. 123	Lupe • Thinkstock (Ingram Publishing)
S. 124	Pierre de Fermat • Shutterstock (Marzolino)
S. 129	Lichtbrechung Wasser • Thinkstock (alexaranda)
S. 133	Brille • Thinkstock (Nastco)
S. 134	Brillen • Thinkstock (Fosin2)
S. 135	Lupe • Shutterstock (Lightkite)
S. 146	Seifenblasen • Shutterstock (ILYA AKINSHIN)
S. 147	Newton'sche Ringe • Shutterstock (Fouad A. Saad)
S. 151	Reflexion Glas • Thinkstock (ineb1599)
S. 152	Isaac Newton • Shutterstock (Georgios Kollidas)
S. 153	Buntstifte • Shutterstock (Lisa S.)
S. 156	Wasserkreis • iStockphoto (phive2015)
S. 157	Röntgenbild Hände • Thinkstock (sogcrt01)
S. 157	Albert Einstein • Shutterstock (Grey82)
S. 161	Max Planck • Shutterstock (catwalker)
S. 161	Albert Einstein • Shutterstock (vkilikov)
S. 162	Wasserkreise • Thinkstock (luckpics)
S. 167	Laser Inferometer • IBS Precision Engineering
S. 169	Werner Heisenberg • Shutterstock (neftali)
S. 178	Max Planck • Thinkstock (MiFie)
S. 184	Atommodell • Thinkstock (123dartist)
S. 184	Joseph John Thomson • Fotolia (Juulijs)
S. 185	Laser • Thinkstock (fotojog)
S. 185	Ernest Rutherford • Fotolia (laufer)
S. 189	Heinrich Hertz • Fotolia (Juulijs)
S. 189	James Franck • Shutterstock (catwalker)
S. 190	Niels Bohr • Fotolia (laufer)
S. 191	Bohr'sches Atommodell • Thinkstock (Dorling Kindersley)
S. 206	Gaslaser, Argonlaser • Thinkstock (Kim Steele)
S. 207	Helium-Neon-Laser • Thinkstock (madsci)
S. 209	Enrico Fermi • Fotolia (Popova Olga)
S. 212	Atom • Thinkstock (3dmentat)
S. 212	Geigerzähler • Shutterstock (Dennis van de Walter)

S. 213	Kernkraftwerk • Thinkstock (MR1805)
S. 215	Spuren radioaktiver Strahlung • Klett-Archiv
S. 217	Strahlenschutz • Thinkstock (BenDC)
S. 219	Baumstamm, C14-Methode • Fotolia (Gisela)
S. 222	Tropfen • Thinkstock (David De Lossy)
S. 223	radioaktiver Müll • Thinkstock (wellphoto)
S. 229	Tunnel • Thinkstock (collus5)
S. 230	Gebäude • Thinkstock (Zoonar RF)
S. 273	Wolfgang Pauli • Shutterstock (Lefteris Papaulakis)
S. 240	Ernest Rutherford• Fotolia (Juulijs)
S. 242	Schneckenhaus • iStockphoto (ga7ta)
S. 246	Richard Phillips Feynman • Shutterstock (catwalker)
S. 252	Eis, schmelzen • Thinkstock (Foxys_forest_manufacture)
S. 252	geschmolzenes Metall • iStockphoto (youngyut)
S. 253	Gas, Weltall • iStockphoto (Manfred_Konrad)
S. 255	Gas Luftballon • Thinkstock (YuriyS)
S. 260	Robert Boyle • Thinkstock (Photos.com)
S. 264	Dampflok • Fotolia (Manuel Schönfeld)
S. 267	Motor • Fotolia (Eisenhans)
S. 271	Ludwig Boltzmann • Fotolia (Juulijs)
S. 272	Wilhelm Wien • Shutterstock (Boris15)
S. 273	Josef Stefan • Shutterstock (Lefteris Papaulakis)
S. 276	Albert Einstein • Shutterstock (Lisa-Lisa)
S. 276	Teilchenbeschleuniger, Large Hadron Collider (LHC) • Shutterstock (Nicks Stock Store)
S. 277	Flugzeuge • Thinkstock (rzoze19)
S. 287	Rettungswagen • Fotolia (thomaslerchphoto)
S. 288	Hendrik Antoon Lorentz • Fotolia (Juulijs)
S. 289	Space Shuttle beim Start • Fotolia (3dsculptor)
S. 294	Albert Einstein • Shutterstock (spatuletail)
S. 296	Galaxie • Shutterstock (Egyptian Studio)
S. 297	Hubble-Teleskop • iStockphoto (jamesbenet)
S. 297	Saturn • iStockphoto (SSSCCC)
S. 298	Stern Entfernung • Thinkstock (Jupiterimages)
S. 301	Edwin Powell Hubble • Shutterstock (Olga Popova)
S. 303	Sternenhimmel • Fotolia (kentauros)
S. 306	Halbleiter • Shutterstock (Victor Moussa)
S. 306	Transistorradio • Fotolia (Patrick Daxenbichler)
S. 307	Tablet • Thinkstock (Monkey Business Images Ltd)
S. 308	Prozessor • Thinkstock (Sashkinw)
S. 310	Germanium-Element • Thinkstock (blueringmedia)